Geheimnisvoller Kosmos

Herausgegeben von
Thomas Bührke und
Roland Wengenmayr

Geheimnisvoller Kosmos

Astrophysik und Kosmologie im 21. Jahrhundert

Herausgegeben von
Thomas Bührke und Roland Wengenmayr

WILEY-VCH Verlag GmbH & Co. KGaA

Herausgeber

Dr. Thomas Bührke
Wiesenblättchen 12
68723 Schwetzingen
thomas@buehrke.com
www.buehrke.com

Roland Wengenmayr
Konrad-Glatt-Str. 17
65929 Frankfurt
roland@roland-wengenmayr.de
www.roland-wengenmayr.de

Titelbild
Abbildung © ESO

1. Auflage 2009

Alle Bücher von Wiley-VCH werden sorgfältig erarbeitet. Dennoch übernehmen Autoren, Herausgeber und Verlag in keinem Fall, einschließlich des vorliegenden Werkes, für die Richtigkeit von Angaben, Hinweisen und Ratschlägen sowie für eventuelle Druckfehler irgendeine Haftung.

Bibliografische Information der Deutschen Nationalbibliothek
Die Deutsche Nationalbibliothek verzeichnet diese Publikation in der Deutschen Nationalbibliografie; detaillierte bibliografische Daten sind im Internet über <http://dnb.d-nb.de> abrufbar.

© 2009 WILEY-VCH Verlag GmbH & Co. KGaA, Weinheim

Satz TypoDesign Hecker GmbH, Leimen
Druck betz-druck GmbH, Darmstadt
Bindung Litges & Dopf GmbH, Heppenheim

Printed in the Federal Republic of Germany
Gedruckt auf säurefreiem Papier.

ISBN 978-3-527-40899-3

Vier aufregende Jahrhunderte

Am 20. August 1609 stieg ein Mathematikprofessor der Universität Padua namens Galileo Galilei mit acht Herren der venezianischen Regierung den Campanile von San Marco hinauf und führte ihnen die wundersame Wirkung des „Augenrohres" vor. Er zeigte ihnen die Kirche im 40 Kilometer entfernten Padua und viele andere mit bloßem Auge kaum erkennbare Bauwerke. Mit dem Versprechen, dass man damit auf den Meeren die Schiffe der Feinde zwei Stunden früher entdecken könne als bisher, überzeugte er die Ratsherren von der Nützlichkeit des Instruments – und ließ sich sein Gehalt gleich einmal verdoppeln.

In den folgenden Monaten richtete Galilei das neue optische Instrument nicht mehr nur auf entfernte Kirchtürme, sondern auch auf den Himmel. Dort entdeckte er denkwürdige Dinge: Berge auf dem Mond, vier Monde, die Jupiter umkreisen, und die Phasen der Venus. Von da an wurde Galilei zum prominentesten Vertreter des heliozentrischen Weltbildes, das Kopernikus mehr als ein halbes Jahrhundert zuvor postuliert hatte.

Galileis Auseinandersetzung mit der Kirche und der nachfolgende, unaufhaltsame Siegeszug des neuen Weltbildes sind Geschichte. Das Fernrohr spielte hierbei eine entscheidende Rolle. Es ermöglichte es, Himmelskörper zu erforschen, wie es mit bloßem Auge nicht möglich gewesen war, und es steigerte die Genauigkeit bei der Vermessung von Sternpositionen und Planeten um Größenordnungen.

In der zweiten Hälfte des 20. Jahrhunderts bekam die Entwicklung des Teleskops und damit der Astrophysik und Kosmologie noch einmal einen gewaltigen Schub. Waren bis dahin die Beobachtungen auf den Bereich des sichtbaren Lichts beschränkt, so steht den Astronomen heute praktisch das gesamte elektromagnetische Spektrum für ihre Beobachtungen zur Verfügung. Vom Gammabereich mit Wellenlängen unterhalb von 0,01 Nanometer bis zum Radiobereich mit Wellenlängen von mehreren Metern überdecken die Instrumente eine Spanne von etwa zwölf Größenordnungen.

Jeder Spektralbereich öffnet ein eigenes Fenster ins All. Im Gamma- und Röntgenbereich beobachtet man energiereiche Vorgänge in Supernova-Überresten oder in der Umgebung von Neutronensternen und Schwarzen Löchern. Im Infrarotbereich werden zum Beispiel Phasen der Stern- und Planetenentstehung sichtbar, die sich im Innern dichter Staubwolken abspielen. Im Mikrometerbereich lässt sich die kosmische Hintergrundstrahlung untersuchen – die älteste Kunde, die wir aus dem frühen Universum kennen.

Neben der beobachtenden Astronomie hat uns die interplanetare Raumfahrt die Vielfalt unserer kosmischen Heimat, des Sonnensystems, offenbart. Auf dem Mars floss vor Milliarden von Jahren vermutlich Wasser, auf dem Saturnmond Titan gibt es nach heutiger Kenntnis große Seen aus Methan und Ethan, einem Gemisch, das wir als Erdgas kennen.

Das dritte Standbein der modernen Astrophysik ist die Theorie. Im Rahmen der Relativitätstheorie erklären wir die Expansion des Universums und die Krümmung des Raumes in der Umgebung kompakter Himmelskörper. Computer simulieren die Entstehung und Entwicklung von Galaxien, Sternen und Planeten. Und über alldem stehen zwei große Unbekannte: Dunkle Materie und Dunkle Energie. Sie beherrschen die Entwicklung des Universums, und doch wissen wir über ihre Natur herzlich wenig.

Diese rasante Entwicklung der Astronomie seit Galileis erstem Blick ins All vor genau 400 Jahren feiert die UNESCO mit dem Internationalen Jahr der Astronomie. Für die Redaktion der Zeitschrift *Physik in unserer Zeit* war dies der Anlass, dieses Buch herauszugeben.

Die mehr als zwanzig Kapitel reflektieren die Forschung der letzten zehn Jahre in der Astronomie, Astrophysik, Planetenforschung und Kosmologie. Ausgewiesene Experten ihres Faches haben sie ursprünglich für unsere Zeitschrift geschrieben und für diese Buchausgabe aktualisiert und zum Teil erweitert. Einige Beiträge wurden eigens für dieses Buch verfasst. Und die „Blicke in den Kosmos" zeigen einige der faszinierendsten Astrofotos der letzten Jahre.

Wir danken allen Autoren für das große Engagement und die erfreulich reibungslose Zusammenarbeit an diesem gelungenen Buch. Unser Dank gilt auch dem Verlag und seinem Lektorat für die tatkräftige Unterstützung.

Thomas Bührke und Roland Wengenmayr

Schwetzingen und Frankfurt am Main, September 2008.

Geheimnisvoller Kosmos. Herausgegeben von Thomas Bührke und Roland Wengenmayr · Copyright © 2009 WILEY-VCH Verlag GmbH & Co. KGaA, Weinheim · ISBN: 3-527-40899-1

Foto: NASA

Foto: STScI/NASA/ESA

Inhalt

Geheimnisvoller Kosmos. Herausgegeben von Thomas Bührke und Roland Wengenmayr · Copyright © 2009 WILEY-VCH Verlag GmbH & Co. KGaA, Weinheim · ISBN: 3-527-40899-1

Foto: STScI/NASA/ESA

Foto: ESO

Planetenentstehung
Aus Staub geboren

HUBERT KLAHR | THOMAS HENNING

Planeten entstehen gemeinsam mit ihren Zentralsternen im Urnebel aus Gas und Staub. Auf welche Weise das Wachstum vom mikroskopischen Staubkorn bis zum Planeten in allen Entwicklungsstufen vor sich geht, ist noch längst nicht geklärt. Seit der Entdeckung extrasolarer Planeten lassen sich aber erstmals Theorien an einer Vielzahl von Planetensystemen überprüfen.

Die ersten naturwissenschaftlichen Theorien über den Ursprung des Sonnensystems stammen aus dem 18. Jahrhundert. Aus der Tatsache, dass sich alle Planeten in gleicher Richtung und mehr oder weniger in einer Ebene um die Sonne bewegen schlossen Immanuel Kant und Pierre-Simon Laplace, dass das Sonnensystem aus einer Staub und Gasscheibe entstanden sein muss, die einst um die junge Sonne rotierte.

Ein grundlegendes Problem dieses Modells liegt aber im gewaltigen Drehimpuls, den eine solche Scheibe mit ihrer riesigen Ausdehnung und Masse haben muss. Während die Masse unseres Sonnensystems in der Sonne konzentriert ist, sind 98 % des Drehimpulses in den Riesenplaneten gebunden [2]. Eine Theorie der Planetenentstehung muss deshalb auch die Umverteilung dieses Drehimpulses erklären, was zum damaligen Zeitpunkt unmöglich schien.

In den 1940er Jahren beschäftigte sich Carl Friedrich von Weizsäcker mit Fragen der Planetenentstehung [3]. Er hatte die geniale Idee, den Drehimpulstransport im Sonnennebel mit turbulenter Reibung zu erklären. Die Turbulenz erzeugt Viskosität, die den Drehimpuls nach außen fließen lässt, währen die Masse nach Innen strömt. Dies war die Geburtsstunde des heutigen Modells der Planetenentstehung in einer turbulenten Scheibe aus Staub und Gas. Damit war auch klar, dass die Planetenentstehung ein „natürlicher Nebeneffekt" der Sternenstehung ist. Heute schätzt man auf Grund von Beobachtungen, dass 10 % aller sonnenähnlichen Sterne über Gasriesen wie Jupiter verfügen [1]. Der Anteil an kleineren Planeten wird vermutlich noch viel höher sein.

Die genaue theoretische Beschreibung der Planetenentstehung hinkt dem fast explosionsartig anwachsenden Datenmaterial zu extrasolaren Planetensystemen und protoplanetaren Scheiben hinterher, wobei anzumerken ist, dass die Entstehung von Planeten bis heute noch nie direkt beobachtet wurde (siehe „Begrenzte Beobachtungsmöglichkeiten" auf Seite 7). Zudem sind fast alle bekannten Planetensysteme fertig ausgebildet. Das trifft natürlich auch auf unser eigens zu, dessen Alter 4,56 Milliarden Jahre beträgt. Dies wissen wir von Altersbestimmungen der ältesten Gesteine insbesondere vom Mond, aber auch von Meteoriten. Nur in Detektivarbeit können wir etwas über die Reihenfolge der Bildung von festen Körpern im Sonnensystem

Bis Ende 1995 galt unser Sonnensystem als typisch im Universum. Dies änderte sich schlagartig mit der Entdeckung extrasolarer Planetensysteme. Insbesondere die massereichen „heißen Jupiter", die ihren Zentralstern in sehr geringem Abstand umkreisen, geben den Astronomen Rätsel auf (Grafik: IAU).

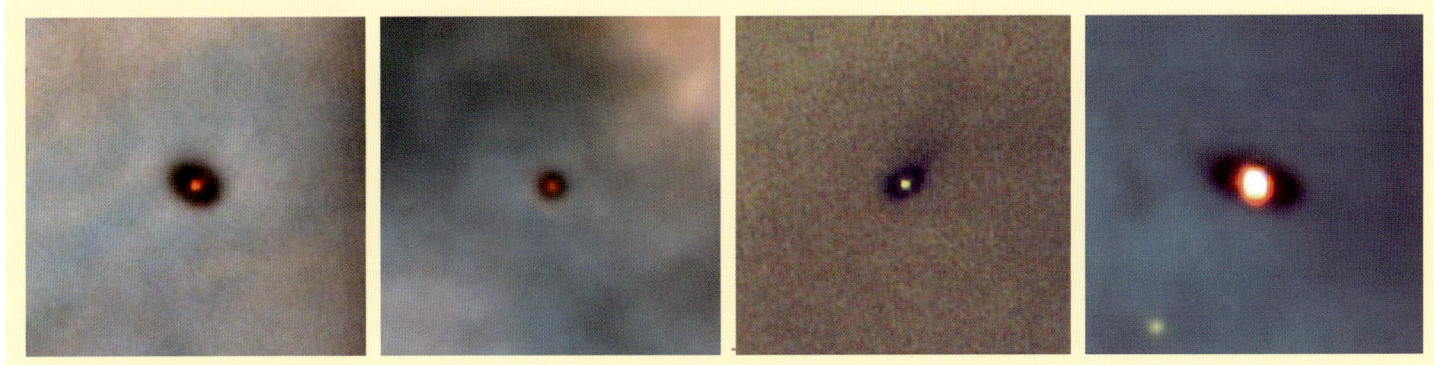

Abb. 1 *Mit dem Weltraumteleskop Hubble gelang es erstmals, protoplanetare Scheiben um junge Sterne abzubilden. Diese Scheiben sind im optischen Bereich undurchsichtig und heben sich als Schatten vor dem leuchtenden Gas des Orion-Nebels ab.* (Foto: NASA/ESA).

erfahren. Hierbei spielen Altersbestimmungsmethoden eine wichtige Rolle.

Sterne entstehen noch heute, und seit einigen Jahren ist es möglich, die Staub- und Gasscheiben, die viele der jungen Sterne umgeben, räumlich aufgelöst zu beobachten (Abbildung 1). Man kann so davon ausgehen, dass man zumindest den Anfangs- und Endzustand der Planetenentstehung gut kennt. Es ist die Aufgabe der Theorie, diese beiden Zustände mit einem konsistenten Ablauf physikalischer Prozesse miteinander zu verbinden.

Beschrieb von Weizsäcker die Planetenentstehung in seinem Artikel 1943 noch auf 37 Seiten, so füllte Victor Safronov zwanzig Jahre später bereits ein ganzes Buch mit seinem detaillierten Modell der Planetenentstehung [4]. Darin beschrieb er erstmals die meisten physikalischen Effekte, die wir heute als Grundlage zur Entstehung von Planeten benötigen. Diese Arbeit begründete das heutige Bild der graduellen Entstehung von Planeten aus der Zusammenlagerung von kleinsten Staubkörnern zu immer größeren Körpern [5].

Bis zum Jahre 1995 war die Theorie der Entstehung eines Planetensystems ausschließlich an einem einzigen Studienobjekt kalibriert: unserem Sonnensystem. So ist es nicht verwunderlich, dass die Theorie auch nur Planetensysteme vorhersagte, die in ihrer Struktur dem unsrigen ähneln. Unser Sonnensystem ist dadurch gekennzeichnet, dass die kleinen kompakten erdähnlichen Planeten (Merkur, Venus, Erde und Mars) sich nah der Sonne aufhalten und die massereichen Gasriesen (Jupiter und Saturn) sowie die Eisriesen (Uranus und Neptun) weit entfernt die Sonne umrunden.

Riesenplaneten brauchen mehr Baumaterial und sollten daher nur in ausreichender Entfernung von der Sonne auftreten können. Auch wenn in einer protoplanetaren Scheibe die Dichte nach außen hin abnimmt, so befindet sich dennoch der Hauptanteil der Masse bei großen Radien. In diesen Bereichen liegen die Temperaturen so niedrig, dass gasförmige Substanzen wie Wasser als Eis vorliegen. Flüssiges Wasser gab es im Urnebel nicht, da der Gasdruck für diesen Aggregatszustand zu niedrig war. In der Nähe der Sonne verdampfte das Eis, und das verbleibende Material wie

Silikate, also Sandkörner, reichte gerade aus, um Planeten bis zur Erdmasse zu bilden. Die Trennlinie, jenseits derer die häufigsten Gase ausfrieren, nennt man Schneegrenze. Sie befindet sich in unserem Sonnensystem je nach Modell bei 3 bis 5 Astronomische Einheiten (AE). 1 AE entspricht der mittleren Entfernung Sonne-Erde von 149,6 Mio. km. Die Schneegrenze trennt somit das innere Sonnensystem mit den terrestrischen Planeten vom Reich der Gas- und Eisriesen.

Die im Vergleich zur Erde 100- bis 300-mal massereicheren Planeten Saturn und Jupiter bildeten zunächst einen Eis- und Gesteinskern mit etwa 10 Erdmassen, der dann in der Lage war, Gase, wie Wasserstoff und Helium, aus dem Urnebel aufzusammeln. So entstanden ihre gewaltigen Atmosphären, die heute 90 % der Gesamtmasse ausmachen. Man erwartet, dass sich im Innern von Jupiter ein fester Planetenkern von knapp dreifachem Erddurchmesser befindet.

Deshalb waren die Planetenforscher vollkommen überrascht, als 1995 die Schweizer Astronomen Michel Mayor und Didier Queloz einen Planeten von annähernd Jupitermasse entdeckten, der seinen Mutterstern 51 Pegasi in einem Abstand von nur 0,05 AE umkreist. Laut gängiger Theorie war das unmöglich. Mittlerweile kennen wir rund 300 extrasolare Planeten und 25 Sterne mit mehreren Planeten (Stand: Juni 2008, siehe exoplanet.eu). Die meisten Systeme sehen ganz anders aus als unser Sonnensystem (Abbildungen 2 und 3). Dies ist zum Teil ein durch die Entdeckungsmethode hervorgerufener Auswahleffekt. Dennoch bleibt das Problem der extrem nahe am Zentralstern existierenden Riesenplaneten.

Diese Entdeckung war die Initialzündung für neue theoretische Modelle. Neue Effekte wurden entdeckt, und alte Theorien, die in der Schublade verschwunden waren, wurden wieder hervor geholt.

Heutige Modelle müssen zum einen unser Sonnensystem erklären können. Hierbei geht es mittlerweile um viele Details, wie die chemische Zusammensetzung von Meteoriten in Abhängigkeit vom Abstand zur Sonne oder die Isotopenhäufigkeit in Kometen. Zum anderen müssen sie

ABB. 2 | HEISSE JUPITER

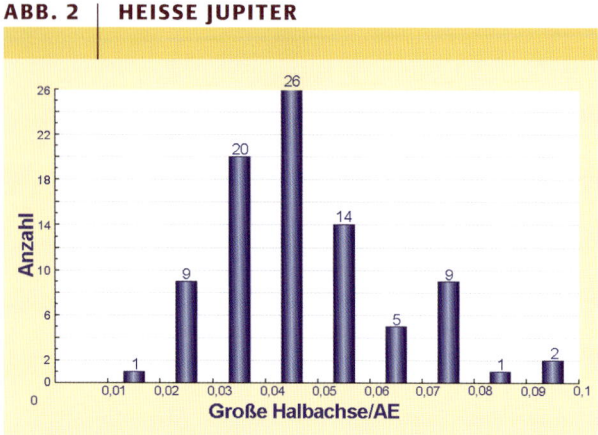

Dieses Diagramm belegt, dass 87 von 302 bekannten extrasolaren Planeten ihre Sterne innerhalb von 0,1 AE umkreisen. (aus exoplanet.eu).

die Mannigfaltigkeit an unterschiedlichen extrasolaren Planetensystemen erklären. Mittlerweile lassen sich nicht mehr nur die Massen und Bahneigenschaften bestimmen, sondern in einigen Fällen sind auch die mittleren Dichten und in ersten Ansätzen sogar die chemische Zusammensetzung einiger Planetenatmosphären bekannt. Damit bekommen die Theoretiker immer mehr Randbedingungen für ihre Modelle. Widmen wir uns nun den Entwicklungsstufen (Abbildung 4).

Die Geburt in der zirkumstellaren Scheibe

Alles beginnt in der zirkumstellaren Scheibe eines jungen Sterns. Die Scheibe unserer jungen Sonne besaß wohl 3 % bis 5 % der Sonnenmasse. Sie bestand aus 78 % Wasserstoff,

ABB. 4 | PLANETENENTSTEHUNG

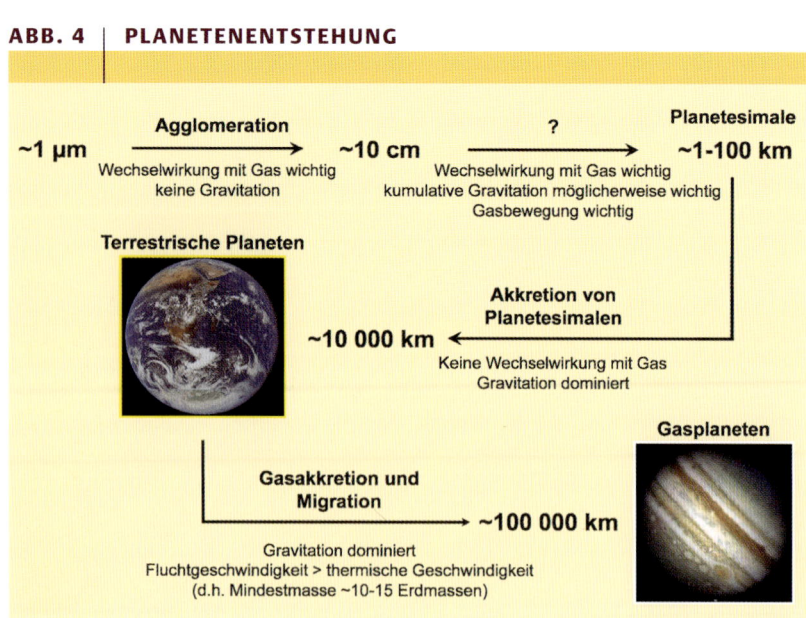

Phasen der Planetenentstehung (Grafik: J. Blum, TU Braunschweig).

ABB. 3 | MASSEN UND BAHNRADIEN

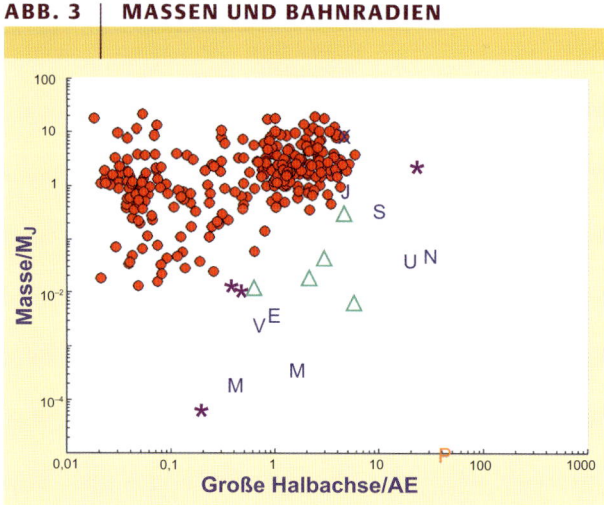

Die Massen und Bahnradien von rund 300 extrasolaren Planeten im Vergleich zu den Planeten unseres Sonnensystems. Letztere sind durch die Anfangsbuchstaben ihrer Namen gekennzeichnet. Die vier Sterne stehen für Planeten, die um einen Pulsar, also einen kompakten Sternrest, kreisen. Grüne Dreiecke: mit Mikrogravitationslinseneffekt entdeckt (nach exoplanet.eu).

20 % Helium und ungefähr 2 % schwereren Substanzen, wie Sauerstoff, Kohlenstoff, Silizium und Eisen. Dies spiegelt sich noch heute in der chemischen Zusammensetzung der Sonnenmaterie wider.

Solche protoplanetaren Scheiben lassen sich seit einigen Jahren direkt beobachten. Dabei stellt sich heraus, dass sowohl die Masse als auch die räumliche Ausdehnung dieser Scheiben schwankt. Manche Scheiben sind mit Durchmessern um 100 AE etwa so groß wie unser Sonnensystem, manche sind 3- bis 10-mal größer. Außerdem fand man heraus, dass in vielen dieser Scheiben noch Material auf den Zentralstern strömt. Dieser Vorgang heißt Akkretion. Um diesen Materietransport zum Mittelpunkt in der rotierenden Scheibe, also gegen die Zentrifugalkraft, erklären zu können, muss man annehmen, dass Drehimpuls durch Turbulenz nach außen transportiert wird. Die beobachtete Akkretion bestätigt somit von Weizsäckers Idee. Auf direktem Wege lässt sich die vermutete Turbulenz jedoch nur schwer beobachten.

Aus der Beobachtung der Scheibenhäufigkeit bei unterschiedlich alten Sternen, kann man zudem schließen, dass die mittlere Lebenserwartung einer Scheibe einige Millionen Jahre beträgt. Die Akkretion sowie möglicherweise das Verdampfen der Scheibe durch intensive Sternstrahlung begrenzen ihre Lebensdauer. Dies setzt eine Obergrenze für den Zeitrahmen der Planetenentstehung zumindest der Gas- und Eisriesen.

Darüber hinaus kann man den Beobachtungsdaten entnehmen, dass sich die Scheiben auch chemisch und physikalisch entwickeln [6]. So wird die Verteilung von chemischen Substanzen und Staubpartikeln unterschiedlicher Zusammensetzung, Größe und Kristallisationsgrad gemessen.

Gerade die Staubentwicklung in zirkumstellaren Scheiben lässt in Beobachtungen die erste Stufe der Planetenentstehung erkennen. Die beobachteten Staubteilchen sind bereits größer als jene im interstellaren Raum.

Die erste Stufe des Staubwachstums in der protoplanetaren Wolke wird durch die Brownsche Molekularbewegung angetrieben. Stoßen zwei Staubkörner zusammen, so haften sie aneinander. Wir reden hier von Mikrometer großen Partikeln, bei denen die Deformierbarkeit der Oberfläche noch eine Rolle spielt. Zwei Staubkörner haften quasi wie zwei Seifenblasen aneinander, die einen gemeinsamen Hals ausbilden und ihre Oberfläche dabei verringern.

Die Staubkörner befinden sich eingebettet im Gas der Scheibe um den jungen Stern. Wachsen diese dann auf Grund der Kollisionen, so beginnen sie in Richtung Mittelebene „auszuregnen"[7]. Um diesen Vorgang zu verstehen, muss man wissen, dass in der Scheibe der Druck, also Dichte und Temperatur, mit der Entfernung vom Stern und mit zunehmender Höhe über der Mittelebene abnehmen. Dies erzeugt einen Druckgradienten, der mit der Zentrifugalbeschleunigung gemeinsam der Gravitation des Sterns entgegenwirkt. Die Scheibe ist also nicht in einem reinen Gravitations- und Zentrifugalgleichgewicht. Wäre dies der Fall, so würden sich alle Teilchen auf Kepler-Bahnen bewegen. In einer zirkumstellaren Scheibe wird etwa 99 % Prozent der Gravitation durch die Rotation ausgeglichen und der Rest durch die Druckschichtung. Dadurch rotiert die Scheibe mit ein paar Promille unter dem Keplerschen Wert. In vertikaler Richtung – senkrecht zur Scheibenebene – kann die Rotation jedoch nicht gegen die Anziehung des Sterns wirken. Hier ist es allein der Druckgradient der zum Gleichgewicht führt.

Staubkörner spüren auf Grund ihrer hohen Dichte nichts von dem Druckgradienten und befinden sich daher nicht im Kräftegleichgewicht, wenn sie in ihrer Rotation von der Gasscheibe mitgenommen werden. Wenn sie wachsen, nimmt das Verhältnis zwischen der Reibungskraft mit dem Gas (abhängig von der Querschnittsfläche) und der Masse (abhängig vom Volumen) immer mehr ab. Als Folge davon können sich Partikel jetzt relativ zum Gas bewegen.

Alle Körper fallen nach Galilei zwar gleich schnell, aber eben nur unter Vernachlässigung der Reibung mit der Luft, also dem umgebenden Gas. So hat eine Feder ein höheres Verhältnis von Querschnittsfläche zu Masse als beispielsweise ein Stein. Deshalb wird auch ein großes Staubkorn im freien Fall schneller als ein kleines Staubkorn. Mit der Zeit regnen millimeter- bis zentimetergroße Partikel zur Mittelebene der Scheibe aus. Dabei wachsen sie weiter an, weil sie kleinere Partikel auf ihrem Weg einsammeln, die langsamer sedimentieren.

Diese Bewegung kommt jedoch in der Mittelebene nicht zur Ruhe, da die Gasscheibe einen radialen Druckgradienten besitzt und sich mit einer Geschwindigkeit von ein paar Promille unter dem Keplerschen Wert der Gesteinsscheibe dreht. Dies hat zur Folge, dass die Gesteinsbrocken nicht nur zur Mittelebene sedimentieren, sondern auch radial weiter

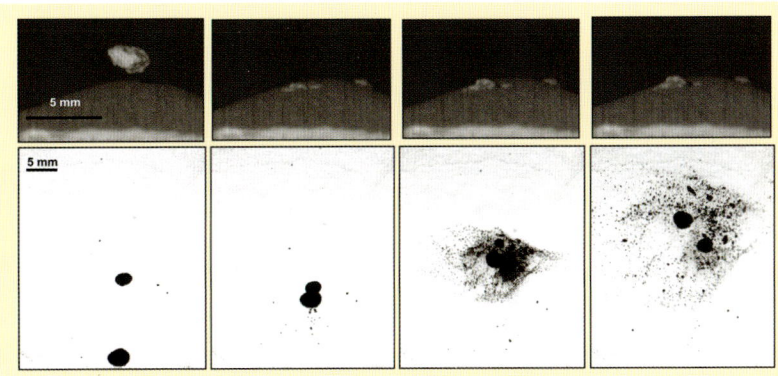

Abb. 5 *Experimente von Physikern an der TU Braunschweig zeigen, wie einige Millimeter große Staubteilchen bei einer Relativgeschwindigkeit von 1,8 m/s auf wenige Zentimeter großen Staubteilchen haften bleiben. Millimetergroße Partikel zerstören sich gegenseitig, wenn sie mit 5 m/s zusammenstoßen* (Foto: J. Blum, TU Braunschweig).

auf den Stern zu driften. Bei metergroßen Objekten beträgt diese Driftgeschwindigkeit schon 100 m/s. Ein solcher Brocken würde deshalb innerhalb von rund hundert Jahren von der Sonne verschluckt werden. Er entgeht diesem Schicksal nur, wenn er schnell weiterwächst. Je größer und massereicher er wird, desto geringer ist die Reibungskraft und die radiale Driftgeschwindigkeit nimmt wieder ab. Doch wir werden nun sehen, dass genau dieses weitere Wachstum sehr problematisch ist.

Das Überwinden der Meterbarriere

Durch die beschriebene Sedimentation zur Mittelebene der Scheiben können die Staubteilchen Durchmesser von einigen Zentimetern erreichen. Mit Laborexperimenten versucht man seit einigen Jahren, solche Partikel entstehen zu lassen und untersucht dann deren Eigenschaften, wie die Formstabilität. Hierbei will man wissen, bis zu welcher Relativgeschwindigkeit, mit der die Teilchen kollidieren, diese auch wirklich aneinander haften und sich nicht gegenseitig zerstören [8].

BEGRENZTE BEOBACHTUNGSMÖGLICHKEITEN

Aus Spektralbeobachtungen zirkumstellarer Scheiben kann man auf die Größenverteilung der Staubteilchen in diesen Scheiben schließen. Dies geht jedoch nur bis zu Teilchen mit Größen im Zentimeterbereich. Körper mit Durchmessern von einem Meter oder mehr sind kaum mehr nachweisbar. Zum einen sind diese Objekte viel größer als die Wellenlängen, die uns aus dem stellaren Spektrum und aus der Wärmestrahlung der Scheibe zur Verfügung stehen. Zum anderen sinkt

mit zunehmender Größe der Objekte bei gleichbleibender Masse der Gesamtpopulation die aufsummierte Fläche, die mit der Strahlung wechselwirken kann. Je größer die Teilchen werden, desto „durchsichtiger" werden die Scheiben also. Die nächsten Daten mit denen wir unsere Modelle heutzutage vergleichen können, sind dann die „fertigen" Planeten. Die meisten von ihnen sind mehrere Milliarden Jahre alt. Der jüngste bekannte extrasolare Planet ist acht Millionen Jahre alt.

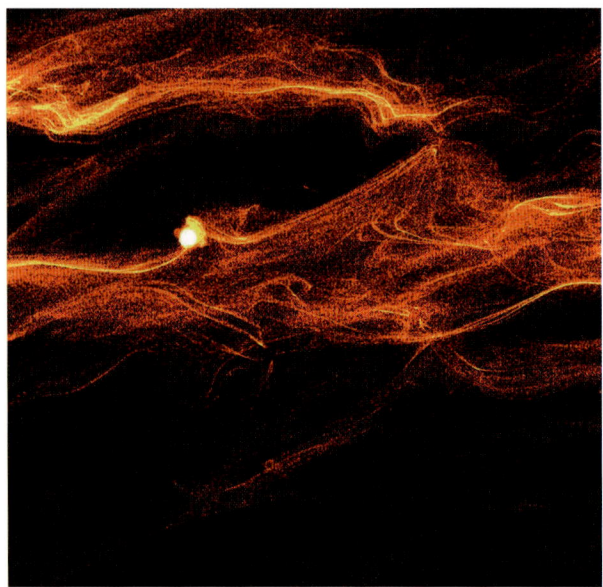

Abb. 6 *Momentaufnahme einer Modellrechnung, die die Staubverteilung in einem Ausschnitt der protoplanetaren Scheibe zeigt. An einer Stelle hat sich so viel Materie versammelt, dass hier ein lokaler gravitativer Kollaps eingesetzt hat. Diese Verdichtung bleibt in der turbulenten Strömung stabil, sammelt weitere Materie aus ihrer Umbebung auf und wächst weiter an, bis sie die Masse eines mehrere hundert Kilometer großen Kleinplaneten erreicht [9].*

ABB. 7 | WACHSTUM

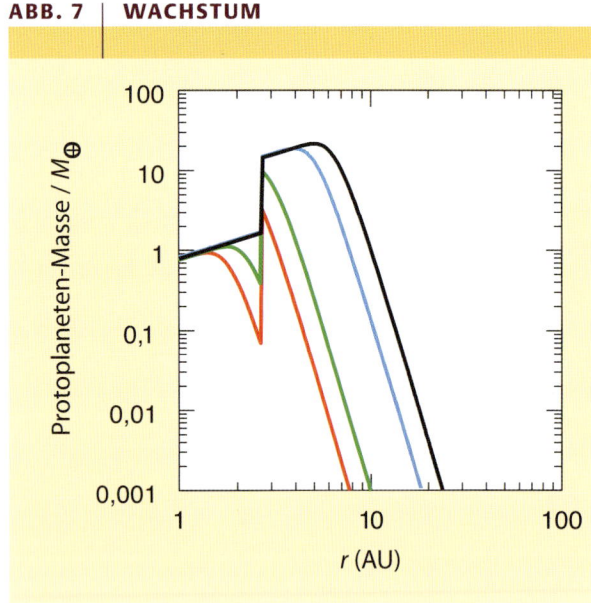

Das Wachstum der Planetenkerne. Bei Zusammenstößen von Planetesimalen entstehen die Kerne der Planeten. Nah am Stern laufen diese Prozesse schneller ab, da die Umlaufgeschwindigkeiten größer sind. Sie erreichen jedoch nur kleine Kernmassen, da weniger Material zur Verfügung steht als weiter außen. Deutlich lässt sich die Schneegrenze im Sonnennebel erkennen. Nur außerhalb gibt es genug Staub und Eis, damit sich ein Kern groß genug für die Entstehung von Jupiter (mehr als 10 Erdmassen, $M_\oplus$) bilden kann (nach: *E. Thommes, Northwestern University*).

Diese Experimente zeigen, dass die Kollisionen nur mit höchstens 1 m/s erfolgen dürfen, sonst droht vollkommene Zerstörung (Abbildung 5). Andere Untersuchungen belegen aber, dass in der Scheibe turbulente Bewegungen auftreten, die zu Relativgeschwindigkeiten von typischerweise 10 m/s führen. Größere Brocken im Bereich von einem Meter prallen mit kleinen Partikeln wahrscheinlich mit noch höheren Geschwindigkeiten zusammen. Hierbei werden die Teilchen unweigerlich zerstört. Damit sind wir bei einem der großen Rätsel der Planenentstehung angekommen: Allem Anschein nach können Teilchen dieser Größe durch einfaches Kollidieren und Haften nicht weiter anwachsen. Ist der Nebel turbulent, wie es Beobachtungen zeigen und von Weizsäckers Theorie vorhersagt, so zerreiben die Sandstürmen ähnelnden turbulenten Bewegungen das Baumaterial der Planeten wieder zu mikrometerkleinem Staub. Ist die Scheibe hingegen „windstill", so driften die metergroßen Körper zu schnell in den Zentralstern hinein, um vorher zu Planetesimalen anwachsen zu können.

Es scheint eine natürliche Grenze für Agglomerate von der Größe etwa eines Tennisballs zu geben, über die sie nicht hinaus wachsen können. Und doch muss es irgendwie möglich sein. Welchen Ausweg hat die Natur gefunden?

Eine mögliche Erklärung könnten Wirbel sein [9, 10]. Computersimulationen unserer Gruppe belegen, dass sich in der turbulenten Scheibe Inseln mit höherer Gasdichte ausbilden können (Abbildung 6). Diese Gebiete haben in mancher Hinsicht Ähnlichkeit mit rotierenden Hochdruckgebieten in der Erdatmosphäre. In solchen Bereichen kön-

ABB. 8 | GASRIESEN

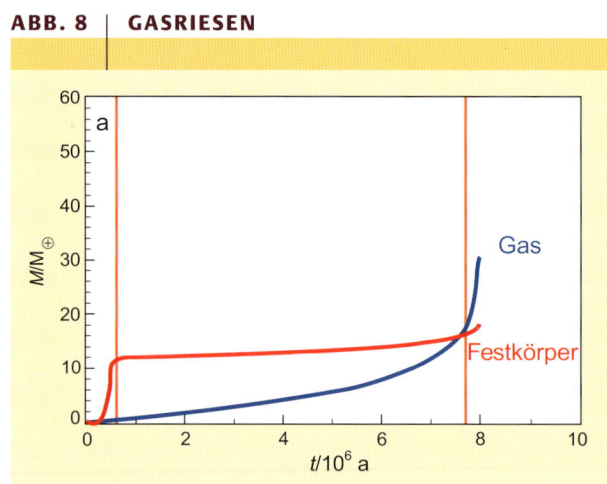

Die Entwicklung von Gasriesen wie Jupiter benötigt in den meisten Modellen einige Millionen Jahre. Zunächst wächst der Kern (rote Kurve); in der zweiten Phase wird allmählich Gas auf den Kern akkretiert (blaue Kurve), wobei der Gasstrom von den Kühleigenschaften des jungen Planeten begrenzt wird. Solange noch Planetesimale in die staubreiche undurchsichtige Atmosphäre stürzen, kühlt diese sehr langsam und die Gasmasse steigt nur langsam an. Erst wenn die Atmosphäre besser abkühlt, folgt eine Phase der rasanten Gas-Akkretion.

nen sich zentimetergroße Teilchen schnell und effektiv ansammeln, ohne aus der Scheibe auszuregnen. Dadurch erhöht sich lokal die Materiedichte, und die Kollisionsgeschwindigkeiten verringern sich. Dies ermöglicht ein Wachstum zu Körpern mit einigen Kilometern Durchmesser, sogenannten Planetesimalen. Es kann sogar zu einer spontanen Bildung von Planetesimalen durch einen Gravitationskollaps in der Staubschicht kommen. Hierbei handelt es sich um einen kollektiven Effekt: Zwei Teilchen alleine wären viel zu massearm, um sich mit ihrer Schwerkraft zusammenzulagern. Erst das Ensemble von Teilchen ermöglicht in seiner Gesamtheit diesen Vorgang.

In Computerrechnungen haben wir diesen Prozess mit Millionen von Partikeln simuliert. In der Tat bildeten sich spontan Planetesimale von vielen Kilometern Durchmesser. Diese entstanden direkt aus den zentimetergroßen Gesteinen, ohne dass zuvor Einzelobjekte von 10 oder 100 Metern vorhanden sein mussten. Derzeit wird untersucht, wie eine realistische Massenverteilung der Planetesimale aus diesem turbulenz- und gravitationsgetriebenen Prozess aussehen müsste. Diese Ergebnisse könnte man dann mit der Verteilung der Asteroiden in unserem Sonnensystem vergleichen und hätte so die Möglichkeit, die Rechnungen zu falsifizieren oder weiterzuentwickeln.

Vom Planetesimal zum Planetenkern

Haben die Objekte erst einmal die Zentimeterbarriere überschritten und Planetesimale gebildet, dann gibt es für den weiteren Aufbau eines Planeten grünes Licht. Die Planetesimale sind trotz des Gases in der Scheibe groß und mobil genug, um sich gegenseitig anzuziehen. Die resultierenden Kollisionen untereinander können durchaus zu Zerstörung führen, jedoch verbleibt das meiste Material im eigenen Gravitationspotential gefangen, und es bildet sich ein neues Planetesimal noch höherer Masse. Dieser Prozess fährt so lange fort, bis eine maximal mögliche Masse erreicht ist. Das ist dann der Fall, wenn der größte Körper sich alle anderen Planetesimale einverleibt oder sie verdrängt hat.

Diese maximal mögliche Masse hängt vom Abstand vom Zentralstern ab und vom lokal zur Verfügung stehenden Material an Staub und Planetesimalen. Deshalb sind die jungen Planetenkerne nahe der Sonne sehr massearm. Die Ur-Erde konnte nur bis auf etwa Marsgröße anwachsen, dann war die Nachbarschaft an Planetesimalen leergefegt. Wie die Erde dann später noch auf die heutige Größe anwachsen konnte, behandeln wir später. Weiter von der Sonne entfernt konnten sich viel massereichere Kerne bilden, weil in der Scheibe mehr Material vorhanden war und der störende Einfluss der Gravitation durch die junge Sonne viel geringer war. Hier entstanden die Gas- und Eisriesen. Bei diesen Objekten tritt jedoch ein anderes Problem auf.

Die Geschwindigkeit, mit der sich aus Planetesimalen Planetenkerne bilden, hängt von der Häufigkeit der Kollisionen unter den Planetesimalen ab (Abbildung 7). Diese ist proportional zur Umlauffrequenz und somit nahe am Stern viel höher als weiter außen. So dauert es rund 100 000 Jahre, bis die terrestrischen Planeten bis zu ihrer kritischen Masse angewachsen sind, bei Jupiter werden dagegen in den meisten Modellen schon mehr als zehn Millionen Jahre benötigt. Bei Uranus und Neptun übersteigt die Entstehungszeit in den Modellsimulationen aber die Lebenserwartung des Sonnennebels (oder im allgemeinen der protoplanetaren Scheibe) bei weitem.

Es geht heute deshalb nicht mehr nur darum herauszufinden, wie sich die Planeten bilden können, sondern auch wie schnell. Die beobachtete Lebensdauer von Scheiben um junge Sterne von einer bis zehn Millionen Jahren stellt eine Obergrenze dar, innerhalb der sich auch die Gasriesen gebildet haben müssen. Später stand kein Gas mehr zur Verfügung um den Kern mit einer Atmosphäre zu bedecken. Dieser Teil der Planetenentstehung ist bislang nur teilweise verstanden.

POPULATIONSSYNTHESE

Diese Monte-Carlo-Simulation zeigt, welche Planetenmassen man bei welchen Abständen von einem sonnenähnlichen Stern finden sollte. Das Modell beinhaltet unser derzeitiges Wissen über Staub und Gasscheiben um junge Sterne sowie die aktuellsten Theorien zu verschiedenen Planetenentstehungsprozessen. Bei jedem Simulationslauf wird ein „Planetenkeim" mit 0,6 Erdmassen anfänglich in einer zufälligen Entfernung zum jungen Stern in einer Scheibe mit zufällig ausgewählten Eigenschaften platziert. Diese Anfangsbedingungen liegen innerhalb der beobachteten statistischen Streuung echter Scheiben.

Diese Planetenkeime beginnen am unteren Rand des Diagramms zu wachsen, indem sie zunächst Planetesimale und später Gas aufsammeln. Die jeweilige Kurve steigt senkrecht nach oben. Dann migrieren sie nach innen (farbige Kurven), wobei die Migrationsgeschwindigkeit von der Masse des Planeten und der Masse in der Gasscheibe abhängt. Je nach Migrationstyp wurde eine andere Farbe für den Entwicklungsweg gewählt. Wenn die Scheibe sich letztendlich auflöst, erreicht der Planet seine endgültige Position, gekennzeichnet mit einem schwarzen Symbol. Man erkennt, dass auch unsere Gasriesen in diesem Modell vorhergesagt werden.

Da es noch keine gesicherte Erkenntnis über den Haltemechanismus für heiße Jupiter gibt, würden in diesem Modell einige Planeten in den jungen Stern stürzen. Für diese Planeten wird die Evolution willkürlich bei 0,1 AE gestoppt.

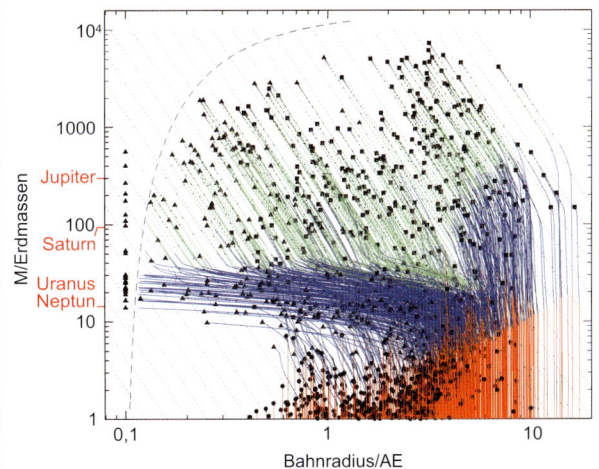

Monte-Carlo-Simulationen der Entwicklung von Planetenkernen (C. Mordasini, W. Benz, Y. Alibert, Universität Bern).

Wächst ein Planetenkern bis zu einer kritischen Masse an, so bildet sich durch Akkretion von Gas aus der Umgebung schnell eine dichte und massereiche Atmosphäre um den Planeten aus (Abbildung 8). Im Fall von Jupiter übersteigt die letztendliche Masse des gebundenen Gases die Masse des ursprünglichen Kerns um den Faktor von ungefähr 30. Und damit sind wir bei einem weiteren Problem in unserem Verständnis der Planetenentstehung. Wie bei jedem Gravitationskollaps kann das System nur so schnell komprimiert werden und neue Materie binden, wie es thermische Energie abgeben kann.

Wenn der junge Planet mit seiner noch dünnen aber sehr staubreichen Atmosphäre nicht effektiv abkühlen kann, so kann er auch nicht in seiner Masse anwachsen, da die Akkretion ständig neue potentielle Energie freisetzt. Umgekehrt würde auch die Erde ihren Rest an Atmosphäre verlieren, wenn wir sie so stark erhitzen würden, dass die mittlere thermische Geschwindigkeit des Gases die Fluchtgeschwindigkeit übersteigt. Dies ist übrigens auch der Grund, warum die Erde weder Helium oder Wasserstoff langfristig in der Atmosphäre binden kann. Die thermische Geschwindigkeit dieser leichten Gase ist selbst bei Zimmertemperatur so hoch, dass sie sich ins Weltall verflüchtigen.

Viele Modelle zur Entstehung von Jupiter und Saturn und deren Atmosphären kommen so auf Entstehungszeiten, die länger sind als die oben geforderten zehn Millionen Jahre. Ein Ausweg könnte darin bestehen, dass der Staub die Atmosphäre effizienter kühlt, als man heute annimmt. Eine andere derzeit viel diskutierte Möglichkeit, die Entste-

hungszeit zu verkürzen, besteht in der radialen Wanderung des Planeten durch die Scheibe. Darauf kommen wir gleich zu sprechen.

Junge Planeten auf Wanderschaft

Die Kerne von Gasriesen wie Jupiter oder Saturn dürften fünf bis zehn Erdmassen schwer sein. Heutige Modelle können solche Werte für den Bereich jenseits der Schneegrenze nachvollziehen. Sie scheitern jedoch völlig, die Entstehung des Planeten von 51 Pegasi zu erklären. So nahe am Stern (0,05 AE) ist es schon schwierig, eine Merkurmasse zusammenzutragen, geschweige denn mehrere Erdmassen. Die dazu benötigten Mengen an Planetesimalen nahe am Stern übersteigen alles, was man derzeit aus Beobachtungen und Modellen ableiten kann. Diese wohl unrealistische Menge an Planetesimalen wäre jedoch die einzige Möglichkeit, eine Entstehung dieser sogenannten heißen Jupiter so nahe am Stern zu erklären. Bleibt man hingegen bei der Annahme, dass sich Gasriesen jenseits der Schneegrenze bilden, dann muss man daraus folgern, dass diese Körper von dort in Richtung Stern gewandert oder „migriert" sind.

Die Idee der Planetenmigration wurde keinesfalls erst nach der Entdeckung des ersten heißen Jupiters entwickelt. Sie wurde schon 14 Jahre zuvor von Bill Ward vom Southwest Research Institute in Boulder, USA, geäußert. Modelle der Planetenmigration basieren auf der Wirkung von Gezeitenkräften innerhalb der zirkumstellaren Scheibe. Der Planet „deformiert" mit seiner Schwerkraft die Scheibe, weshalb das Gas in der Nähe des Planeten nicht mehr auf reinen Keplerbahnen läuft. Dies führt zu Asymmetrien in der Gasverteilung und in der Folge summieren sich die Gravitationskräfte des Scheibengases nicht mehr zu Null auf. Dadurch wirkt ein Drehmoment auf den Planeten, so dass ihm Drehimpuls entzogen wird. Dieser Drehimpulsverlust zwingt ihn zur Wanderung zu engeren Bahnen um den Zentralstern.

Nach der Entdeckung der heißen Jupiter fand das Modell der Planetenmigration große Beachtung, und man begann, die Geschwindigkeiten zu berechnen, mit denen Planeten auf Ihren Zentralstern zuwandern sollten. So braucht ein Planet von der Größe Saturns etwa 100 000 Jahre, um den Abstand zur Sonne zu halbieren.

Mit der Migration ließen sich mehrere Problem lösen. Zum einen erklärt sie die Existenz von jupitergroßen Planeten nahe am Stern. Zum andern wachsen Planeten schneller an, weil sie auf ihrer Wanderung durch Gebiete mit „unverbrauchtem" Staub und Gas kommen, das sie aufsammeln können. Allerdings wäre hierfür eine mäßigere Form der radialen Wanderung von Planeten mit nur etwa 2 % der theoretisch vorhergesagten Wanderungsrate erforderlich. Dieser Faktor ist nur eine beste Schätzung, um die beobachtete Verteilung von Planeten zu erklären.

Es werden weitere Untersuchungen notwendig sein, um diesen Prozess besser zu verstehen. Hier bietet sich wiederum die Turbulenz innerhalb der Scheibe und insbesondere das genaue thermodynamische Verhalten des Gases

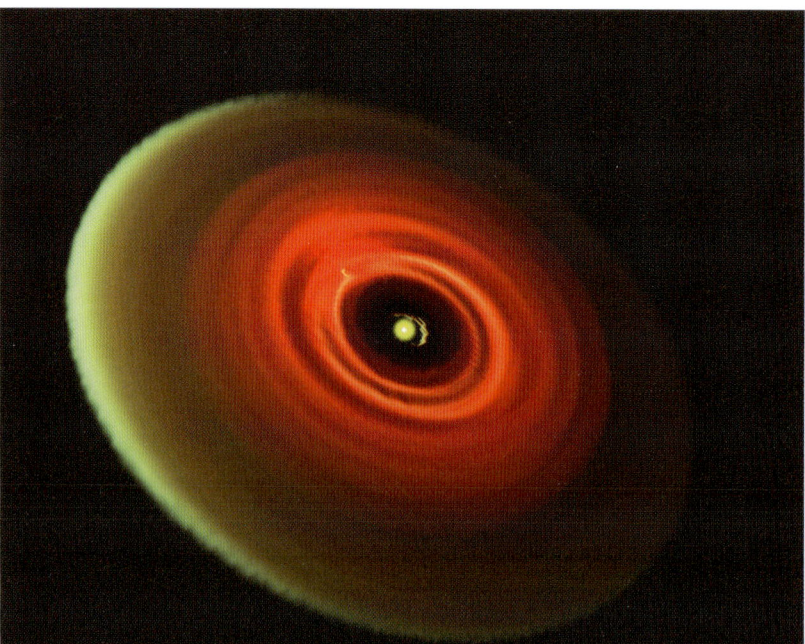

Abb. 9 *Diese Simulation zeigt, wie junge Planeten die Struktur der protoplanetaren Scheiben beeinflussen. Die erzeugten Spiralmuster, Lücken sowie die heißen ausgedehnten Atmosphären der Planeten sollten in naher Zukunft beobachtet werden können.*

als ein Ansatz an. Jüngste Untersuchungen deuten an, dass Letztere sogar eine Umkehr der Migration von Planeten bewirken kann. Abbildung 9 zeigt die Ergebnisse eine der bisher wenigen thermodynamisch selbstkonsistenten Simulationen zur Migration von Planetenkernen.

Schließlich gibt es noch ein grundsätzliches Problem des Migrationsmodells. Wenn die Planeten erst einmal radial wandern, dann gibt es kein Halten mehr. Letztlich stürzen sie in den Zentralstern hinein. Derzeit sucht man nach Mechanismen, um diesen Prozess zu stoppen. Mögliche Lösungen können Gezeitenkräfte durch den Zentralstern oder Magnetfelder sein. Außerdem zeigen Beobachtungen, dass viele zirkumstellare Scheiben in der Mitte ein materiefreies Gebiet besitzen kann. Die nahe Umgebung des Sterns ist hier nahezu frei von Gas und Staub. Möglicherweise kommt die Migration zum Stillstand, wenn der Planet in diese Lücke hineingerät.

Wenn das Gas aus der Scheibe verschwunden ist, muss das Planetensystem noch lange nicht seine endgültige Konfiguration erreicht haben. Zwischen den Planeten und den verbleibenden Planetesimalen wirken ja noch weiterhin die Gravitationskräfte, und in einem „finalen Gerangel" sucht jeder seinen Platz.

Der massereichste Planet Jupiter spielt hier natürlich in unserem Sonnensystem die dominierende Rolle. Er verhinderte, dass sich im Asteroidengürtel die Planetesimale zu einem Planeten zusammenlagern konnten. Er schleuderte Material und Planeten im inneren Teil des Sonnensystems so durcheinander, dass durch Kollisionen vier der ursprünglich wahrscheinlich vielen Planetenkerne zu den heutigen Planeten Merkur, Venus, Erde und Mars anwachsen konnten. Dieses Planetenbillard dürfte zwischen 100 und 300 Millionen Jahre gedauert hat. Einer dieser durch Jupiter ausgelösten Zusammenstöße zwischen der fast fertigen Erde und einem Körper von der Größe des Mars führte nach heutigem Wissen zur Entstehung des Mondes. Auch im äußeren Sonnensystem ist Jupiter tonangebend. So wird beispielsweise spekuliert, dass sich die Kerne von Saturn, Uranus und Neptun in Jupiters Nachbarschaft gebildet haben, dann aber von ihm auf ihre späteren Umlaufbahnen gedrängt wurden.

Alle diese Teilprozesse lassen sich derzeit noch nicht in allen Details innerhalb eines einzigen Computermodells simulieren. Sie werden noch separat behandelt, wobei es darauf ankommt, in möglichst einfachen parametrisierten Modellen Vorhersagen für die statistischen Eigenschaften von Planeten zu treffen. Das Ergebnis der bislang aufwendigsten Simulationen zeigt „Populationssynthese" auf S. 9.

Ziel ist es natürlich, mehr und mehr Teile zusammenzufügen, um schließlich die ganze Vielfalt der Planetensysteme verstehen zu können. Nur wenn die oben beschriebenen Teilprozesse in ihren quantitativen Vorhersagen über Verteilung von Staub und Planetesimalen, über die Zeitspanne der Planetenkernbildung, das Aufsammeln von Gas und die Wanderung der Planeten richtig sind, werden sie in ihrer Kombination in Populationssynthesen zu Systemen führen, die man auch beobachtet (siehe „Populationssynthese", S. 9). So lange noch Widersprüche zwischen den vorhergesagten Häufigkeiten für Bahnen und Massen von Planeten und den gefunden Systemen bestehen, müssen wir die zugrundelegenden Prozesse besser verstehen lernen. Beobachtungen werden auf diesem Weg mit Sicherheit noch weitere Überraschungen bereithalten, wie dies bei 51 Pegasi der Fall war.

Zusammenfassung

Die Entdeckung von extrasolaren Planetensystemen hat die Theorie der Planetenentstehung vor neue Herausforderungen gestellt. Das grundlegende Modell zur Entstehung unseres Sonnensystems aus einer Staub und Gasscheibe um die junge Sonne besteht zwar unverändert seit der Mitte des letzen Jahrhunderts, es wurde jedoch im Laufe der Zeit um mehr und mehr Details bereichert. Auch heute sind noch viele Fragen offen, wie unser Sonnensystem oder die Planetensysteme um ferne Sterne entstanden sind.

Literatur

[1] D. N. C. Lin, The Chaotic Genesis of Planets. Scientific American, Mai 2008.
[2] J. Lissauer, Planet Formation, in: Ann. Rev. Astron. and Astroph. **1993**, *31*, 129.
[3] C. F. von Weizsäcker, Zeitschrift für Astrophysik **1943**, *22*, 319.
[4] V. Safronov, Evolution of the Protoplanetary Cloud and Formation of the Earth and the Planets, Nauka Press, Moskau 1969; NASA TTF **1972**, *677*.
[5] H. Klahr, W. Brandner, Planet Formation: Theory, Observation and Experiments, Cambridge University Press, Cambridge 2006.
[6] Th. Henning, Early phases of planet formation in protoplanetary disks, Physica Scripta T, **2008**, *130*, 014019
[7] H. Klahr, New Ast. Rev. **2008**, *52*, 78.
[8] J. Blum, G. Wurm, Ann. Rev. Astron. Astrophys. **2008**, *46*, 21.
[9] H. Klahr, A. Johansen, Gravoturbulent planetesimal formation, Physica Scripta T, **2008**, *130*, 014018
[10] A. Johansen et al., Nature **2007**, *448*, 1022.

Die Autoren

Thomas Henning, nach Physikstudium in Greifswald und Jena (Promotion), Post Doc in Prag und am Max-Planck-Institut für Radioastronomie in Bonn. Nach der Leitung einer Arbeitsgruppe der Max-Planck-Gesellschaft an der Universität Jena und einer Professur an der dortigen Universität ist er seit 2001 Direktor am Max-Planck-Institut für Astronomie in Heidelberg und Professor an den Universitäten Heidelberg und Jena. Am MPI für Astronomie leitet er die Abteilung für Planeten- und Sternentstehung.

Hubert Klahr studierte in Karlsruhe Physik, promovierte in Jena, und verbrachte Post-Doc-Aufenthalte in Potsdam und an der Universität von Kalifornien in Santa Cruz. Er habilitierte sich in Tübingen und leitet heute die Theoriegruppe der Abteilung für Planeten- und Sternentstehung am Max-Planck-Institut für Astronomie.

Anschrift
Dr. habil. Hubert Klahr, Prof. Dr. Thomas Henning, Max-Planck-Institut für Astronomie, Königstuhl 17, 69117 Heidelberg. Klahr@mpia.de

Planetenforschung
Klimawandel auf dem Mars

ERNST HAUBER

Raumsonden haben in jüngster Zeit vermehrt Hinweise auf Wassereis im Boden des Mars gefunden. Gleichzeitig stützen Messdaten und Computersimulationen die Hypothese, dass es auf unserem Nachbarplaneten in der Vergangenheit mehrmals zu Klimaumschwüngen kam. Möglicherweise sind Schwankungen der Rotationsachse dafür verantwortlich.

Die gegenwärtige Marsforschung konzentriert sich auf die Untersuchung von Wasser und Klima auf unserem Nachbarplaneten. Wasser ist dort zwar vorhanden, aber im Vergleich zur Erde handelt es sich um verschwindend geringe Mengen. Der Partialdruck von Wasserdampf in der Atmosphäre beträgt nur 10^{-3} mbar und ist damit um vier

Größenordnungen geringer als der irdische. Dies lässt sich anschaulich als Äquivalent darstellen: Wenn das gesamte Wasser in der Atmosphäre als (hypothetischer) Regen auf die Oberfläche fiele, wäre diese nur zu etwa einem hundertstel Millimeter hoch bedeckt. Der Vergleichswert für die Erde beträgt mehrere Zentimeter. Obwohl die absolute Menge also extrem gering ist, ist die Marsatmosphäre wegen ihres sehr geringen Gesamtdrucks (je nach Jahreszeit durchschnittlich 5 – 7 mbar) nahe an der Sättigungsgrenze für Wasser. Dies macht sich in der häufigen Wolkenbildung bemerkbar.

Das zweite direkt beobachtbare Wasserreservoir stellen die Polkappen dar. Obwohl schon der berühmte Astronom Giovanni Domenico Cassini im Jahr 1666 Wassereis an den Polen vermutete, wurde seit den ersten von Raumsonden übermittelten Daten angenommen, sie bestünden vor allem aus gefrorenem Kohlendioxid.

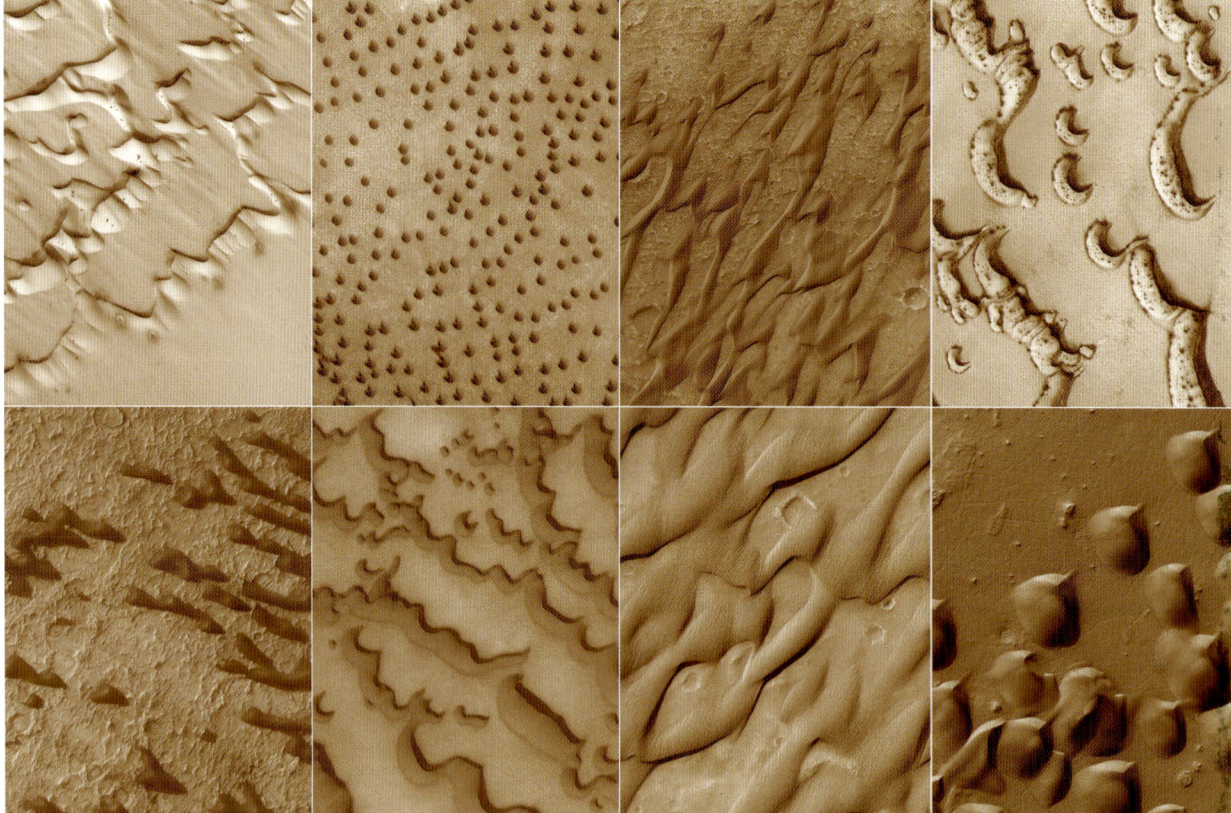

Abb. 1 *Dünenformen auf dem Mars treten in praktisch allen von der Erde her bekannten Formen auf. Sie demonstrieren die dominierende Wirkung des Windes bei der Gestaltung der heutigen Marsoberfläche. Alle Bilder zeigen ein 2 bis 3 km breites Areal.*

Geheimnisvoller Kosmos. Herausgegeben von Thomas Bührke und Roland Wengenmayr · Copyright © 2009 WILEY-VCH Verlag GmbH & Co. KGaA, Weinheim · ISBN: 3-527-40899-1

Diese Sichtweise änderte sich spätestens 1976, als die Viking-Sonden über dem sommerlichen Nordpol eine deutliche Erhöhung der Wasserkonzentration in der Atmosphäre registrierten. Dies wurde als Sublimation von Wassereis von der Polkappe in die Atmosphäre interpretiert. Auch die Form der Polkappen ist mit einer Zusammensetzung aus Trockeneis nicht vereinbar, denn dieses ist mechanisch nicht stabil genug, um die beobachtete kuppelförmige Gestalt anzunehmen. Schließlich lieferte ein Spektrometer auf der Sonde Mars Odyssey, die seit 2001 den Planeten umkreist, den endgültigen Beweis: Direkte Beobachtungen der Sommereiskappe erbrachten den eindeutigen spektralen Nachweis für Wassereis [1,2].

Heute gilt ein beträchtlicher Anteil an Wassereis in beiden Polkappen als gesichert. Ihr Volumen konnte mit Hilfe hoch genauer Lasermessungen bestimmt werden. Für plausible Zusammensetzungen der Eiskappen, die aus einer Mischung von Staub und Eis bestehen, ergeben sich Volumina zwischen 2,3 und 3 Millionen km^3 [3], was einer globalen Wasserschicht von 16 bis 22 m entspräche. Die Ozeane der Erde würden dagegen die gesamte Erdoberfläche mit einer gleichmäßigen Schicht von 3 km Dicke umhüllen.

Offensichtlich besitzt der Mars also gegenwärtig weder an der Oberfläche noch in der Atmosphäre Wassermengen, die denen auf der Erde auch nur annähernd vergleichbar wären. Zudem ist Wasser in flüssiger Form auf der Marsoberfläche nur in Ausnahmefällen stabil („Bedingungen für Wasser", S. 15). Im Normalfall würde es wegen des geringen Atmosphärendrucks und der niedrigen Temperaturen sofort verdunsten oder gefrieren. Mars ist heute ein Wüstenplanet, und die stärksten geologischen Veränderungen erzeugt der Wind (Abbildung 1).

Hinweise auf flüssiges Wasser in jüngster Vergangenheit

Umso mehr überraschte im Jahr 2000 eine Arbeit, die Planetenforscher in aller Welt aufhorchen ließ [5]. Zwei Wissenschaftler hatten auf Bildern der amerikanischen Sonde Mars Global Surveyor, die zu diesem Zeitpunkt den Roten Planeten bereits seit mehr als zwei Jahren umkreiste, Erosionsformen identifiziert, die nur wenige Meter breit und wenige Kilometer lang sind (Abbildung 2 und das Titelbild). Im Englischen heißen sie Gullies. Auf den Bildern früherer Missionen waren sie wegen der geringen Auflösung nicht entdeckt worden.

Morphologisch gleichen sie terrestrischen Hangrinnen, die von flüssigem Wasser geformt werden. Umgehend wurden verschiedene Theorien ihrer Entstehung vorgeschlagen, die fast alle eines gemeinsam haben: Flüssiges Wasser scheint an der Bildung beteiligt gewesen zu sein. Eine plausible Erklärung für die Bildung der Hangrinnen basiert auf der Analogie mit vergleichbaren terrestrischen Formen: Dabei kommt es beim Auftauen von Eis im Boden zum lawinenartigen Abgang einer Mure [6]. Vielleicht waren die Hänge aber auch mit Schnee bedeckt, und die Hangrinnen bildeten sich erst nach dessen Abschmelzen [7].

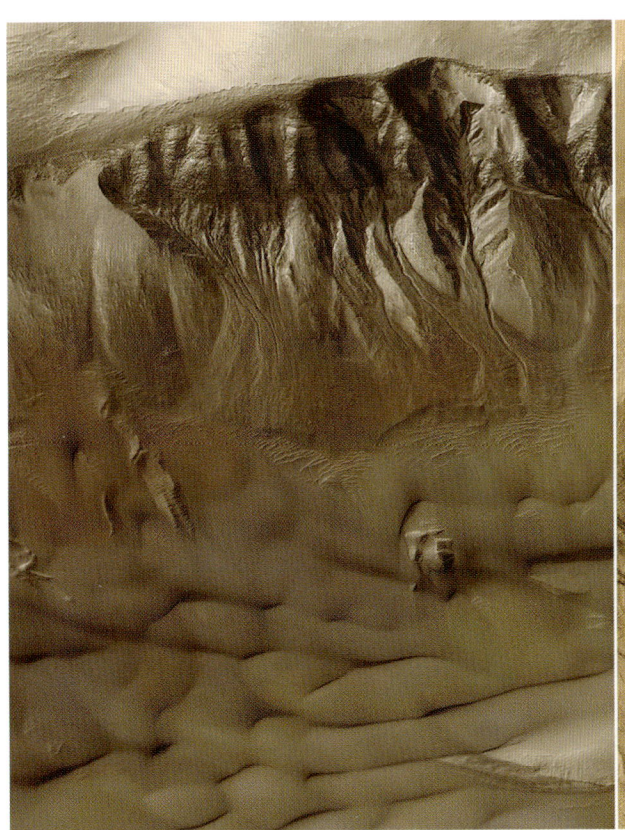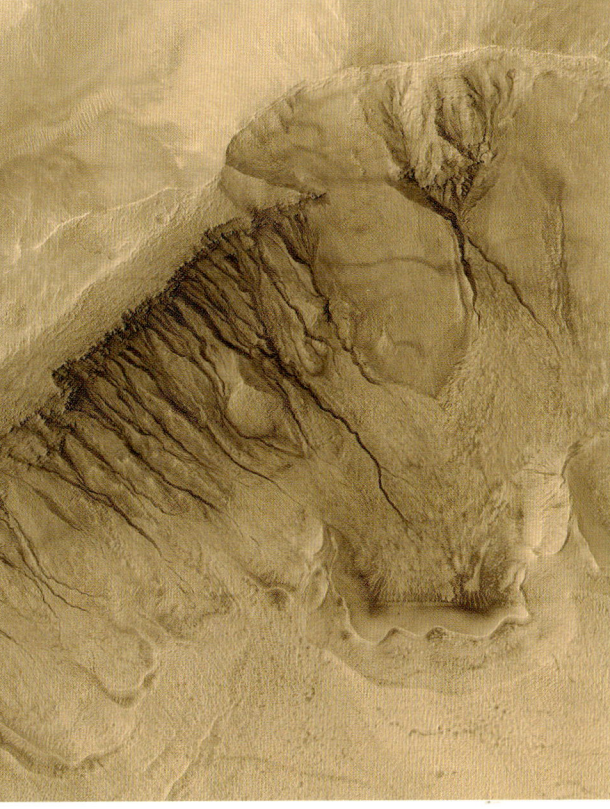

Abb. 2 *Diese Hangrinnen auf dem Mars sind morphologisch nicht von solchen auf der Erde zu unterscheiden. Sie entstanden wahrscheinlich im Zusammenhang mit flüssigem Wasser. Beide Bilder zeigen jeweils ein einige Kilometer breites Terrain.*

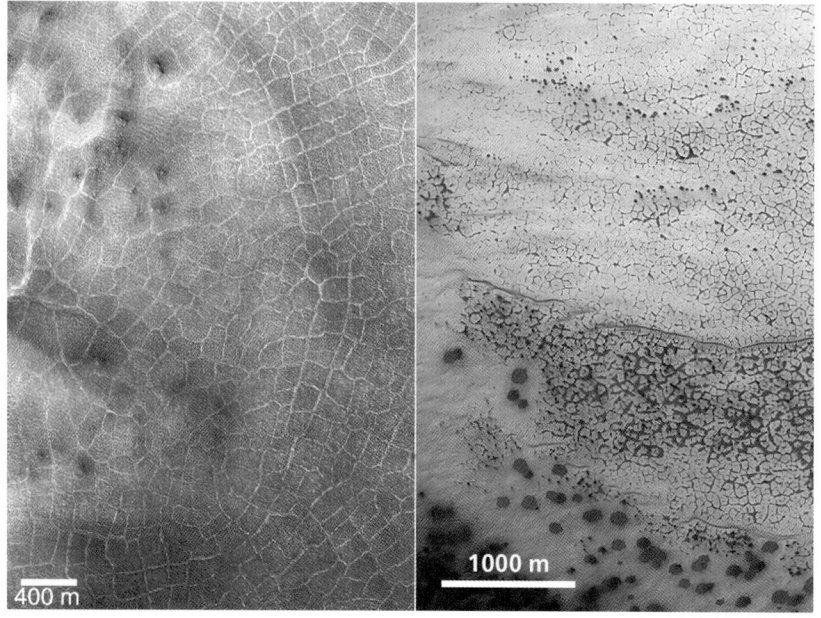

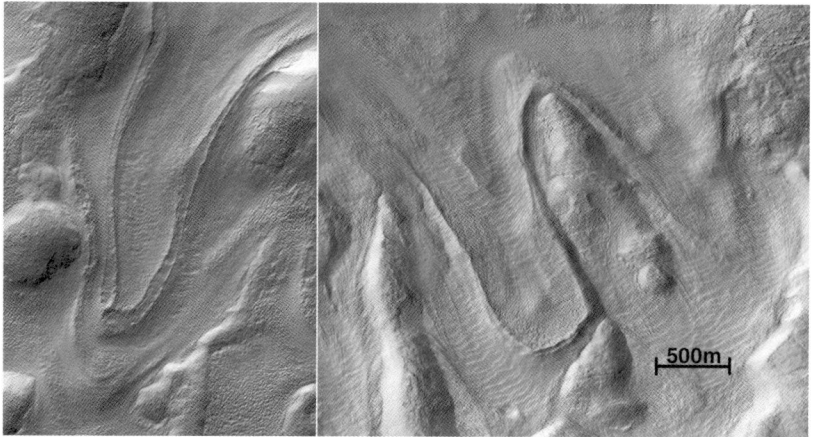

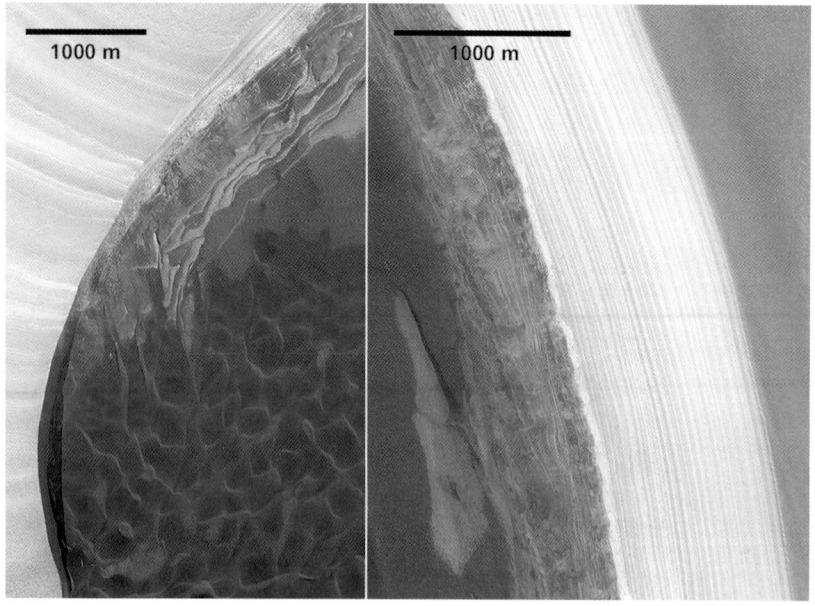

Die einzige denkbare Alternative zu Wasser wäre eine Mischung aus flüssigem Kohlendioxid und Gesteinspartikeln [8], doch konnte diese Hypothese kaum Anhänger finden. Trockene Rutschungsprozesse scheiden nach Ansicht mancher Wissenschaftler wegen der spezifischen Form der Rinnen ebenfalls aus. Auffällig ist die geographische Verteilung: Die Hangrinnen sind nicht überall auf dem Mars zu finden, sondern liegen in beiden Hemisphären etwa zwischen 30° und 70° Breite.

Die eigentliche Sensation lag – neben der Entdeckung selbst – im Alter der Strukturen: Sie sind ganz offensichtlich sehr jung. Man erkennt dies daran, dass sich in den Hangrillen keine Einschlagskrater befinden. In der Planetengeologie ist die Anzahl von Einschlagskratern ein Maß für das Alter einer Oberfläche: Je älter sie ist, desto länger war sie dem Bombardement durch Meteoriten ausgesetzt und desto höher ist die Kraterdichte. Auf den Hangrinnen und den Schuttfächern an ihrem Fuß fehlen Krater völlig. Sie können also nicht älter als einige Hunderttausend Jahre sein, möglicherweise aber auch viel jünger. Sogar eine Bildung zum gegenwärtigen Zeitpunkt ist nicht ausgeschlossen. Obwohl wegen der fehlenden Kraterstatistik eine genauere Eingrenzung ihres Alters nicht möglich ist, sind sie in jedem Fall in geologischem Maßstab extrem jung [19].

Es scheint also, als hätte flüssiges Wasser in jüngster Vergangenheit auf oder wenig unterhalb der Oberfläche existiert. Physikalisch ist dies jedoch nahezu unmöglich, da die Marsatmosphäre derart kalt und dünn ist, dass Wasser nur in festem oder gasförmigem Zustand existieren kann. Wie kann es unter diesen Bedingungen in allerjüngster Vergangenheit oder sogar gegenwärtig zur Bildung der Rinnen gekommen sein?

Junge geomorphologische Phänomene

Die überraschende Entdeckung der Hangrinnen sollte nicht die einzige ungewöhnliche Beobachtung durch die Sonden Global Surveyor und Mars Odyssey bleiben. Auch andere geomorphologische Phänomene, die von der Wirkung von Wasser oder Eis zeugen, scheinen relativ jung zu sein. So finden sich Strukturböden mit polygonalen Mustern, die man auf der Erde von Permafrostgebieten wie Alaska oder Sibirien kennt, auch auf dem Mars (Abbildung 3). Sie sind nicht zufällig verteilt, sondern befinden sich in höheren geographischen Breiten nördlich beziehungsweise südlich des je-

Abb. 3 *Polygonale Muster auf der Marsoberfläche. Auf der Erde bilden sich derartige Strukturen in Permafrostgebieten durch Eiskeile.*

Abb. 4 *Die Morphologie dieser Oberflächenformen, die an Hängen auftreten, erinnert an terrestrische Gletscher oder Blockgletscher.*

Abb. 5 *Geschichtete Ablagerungen in den Polarregionen. Man nimmt an, dass sie periodische Schwankungen des Klimas widerspiegeln.*

weils etwa 40. Breitengrades. In genau diesen Regionen sollte theoretischen Überlegungen zufolge Eis in oberflächennahen Bereichen des Marsbodens stabil sein. Da zudem in einem eishaltigen Boden in diesen Breiten thermale Spannungen im Winter zu Brüchen führen sollten, halten es viele Wissenschaftler für wahrscheinlich, dass diese Polygone durch Frostbrüche in eishaltigem Material und nachfolgendem Wachstum von Eiskeilen in den Brüchen entstehen.

Andere Strukturen scheinen auf Fließvorgänge im Marsboden hinzuweisen. Auch hierfür gibt es auf der Erde Analogien. In so genannten Blockgletschern „kriecht" eine Mischung aus Gesteinsblöcken und Eis Hang abwärts. Diese Phänomene sind in den Permafrostgebieten der Erde verbreitet, man findet sie aber auch in anderen kalten Gegenden wie im Hochgebirge der Alpen. Schon seit Jahrzehnten wurde vermutet, ähnliche Vorgänge könnten sich auch auf dem Mars abgespielt haben. Die neuen Daten zeigen faszinierende Details dieser Strukturen (Abbildung 4). Auch sie scheinen nicht willkürlich über den Mars verteilt zu sein, sondern der gleichen Breitengradabhängigkeit zu unterliegen wie die Polygonböden und die Hangrinnen. Könnten die Gletscher – so es denn tatsächlich welche waren – an den gleichen Hängen aufgetreten sein wie die Hangrinnen? Tatsächlich sieht man am unteren Ende einiger Hangrinnen (Abbildung 2 rechts unten) merkwürdige gebogene Strukturen, die in ihrer Form der „Gletscherzunge" von Abbildung 4 ähneln und als Endmoränen gedeutet werden können. Möglicherweise war hier einst der gesamte Hang mit einem Gletscher bedeckt.

Eine Reihe von interessanten, relativ jungen Oberflächenformen befindet sich also in zwei Gürteln, die sich in mittleren und höheren Breiten rund um den Planeten ziehen. In noch höheren Breiten, nördlich und südlich von etwa ± 60° Breite, scheint die Oberfläche dagegen sehr eben zu sein. Es scheint, als hätte sich ein Mantel über sie gelegt, der vorher vorhandene Rauigkeiten einebnete. Auf die Existenz eines derartigen Materials war zunächst aus den Höhenmessdaten von Global Surveyor geschlossen worden, die in den entsprechenden polaren und subpolaren Regionen statistisch weniger rau sind als in niedrigeren Breiten [9].

Offensichtlich hat sich das Mantelmaterial aus der Atmosphäre abgelagert. Darauf weist die Tatsache hin, dass es einheitlich über allen anderen Oberflächeneinheiten liegt. Diese oberste Schicht dürfte zumindest teilweise aus Staub bestehen, der beständig durch atmosphärische Prozesse auf der Marsoberfläche umverteilt wird. Da Sanddünen über den Mantel hinweg wandern, ohne ihn zu verändern, besitzt er offenbar eine gewisse mechanische Festigkeit. Der „Zement", der ihm diese verleiht, ist vermutlich Wassereis.

In sehr hoch auflösenden Bildern konnte schließlich die oberflächliche Textur der Ablagerungen direkt beobachtet werden. Während sie polwärts von jeweils etwa 60° Breite intakt ist, weist sie in einem Übergangsbereich zwischen etwa 30° und 60° verschiedene Stadien der Degradation auf [10]. Dort konnte auch die Mächtigkeit des Man-

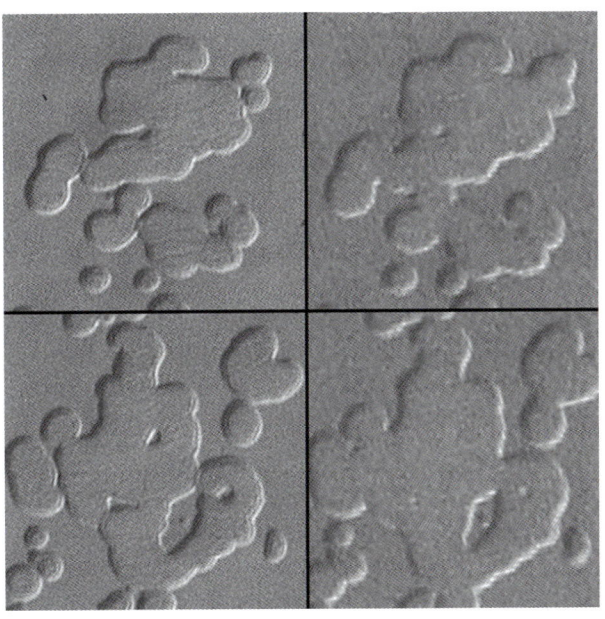

Abb. 6 *Bilder der Sommereiskappe am Südpol, aufgenommen nach einem Marsjahr (links 1999, rechts 2001). Sie zeigen einen Rückgang der obersten Schicht aus CO_2-Eis an.*

tels bestimmt werden, die mindestens einige Meter zu betragen scheint. In eben dieser Übergangszone haben auch die jungen Oberflächenformen, die möglicherweise auf Was-

BEDINGUNGEN FÜR WASSER

Wasser kann bekanntlich in drei Aggregatzuständen vorliegen: flüssig, fest oder gasförmig, wobei der Tripelpunkt (Abbildung) bei 273 K und 6,1 mbar liegt. Die Marsatmosphäre ist extrem kalt und trocken. Nur im Sommer steigen die Temperaturen in äquatornahen Regionen mittags über 273 K, der Druck liegt zwischen den Maximalwerten von 2,5 mbar und 12,5 mbar. Diese Variation ist jahreszeitlich bedingt. CO_2 kondensiert jeweils am Winterpol und sublimiert am Sommerpol – dabei werden bis zu 25 % der Gesamtmasse der Atmosphäre einbezogen. Wasser existiert daher normalerweise entweder in festem Zustand als Eis oder gasförmig in der Atmosphäre.

In beiden Aggregatzuständen wurde Wasser auch tatsächlich schon zweifelsfrei nachgewiesen, weswegen die oft gestellte Frage: Gibt es Wasser auf dem Mars? irreführend ist. Präziser sollte sie lauten: Gibt es *flüssiges* Wasser auf dem Mars? Eine Antwort darauf ist gegenwärtig nicht möglich. Doch kann beim Blick auf das Diagramm festgestellt werden, dass die Minimalbedingungen dafür zumindest zeitweise auf dem Mars gegeben sind:

Der Atmosphärendruck muss 6,1 mbar übersteigen, und die Temperatur über 273 K liegen. Es konnte nachgewiesen werden, dass diese physikalischen Voraussetzungen manchmal, wenn auch selten, vorhanden sind. Es bleibt allerdings offen, ob tatsächlich gegenwärtig flüssiges Wasser periodisch an der Marsoberfläche auftritt [4].

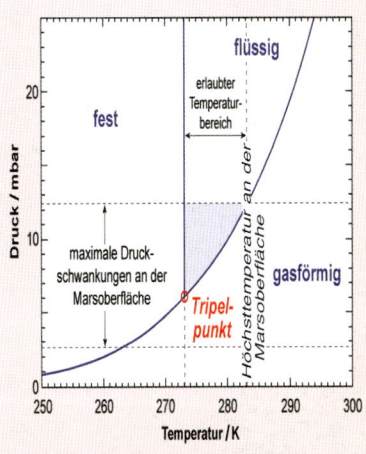

Phasendiagramm für Wasser im Druck-Temperatur-Raum.

Abb. 7 *Moränen-artige Streifen bedecken das Auswurfmaterial eines Kraters am Äquator – Indizien für eine mögliche ehemalige Vergletscherung.*

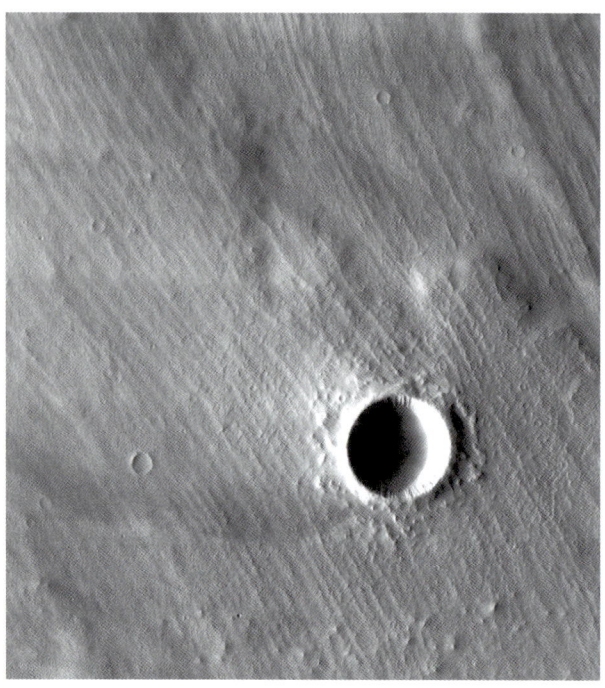

ABB. 8 | WASSER IM MARSBODEN

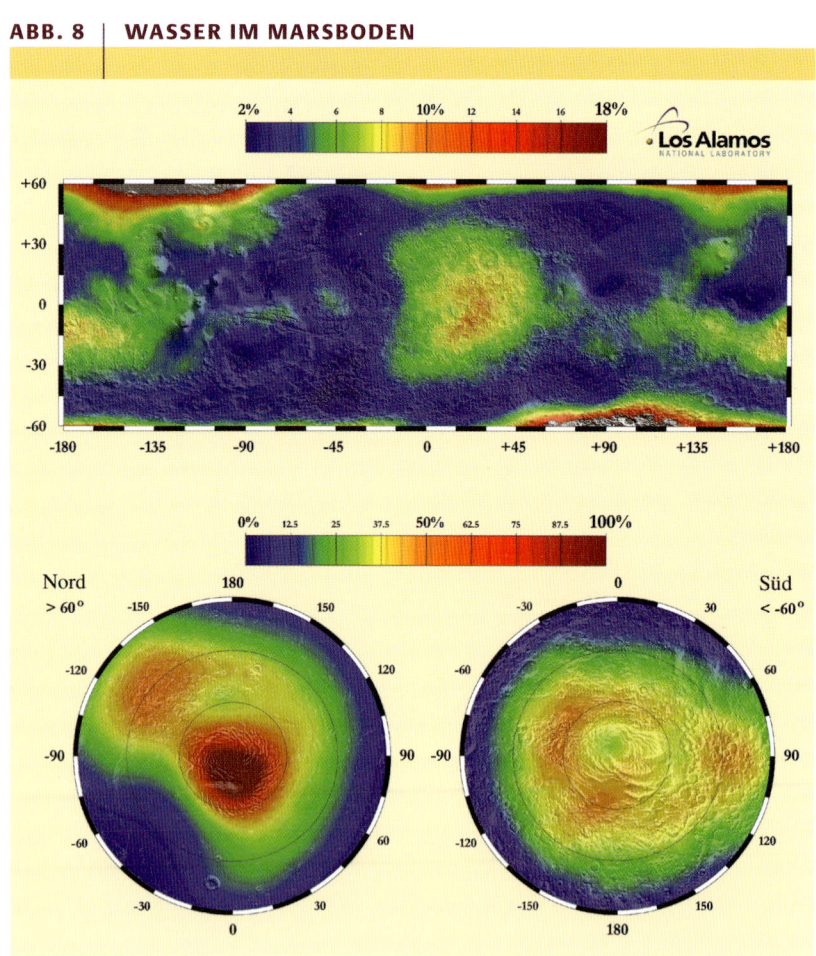

Relative Konzentration von Wasser im Marsboden, ermittelt aus den Ergebnissen der Neutronenmessungen von Wasserstoff. Da die Wasserwerte stark modellabhängig sind, sind die auf der Karte angezeigten Werte nicht identisch mit den im Text genannten, die auf einer anderen Arbeit beruhen (aus [13]).

ser und Eis zurückzuführen sind, ihr häufigstes Auftreten. Die Vermutung liegt nahe, die Erosion des Mantelmaterials habe dort zur Ausbildung der Hangrinnen und der Fließerscheinungen geführt. Die Abhängigkeit der Erosionszone und der geomorphologischen Phänomene von der geographischen Breite deutet auf eine Kontrolle durch klimatische Prozesse hin. Die Erosion des Mantelmaterials könnte insofern ein Indiz für eine globale Klimaerwärmung auf dem Mars sein, die das Eis sublimieren lässt und die Erosion verursacht.

An den Polen selbst sind die Auswirkungen eines Klimawandels unmittelbar zu beobachten. Schon lange waren die eigenartig geschichteten Ablagerungen (Abbildung 5), die weite Teile beider Polregionen bedecken und unter den eigentlichen Eiskappen liegen, als Zeugen periodischer Klimaschwankungen interpretiert worden. Die lange Lebensdauer von Global Surveyor ermöglichte den direkten Nachweis für eine gegenwärtige Klimaerwärmung in den Polgebieten: Die hoch auflösende Kamera der Sonde hatte im Jahr 1999 Erosionsformen in der oberflächlichen CO_2-Eisschicht auf dem Südpol beobachtet. Diese Löcher sind vermutlich auf die Sublimation von Trockeneis zurückzuführen. Als nach zwei Jahren erneut Aufnahmen derselben Gebiete gemacht wurden (Abbildung 6), hatten sich die Löcher eindeutig vergrößert [11]. Die Sublimation ist also offensichtlich ein derzeit aktiver Prozess. Die Mehrzahl der jungen Oberflächenformen, die vermutlich im Zusammenhang mit der Tätigkeit fließenden Wassers, mit Permafrost und Bodeneis oder mit Gletschern und Eisschilden stehen (fluviatile, periglaziale und glaziale Formen), liegen in höheren Breiten ab etwa dem 40. Breitengrad.

Doch die Daten der neuen Raumsonden untermauern frühere Vermutungen, auch tropische Breiten könnten in jüngerer Vergangenheit vergletschert gewesen sein. In der Nähe großer Schildvulkane am Äquator gibt es jeweils auf der westlichen Bergflanke großräumige Ablagerungen, die von einigen Forschern als Reste einer Vergletscherung interpretiert werden [12]. Im Einzelnen handelt es sich um eine besondere Art von Moränen, um eine Oberfläche, die an terrestrischen Till erinnert (ein glaziges Gestein, das aus Moränen hervorgeht), und um Blockgletscher.

Auch für diese Kombination von Oberflächenformen gibt es irdische Analogien: Die Trockentäler in der Antarktis, die zu den kältesten und trockensten Gegenden auf der Erde zählen. Diese polaren Wüsten sind klimatisch die Mars-ähnlichsten Gebiete der Erde. Dort ist es so kalt, dass Gletscher an ihrer Basis durch das Gewicht des Eises nicht aufschmelzen und auf dieser Gleitschicht über den Boden kriechen, sondern am Boden gleichsam festfrieren. Die Deformation des Gletschers erfolgt nicht an seiner Basis, sondern im Gletscherinneren. Der Untergrund wird deshalb nicht erodiert, und das Gelände wird nicht eingeebnet. Bilder vom Mars zeigen, wie Krater an der Nordwestflanke von Arsia Mons, einem riesigen Schildvulkan in der Nähe des Marsäquators, vollkommen frisch erscheinen, obwohl ihre

Auswurfmaterialien von feinen, moränenartigen Streifen bedeckt sind (Abbildung 7). Der Rand des oberen Kraters selbst erscheint frisch.

Offenbar war dieser Krater einst von einem sehr kalten Gletscher bedeckt, ohne von ihm eingeebnet worden zu sein. Als der Gletscher langsam abschmolz oder sein Volumen durch Sublimation verlor, lagerte sich an seiner Stirnseite Material in feinen, zum Gletscherrand parallelen Moränen ab. Bei den feinen Streifen handelt es sich also nicht um Stauch- oder Endmoränen, sondern um Ablagerungen, die sich auf dem Untergrund absetzen, ohne ihn zu modifizieren. Im Kraterinneren fehlen sie, denn dieses war noch länger mit einer Resteismasse (Toteis) gefüllt. Das Moränenmaterial könnte feiner Staub oder Asche aus Vulkaneruptionen sein, das aus der Atmosphäre auf den Gletscher gelangte. Jeder Streifen würde einem Stillstand und einer darauf folgenden Rückzugsphase des Gletschers entsprechen.

Aufgrund von Messungen der Einschlagskraterstatistik weiß man, dass die Lavaströme, auf denen sich die Sedimente bildeten, geologisch sehr jung sind. Folgerichtig müssten also die möglichen Gletscher, die diese Sedimente ablagerten, noch jünger sein. Es scheint, als hätten in jüngerer Vergangenheit nicht nur in höheren Breiten, sondern bis zum Äquator klimatische Bedingungen geherrscht, welche die Entstehung von fluviatilen, periglazialen und glazialen Oberflächenformen begünstigten. Sollte dieses Szenario zutreffen, hätten sich also in den letzten 10^5 bis 10^6 Jahren auf dem Mars Perioden kälteren und wärmeren Klimas abgewechselt: In Kaltzeiten entstand der oberflächliche Mantel aus einer Mischung von Eis und Staub von den Polen bis in mittlere Breiten, und in wärmeren Episoden wurde er wieder in Richtung der Pole hin abgebaut.

Wassereis im Boden

Unabhängig von den geomorphologischen Indizien für eine wasserreiche, oberflächennahe Schicht in höheren Breiten auf dem Mars weisen physikalische Messungen in die gleiche Richtung. Auf Mars Odyssey befindet sich ein Instrument zur Messung von Neutronen und Gammastrahlung, die durch das Bombardement des Marsbodens mit kosmischer Strahlung freigesetzt werden. Letztere besteht vorwiegend aus hochenergetischen Protonen, die wegen der fehlenden Schutzwirkung eines globalen Magnetfeldes und der dünnen Atmosphäre nahezu ungehindert in die Marsoberfläche eindringen. Die Charakteristik der freigesetzten Neutronen und der Gammastrahlung erlaubt Rückschlüsse auf die chemische Zusammensetzung des Marsbodens.

Da mit dieser Methode keine Moleküle, sondern nur Elemente nachgewiesen werden können, muss über die Existenz von Wasserstoff (H) auf Wasser (H_2O) geschlossen werden. Insofern bleibt hier ein Unsicherheitsfaktor bestehen. Dennoch liefert die globale Verteilung der gemessenen Neutronenstrahlung Anhaltspunkte, wo und in welcher Tiefe Wasserstoff und damit Wasser anzutreffen ist. Obwohl alle Angaben über absolute Wassermengen modellabhängig

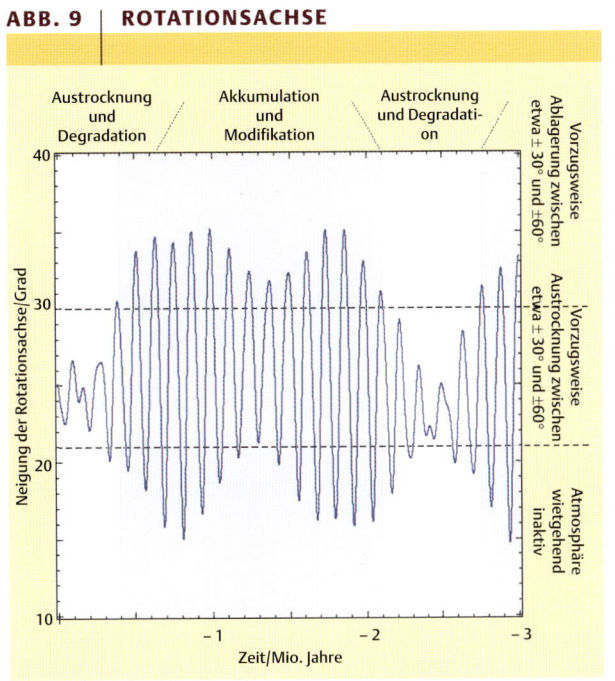

ABB. 9 | ROTATIONSACHSE

Schwankungen der Rotationsachse und ihr Einfluss auf Klimaschwankungen (nach [16, 17]).

sind, können so in erster Näherung Karten der Wassermenge im Boden erstellt werden (Abbildung 8).

So scheint in der Nähe des Südpols der Untergrund unter einer trockenen Schicht schon ab einer Tiefe von etwa 20 cm mit Eis durchmischt zu sein. Die absoluten Werte für den Wasser- beziehungsweise Eisgehalt des Bodens schwanken je nach Modell, doch ein hoher Prozentsatz an Eis in höheren Breiten scheint sicher zu sein. Zum Äquator hin nimmt die Tiefe der Eisschicht dann ständig ab, weil die höheren Temperaturen eine Sublimation aus den oberen Bodenschichten begünstigen. Allerdings erlauben die Messungen des Neutronenflusses nur, die obersten Schichten des Marsbodens bis in ein bis zwei Meter Tiefe zu untersuchen.

Diese Ergebnisse stimmen erstaunlich gut mit den in Bildern und Höhendaten beobachteten geomorphologischen Phänomenen überein. Ab etwa 60° nördlicher und südlicher Breite nimmt die aus der Häufigkeit der gemes-

INTERNET

Seite des DLR-Adlershof mit vielen Links
berlinadmin.dlr.de/Missions/express/marslinks/marslinks.shtml

Die Regional Planetary Image Facility des DLR-Adlershof
solarsystem.dlr.de/RPIF/bestand.shtml

Aktuelle Marsbilder
www.msss.com

Die neun Planeten. Eine Multimediatour durchs Sonnensystem
www.wappswelt.de/tnp/nineplanets/nineplanets.html

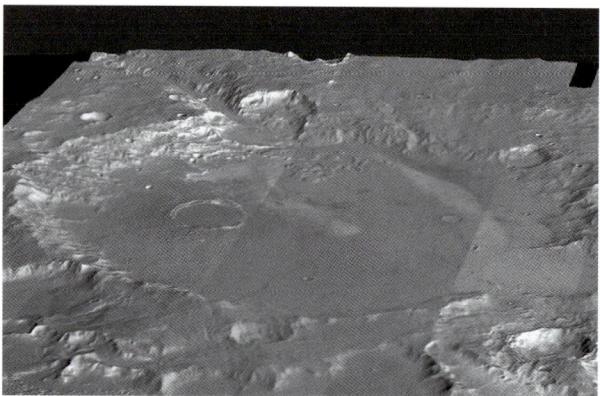

Abb. 10 *Ein Tal mündet von Südosten (oben links) in den Krater Gusev, in dem der Marsrover Spirit landen soll. Das Bild zeigt ein etwa 180 km breites Gelände.*

senen Neutronen abgeleitete Wassermenge kräftig zu, wie Abbildung 8 verdeutlicht. Die höheren Wasserkonzentrationen in den Polgebieten lassen sich mit einer Oberflächenschicht aus Eis und Staub, die aufgrund der geomorphologischen Beobachtungen in mittleren und höheren Breiten vermutet wird, gut erklären. Auch theoretische Modellierungen der Stabilität von Eis im Marsboden sagen unter heutigen Bedingungen einen hohen Wasseranteil nördlich und südlich von jeweils etwa 40° bis 60° Breite voraus [14]. In diesen Modellen nimmt man an, das Wasser gelange durch Diffusion aus der Atmosphäre in den Untergrund, wo es sich durch Kondensation in den Porenräumen niederschlägt. Für diesen Vorgang erwartet man maximale Wasserkonzentrationen von 40 Volumenprozent. Aus den Messwerten der Neutronendetektoren leitet man allerdings je nach Modell über 90 Volumenprozent ab [15].

Einige Klimaforscher bezweifeln, dass derart hohe Mengen alleine durch Diffusion aus der Atmosphäre in die räumlich begrenzten Porenräume angereichert werden können. Um diese Diskrepanz zu erklären, schlagen sie eine

direkte Anreicherung von Eis durch Niederschlag aus der Atmosphäre vor, wobei die Diffusion in den Untergrund von untergeordneter Bedeutung wäre. Die Anreicherung würde demnach allerdings nicht unter heutigen Bedingungen stattfinden. Klimaschwankungen in der Vergangenheit könnten dieses Rätsel lösen.

Eiszeiten auf dem Mars?

Schon lange ist bekannt, dass die Neigung der Marsrotationsachse wesentlich instabiler ist als die der Erde. Der Grund dafür ist das Fehlen eines großen Marsmondes. Wie Computersimulationen gezeigt haben, stabilisiert ein massereicher Mond die Rotationsachse eines Planeten. Bei der Erde ist dies der Fall. Im vergangenen Jahr wurden die Schwankungen der Marsrotationsachse (Abbildung 9) neu berechnet [16]. Nachfolgende Modellierungen mit Hilfe von globalen Zirkulationsmodellen belegten dann, wie diese Veränderungen das Klima auf dem Mars beeinflussen können [18]. Eine erhöhte Neigung der Rotationsachse führt beispielsweise zu einer höheren Sonneneinstrahlung an den Polen, wogegen die niedrigeren Breiten weniger Strahlungsenergie empfangen und deswegen kühler sind als heute.

Konsequenterweise würden leichtflüchtige Bestandteile wie Wasser und Kohlendioxid bei Achsenneigungen von mehr als etwa 30° von den Polkappen in Richtung Äquator wandern. Dort könnten sie sich niederschlagen und eine Mischung aus Eis und Staub bilden. Wenn sich die Achse wieder aufrichtet, sublimiert das Eis wegen der steigenden Temperaturen in niedrigen Breiten und die oberflächlichen Ablagerungen aus Eis und Staub würden abgebaut (degradiert). Der Staub bleibt zurück und bildet eine Oberflächenschicht, die eventuell vorhandenes, darunter liegendes Resteis vor weiterer Sublimation schützt.

Wenn dieser Zyklus sich wiederholt, könnten auf diese Weise viele der weit verbreiteten, geschichteten Sedimente auf der Marsoberfläche gebildet worden sein. Da in den letzten 400 000 Jahren die Achsenneigung verhältnismäßig gering war, wäre es in dieser Zeit zu einem Rückgang der Eisschichten in mittleren Breiten gekommen (Abbildung 9). Steigt die Achsenneigung dagegen auf den maximal zu erwartenden Wert von 45°, wäre Eis den Klimamodellen zufolge sogar am Marsäquator stabil. Es dürfte dabei nicht gleichmäßig verteilt sein, sondern bevorzugt in topographisch höher gelegenen Regionen auftreten. Dies könnte eventuell die möglichen Spuren von Gletschern an den Flanken hoher Vulkane erklären. Eine Kontrolle des Klimas der jüngeren Marsvergangenheit durch Schwankungen der Rotationsachsen- und Bahnparameter könnte also viele der beschriebenen Beobachtungen erklären.

Raumsonden erkunden den Mars

Die Theorie der durch Achsen- und Bahnschwankungen hervorgerufenen Klimaänderungen erscheint sehr attraktiv. Dennoch sind noch längst nicht alle Aspekte der Entwicklung des Marsklimas verstanden. Die Beantwortung der Fragen, wie es sich in der Vergangenheit verändert hat, wo derzeit Wasser in welcher Form zu erwarten ist, und ob sich im Zusammenhang damit eventuell Leben entwickelt haben könnte, steht vermutlich noch in ferner Zukunft.

Eine Reihe neuer Marssonden, die sich bereits auf dem Weg befinden und gegen Ende diesen Jahres an ihrem Ziel ankommen werden, können entscheidende Beiträge liefern. Einen Überblick finden Sie im Anschluss an diesen Aufsatz. Erstmals entsendet auch die Europäische Weltraumorganisation, ESA, mit Mars Express eine Sonde zu unserem Nachbarplaneten. Sie verfügt über eine Reihe von Instrumenten, welche die Beschaffenheit der Oberfläche und der Atmosphäre untersuchen sollen. So wird die Oberfläche aus der Umlaufbahn erstmals von einer Kamera in Farbe und Stereo mit einer räumlichen Auflösung von bis zu 10 m pro Bildpunkt abgebildet werden (siehe „Die deutsche Marskamera" auf der gegenüber liegenden Seite).

Ein ebenfalls an Bord von Mars Express befindliches Radargerät kann die Grenzflächen zwischen wasser- und eishaltigen Schichten bis in mehrere Kilometer Tiefe im Boden vermessen. Hochauflösende spektrale Aufnahmen können zeigen, wo die Oberfläche aus Mineralen besteht, die sich in Zusammenhang mit Wasser bilden. Kurz vor Erreichen der Umlaufbahn um den Planeten wird das Mutterschiff eine Kapsel mit dem Namen Beagle 2 absetzen. Sie soll sanft auf der Oberfläche landen und Marsgestein untersuchen.

Gleichzeitig sollen zwei Marsrover der NASA landen. Einer von ihnen geht in einem alten Einschlagskrater, genannt Gusev, nieder (Abbildung 10). In ihm vermutet man Sedimente, die einst in einem Kratersee abgelagert worden sein könnten.

Erst die Kombination der Ergebnisse kommender Missionen mit derzeitigen Erkenntnissen wird zeigen, wie sich unser Nachbarplanet tatsächlich entwickelt hat. Kürzlich entschied sich die NASA für den Bau des so genannten Phoenix Landers. Diese Sonde soll 2007 starten und 2008 in hohen Breiten landen, wo man hohe Konzentrationen an Wassereis im Boden erwartet. Mit einem Greifarm kann Phoenix bis zu einen Meter tiefe Löcher graben und das Material analysieren.

Zusammenfassung

Es gibt mittlerweile eine bemerkenswerte Übereinstimmung zwischen geomorphologischen Beobachtungen und Vorhersagen über die Stabilität von Bodeneis sowie Klimamodellen des Mars. Letztere weisen darauf hin, dass es auf dem Mars in den letzten Millionen Jahren klimatische Umschwünge gegeben haben könnte. Dabei lagerten sich in höheren und mittleren Breiten mehrere Meter mächtige Schichten aus Eis und Staub ab, die sich später zwischen etwa 30° und 60° nördlicher und südlicher Breite teilweise wieder auflösten. Sollte diese Theorie zutreffen, könnten auch heute noch eishaltige Materialien unter einer isolierenden Schicht aus Staub bis in die Äquatorregionen zu finden sein.

Abbildungen 1-6 mit freundlicher Genehmigung: NASA/Malin Space Science Systems/DLR, Abb. 7, 10: NASA/JPL/Arizona State University/DLR, Abb. 8: Los Alamos National Laboratory, S. 16 u.: DLR/FU Berlin.

Literatur

[1] S. Byrne, A. Ingersoll, Science **2003**, *299*, 1051.
[2] T. Titus et al., Science **2003**, *299*, 1048.
[3] D. Smith et al., J. Geophys. Res. **2001**, *106*, 23689.
[4] R. Haberle et al., J. Geophys. Res. **2001**, *106*, 23317.
[5] M. Malin, K. Edgett, Science **2000**, *288*, 2330.
[6] F. Costard et al., Science **2002**, *295*, 110.
[7] P. Christensen, Nature **2003**, *422*, 45.
[8] D. Musselwhite et al., Geophys. Res. Lett. **2001**, *28*, 1283.
[9] M. Kreslavsky, J. Head, J. Geophys. Res. **2000**, *105*, 26695.
[10] J. Mustard et al., Nature **2001**, *412*, 411.
[11] M. Malin et al., Science **2001**, *294*, 2146.
[12] J. Head und D. Marchant, Geology **2003**, *31*, 641.
[13] W. Feldman et al., J. Geophys. Res. **2003**, eingereicht.
[14] M. Mellon, B. Jakosky, J. Geophys. Res. **1995**, *100*, 11781.
[15] I. Mitrofanov et al., Science **2003**, *300*, 2081.
[16] J. Laskar, Nature **2002**, *419*, 375.
[17] J. Mustard et al., 6. Intern. Mars Conference **2003**, Abstract 3250.
[18] M. Mischna et al., J. Geophys. Res. **2003**, *108*, 5062.
[19] W. Hartmann, G. Neukum, Space Sci. Rev. **2001**, *96*, 165.
[20] G. Neukum et al., ESA Spec. Publ., im Druck.

Der Autor

Ernst Hauber ist Geologe und arbeitet am Berliner Institut für Planetenforschung im DLR. Hier ist er vorwiegend mit der Aufnahmeplanung für die hoch auflösende Kamera HRSC auf der Sonde Mars Express und der Datenauswertung beschäftigt.

Anschrift
Dr. Ernst Hauber, Deutsches Zentrum für Luft- und Raumfahrt, Institut für Planetenforschung, Rutherfordstraße 2, 12489 Berlin.
ernst.hauber@dlr.de

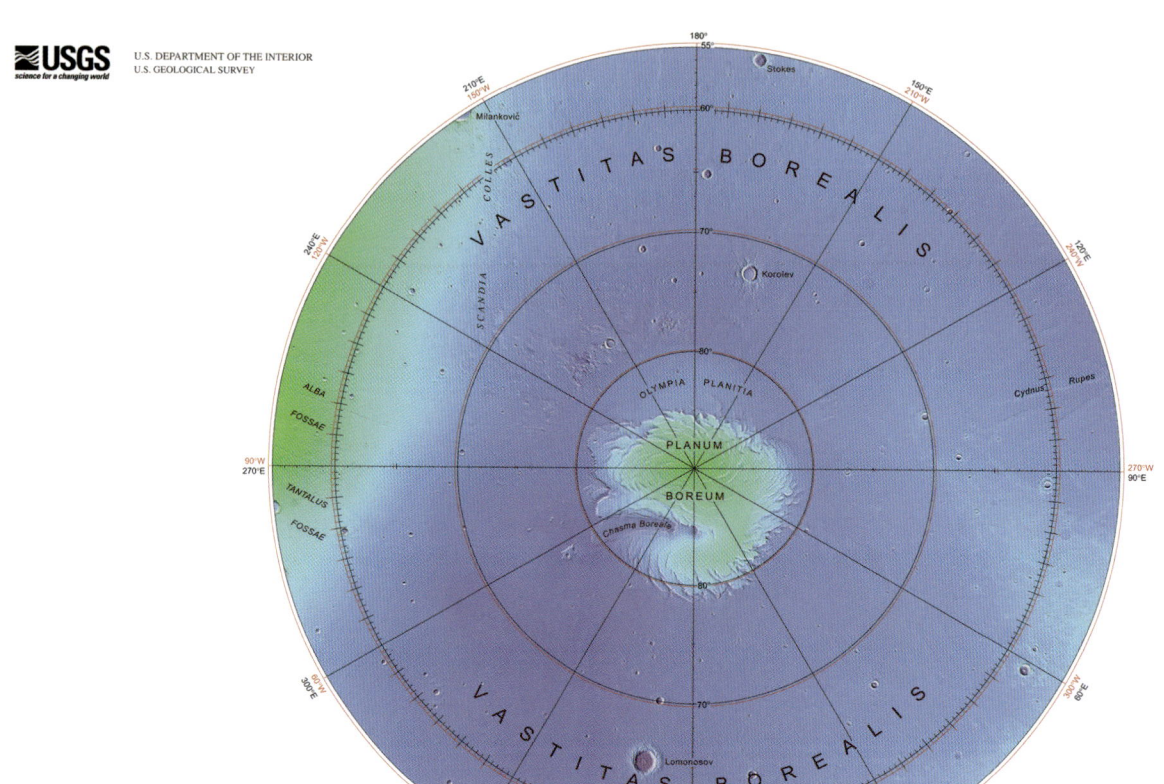

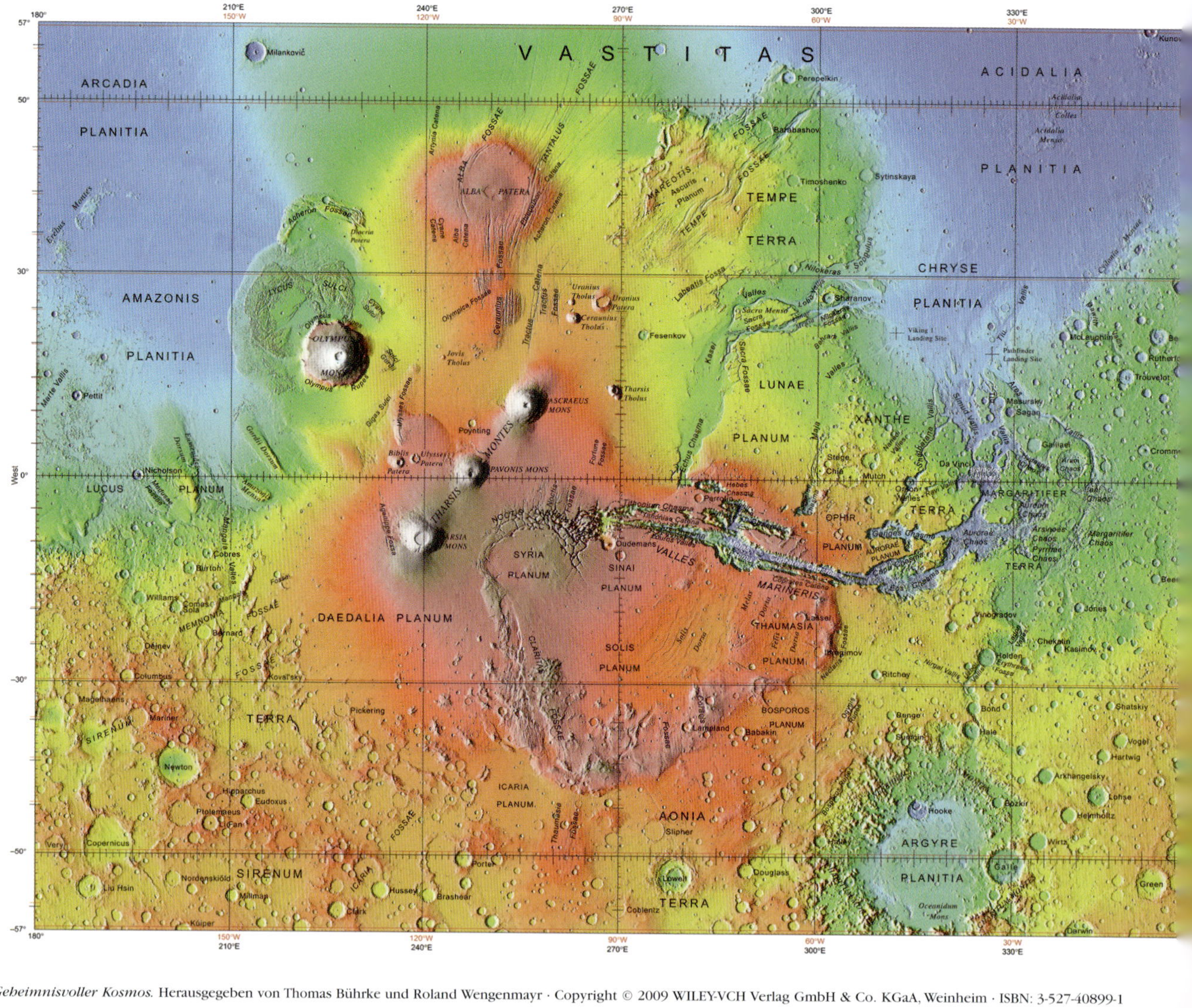

Geheimnisvoller Kosmos. Herausgegeben von Thomas Bührke und Roland Wengenmayr · Copyright © 2009 WILEY-VCH Verlag GmbH & Co. KGaA, Weinheim · ISBN: 3-527-40899-1

Elevations above 9000 meters
found only on the larger volcanos.

-8200 Minimum

21229 Maximum

Elevation in meters

Wasser auf dem Mars

Ernst Hauber

Der Mars-Rover Opportunity untersuchte in der Ebene Meridiani Planum erstmals alte geschichtete Gesteine auf dem Mars. Sie zeigen sedimentäre Strukturen und Minerale, die sich nur im Zusammenspiel mit Wasser gebildet haben können. Diese Ergebnisse konnten Instrumente an Bord von Sonden aus der Umlaufbahn bestätigen und ergänzen. Europas Mars Express fand Indizien für eine wasserreiche Vergangenheit über den ganzen Globus verteilt.

Der Rote Planet wird derzeit von Raumsonden geradezu belagert: Vier Sonden in Umlaufbahnen und zwei Rover liefern kontinuierlich Daten zur Erde. All diese Missionen haben ein gemeinsames Ziel: Die Klimageschichte des Mars zu entschlüsseln und die Frage zu beantworten, wann und wie viel Wasser auf dem Mars vorhanden war und noch ist.

Mars ist heute ein kalter und trockener Planet. Es gibt kein flüssiges Wasser an der Oberfläche, und auch in der Atmosphäre finden sich nur geringe Spuren. Die gegenwärtigen Bedingungen scheinen aber keineswegs immer geherrscht zu haben. Sogar innerhalb der jüngeren geologischen Vergangenheit könnte es zu beträchtlichen Niederschlägen von Schnee nicht nur an den Polkappen, sondern bis in mittlere und sogar tropische Breiten gekommen sein. Es besteht die Vermutung, dass ein periodischer Klimawandel für verschiedene junge glaziale und periglaziale Oberflächenformen verantwortlich ist und die jetzige Phase nur eine Momentaufnahme innerhalb einer Folge von Eiszeiten und Zwischeneiszeiten ist [1]. Die Raumsonde Mars Express der Europäischen Weltraumorganisation, ESA, lieferte hierfür weitere Indizien. Tatsächlich zeigten die Aufnahmen der deutschen Hochleistungskamera HRSC (High Resolution Stereo Camera) eine Vielzahl von Oberflächenformen, die an Gletscher und ihre Ablagerungen (Moränen) erinnern [2]. Ein anderer, wesentlich dramatischerer Klimawechsel scheint sich aber schon viel früher abgespielt zu haben.

Bereits die Aufnahmen der Mariner 9 und der Viking-Missionen in den 1970er-Jahren zeigten ganze Gruppen von Tälern, die verblüffend den verzweigten Erosionsmustern ähneln, wie man sie von der Erde kennt. Hier sind sie das Ergebnis von oberflächlichem Wasserabfluss nach Niederschlägen. Die Marstäler sind fast ausschließlich in sehr alte Oberflächen eingeschnitten (Abbildung 1). Gab es also in der Frühzeit des Planeten eine dichtere Atmosphäre und mehr Wasser, das sich als Regen niederschlug und dabei die Täler erodierte?

Die Morphologie der Oberfläche legt dies nahe. Trifft diese Hypothese eines jungen, warmen, feuchten Mars zu, muss es vor Urzeiten einen grundsätzlichen Klimawandel zu den heutigen Bedingungen gegeben haben. Diese Überlegungen sind nicht neu, und zahlreiche wissenschaftliche Arbeiten haben sich bereits damit befasst, die Details eines derartigen Wandels zu analysieren. Eine kritische Größe ist dabei die Bestimmung des Zeitpunkts. Dieser lässt sich durch die Zählung von Einschlagskratern ziemlich gut berechnen: Je länger eine planetare Oberfläche dem Bombardement durch Meteoriten ausgesetzt ist, desto mehr Einschlagskrater befinden sich auf ihr. Die Talsysteme sind in ihrer überwiegenden Zahl älter als 3,5 bis 4 Milliarden Jahre. Nach etwa 3,5 Milliarden Jahren verringerte sich die Erosionsrate sehr stark, und in den letzten drei Milliarden Jahren ist die Marsoberfläche durchschnittlich nur etwa um 0,01 bis 0,04 Nanometer ($\sim10^{-8}$ mm) pro Jahr abgetragen worden – also insgesamt um etwa einen Millimeter.

Abb. 1 *Die verzweigten Einschnitte dieser alten Talsysteme auf dem Mars sind Abflussmustern auf der Erde sehr ähnlich. Sie sind einer der stärksten Hinweise auf ein wärmeres und feuchteres Klima auf dem frühen Mars. Der Durchmesser des großen Gusev-Kraters beträgt etwa 45 km* (Foto: Falschfarbenaufnahme der HRSC-Kamera auf Mars Express, DLR).

Abb. 2 *Basalt, soweit das Kameraauge reicht: Im Gusev-Krater wurden keine Anzeichen für alte Seesedimente gefunden* (Foto: NASA/JPL/Cornell/DLR).

Allerdings war die These einer feuchten Frühzeit des Roten Planeten in einem wesentlichen Punkt unvollständig: Sie beruhte vorwiegend auf morphologischen Indizien, also auf der geologischen Interpretation von Bildern. Es gab keine eindeutigen chemischen oder mineralogischen Hinweise auf Oberflächenmaterialien, die nur durch die Präsenz von Wasser entstehen konnten.

Im Jahr 2003 starteten drei Sonden, deren Instrumente genau danach suchen sollten. Die NASA sandte zwei Rover zum Mars, die an der Oberfläche nach Hinweisen auf eine wasserreiche Vergangenheit suchen sollten. Sie waren dazu mit einer Reihe von Instrumenten ausgestattet, die speziell geeignet waren, die Rolle von Wasser bei der Bildung von Gesteinen zu untersuchen. Gleichzeitig wurde Mars Express auf die Reise geschickt, die erste Planetenmission der ESA. Sie sollte aus der Umlaufbahn die Klimageschichte des Planeten entschlüsseln.

Gusev – zunächst eine Enttäuschung

Am Anfang gab es jedoch eine große Enttäuschung. Der NASA-Rover Spirit war zwar im Januar 2004 erfolgreich auf dem Boden des alten Einschlagskraters Gusev gelandet, hatte aber nur vergleichsweise langweiligen Basalt gefunden. Basalt ist das am weitesten verbreitete vulkanische Gestein auf der Erde, das auch auf dem Mars bereits wohlbekannt war. Erhofft hatten sich die Forscher von der Landestelle im Gusev-Krater allerdings ganz andere Gesteine.

Vor der Landung ging man davon aus, dass sich in dem Krater vor mehr als drei Milliarden Jahren ein See befand (Abbildung 1). Indizien dafür sah man in dem südlichen Kraterrand, der von einem langen, längst ausgetrockneten Flusstal durchschnitten wird. An dessen Einmündung befindet sich sogar eine Ablagerung, die man als Delta interpretieren könnte. In diesem See hätten sich – dieser Hypothese zufolge – Sedimente abgelagert. Spirit sollte Beweise hierfür finden. In den kühnsten Spekulationen glaubten einige Wissenschaftler sogar daran, dort Reste von früheren Marslebewesen zu entdecken.

Nichts davon war in den Bildern der Kameras zu sehen. Ernüchtert mussten die Wissenschaftler feststellen, dass die flachen Ebenen des Kraterbodens aus einer eintönigen Folge von Basaltbrocken und viel Staub bestanden (Abbildung 2). Den ersten Eindruck von den Bildern bestätigten kurze Zeit später die Resultate der chemischen und mineralogischen Analysen. Wenn hier tatsächlich Sedimente existieren, liegen sie unzugänglich unter den Basaltlagen.

In der Ferne waren aber Hügel zu erkennen, die zu Ehren der verunglückten Crew der Columbia-Raumfähre Columbia Hills genannt wurden. Könnten dort die ersehnten Spuren des Wassers zu finden sein? Die Wissenschaftler wagten nicht zu hoffen, dass Spirit die Entfernung von mehreren Kilometern bis zu den Columbia Hills schaffen würde – war doch die nominelle Missionsdauer der Rover auf relativ kurze 90 Marstage ausgelegt.

Meridiani Planum – ein voller Erfolg

Umso größer war die Begeisterung, als Opportunity, der Zwillingsbruder von Spirit, gleich auf Anhieb eine Reihe geschichteter Gesteine entdeckte. Das Fahrzeug war direkt in einem kleinen Krater namens Eagle mit lediglich 20 m Durchmesser gelandet, dessen Innenwand einen geologischen Aufschluss darstellte. Als Aufschluss bezeichnet man eine Stelle, an der Gestein im ursprünglichen Kontext zu sehen ist (aufgeschlossen ist). Im Gegensatz dazu waren auf dem Boden von Gusev zwar ebenfalls Steine zu sehen, aber eben nur noch als einzelne Brocken, die nirgends mit dem Untergrund, dem Festgestein, verbunden sind.

Die Landestelle in Meridiani Planum war ebenfalls wegen einer vermuteten wasserreichen Vergangenheit gewählt worden. Hier hatte es aber mineralogische Hinweise des Thermal Emission Spectrometers an Bord der Sonde Mars Global Surveyor gegeben. Mit diesem seit 1997 arbeitenden Instrument fand

INTERNET

Mars Express
sci.esa.int/marsexpress
www.dlr.de/mars

Mars Exploration Rover der NASA
marsrovers.nasa.gov/home

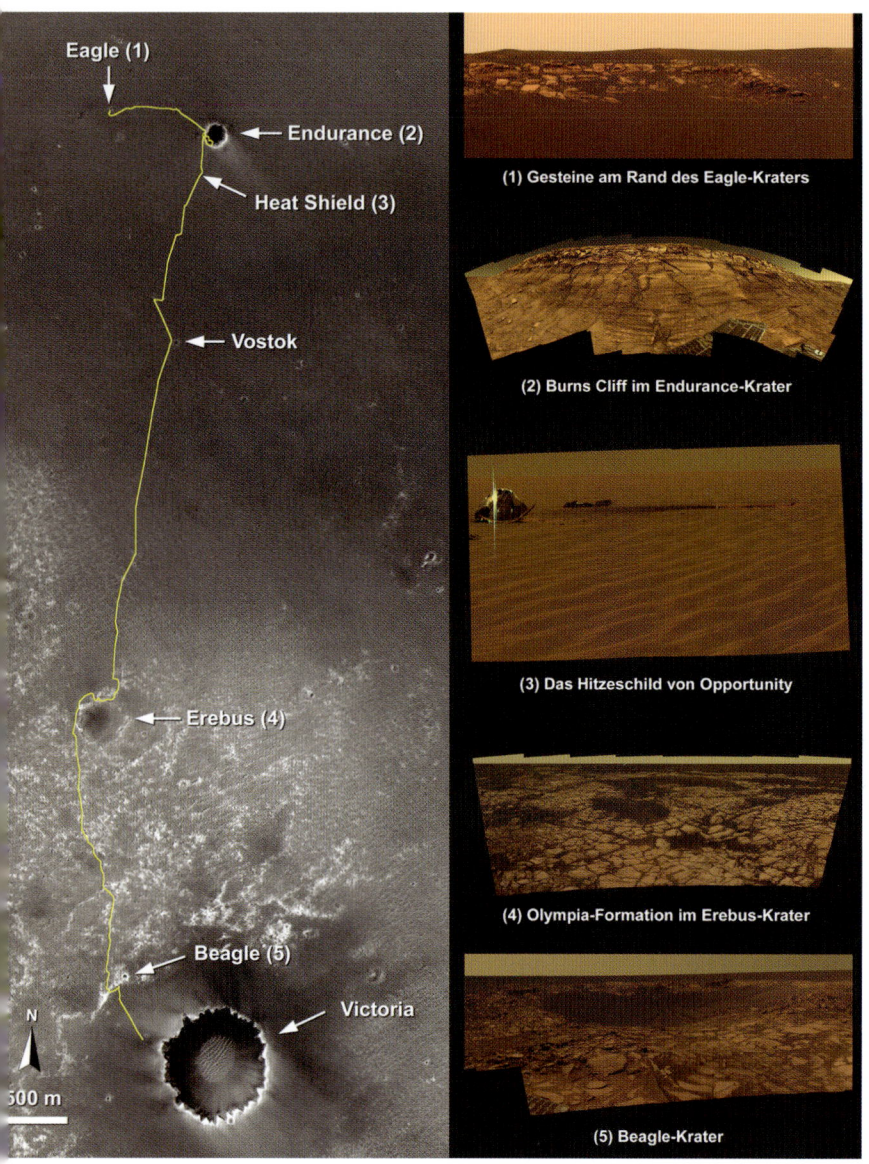

Eagle (1)

Endurance (2)

Heat Shield (3)

Vostok

Erebus (4)

Beagle (5)

Victoria

N

500 m

(1) Gesteine am Rand des Eagle-Kraters

(2) Burns Cliff im Endurance-Krater

(3) Das Hitzeschild von Opportunity

(4) Olympia-Formation im Erebus-Krater

(5) Beagle-Krater

Abb. 3 *Der NASA-Rover Opportunity landete in Meridiani Planum und führte seine bislang umfangreichsten Untersuchungen im Einschlagskrater Endurance durch. Das Übersichtsbild links stammt von der Mars Orbiter Camera (MOC) auf der Mars Global Surveyor Mission, die Mosaike in angenäherten Echtfarben rechts wurden aus Einzelbildern der Panoramakamera auf Opportunity zusammengesetzt* (Fotos: Malin Space Science Systems/DLR (links), NASA/JPL/Cornell/DLR (rechts)).

zu untersuchen. Als Stratigraphie bezeichnet man den Zweig der Geologie, der verschiedene Gesteinsschichten und -formationen hinsichtlich ihrer Korngröße, Sedimentfärbung, Geochemie, Schichtgefüge und dem Fossilgehalt der Gesteine untersucht. Ziel ist dabei das Aufstellen einer zeitlichen Gliederung der Schichten.

Für eine solche Untersuchung musste man einen größeren und tieferen Krater finden, in dessen Wänden eine mächtigere Lage von Schichten aufgeschlossen ist. Auf den Bildern der Umlaufsonden fand man einen Krater mit 150 Metern Durchmesser und 20 Metern Tiefe, der sich etwa 800 Meter östlich von Eagle befindet. Obwohl die Mission von Opportunity nur eine nominelle Lebensdauer von ungefähr 90 Marstagen hatte (was in etwa 90 Erdtagen entspricht), begann der Rover seine lange Fahrt nach Osten, für die er hundert Marstage benötigte. In Anerkennung dieser außergewöhnlichen Ausdauerleistung erhielt der Krater den Namen Endurance (Ausdauer) (Abbildung 3). Ein erster Blick über den Kraterrand zeigte, dass sich die Anstrengung gelohnt hatte, denn mehrere Stellen an den Kraterwänden wiesen eindeutige Spuren von Schichtung auf.

Nachdem die Analyse der Hangneigungen ergeben hatte, dass Opportunity gefahrlos in den Krater hinein und – ebenso wichtig – auch wieder würde herausfahren können, begann der Abstieg am 134. Marstag der Mission. Als Opportunity Endurance nach 181 Marstagen wieder verließ, hatte die Sonde eine planetologische Pioniertat vollbracht: Sie hatte die erste stratigraphische Sektion auf einem anderen Planeten vermessen. Seither legte Opportunity auf dem Weg nach Süden einige Kilometer zurück und konnte dabei noch drei weitere Krater untersuchen (Abbildung 3).

Die bewegte Geschichte des Meridiani Planum

Die besten Einsichten in die Schichtfolgen des Kraters Endurance erhielten die Forscher an zwei größeren Aufschlüssen, die Karatepe und Burns Cliff genannt wurden (Abbildung 4). Die Bilder der Rover-Kamera sowie des Mikroskops zeigen ein Gestein, das aus vier wesentlichen Komponenten besteht. Der Hauptbestandteil sind gerundete Sandkörner mit Durchmessern von 0,3 mm bis 1 mm (Abbildung 5a). Zudem gibt es graue Kugeln an den Aufschlüssen mit typischen Durchmessern zwischen 4 und 6 mm (Abbildung 5b), einen meist sehr feinkörnigen Zement, der die Sandkörner zusammenhält. Dieser besteht zum großen Teil aus Sulfaten und ein wenig Hämatit. Die vierte Komponente stellen Hohlräume dar, welche die Form von Sulfat- und Salzkristallen haben (Abbildungen 5c, d).

Die Analyse der chemischen Zusammensetzung der Gesteine geschah mit dem APXS-Spektrometer [4], das vom Max-Planck-Institut für Kosmochemie in Mainz stammt. In den Gesteinen wurde besonders viel Schwefel gefunden. Die einfachste geologische Erklärung wäre eine hohe Konzentration an Sulfaten, eine Mineralgruppe, die durch mineralogische Veränderung eines anderen Ausgangsgesteins entsteht. Tatsächlich zeigten die Spektren des Instruments MiniTES an Bord von Opportunity Zeichen für Magnesium-

sich im Bereich der Meridiani-Ebene die spektrale Signatur von grauem Hämatit. Diese Varietät von Hämatit, einem häufig vorkommendem Eisenmineral, entsteht nur im Zusammenhang mit flüssigem Wasser.

Tatsächlich fand Opportunity bereits in den nur wenige Dezimeter mächtigen Schichten in den Wänden des Kraters Hinweise auf Wasser [3]. Dennoch waren auch nach der gründlichen Erkundung von Eagle noch wesentliche Fragen offen. Wegen der geringen Ausdehnung der Schichten ließen sie sich nur schwer in einen geologischen Kontext einordnen. Es war dringend erforderlich, einen größeren zusammenhängenden Teil der Schichtfolge stratigraphisch

Abb. 4 *Angenäherte Echtfarbendarstellung der geschichteten Sedimente des Burns Cliff im Endurance-Krater. Die scheinbare Wölbung zum Betrachter hin ist ein Effekt der Weitwinkelaufnahme. Im Vordergrund sind Teile des Rovers zu sehen* (Foto: NASA/JPL/Cornell/DLR).

und Kalziumsulfate. Insgesamt machen Sulfate mehrere zehn Gewichtsprozent in den Gesteinen aus. Mit dem Mößbauer-Spektrometer, das an der Universität Mainz entwickelt wurde [5], ließ sich eindeutig das eisenhaltige Sulfatmineral Jarosit ($KFe_3(SO_4)_2(OH)_6$) nachweisen. Das Mineral muss unter oxidierenden Bedingungen in einer schweflig-sauren wässrigen Umgebung (pH-Wert ~1) ausgefällt worden sein. Jarosit enthält etwa zehn Gewichtsprozent Wasser in der Form von OH-Anionen und ist ein eindeutiger Hinweis für die ehemalige Anwesenheit von Wasser.

Bereits vor fast zwanzig Jahren hatte der mittlerweile verstorbene Wissenschaftler Roger Burns die Existenz von Sulfaten und insbesondere von Jarosit auf dem Mars vorhergesagt [6]. Er entwarf das Bild eines jungen, vulkanisch aktiven Mars, in dem sich Schwefelsäure aus den vulkanischen Dämpfen mit Wasser mischte. Dabei wird Gestein chemisch erodiert, und es entsteht eine Vielzahl verschiedener Sulfate, einschließlich Jarosit. Zu Ehren von Burns und seiner präzisen Vorhersage benannte das Rover-Team die markante Schichtfolge im Endurance-Krater Burns Cliff (Abbildung 4).

Neben den Sulfaten muss in den Gesteinen der Aufschlüsse ein beträchtlicher Anteil siliziklastischen Materials vorhanden sein. Silizisch ist ein aus Silikatmineralen aufgebautes Material, dessen Grundbaustein ein $[SiO_4]$-Tetraeder ist. Es sind die häufigsten Minerale in der Erdkruste, aus ihnen sind vulkanische Gesteine zum wesentlichen Teil aufgebaut. Klastische Gesteine bestehen aus Bruchstücken (Klasten) anderer Gesteine und werden durch einen Zement verfestigt. Ein typisches Beispiel sind Sandsteine, die aus Sandkörnern und einer Matrix bestehen (Abbildung 5a). Im Fall der Gesteine in Meridiani Planum scheint das silikatische Ausgangsgestein Basalt gewesen zu sein, das auf der Erde und auch auf dem Mars häufigste vulkanische Gestein.

Die grauen Kugeln, wegen ihrer morphologischen Ähnlichkeit mit Blaubeeren Blueberries genannt, bestehen aus dem eisenhaltigen Oxidationsmineral Hämatit (Fe_3O_4). Man findet ähnliche Konkretionen auch auf der Erde. In Utah, wo sie von den Indianern zu Kunstgegenständen verarbeitet werden, kennt man sie unter dem Namen Utah Marbles. Die Kügelchen bestehen dort aus den Eisenoxiden Hämatit und Goethit und sind in den Schichten des Navajo Sandsteins entstanden. Grundwasser, das heiß, sauer und/oder reduzierend war, löste Eisen aus dem Gestein. An manchen Stellen ist der Sandstein dadurch regelrecht ausgebleicht und weiß. Wo diese Wässer in eine oxidierende oder alka-

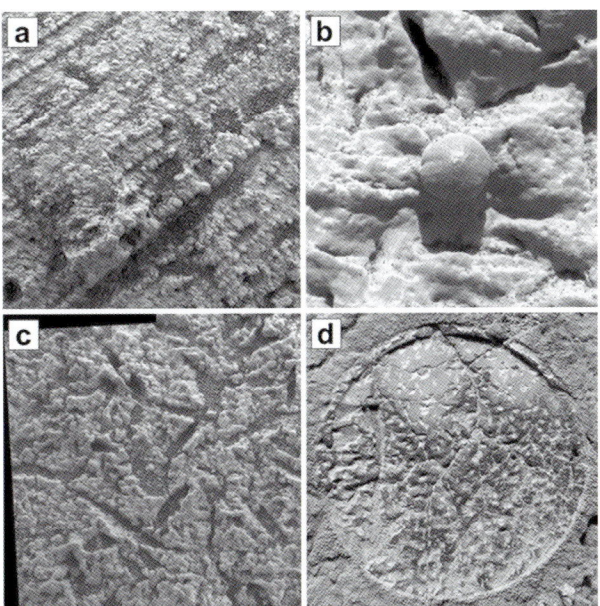

Abb. 5 *Mikroskopaufnahmen von Opportunity in Meridiani Planum: a) Sandsteinschichten mit Dicken bis herunter zu einem Korndurchmesser, Partikeldurchmesser zwischen 0,8 und 0,3 mm; b) etwa 1,5 cm großes Hämatitkügelchen (Blueberry); c) dunkle scheiben- und stabförmige Bereiche in einem Gesteinsanschnitt, bei denen es sich um ehemalige Sulfatkristalle handelt, die von Wasser oder Wind erodiert wurden und dann als Hohlformen zurückblieben; d) vom Rover freigelegte Hohlräume mit einer kubischen Kristallstruktur, die von Steinsalz (NaCl) stammen könnte* (Fotos: a), c) NASA/JPL/Cornell/USGS, b) NASA/JPL/USGS, d) NASA/ JPL/, DLR).

Abb. 6 *Eisenoxid-Konkretionen auf dem Mars und auf der Erde. a) Hämatitreiche Kügelchen (Utah marbels) aus dem Grand Staircase-Escalante National Monument (südliches Utah, USA); b) geschichtete Sedimente im Endurance-Krater, in dessen Vertiefungen sich Blueberries ansammeln; c) Utah-Murmeln mit Durchmessern zwischen 1 mm und 2,5 cm; d) Blueberries auf dem Mars mit Durchmessern von etwa 5 mm* (Fotos a, c): Brenda Beitler; b) NASA/JPL/Cornell/USGS; d) NASA/JPL/Cornell).

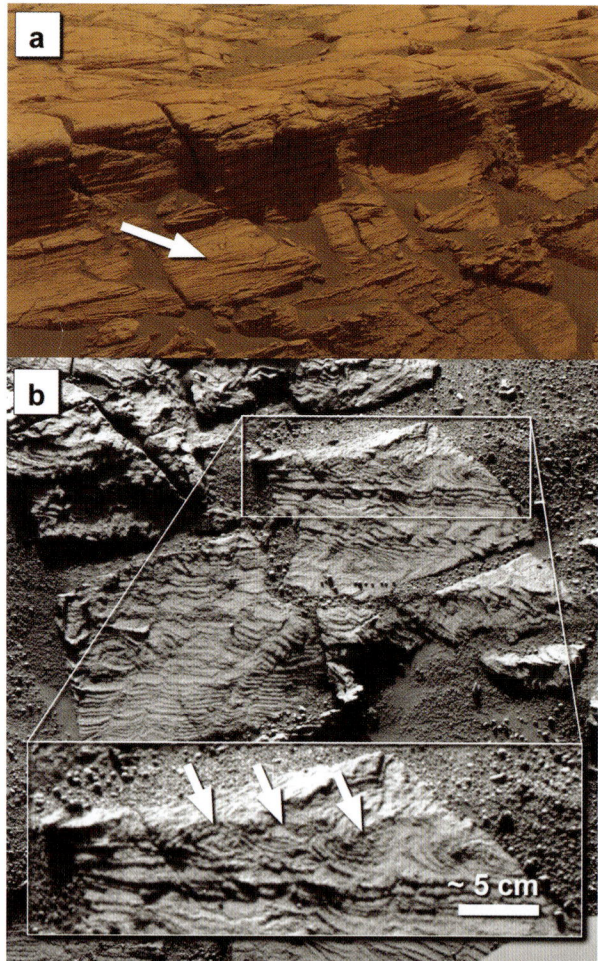

lische Umgebung eintraten, fällte das Eisen wieder aus und wurde zu den Konkretionen zementiert. Bei der Verwitterung des Gesteins werden die Blueberries freigelegt, fallen zu Boden und rollen in tiefer gelegene Bereiche, wo sie sich in großen Mengen ansammeln (Abbildung 6).

Kamera und Mikroskop lieferten Bilder von sedimentären Strukturen, die wichtige Hinweise auf Transport und Ablagerung von Gesteinspartikel sind [7]. In manchen Bildern ist zu erkennen, wie einzelne Schichten zum Teil nur die Dicke eines einzelnen Kornes erreichen (Abbildung 5a). Dies ist charakteristisch für äolischen Transport, also für die Verlagerung von Partikeln durch Wind. An anderen Stellen erkennt man feine wellenartige Rippelstrukturen, wie sie beispielsweise an Sandstränden auftreten, und eine so genannte Kreuzschichtung (Abbildung 7). Beide entstehen durch die Ablagerung von Sandkörnern in einer Düne. Dieser Prozess kann sowohl unter Wasser, etwa auf dem Boden eines sandigen Flussbettes, als auch über Wasser in einer Düne ablaufen.

Die Wissenschaftler des Rover-Teams glauben, dass sich die sandigen Ablagerungen im unteren Teil der untersuchten Schichtfolge in einer trockenen, wüstenartigen Umgebung als Sanddünen gebildet haben. Die mittlere Sektion der Schichten entstand als einheitliche, flache Sandschicht, auf der sich windverblasene kleine Rippel bildeten (Abbildung 8a). Die oberste Schicht, und hier insbesondere deren oberster Teil, sind aus Sedimenten aufgebaut, die von Wasser transportiert wurden und sich wahrscheinlich in feuchten Bereichen zwischen Sanddünen ablagerten.

Oft bilden kleine Spalten und Risse polygonale Strukturen auf den freigelegten Oberflächen, die Trocknungsrissen ähneln (Abbildung 8a). Da die Risse auf allen Oberflächen auftreten, auch auf solchen, die schräg zu den ursprünglichen Schichtungsebenen verlaufen, sind sie vermutlich erst weit nach der Ablagerung des Materials entstanden. Man vermutet, dass Sulfate in trockeneren Perioden Wasser verloren (dehydrierten) und dabei im Volumen schrumpften. Es gibt sogar die Ansicht, die Risse wären erst in jüngster Zeit entstanden, als Wasser in der Marsatmosphäre zyklisch mit den Magnesiumsulfaten in den Gesteinen reagierte [8]. Wasser würde demnach bei Temperaturen um 0 °C, die im Marssommer am Mittag durchaus erreicht werden können, von H_2O-reichen Mg-Sulfaten freigesetzt. Diese wandeln sich dabei in H_2O-ärmere Mg-Sulfate um (siehe „Alterationsprodukte", S. 27). Das Wasser

Abb. 7 *Einzelne, oft leicht gegeneinander verkippte Schichtpakete in den Sedimenten des Meridiani Planum. Diese Kreuzschichtungen können durch verschiedene Prozesse entstehen. Man nimmt an, dass sie in Meridiani Planum die Folge der Einwirkung von Wind und Wasser sind. a) Schrägschichtung (Pfeil) in einem Schichtpaket im Erebus-Krater (angenäherte Echtfarben); b) girlandenartige Kreuzschichtung (Pfeil) in einem Felsen des Erebus-Kraters. Diese nur wenigen Zentimeter großen Strukturen sind vermutlich durch fließendes Wasser entstanden. Beide Bilder wurden mit der Panoramakamera auf dem Rover Opportunity aufgenommen* (Foto: NASA/JPL/Cornell University).

sublimiert, und der in diesem Prozess erzeugte Volumenverlust kann zu Schrumpfungsrissen führen.

Wenn in kälteren Perioden Wasser dem Boden wieder als Frost zugeführt wird, können die Mg-Sulfate wieder rehydrieren. In diesem Zyklus wird das Gestein unterschiedlich zementiert, wobei auch Zonen härterer Bereiche entstehen können, die bei der Verwitterung als scharfe Grate zurückbleiben (Abbildung 8b).

Einige Beobachtungen sprechen für eine komplexe diagenetische Geschichte der Gesteine. Als Diagenese bezeichnet man die chemischen Vorgänge, die nach der Ablagerung von Sedimenten dafür sorgen, dass sich aus der zunächst lockeren Ansammlung von Material ein zusammenhängendes Gestein bildet. Dabei wurden in Meridiani Planum die Porenräume mit einer Mischung aus Sulfaten und vermutlich Hämatit verfüllt, welche die Körner quasi als Zement miteinander verband. Hämatit findet sich auch als sehr dünner Belag auf den Partikeln, aus denen der Sandstein aufgebaut ist. Er wurde während der frühen Diagenese ausgefällt, als Grundwasser in Kontakt mit den primär abgelagerten Mineralen trat.

Das auffälligste Produkt sind die Hämatit Kügelchen, deren Verteilung gleichmäßiger ist, als es einer Zufallsverteilung entspräche. Diese Eigenschaft und ihre fast perfekt sphärische Gestalt gelten als Hinweis darauf, dass die „Blueberries" entstanden, als sich Eisen zunächst löste und dann ausfiel. Das geschah vermutlich in stehendem oder sehr langsam bewegtem Grundwasser: Jedes Kügelchen benötigte ausreichend Platz um sich herum, um genügend Hämatit aus dem Wasser auszufällen. Da sie in allen bislang untersuchten Stellen zu finden sind, muss nach der Ablagerung des sandigen Materials Grundwasser in allen Schichten zirkuliert sein.

Auch die kristallförmigen Hohlräume sind Zeichen für diagenetische Prozesse. Ursprünglich befand sich in ihnen ein Sulfatkristall, das sich in salzhaltigem Grundwasser löste. Dadurch blieb ein Hohlraum zurück, der schließlich durch die Erosion des Gesteins freigelegt wurde (Abbildung 5c). Einige dieser Hohlräume haben eine kubische Gestalt, die von Steinsalzkristallen herrühren könnte (Abbildung 5d). Unter welchen Umweltbedingungen sind diese Gesteine nun entstanden?

Die Dominanz von äolischem Sand weist auf eine Ablagerung in sehr trockenen Verhältnissen hin. Die mineralogischen Befunde, insbesondere der Nachweis von Jarosit, erfordern saures Wasser mit einem sehr niedrigen pH-Wert, das mit den Gesteinen in Kontakt kam. Das Eisen in den Gesteinen, etwa im Hämatit, liegt weitgehend in oxidierter Form als Fe^{3+} vor, während das Ausgangsmaterial Basalt Eisen als Fe^{2+} enthält.

Obwohl also Wasser während der Bildung der Gesteine vorhanden war, war die Umwelt von trockenen, sauren und oxidierenden Bedingungen geprägt. Möglicherweise entstanden die Schichten in Meridiani Planum in einer sandigen Wüstenlandschaft sowie in kurzlebigen, flachen, sauren und salzigen Seen sowie in Grundwassersystemen,

ALTERATIONSPRODUKTE

Alterationsprodukte sind Minerale, die durch eine chemische Veränderung (Alteration) aus einem Ausgangsgestein hervorgehen. Auf dem Mars wurden von Spektrometern jüngst zwei verschiedene Gruppen identifiziert.

Erstens Sulfate. Sie bestehen aus $[SO_4]$-Tetraedern, sind Salze der Schwefelsäure und stellen für viele metallische Elemente die wichtigsten mineralischen Verbindungen dar. Ein bekanntes Beispiele ist Gips ($CaSO_4 \cdot 2\ H_2O$). Besonders interessant sind Magnesiumsulfate ($MgSO4 \cdot nH_2O$). Sie sind für die Entschlüsselung des Marsklimas besonders interessant, da sie bei wechselnder Temperatur und atmosphärischer Feuchtigkeit in andere Magnesiumsulfate mit unterschiedlichem Wassergehalt übergehen können [15].

Zweitens Tonminerale. Sie gehören zu den Phyllo- oder Schichtsilikaten, in denen die für Silikate charakteristischen $[SiO_4]$-Tetraeder in Schichten angeordnet sind. Tone können sehr leicht Wassermoleküle in ihre Struktur einlagern. Smektite sind eine Untergruppe der Tonminerale, die OMEGA nachgewiesen hat. Sie entstehen häufig bei der Verwitterung basischer vulkanischer Gesteine wie etwa Basalt in leicht alkalischer Umgebung.

Abb. 8 *Gesteinsformationen Escher (oben) und Razorback (unten) im Endurance-Krater: a) polygonale Risse auf Escher; b) wenige Zentimeter hohe zackige Platten, die aus der flachen Gesteinsoberfläche im Endurance-Krater herausragen. Sie entstanden vermutlich, als Flüssigkeit durch Risse ins Gestein eindrang und an ihren Rändern Minerale ausfällte, die härter und weniger verwitterungsanfällig sind als ihre Umgebung* (Fotos: NASA/JPL/Cornell University).

Abb. 9 *Falschfarbenbild einer vulkanischen Bombe (Pfeil) in den Columbia Hills, aufgenommen von der Kamera des Rovers Spirit* (Foto: NASA/JPL/Cornell).

Abb. 10 *Der durch den Rover aufgewühlte Boden in diesem Bild ist ungewöhnlich hell. Er besteht aus bis zu 90 % SiO₂, das unter Einwirkung von Wasser gebildet wurde* (Foto: NASA/JPL/Cornell).

die mit den Seen verbunden waren. Die Seen trockneten immer wieder aus, Wind erodierte die schwach verfestigten Schichten und lagerte das Material um. Risse entstanden bei der möglicherweise wiederholten Austrocknung der abgelagerten Sulfate als Folge des Volumenverlustes.

Auch Spirit findet Spuren von Wasser

Zur Freude aller Beteiligten und entgegen aller Erwartungen hatte Spirit in der Zwischenzeit tatsächlich die Columbia Hills erreicht! Die ersten Untersuchungen zeigten schnell, dass sich die lange Reise gelohnt hatte. Auch hier fanden die Wissenschaftler Tonminerale. Sie ähnelten Kaolinit, einem aluminiumreichen Mineral, das wahrscheinlich in einer leicht sauren Umgebung (pH-Wert 4–6) als Alterationsprodukt aus vulkanischem Material gebildet wurde. Vermutlich entstand es in einem offenen Wasserkreislauf mit guten Abflussbedingungen, denn bei einer eher stagnierenden Wasserzirkulation hätten Kationen, die aus den primären vulkanischen Gesteinen herausgebleicht worden wären, die verfügbare Säure aufgebraucht und den pH-Wert erhöht [10]. Doch es warteten noch weitere Entdeckungen auf die Forscher.

Ein ungewöhnliches, nahezu kreisförmiges Plateau in den Columbia Hills war ihnen schon in Bildern aus der Umlaufbahn aufgefallen. Dieses hatten sie als nächstes Ziel für Spirit bestimmt. Aus der Nähe erkannte man dünne Schichten, aus denen diese Formation aufgebaut war. Spirit umrundete sie vollständig und untersuchte dabei kontinuierlich die Feinstruktur der Schichten. Dabei entstand ein Bild, das der Teamleiter Steve Squyres von der Cornell-Uni-

versität in Ithaca als eines der interessantesten der gesamten Mission bezeichnete. Es zeigt Schichten, die an einer Stelle deutlich verformt sind. Die Ursache für diese Verformung ist ein circa 4 cm großes Gesteinsfragment, das deutlich im Bild zu erkennen ist (Abbildung 9). Es fiel offensichtlich in die noch weichen, verformbaren Sedimentschichten, die daraufhin nach unten sackten.

Man kennt derartige Phänomene von der Erde. Sie entstehen, wenn bei einer vulkanischen Explosion Partikel in die Luft geschleudert werden („vulkanische Bombe"). Ein Meteoriteneinschlag kann als Ursache für das herausgeschleuderte Steinchen ausgeschlossen werden, da seine vulkanische Zusammensetzung mit dem der noch deformierbaren Schichten identisch ist. Diese und andere Beobachtungen an dem Home Plate getauften Plateau stellen die bislang besten Hinweise auf explosive vulkanische Tätigkeit auf dem Mars dar [11]. Die Columbia Hills sollten aber noch mehr Überraschungen bieten.

Aufnahmen von Marsboden, der durch die Räder des Rover aufgewühlt worden war, zeigten eine extrem helle Färbung (Abbildung 10). APXS-Daten ergaben eine Zusammensetzung von mehr als 90 % reinem Siliziumdioxid (SiO₂), auf der Erde vor allem als Quarz bekannt, aus dem die meisten Sandvorkommen bestehen. Es könnte durch die Wechselwirkung des Bodens mit sauren Dämpfen entstanden sein, die durch vulkanische Aktivität in der Anwesenheit von Wasser erzeugt wurden. Eine andere Möglichkeit wäre die Entstehung aus mineralreichem Wasser in einer heißen Quelle. In jedem Fall aber wäre Wasser erforderlich. Der Geochemiker Albert Yen, NASA-Mitarbeiter und Mitglied des Rover Teams, hält die Entdeckung von

Abb. 11 *Die Oberflächen der Flanken dieses Berges im Schluchtensystem der Valles Marineris zeigen in den Daten des OMEGA-Spektrometers die Signatur von wasserhaltigen Sulfaten. Die perspektivische Falschfarbendarstellung wurde am DLR aus Stereobildern der HRSC-Kamera berechnet. Das Bild ist etwa 70 km breit (Foto: DLR).*

hochkonzentriertem SiO$_2$ für den stärksten Hinweis auf Wasser in den Columbia Hills [12].

Entdeckungen aus der Umlaufbahn

Nahezu zeitgleich mit den beiden Rovern der NASA erreichte auch die europäische Sonde Mars Express den Mars. Sie schwenkte in eine Umlaufbahn ein und begann den Betrieb der wissenschaftlichen Instrumente im Januar 2004. Die HRSC tastet die Oberfläche im sichtbaren Wellenlängenbereich ab und nimmt hochaufgelöste, farbige Stereobilder auf. Das französische Spektrometer OMEGA (Observatoire pour la Minéralogie, l'Eau, les Glaces, et l'Activité)

analysiert im sichtbaren und im nahen Infrarotbereich die Oberfläche in bis zu 352 einzelnen Farbkanälen. Für jeden der aufgenommenen Bildpunkte, deren Größe zwischen 400 Metern und einigen Kilometern schwankt, kann so ein detailliertes Spektrum erzeugt und mit den Spektren bekannter Minerale verglichen werden.

OMEGA musste nicht lange suchen, ehe es Hinweise auf Minerale fand, die unter Einwirkung von Wasser entstanden sein mussten. Die größten Sulfatvorkommen fand OMEGA vollkommen überraschend in der Region Olympia Planitia nahe des Nordpols, deren Oberfläche morphologisch von relativ jungen Dünen geprägt ist. Es ist vollkom-

Abb. 12 *Perspektivisches Falschfarbenbild der HRSC-Kamera des alten Trockentals Mawrth Vallis. Der helle, rötliche Bereich von etwa 20 km Durchmesser in der Bildmitte ist mit Smektiten korreliert, die OMEGA identifizierte. Smektite sind eine Gruppe eisenhaltiger Tonminerale, die bei der Verwitterung basaltischer Gesteine in Anwesenheit von Wasser entstehen (Foto: DLR).*

men unklar, auf welche Weise sich diese Sulfate dort bilden konnten. An anderen Stellen entsprach die Entdeckung von Sulfaten eher den Erwartungen.

Schon lange war bekannt, dass sich innerhalb der Valles Marineris, eines fast 4000 Kilometer langen Canyon-Systems in der Äquatorgegend, rätselhafte geschichtete Ablagerungen befinden. Hatten sich hier Sedimente in ehemaligen Seen abgelagert, oder handelt es sich um Ascheschichten, die sich in Folge von Vulkaneruptionen ablagerten? In beiden Fällen konnte man damit rechnen, auf Spuren von Wasser zu treffen, denn Wasserdampf ist eines der häufigsten Gase, die bei vulkanischen Eruptionen in die Atmosphäre gelangen.

Die Spektren von OMEGA zeigten erstmals Anzeichen für Sulfate auf den Oberflächen einiger geschichteter Ablagerungen [13]. Oft finden sich in unmittelbarer Nähe der Sulfate auch Oxide, eine andere Familie von Alterationsprodukten. Die Sulfate finden sich durchweg an Stellen, die

auf den Bildern der HRSC-Kamera hell erscheinen (Abbildung 11). Es konnten verschiedene Arten von Sulfaten identifiziert werden. Die bekannteste dürfte Gips ($CaSO_4 \cdot 2\,H_2O$) sein. Aber auch das auf der Erde seltene Magnesiumsulfat Kieserit ($MgSO_4 \cdot H_2O$) und mehrfach hydrierte Sulfate sind deutliche Hinweise auf Alterationsprozesse in Anwesenheit von Wasser.

Im Valles Marineris könnte die Verdunstung von Wasser, das sich in den Schluchten gesammelt hatte, zur Bildung von Evaporiten (Verdunstungsgesteinen) geführt haben. Diese Gruppe von Sedimenten, zu denen auch das bekannte Steinsalz (NaCl) gehört, entsteht durch die Ausfällung von Mineralen aus einer wässrigen Lösung, wenn die Konzentration der Ionen die Lösungssättigung überschreitet. Dies kann passieren, wenn Wasser in einem abflusslosen See verdunstet und ein Salzsee zurück bleibt. Alternativ könnte der in den Sulfaten enthaltene Schwefel bei Vulkanausbrüchen in die Atmosphäre gelangt sein und sich mit dem ebenfalls vulkanischen Wasser in Sulfate umgewandelt haben.

Auch in Meridiani Planum fand OMEGA in Übereinstimmung mit Opportunity Sulfate. Nördlich und östlich der Landestelle des Rovers ist Kieserit weit verbreitet [14]. Die Existenz von Sulfaten mehrere hundert Kilometer von der Landestelle entfernt auf einer morphologisch sehr ähnlichen Oberfläche weist auf die weit verbreitete Einwirkung von Wasser hin.

Mindestens ebenso wichtig wie der Nachweis von Sulfaten war die Entdeckung von Tonmineralien und deren Untergruppen [15]. So fand man zum Beispiel eisenreiche Smektite (beispielsweise Nontronit: $Na_{0,3}Fe_2^{3+}(Si,Al)_4O_{10}(OH)_2 \cdot 4H_2O$). Sie gehen in einem lange andauernden Verwitterungsprozess aus basaltischem Ausgangsmaterial im Kontakt mit flüssigem Wasser hervor. Eine andere von OMEGA entdeckte wichtige Spezies sind Montmorillonite, die einen hohen Aluminiumanteil besitzen und entweder bei einer noch intensiveren Verwitterung entstehen oder Folge der Alteration von silikatischeren Magmatiten sind. Diese enthalten mehr Aluminium-Minerale wie den Feldspat Orthoklas.

Interessanterweise wurden Tonminerale bisher nur in extrem alten Gebieten beobachtet, die vor mehr als 3,8 oder 4 Milliarden Jahren entstanden sind. Die größten Vorkommen finden sich in der Umgebung des großen Talsystems Mawrth Vallis (Abbildung 12). Die geologischen Beobachtungen lassen jedoch keinen unmittelbaren Bezug der Tonminerale zur Talbildung erkennen, die durch die erodierende Wirkung von Wasser erfolgte. Möglicherweise entstanden die Minerale schon viel früher und wurden durch die Erosion des Tals lediglich freigelegt.

Abb. 13 *Am 26. September 2006 erreichte Opportunity den Victoria-Krater. Der obere Teil der Abbildung ist eine Aufnahme der HiRISE-Kamera an Bord der NASA-Sonde Mars Reconnaissance Orbiter, die am 3. Oktober 2006 aus einer Höhe von etwa 270 km entstand. Sie hat eine sensationelle Auflösung von 27 cm pro Bildpunkt und zeigt den Rover am Rand des Kraters. Unten: Die Klippe Cape Verde in einer Aufnahme des Rovers. Die Kombination zeigt eindrücklich, wie moderne Landemissionen und Fernerkundungsinstrumente zusammenarbeiten können* (Foto: NASA).

Klimaentwicklung

Die Entstehung der Tonminerale erfordert einen sehr lange andauernden Kontakt des Ausgangsgesteins mit flüssigem Wasser. Wenn die Tonminerale an der Oberfläche gebildet wurden, setzt dies ein wärmeres und feuchteres Klima als heute voraus. Entstanden sie dagegen im Untergrund, etwa durch hydrothermale Prozesse, könnte das Klima zur Zeit ihrer Bildung durchaus auch kalt und trocken gewesen sein.

Sulfate haben sowohl der Rover Opportunity im mikroskopischen Maßstab als auch OMEGA in sehr viel größerem Maßstab aus der Umlaufbahn beobachtet. Sie befinden sich in geologisch jüngeren Regionen, ihre Bildung fand wahrscheinlich unter anderen Umweltbedingungen statt. Im Gegensatz zu den Tonmineralen entstanden zumindest einige Sulfate in einer sehr sauren Umgebung, in der Tonminerale unmöglich entstehen konnten. Zudem können sich Sulfate in viel kürzeren Zeiträumen bilden. Da ihre Ausfällung das Verdunsten von Wasser erfordert, mussten sie zwar prinzipiell an der Oberfläche entstehen, aber das Klima müsste dabei nicht notwendigerweise so warm und feucht gewesen sein wie bei einer oberflächlichen Entstehung der Tonminerale.

Die Resultate von Opportunity und OMEGA zeigen, dass Meridiani Planum einst ein saures Grundwassersystem besaß und von ariden und oxidierenden Bedingungen geprägt war, wobei es aber immer wieder zu oberflächlichem Wasserabfluss kam [16]. Nachdem die Sulfate entstanden sind, könnte der endgültige Wechsel zu den heutigen, insgesamt sehr trockenen und kalten Bedingungen erfolgt sein [17].

Allerdings muss dieses Szenario mit großer Vorsicht beurteilt werden. Bislang fanden sich Alterationsprodukte lediglich an sehr wenigen Stellen. Die Staubschicht auf dem Mars, die global immer wieder durch Staubstürme umverteilt wird, verhüllt den Blick der Fernerkundungsinstrumente in den meisten Regionen auf die darunter liegenden Gesteine. Es ist sehr wahrscheinlich, dass noch an anderen Stellen mineralogische und chemische Hinweise auf Wasser gefunden werden. Solange kein umfassenderes Bild von der globalen Verteilung wasserhaltiger Minerale besteht und ihr absolutes und relatives Alter in vielen Fällen unklar ist, ist eine abschließende Beurteilung nicht möglich.

Ausblick

Die beiden Rover und auch Mars Express werden, sofern nicht Instrumente versagen, weiter unseren Nachbarplaneten untersuchen. Im Frühjahr 2006 schwenkte der Mars Reconnaissance Orbiter der NASA in eine Umlaufbahn ein. Er liefert Aufnahmen ausgewählter Gebiete mit einer Auflösung bis herunter zu 30 cm (Abbildung 14). Und die Spektralkamera CRISM wird die Oberfläche in Hunderten verschiedener Wellenlängen in einer Bodenauflösung von 20 m pro Bildpunkt aufnehmen. Am 28. Mai 2008 landete mit der amerikanischen Sonde Phoenix erstmals ein Raumschiff in der Nordpolregion (69 Grad nördlicher Breite). Die nächsten Fahrzeuge, Mars Science Laboratory (NASA) und ExoMars (ESA), sind bereits in der Planungsphase, weitere Missionen werden folgen.

Zusammenfassung

Der NASA-Rover Opportunity fand in Meridiani Planum morphologische, chemische und mineralogische Hinweise auf ehemaliges Wasser an der Oberfläche. Die Analysen weisen auf ein insgesamt trockenes Klima hin, in dem episodisch salziges Wasser in einer sauren und oxidierenden Umgebung vorhanden war. Die besten derzeitigen Analogien auf der Erde sind möglicherweise saure Salzseen in Südwestaustralien, die durch kurzzeitige Überflutung, Verdunstung und nachfolgende Austrocknung entstehen. Die Ergebnisse der ESA-Mission Mars Express unterstützen die Ergebnisse von Opportunity durch den Nachweis von Tonmineralen und Sulfaten, deren Bildung ebenfalls Wasser erfordert. Das Klima auf dem Mars scheint nach einem relativ feuchten Beginn vor etwa 3,8 Milliarden Jahren zunehmend trockener geworden zu sein.

Literatur

[1] E. Hauber, Phys. Unserer Zeit **2003**, *34* (6), 256.
[2] E. Hauber et al., Nature **2005**, *434*, 356.
[3] S. Squyres et al., Science **2004**, *306*, 1698.
[4] R. Rieder et al., Science **2004**, *306*, 1746.
[5] G. Klingelhöfer et al., Science **2004**, *306*, 1740.
[6] R. Burns, J. Geophys. Res. **1987**, *92*, E570.
[7] J. Grotzinger et al., Earth Planet. Sci. Lett. **2005**, *240*, 11.
[8] G. Chavdarian und D. Sumner, Geology **2006**, *34*, 229.
[9] S. Squyres und A. Knoll, Earth Planet. Sci. Lett. **2005**, *240*, 1.
[10] S. Squyres et al., Science **2007**, *316*, 738.
[11] A. Wang et al., J. Geophys. Res. **2006**, *111*, E0216.
[12] A. Yen et al., Americ. Geophys. Union, Fall Meeting **2007**, #P23A–1095.
[13] A. Gendrin et al., Science **2005**, *307*, 1587.
[14] R. Arvidson et al., Science **2005**, *307*, 1591.
[15] F. Poulet et al., Nature **2005**, *438*, 623.
[16] S. Squyres et al., Science **2006**, *313*, 1403.
[17] J.-P. Bibring et al., Science **2006**, *312*, 400.
[18] D. Vaniman et al., Nature **2004**, *431*, 663.

Der Autor

Ernst Hauber ist Geologe und arbeitet am Institut für Planetenforschung des DLR in Berlin. Er ist verantwortlich für die Aufnahmeplanung von HRSC und ist an der Auswertung der Daten von Mars Express beteiligt.

Anschrift
Dr. Ernst Hauber, Deutsches Zentrum für Luft- und Raumfahrt, Institut für Planetenforschung, Rutherfordstraße 2, 12489 Berlin. Ernst.Hauber@dlr.de

Planetenforschung
In den eisigen Welten des Saturn

Ulrich Köhler | Katrin Stephan | Roland Wagner

Seit vier Jahren umkreist die Raumsonde Cassini den Ring-planeten Saturn, im Januar 2005 landete die europäische Sonde Huygens auf dessen Mond Titan. Diese amerikanisch-europäische Doppelmission lüftete viele Geheimnisse des Saturn, seiner Ringe und Eismonde. Wir stellen hier insbesondere die Entdeckungen an den Hauptmonden vor.

Es ist eines der ehrgeizigsten und aufwändigsten Projekte in der Geschichte der unbemannten Raumfahrt: Die Erkundung des Saturn, seines Ringsystems und seiner Monde mit der Mission Cassini-Huygens. Sie sorgte für einen erheblichen Erkenntnisgewinn über die Prozesse und Verhältnisse im äußeren Sonnensystem – und förderte neue Rätsel zutage. Der Erfolg von Cassini-Huygens, einem Gemeinschaftsunternehmen der NASA und der Europäischen Raumfahrtorganisation ESA übertrifft die optimistischsten Erwartungen. Seit vier Jahren umkreist die Sonde bereits den Saturn, und noch immer arbeiten die Instrumente einwandfrei. Deshalb hat die NASA die Mission, die ursprünglich nur bis zum Juli dieses Jahres geplant war, bis 2010 verlängert.

Am 15. Oktober 1997 schoss eine Titan-Centaur-Trägerrakete die fast sechs Tonnen schwere Sonde ins All. Nach vier Swing-by-Manövern und einer Strecke von 3,2 Milliarden Kilometern erreichte das Tandem Cassini-Huygens am 1. Juli 2004 das Ziel. Die Muttersonde Cassini schwenkte in einem gewagten Abbremsmanöver, das zweimal durch die Ringebene des Planeten führte, planmäßig in eine Umlaufbahn um den Saturn ein. Im Dezember 2004 trennte sich das Landemodul Huygens ab und flog auf einer ballistischen Flugbahn zum Titan, stieß im Januar 2005 durch die Wolkendecke und erforschte erstmals die Atmosphäre und Oberfläche des Eismondes. Nach 147 Minuten landete sie auf der Oberfläche und funkte eine Fülle von Daten und Fotos an Cassini, von wo aus sie zur Erde gelangten.

Die zwölf Instrumente auf Cassini liefern fast permanent neue Erkenntnisse über Saturns Gashülle, das Magnetfeld, seine Ringe und Monde. Am Ringplaneten selbst ermittelten die Forscher durch Messungen des Magnetfeldes die genaue Dau-

er seiner Rotation. Demnach dauert der Saturntag 10 Stunden, 47 Minuten und 6 Sekunden (± 40 Sekunden). Damit konnte die alte Messung der NASA-Sonde Voyager von 1980 verbessert werden, die damals einen um acht Minuten davon abweichenden Wert ermittelt hatte. Die Rotationsdauer wird für die Modellierung des inneren Aufbaus benötigt und gibt wichtige Aufschlüsse über atmosphärische Vorgänge und den Grad der Abplattung des Planeten. Das Magnetfeld entsteht in einer Schicht aus flüssigem, metallisch-leitenden Wasserstoffs, die einen Stein-Eisen-Kern umgibt.

In der Atmosphäre toben Gewitterstürme, die zehntausend Mal stärker sind als auf der Erde und manchmal bis zur sichtbaren Wolkenoberfläche aufsteigen. Am Südpol rotiert ein Wirbelsturm, wie man ihn mit so hohen Windgeschwindigkeiten und in dieser Dynamik noch auf keinem anderen Planeten gesehen hat. Der Hurrikan hat eine Ausdehnung von 8000 km – das sind zwei Drittel des Erddurchmessers. Nur der „Große Rote Fleck" auf dem Jupiter ist ein noch größeres Wetterphänomen. Winde fegen mit bis zu 550 km/h im Uhrzeigersinn über Saturns Südpol. Wie auf der Erde gibt es Polarlichter, die mehrere Tage lang anhalten. Welchen Einfluss der Sonnenwind und das Magnetfeld der Sonne auf die Aurorae haben, ist noch nicht vollkommen geklärt.

Eine Schilderung aller Erkenntnisse aus den vier Missionsjahren würde den Umfang dieses Beitrags sprengen. Wir beschränken uns daher auf eine Auswahl an Ergebnissen, die insbesondere mit dem Kamerasystem ISS (Imaging-Science Subsystem) und dem Infrarot-Spektrometer Visual and Infrared Mapping Spectrometer (VIMS) an Bord von Cassini erzielt wurden.

Die Gasriesen – eine eigenständige Planetenwelt

Die vier größten Planeten im Sonnensystem, Jupiter, Saturn, Uranus und Neptun, besitzen einige wesentliche Gemeinsamkeiten: Sie weisen keine feste Oberfläche wie die terrestrischen Planeten auf, sondern bestehen zum überwiegenden Teil aus Gas, das mehrere tausend Kilometer unterhalb ihrer obersten Wolkenschicht in ein (metallisches) quasi-fluides „Elektronengas" und noch tiefer in den festen Aggregatszustand übergeht. Alle vier Planeten besitzen ein Ringsystem und sind sämtlich von einer großen Zahl von Satelliten umgeben. Bei Saturn kennt man zur Zeit 60.

Das markante Ringsystem des Saturn besteht aus individuellen, teilweise unterschiedlich hellen Ringen, die von außen nach innen mit A, B, C und D benannt wurden und

INTERNET

Die Mission Cassini und ihre Ergebnisse
www.nasa.gov/cassini
Ciclops.org
www.esa.int/SPECIALS/Cassini-Huygens
www.dlr.de/saturn/

Abb. 1 *Die Hauptringe, von innen nach außen: D, C, B, A und der schwache F-Ring des Saturn.*

durch zahlreiche Lücken unterschiedlicher Breite voneinander getrennt sind (Abbildung 1). Außerhalb des A-Rings befinden sich die schmalen F- und G-Ringe, die erst 1979 beim Vorbeiflug der Sonde Pioneer 11 entdeckt wurden. Etwa auf Höhe der Bahn des Mondes Enceladus folgt der E-Ring. Die Ringe liegen wie die größten der insgesamt 60 bekannten Monde nahezu in der Äquatorebene des Saturn und bewegen sich auf fast idealen Kreisbahnen um den Zentralplaneten. Somit stellen die Ringpartikel natürliche, allerdings sehr kleine Satelliten des Saturn dar. Kleine Monde innerhalb des Ringsystems kontrollieren mit ihrer Gravitation die Bewegungen der Ringteilchen und Lücken [1].

Gemessen am (mittleren) Saturnradius von 60 330 km beginnt das Ringsystem mit dem sehr schwachen D-Ring nicht weit oberhalb der Wolkengrenze etwa bei 1,11 Saturnradien (S_R, gemessen vom Planetenzentrum) und erstreckt sich bis zur äußeren Grenze des A-Rings bei 2,267 S_R. Schon sehr weit außen, bei 2,324 S_R, kreisen die Partikel des schmalen F-Rings um Saturn, bei einer Entfernung von 2,8 S_R folgt der ebenfalls schmale, sehr schwache G-Ring.

Diese sechs Ringe dehnen sich somit über mehr als 100 000 km aus, sind aber extrem dünn. Messungen der

Voyager-Sonden während der Vorbeiflüge ergaben lediglich eine Dicke von 50 bis 100 m. Dieses Ergebnis hat Cassini jetzt beim Verfolgen von Sternbedeckungen durch die Ringe bestätigt. Die Gesamtmasse der Hauptringe A bis C entspricht etwa derjenigen des 400 km großen Mondes Mimas.

In vielerlei Hinsicht bilden Ringe und Satelliten eine Einheit: Die Ringe bestehen zum größten Teil aus Wassereisteilchen mit vergleichsweise geringen Beimengungen von Gesteinspartikeln [2]. Diese Stoffe sind auch im Gesamtaufbau der Satelliten vorhanden. Die Durchmesser der Ringteilchen umfassen mehrere Größenordnungen, von Zentimetern bis zu einigen zehn Metern, neben Anteilen von Staub. Allerdings lässt sich spektral nur die Zusammensetzung der obersten Schicht auf den Ringteilchen ermitteln. Ob diese in ihrem Inneren aus weiteren, eventuell auch anderen Bestandteilen als Eis bestehen, ist nicht geklärt.

Mit dem Spektrometer VIMS auf Cassini ließen sich die Eiskorngrößen zu 5 bis 20 μm bestimmen. Die Reinheit des Eismaterials ebenso wie die Korngrößen an der Oberfläche der Ringpartikel variieren mit dem Abstand von Saturn. A- und B-Ring enthalten signifikant mehr Wassereis und/oder

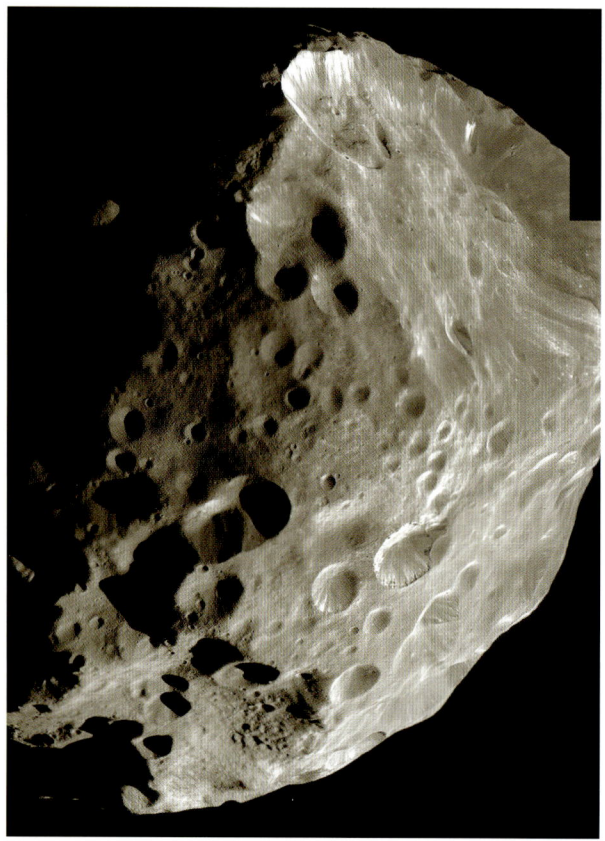

Abb. 2 *Die unregelmäßig geformte und retrograd den Saturn umlaufende Phoebe ist vermutlich ein von außerhalb des Saturnsystems stammender Körper.*

besitzen die größten Eiskörner an der Oberfläche der Ringteilchen, während der C-Ring und das Material in der Cassini-Teilung aus kleineren Partikeln und/oder verunreinigtem Eis bestehen [1].

Phoebe und Hyperion – zwei ungewöhnliche Trabanten

Die beiden kleinsten Monde der insgesamt neun klassischen Saturnsatelliten (Tabelle 1), **Phoebe** (Abbildung 2) und **Hyperion** (Abbildung 3) sind unregelmäßig geformt. Zudem bewegt sich Phoebe im Gegensatz zu allen seinen inneren Nachbarn retrograd, also (mit Blick auf den Nordpol) im Uhrzeigersinn um den Saturn. Zudem ist seine Bahn gegenüber Saturns Äquatorebene stark geneigt. Es wird vermutet, dass Phoebe außerhalb des Saturnsystems entstanden ist und später von dessen Gravitationskraft eingefangen wurde. Dies geschah vermutlich schon vor mehr als vier Milliarden Jahren. Die Oberflächen der beiden Körper bestehen hauptsächlich aus Wassereis, in das eine Vielzahl leichtflüchtiger Bestandteile wie gasförmiges CO_2 eingebunden ist.

Beide Monde weisen eine hohe Kraterdichte auf – ein deutliches Zeichen für ein hohes Alter. Trotz ihrer geringen Größe und Gravitation entdeckte man auf den hoch aufgelösten Bilddaten sogar Hangrutschungen. Eine große Überraschung war der Nachweis eisenhaltiger Minerale, Silikate, aber auch einfacher organischer Verbindungen wie Kohlenwasserstoffe und Cyanide auf der Oberfläche von Phoebe [3]. Sie bilden die Hauptbestandteile des dunklen Materials, das die Mondoberfläche fast vollständig überzieht. Der kleine Mond Phoebe zeigt damit die vielfältigste Oberflächenzusammensetzung von allen bisher beobachteten Körpern im äußeren Sonnensystem! Die chemische Zusammensetzung unterscheidet sich deutlich von derjenigen der anderen großen Saturnmonde. Sie ist aber vergleichbar mit der von Kometen und lässt eine Entstehung in den äußersten Zonen unseres Sonnensystems wie dem Kuiper-Edgeworth-Gürtel und späteres Einfangen durch die Schwerkraft Saturns als wahrscheinlich erscheinen.

Hyperion ist der bisher größte bekannte unregelmäßig geformte Himmelskörper unseres Sonnensystems – und der einzige, der chaotisch rotiert, das heißt seine Rotationsachse schwankt unvorhersehbar. Möglicherweise ist er ein Überbleibsel eines größeren Ursprungskörpers, der bei einem Einschlagsereignis zerbrochen ist (Abbildung 3). Die Bilder zeigen unzählige, tiefe, schüssel- bis trichterförmige Einschlagskrater verschiedener Größe. Auffällig ist ein riesiger Krater mit ungefähr 120 km Durchmesser und etwa 10 km Tiefe, bei dessen Entstehung Hyperion beinahe zerstört worden sein muss. Neben der hohen Kraterdichte besitzt Hyperion eine extrem geringe Dichte von 0,544 g/cm³, was auf eine Porosität von 40 % schließen lässt. Der Körper hat demnach eine schwammähnliche Struktur. Trifft ein Einschlagskörper die Oberfläche, so wird dabei kaum Material ins All geschleudert, sondern das Oberflächenmaterial stark komprimiert – so eine der erklärenden Theorien [4].

Hyperions Oberfläche besteht aus einem Gemisch aus gefrorenem Wasser und chemisch gebundenem CO_2. Dunkles Material, das sich vor allem in den Kraterböden konzentriert, zeigt – ebenso wie das dunkle Material auf Phoebe – neben Anreicherungen von CO_2 organische Substanzen wie Kaliumcyanid (das Kaliumsalz der Blausäure) und komplexe, aliphatische und aromatische Kohlenwasserstoffverbindungen [5]. Letztere wurden neben gebundenem, gasförmigem CO_2 auch im Oberflächenmaterial des Mondes Iapetus nachgewiesen. Der Ursprung dieses dunklen organischen Materials ist nicht abschließend geklärt. Favorisiert wird ein Prozess, bei dem einfallende energiereiche Partikel aus dem interplanetaren Raum im Oberflächenmaterial chemische Reaktionen hervorrufen.

TAB. 1 | DIE HAUPTTRABANTEN DES SATURN

Name	Durchmesser [km]	Umlaufzeit [d]	Mittl. Entfernung [km]	Entdecker
Mimas	396	0,942	185 600	1789 Herschel
Enceladus	504	1,370	238 100	1789 Herschel
Tethys	1072	1,888	294 660	1684 Cassini
Dione	1124	2,737	377 400	1684 Cassini
Rhea	1528	4,518	527 100	1672 Cassini
Titan	5150	15,945	1 221 900	1655 Huygens
Hyperion	260	21,277	1 464 100	1848 Bond/Lassell
Iapetus	1468	79,330	3 560 800	1671 Cassini
Phoebe	120	548,2	12 944 300	1898 Pickering

Iapetus – Mond mit zwei Gesichtern

In jeder Hinsicht bemerkenswert ist der in großem Abstand und in etwas mehr als 79 Tagen um Saturn kreisende Mond **Iapetus**. Bereits vor der Voyager-Mission war bekannt, dass dieser Mond zwei auffallend unterschiedliche Hemisphären besitzt. Die in Bewegungsrichtung liegende Hälfte besitzt im sichtbaren Licht nur etwa ein Zehntel der Reflektivität der anderen Hemisphäre. Erst die Kamera auf Cassini sah bei mehreren Vorbeiflügen an Iapetus diese beiden unterschiedlichen Regionen im Detail (Abbildung 4). Helles wie dunkles Gebiet ist sehr dicht mit Kratern besetzt. In den Kraterebenen befindet sich zusätzlich eine auffallend hohe Zahl sehr großer Einschlagsbecken mit mehreren hundert Kilometern Durchmesser. Dies deutet darauf hin, dass die Oberfläche des Mondes seit der Bildung etwa vor 4,4 Milliarden Jahren, abgesehen von zahllosen Einschlägen, geologisch kaum noch verändert wurde. Anhand der hellen Strahlen von kleinen, jungen Einschlägen kann man schließen, dass der dunkle Belag nur wenige Dezimeter bis vielleicht wenige Meter mächtig ist.

Die Bilddaten des ersten Vorbeiflugs im Januar 2005 zeigten außerdem eine ungewöhnliche Struktur auf der Oberfläche: einen ziemlich exakt äquatorial verlaufenden, mehrere tausend Kilometer langen und zwischen 13 und 20 km hohen Bergrücken, der etwa die Hälfte der Oberfläche umspannt (Abbildung 5). Die hohe Kraterdichte auf diesem Bergrücken weist auf ein hohes Alter hin. Bei einem erneuten, sehr viel dichteren Vorbeiflug im September 2007 offenbarten die Bilder ein gewaltiges Gebirgssystem [6].

Der genaue Entstehungsprozess ist noch unklar. Denkbar wären tektonische Kräfte: Da der Bergrücken zentral im Gebiet Cassini Regio liegt und dunkles Material genau symmetrisch zur Achse des Rückens lagert, nahm man allerdings zunächst an, die Bergkette wurde von vulkanischen Kräften im Innern des Mondes nach oben gedrückt. Dabei, so vermutete man, wurde auch das durch endogene Prozesse erzeugte dunkle Material bei Vulkanausbrüchen über die Oberfläche verteilt. Nach anderer Ansicht ist diese spezifische Lage von dunklem Material und Rücken zueinander zufällig, und das dunkle Material wurde von außen auf die Mondoberfläche getragen. Einiges deutet darauf hin, dass es von einem der Nachbarmonde stammt, da es sich bevorzugt auf der in Richtung der Bahnbewegung gelegenen Hemisphäre des synchron rotierenden Mondes abgelagert hat

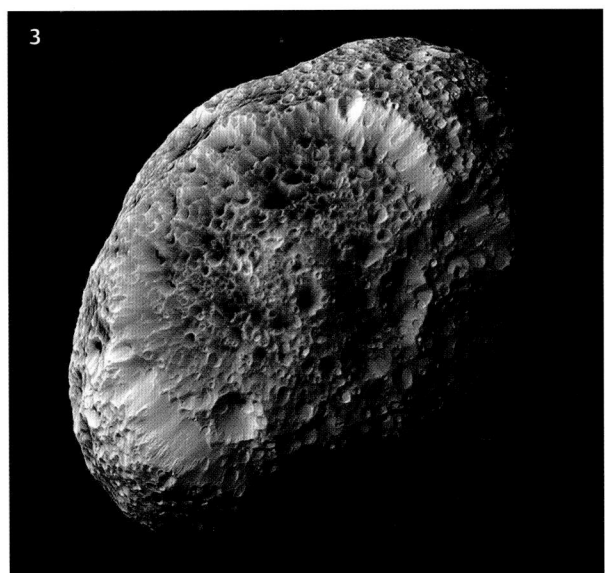

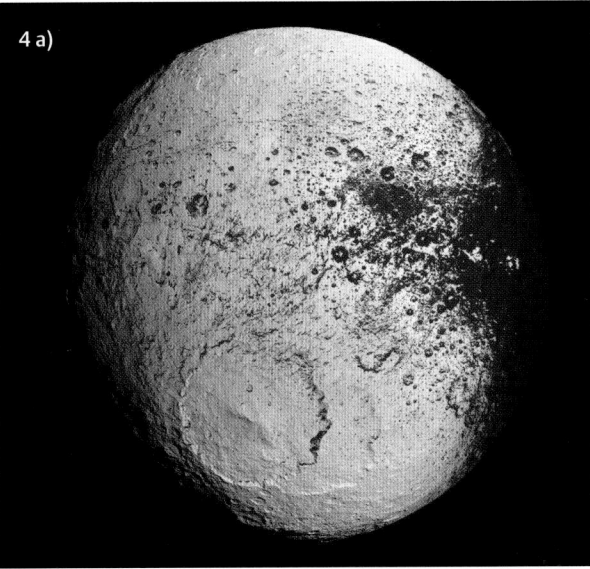

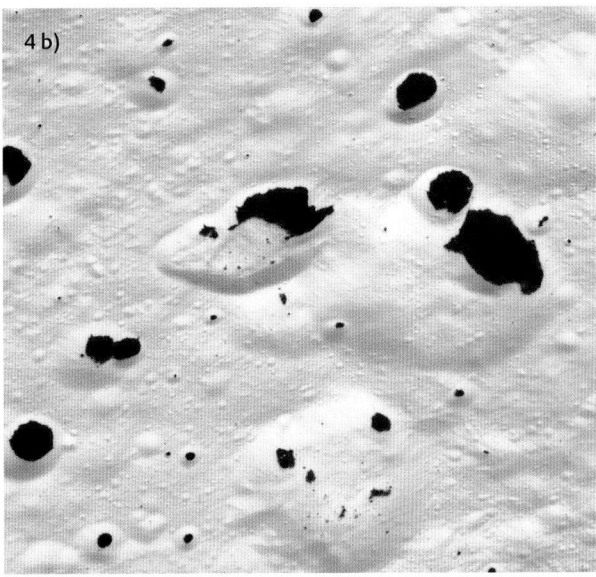

Abb. 3 *Das extrem poröse Innere des Mondes Hyperion ähnelt dem eines Schwamms.*

Abb. 4 *a) Iapetus mit seinen zwei unterschiedlichen Hemisphären. Das dunkle Gebiet von Cassini Regio befindet sich am östlichen Rand des Satelliten. Mehrere große, noch nicht benannte Einschlagsbecken, zwei davon am linken westlichen Rand, sind deutlich erkennbar. Nahe dem hellen Gebiet ragen noch helle Bergspitzen aus dem dunklen Material heraus, weiter östlich ist der Rücken bereits vom dunklen Material überdeckt. b) Detailaufnahme aus dem Übergangsgebiet der hellen und dunklen Hälfte des Mondes.*

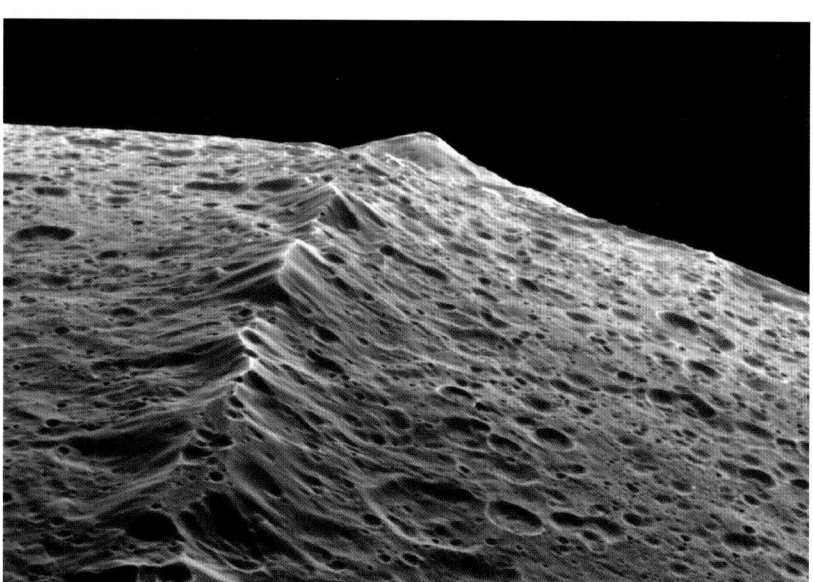

Abb. 5 *Detail des bis zu 20 km hohen Bergrückens auf Iapetus. Lokal sind an den Hängen fast kraterfreie Stellen zu sehen, die durch Hangabtragungen teilweise oder ganz zugeschüttet wurden.*

[7]. Synchron bedeutet, dass der Mond dem Planeten stets dieselbe Seite zuwendet, so wie der Erdmond. Iapetus hat das Material „aufgesammelt", ähnlich wie Mücken auf der Windschutzscheibe eines schnell fahrenden Autos kleben bleiben.

Als Erklärung für die Entstehung des möglicherweise einst sogar den ganzen Äquator umspannenden Bergrückens werden globale tektonische Spannungen favorisiert. Vermutlich bauten sich gewaltige Kräfte in der Kruste von Iapetus auf, als der Körper nach seiner Entstehung schnell abkühlte, dadurch etwas schrumpfte und sich seine Rotationsgeschwindigkeit der neuen Form nicht entsprechend anpassen konnte. Diese tektonischen Kräfte drückten den Bergrücken entlang des Äquators nach oben. Berechnungen zeigen, dass die aktuelle Form des dreiachsigen Ellipsoids eine Rotationsperiode von 14 Stunden quasi „eingefroren" hat – viel schneller als die 80 Tage, die Iapetus heute für eine Rotation benötigt.

Tethys, Dione, Rhea – Spuren tektonischer Deformation

Zwischen den Bahnen von Enceladus und Titan kreisen drei Eissatelliten annähernd gleicher Größe, deren Oberflächen deutliche Spuren tektonischer Deformationen aufweisen: Tethys (1071 km Durchmesser), Dione (1124 km) und Rhea (1528 km).

Tethys ist durch Ebenen unterschiedlicher Kraterdichten gekennzeichnet, was auf verschiedene Alter dieser Regionen schließen lässt. Der 450 km große Krater Odysseus nimmt einen großen Teil der nördlichen Breiten des Satelliten ein. Tethys weist als weiteres markantes Oberflächenmerkmal neben diesem Einschlagsbecken einen fast den ganzen Satelliten annähernd in Nordsüdrichtung umspannenden Grabenbruch namens Ithaca Chasma auf, der durch frühe Dehnung der Oberfläche entstanden ist [8].

Der geologisch am weitesten entwickelte Satellit in dieser Gruppe ist **Dione**. Die Voyager-Bilddaten zeigten vorwiegend dicht bekraterte Ebenen. Auf räumlich schlechter aufgelösten Bildern war zudem auf der der Bahnbewegung abgewandten Hemisphäre ein Muster heller, sehr feiner Linien (wispy streaks) erkennbar. Sie galten als Zeichen von Kryovulkanismus, bei dem aus Spalten im Eispanzer des Mondes Material austritt und sich entlang der Rillen ablagert. Erst die hoch aufgelösten Bilddaten von Cassini enthüllten, dass die Rillen in Wirklichkeit tektonischen Ursprungs sind [9]. Sie könnten durch Episoden von Dehnungs-, Scher- und Kompressionstektonik, die zu verschiedenen Zeiten in der Vergangenheit aktiv waren, entstanden sein. Die hellen Filamente, die in den Voyager-Daten zu sehen waren, haben ihre Ursache in fast reinem Wassereis, das an den Steilhängen dieser tektonischen Strukturen exponiert ist, wie Detailaufnahmen zeigen.

Seinem inneren Nachbarmond Dione geologisch relativ ähnlich ist **Rhea**, der mit 1528 km zweitgrößte Saturnsatellit. Wie bei Dione sah man auf den niedriger aufgelösten Voyager-Daten als vulkanische Bildungen interpretierte helle Filamente. Ebenso wie schon bei Dione konnte auch bei Rhea die tektonische Natur dieser Strukturen durch die neuen ISS-Bilddaten enthüllt werden. Allerdings konnten die beiden Kameras bisher nur die alten, dicht bekraterten Ebenen aufnehmen, die ähnlich wie bei Iapetus mehrere große Becken aufweisen und demnach sehr alte Gebiete darstellen. Interessant ist ein auf den neuen Bildern identifizierter heller Strahlenkrater, der vermutlich nur wenige zehn oder höchstens hundert Millionen Jahre alt ist – die jüngste bisher auf Rhea zu beobachtende Oberflächenform [10].

Enceladus – Eisfontänen am Südpol

Von dem mit 504 km Durchmesser relativ kleinen **Enceladus** (Abbildung 6) wurde schon lange vermutet, dass er gegenwärtig geologisch aktiv ist und die aus seinem Innern ins All geschleuderten Teilchen die Quelle eines der Saturnringe sind. Im Jahr 2005 absolvierte Cassini drei nahe Vorbeiflüge an Enceladus, im März 2008 erfolgte eine vierte sehr nahe Passage mit einem geringsten Abstand von 50 km über der Oberfläche.

Die Reflektivität von Enceladus' Oberfläche beträgt fast 100 % und ist damit höher als die irgendeines anderen bekannten Himmelskörpers im Sonnensystem. Gleichzeitig ist es dort mit 63 K auch tagsüber extrem kalt. Cassini-Aufnahmen offenbaren auf der Oberfläche Regionen, die nahezu frei von Einschlagskratern sind. Sie sind vermutlich in jüngerer Vergangenheit entstanden oder höchstens wenige Millionen Jahre alt. Vermutlich haben sie endogene geologische Aktivitäten später überprägt: Enceladus war somit *der* Kandidat für die Suche nach aktiven Vulkanen im Saturnsystem. Dagegen sind andere Regionen mit hoher Kraterdichte nahezu so alt wie das Sonnensystem selbst.

Während des dritten Vorbeiflugs am 14. Juli 2005 fanden Cassinis Instrumente schließlich Beweise für gegenwärtig aktive endogene Aktivität am Südpol von Enceladus: Entlang mehrerer markanter Furchen (Tigerstreifen getauft) brechen Geysire aus Gasen und Staub aus! Mit den Spektrometern konnte auch nachgewiesen werden, dass die Oberfläche zwischen den Tigerstreifen von gröberen Eispartikeln dominiert wird als in der Umgebung [11]. Außerdem herrschen entlang der Furchen deutlich höhere Temperaturen als im Mittel. Cassinis Composite Infrared Spectrometer (CIRS) wies thermale Emissionen mit einer Leistung von 3 bis 7 Gigawatt und Temperaturen von mindestens 145 Kelvin in diesen Trögen nach ([12] und Abbildung 7). Der jüngste Vorbeiflug im März 2008 bestätigte die vulkanische Aktivität. Außerdem wurden dabei auch komplexe organische Moleküle nachgewiesen, die aus dem Innern des Mondes stammen müssen – vermutlich findet sich das Flüssigkeitsreservoir in geringer Tiefe unter der Oberfläche.

Darüber hinaus konnte mit dem Cosmic Dust Analyzer (CDA), der vom Max-Planck-Institut für Kernphysik in Heidelberg betrieben wird, die Zusammensetzung dieser Geysire direkt gemessen werden. Die Ergebnisse belegen, dass es sich um frisch produzierte kleine Eisteilchen handelt, die eine Art Atmosphäre oder Wolke um den Mond bilden [13]. Ein Teil der Partikel ist jedoch schnell genug, um das Gravitationsfeld von Enceladus zu verlassen und in Saturns E-Ring einzudringen. Dies ist ein erster direkter Beweis dafür, dass Saturnmonde für die Bildung von Ringen verantwortlich sein können. Ohne dieses unablässige Nachfüllen würden die Ringteilchen von den einfallenden energetischen Partikeln aus dem interplanetaren Raum zerstört werden. Ein solcher Ring hätte deshalb eine Lebensdauer, die weit kleiner ist als das Alter des Sonnensystems.

Die Wärmequelle dieser endogenen Aktivität eines solch kleinen Mondes ist schwer zu erklären. Die Elliptizität von Enceladus' Umlaufbahn von 0,0047 ist vergleichbar mit der des Jupitermondes Io und eventuell ausreichend, substantielle Gezeitenkräfte im Inneren des Mondes hervorzurufen. Aber die nicht vorhandene Aktivität des benachbarten Mondes Mimas spricht gegen eine solche Theorie. Seine orbitale Exzentrizität beträgt 0,02, weswegen die Gezeitenkräfte dort etwa um das 40-fache stärker sein müssten. Anzeichen für endogene Aktivität auf Mimas gibt es jedoch nicht. Enceladus' zumindest lokale Erwärmung im Inneren könnte aber möglicherweise mit Unterschieden im Aufbau erklärt werden: Mimas besitzt eine mittlere Dichte von 1,17 g/cm^3, er besteht im Inneren wohl fast vollständig aus gefrorenem Wasser. Die mittlere Dichte von Enceladus liegt dagegen bei 1,61 g/cm^3, was im Vergleich zu Mimas auf einen etwa 20 % höheren Anteil von Gesteinsmaterial hinweist.

Damit ist Enceladus nach der Erde, dem Jupitermond Io und dem Neptuntrabanten Triton der vierte bekannte planetare Körper, der aufgrund interner Wärme geologische Aktivität aufweist. Allerdings sind wir bei Triton nicht ganz sicher. Die von Voyager beobachteten Veränderungen in

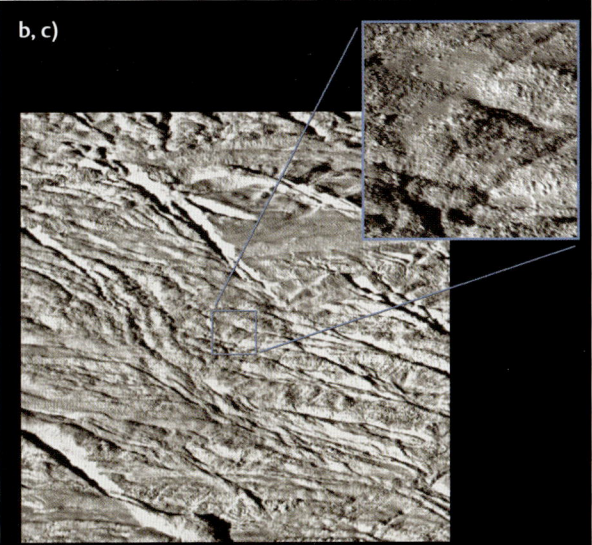

Abb. 6 *Enceladus global a), Blick auf Südpolregion b, c) und Geysire in der Südpolregion d.*

ABB. 7 | **ENCELADUS**

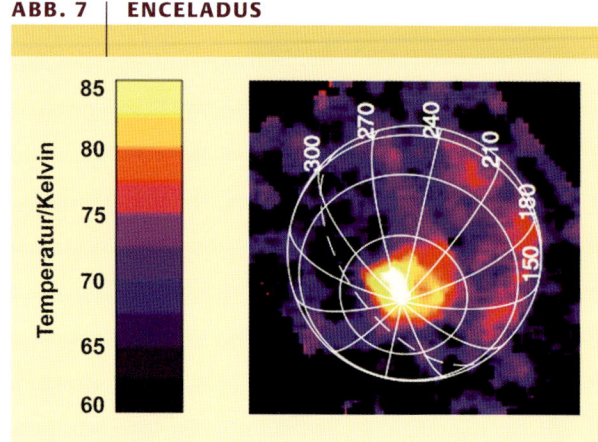

dessen Atmosphäre werden auf Vulkanismus zurückgeführt. Endgültig bewiesen ist dies jedoch nicht.

Titan – spannend, aber sicher keine zweite Erde

Mit 5150 km Durchmesser ist **Titan** der größte Saturnmond und nach dem Jupitermond Ganymed der zweitgrößte Satellit im Sonnensystem. Er ist der einzige Mond, der von einer dichten Atmosphäre eingehüllt ist. Sie enthält etwa 94 % Stickstoff und 2 bis 6 % Methan. Der Mond ist von einer relativ dicken Dunstschicht aus komplexen, organischen Kohlenwasserstoffverbindungen umgeben, die durch photochemische Reaktionen entstehen. Titan wird daher von einigen Wissenschaftlern als Analogon der Erde in ihrer frühesten Zeit noch vor der Entstehung des Lebens angesehen.

Die Atmosphäre ist im sichtbaren Licht undurchlässig, so dass vor Cassini keine Details der Oberfläche bekannt waren. Lediglich im infraroten Wellenlängenbereich existieren atmosphärische Fenster, in denen die Oberfläche sowohl mit Cassinis ISS-Kamera als auch vom Spektrometer VIMS beobachtet werden kann (Abbildung 8). Zusätzlich kann das Radar auf Cassini die Atmosphäre durchdringen. Damit

ließ sich bislang etwa ein Viertel der Oberfläche abtasten [14].

Mit der Infrarotkamera und dem Spektrometer konnten immerhin die räumliche Verbreitung heller und dunkler Gebiete und auch vorübergehende atmosphärische Phänomene global kartiert werden. Dunkles Material ist vorwiegend in den äquatorialen und mittleren Breiten vorhanden. Die ESA-Sonde Huygens landete am 14. Januar 2005 in einem dieser dunklen Gebiete auf der vom Saturn abgewandten Hemisphäre.

In den bisher von Cassini und Huygens gelieferten Daten zeigt sich Titan als Himmelskörper mit einigen Prozessen, wie sie auch von der Erdoberfläche her bekannt sind: Es wurden – allerdings nur wenige – Einschlagskrater entdeckt, vor allem aber verändert sich die Oberfläche durch Erosion, Abtragung, Transport und Ablagerung von Oberflächenmaterial, so wie durch Wind und durch ein flüssiges Medium [15]. Es finden sich sogar Hinweise auf Kryovulkanismus.

Auf der Titanoberfläche konnten bislang nur Einschlagskrater mit Durchmessern von mehr als 10 km entdeckt werden. Die Zahl ist gering verglichen mit den dicht bekraterten Oberflächen der übrigen Eissatelliten, ausgenommen der Südpolregion von Enceladus. Dies deutet auf eine relativ junge, höchstwahrscheinlich geologisch aktive Oberfläche des größten Saturnmondes hin. Die dichte Atmosphäre verhindert zwar das Entstehen von kleinen Kratern, weil die entsprechenden Meteorite verglühen. Für die Altersbestimmung ist dies jedoch von untergeordneter Bedeutung.

Schon lange vor der Cassini-Mission gab es Ideen, dass es auf Titan Bäche, Flüsse, Seen oder sogar große Ozeane geben könnte. Bei einer durchschnittlichen Temperatur von 95 K und einem Druck von 1,6 bar könnten diese natürlich nicht aus Wasser bestehen. Aber auf Titans Oberfläche könnte es flüssige Kohlenwasserstoffe wie Methan oder Ethan geben. Atmosphärenmodelle legten auch nahe, dass es Wolken aus diesen Substanzen gibt, aus denen ein feiner Regen rieselt und sich am Boden sammelt.

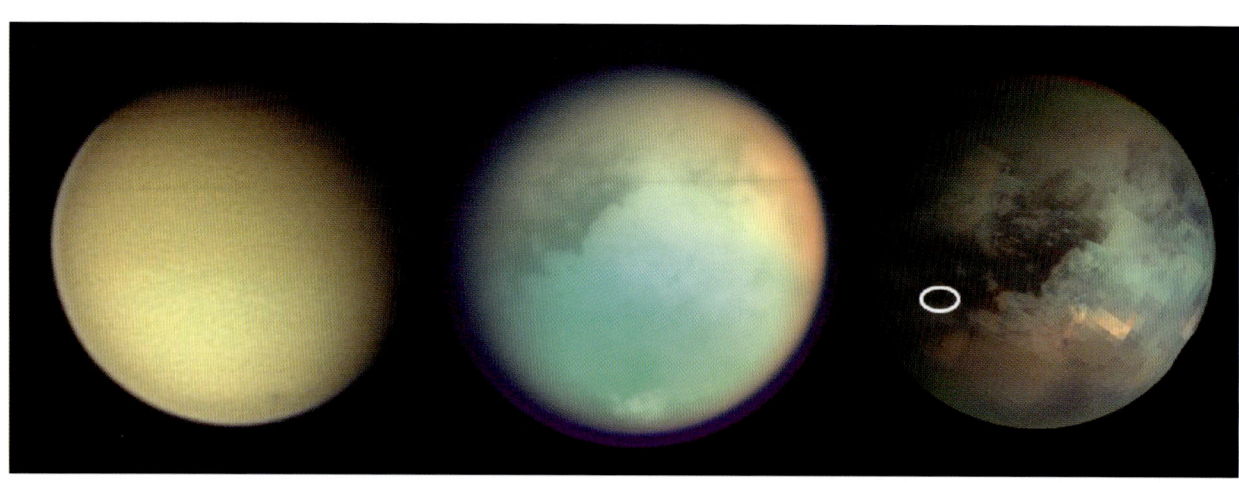

Abb. 8 *Titan in einer Falschfarbendarstellung, zusammengesetzt aus Daten des Spektrometers VIMS bei den Wellenlängen 5 μm (rot), 2 μm (grün) und 1,6 μm (blau) Ellipse: Landestelle von Huygens.*

Dass Flüssigkeiten die Oberfläche von Titan in der Vergangenheit gestaltet haben und möglicherweise immer noch verändern, konnte jetzt tatsächlich nachgewiesen werden. Beim Abstieg von Huygens zur Oberfläche nahm die Kamera ein fein verästeltes, dendritisches Muster von Flussbetten auf, das in einem dunklen Seebecken mündet (Abbildung 9). Huygens landete aber in einem festen, möglicherweise ausgetrockneten Becken. Es ist daher nicht sicher, ob die in der Abbildung dargestellten Flussläufe derzeit flüssiges Material führen.

Die Wirkung eines flüssigen Mediums an der Oberfläche zeigt sich auch in den Bildern, die von der Oberfläche gesendet wurden (Abbildung 10). Die „Steine", die in der nahen Umgebung von Huygens am Boden liegen, sind vermutlich Eisblöcke. Sie sind deutlich gerundet, ähnlich wie Geröll, das in großen Flüssen auf der Erde transportiert und nach einer bestimmten Strecke, die von der Transportleistung des Flusses abhängt, abgelagert wurde.

In den höheren Breiten wurden stehende „Gewässer" von beträchtlicher Größe, vergleichbar den Großen Seen in Nordamerika, entdeckt, und zwar sowohl in den Bildern der Cassini-Kamera, als auch insbesondere in den Radardaten (Abbildung 11). Mittlerweile scheint festzustehen, dass zumindest einige dieser Seen auch in der Gegenwart noch von einem flüssigen Medium gefüllt sind [16]. Digitale Geländemodelle aus den Daten der Kamera auf Huygens zeigen, dass die Höhenunterschiede in der Titanlandschaft wenige hundert Meter betragen. Damit könnten die Seen zumindest mehrere zehn Meter tief sein.

Aus der Existenz ausgedehnter Dünenfelder kann darauf geschlossen werden, dass auch äolische Prozesse, also Erosion, Abtragung, Transport und Sedimentation durch Wind, bevorzugt in den äquatorialen und niederen Breiten, stattfinden. Die Dünen sind bis zu mehrere hundert Kilometer lang und bestehen vermutlich aus Kohlenwasserstoffverbindungen.

Schließlich fanden sowohl das Spektrometer VIMS als auch das Radar Hinweise auf Vulkanismus, der möglicherweise in der Gegenwart noch aktiv ist [17]. Hierzu zählen mehrere Strukturen, die als Calderen (vulkanische Einsturzkessel) interpretiert wurden, sowie Lavaströme und ein Dom oder Schild mit etwa 180 km Durchmesser. Allerdings handelt es sich bei der „Lava" auf Titan nicht wie bei uns um geschmolzenes Silikat, sondern vermutlich um Schlammströme, die aus Wasser, Ammoniak und Methanol bestehen. Hier könnte es also ähnliche Formen von Kryovulkanismus geben wie auf Enceladus.

Titan ist einer der ungewöhnlichsten Körper des Sonnensystems. Er wird auch nach dem Ende der Cassini-Huyygens-Mission ein attraktives Ziel der Planetenforschung bleiben. Schon jetzt beschäftigen sich Wissenschaftler mit Ideen, wie die noch bestehenden Geheimnisse dieser exotischen Welt der Eismonde im äußeren Sonnensystem mit neuen, raffinierten Sonden gelüftet werden können. So denken Wissenschaftler der ESA und NASA über eine gemeinsame Mission ins Saturnsystem nach – mit den Monden Ti-

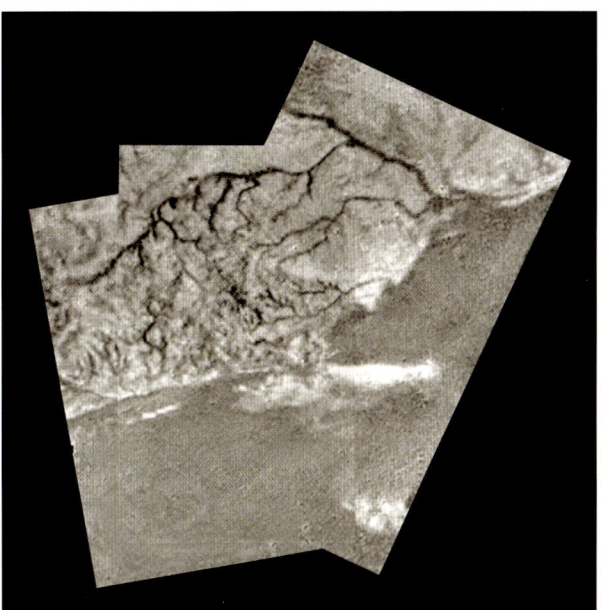

Abb. 9 *Während ihres Abstiegs zur Oberfläche nahm eine Kamera an Bord von Huygens dieses dendritische Muster eines Abflussnetzes von mutmaßlichen Flussbetten auf.*

Abb. 10 *Die Titanoberfläche im Landegebiet von Huygens. Die Brocken im Vordergrund sind 10 bis 15 cm groß und bestehen aus Wassereis. Der Boden wird von dunklem Sand gebildet, der sich vermutlich aus Kohlenwasserstoff-Verbindungen zusammensetzt. Wind hat unter dem leicht aufgestellten Block in der Mitte der Bildszene Sand weggeblasen.*

Abb. 11 *Radaraufnahmen von Titan offenbaren eine mögliche Küstenlinie, Kanäle und ein dunkles Seebecken, das eventuell noch eine Flüssigkeit enthält .*

Literatur

[1] C C. Porco et al., Science **2007**, *318*, 1602.
[2] P. D. Nicholson et al., Icarus **2008**, *193*, 182.
[3] R. N. Clark et al., Nature **2005**, *435*, 66.
[4] P. C. Thomas et al., Nature **2007**, *448*, 50.
[5] Cruikshank et al., Nature **2007**, *448*, 54.
[6] B. Giese et al., Icarus **2008**, *193*, 359.
[7] T. Denk et al., Lunar and Planetary Science Conference, XXIX, **2008**, #2533.
[8] B. Giese et al., Geophys. Res. Lett. **2007**, *34*, L21203.
[9] R. J. Wagner et al., Bull. Am. Astron. Soc. **2005**, *37*, 36.02.
[10] R. J. Wagner et al., Lun. Pl. Sci. Conf., XXIX, **2008**, #1930.
[11] R. Jaumann et al., Icarus, **2008**, *193*, 407.
[12] M. K. Dougherty et al., Science **2006**, *311*, 1406.
[13] F. Spahn et al., Science **2006**, *311*, 1416.
[14] J. W. Barnes et al., Icarus **2007**, *186*, 242.
[15] E. R. Stofan et al., Icarus **2006**, *185*, 443.
[16] G. Mitri et al., Icarus **2007**, *186*, 385.
[17] C. Sotin et al., Nature **2005**, *435*, 786.

Die Autoren

Die Autoren sind Planetengeologen am Institut für Planetenforschung im Deutschen Zentrum für Luft- und Raumfahrt (DLR) in Berlin-Adlershof. **Roland Wagner** *(links) wertet als Associate Team Member des ISS-Teams Bilder der Eismonde hinsichtlich ihrer Morphologie und Tektonik der Oberfläche aus und bestimmt deren Alter.* **Katrin Stephan** *ist als Associate Team Member des VIMS-Teams auf die Analyse der Geochemie und Mineralogie der Saturnmonde spezialisiert;* **Ulrich Köhler** *ist Mitglied des Cassini-Teams im DLR und dort auch für die Öffentlichkeitsarbeit zuständig.*

Anschrift
Dipl.-Geol. Ulrich Köhler, Deutsches Zentrum für Luft- und Raumfahrt, Institut für Planetenforschung, Rutherfordstraße 2, 12489 Berlin-Adlershof. ulrich.koehler@dlr.de

tan und Enceladus als vorrangigem Ziel. Sie könnte im dritten Jahrzehnt unseres Jahrhunderts auf Enceladus und Titan landen und die Oberflächen eingehend studieren.

Zusammenfassung

Cassini liefert seit vier Jahren wertvolle Experimentdaten aus der Welt des Saturn, seiner Ringe, von den Monden und der kosmischen Umgebung des zweitgrößten Planeten des Sonnensystems. Die Mission ermöglichte wichtige Erkenntnisse über die Prozesse, die im äußeren Sonnensystem seit der Bildung der Planeten abgelaufen sind. Diese Ergebnisse sind in vielerlei Hinsicht auch bedeutend für das Verständnis der Planeten im inneren Sonnensystem. Huygens ist erstmals auf dem Saturnmond Titan gelandet und hat Bilder und Messdaten von einem der interessantesten Körper im Sonnensystem geliefert. Seit dem 1. Juli 2008 befindet sich die Mission Cassini in einer ersten Verlängerungsphase. Bis Mitte 2010 wird die Sonde weitere 60 Mal Saturn umrunden.

Herr der Ringe
Der Ringplanet Saturn, aufgenommen von der
Raumsonde Cassini am 6. Oktober 2004.

Planeten bei fernen Sonnen

RUTH TITZ-WEIDER

1995 wurde der erste extrasolare Planet entdeckt. Seitdem hat sich das Studium dieser Himmelskörper so stürmisch entwickelt wie kaum ein anderes Gebiet der Astrophysik. Seit Anfang 2007 ist das Weltraumteleskop COROT in Betrieb. Seine Empfindlichkeit reicht aus, Exoplaneten, die nur wenig größer als die Erde (Supererden) sind, mit der Transitmethode aufzuspüren.

Die Gewissheit, dass es neben unserem eigenen Planetensystem noch viele andere gibt, ist erst ein Jahrzehnt alt. Darüber nachgedacht haben die Menschen indes schon seit über zweitausend Jahren [1]. Im ersten Jahrhundert vor Christus schrieb der Philosoph Lukrez angesichts der Unermesslichkeit des Weltraums in seinem Lehrgedicht „Vom Wesen des Weltalls":

„Einräumen muss man deshalb in entsprechender Weise, dass Himmel, Erde und Sonne und Mond und Salzflut und sonstiges schwerlich einmal nur vorkommen, sondern in unermesslicher Menge."

Der unbequeme Denker Giordano Bruno (1548–1600) verbreitete ebensolche Gedanken. Damit geriet er in Konflikt mit der katholischen Kirche und wurde am 17. Februar 1600 als Ketzer auf dem Campo de'Fiori in Rom verbrannt. Ein weiterer berühmter Verfechter der Existenz extrasolarer Planeten war Immanuel Kant (1724–1804). In seinem Buch „Allgemeine Naturgeschichte und Theorie des Himmels" legte er 1755 eine Theorie der Entstehung unseres Planetensystems dar und folgerte, dass sich auch um die anderen Sterne in ähnlicher Weise Planeten gebildet haben.

Vor ungefähr 50 Jahren waren die technischen Möglichkeiten so weit gediehen, dass man die Rotationsgeschwindigkeit von Sternen mit spektroskopischen Methoden messen konnte. Damals erkannte der Astronom Otto Struve (1897–1963), dass sich hiermit und mit der Transitmethode extrasolare Planeten auffinden lassen müssten [2].

Doch erst 1995 gelang Michel Mayor und Didier Queloz von Observatorium Genf die erste zweifelsfreie Entdeckung eines Exoplaneten bei dem Stern 51 Pegasi [3, 4]. Seitdem wurden etwa 300 Planeten gefunden, darunter auch 25 Systeme mit mehreren Planeten. Aufgrund der bisher beobachteten Sterne und nachgewiesenen Planeten schätzen Experten, dass 20 bis 30 % aller sonnenähnlichen Sterne Planeten besitzen. Wie es bei wesentlich größeren oder kleineren Sternen aussieht, ist noch nicht genau bekannt.

Radialgeschwindigkeitsmethode

Es gibt mehrere Möglichkeiten, extrasolare Planeten zu finden. Mit der Radialgeschwindigkeitsmethode hat man den ersten und die meisten der bis heute bekannten Exoplaneten entdeckt. Sie beruht auf dem Doppler-Effekt, wonach Licht zu größeren beziehungsweise kleineren Wellenlängen verschoben wird, wenn sich Lichtquelle und Beobachter voneinander entfernen oder aufeinander zu bewegen. Eine Spektrallinie, die ein Körper auf einer elliptischen Bahn aussendet, verändert sich daher periodisch in ihrer Wellenlänge. In der Praxis beobachtet man eine große Zahl von Spektrallinien und vergleicht deren Positionen mit den im Labor gemessenen Ruhewellenlängen.

Zwar spricht man häufig davon, dass sich Planeten um den Stern bewegen, ganz genau stimmt das aber nicht. In einem Planetensystem bewegen sich der Zentralstern und der Planet um einen gemeinsamen Schwerpunkt mit der gleichen Umlaufperiode (Abbildung 1). Die große Halbachse der Sternenbahn ist jedoch kleiner als die große Halbachse der Planetenbahn. Obwohl man den Planeten nicht direkt sehen kann, verursacht seine Anwesenheit eine periodische Bewegung des Zentralsterns um den gemeinsamen Schwerpunkt. Diese Bewegung führt zu einer leichten, regelmäßigen Doppler-Verschiebung der Spektrallinien des Sterns.

Geheimnisvoller Kosmos. Herausgegeben von Thomas Bührke und Roland Wengenmayr · Copyright © 2009 WILEY-VCH Verlag GmbH & Co. KGaA, Weinheim · ISBN: 3-527-40899-1

Die Änderung der Wellenlänge ist proportional zu der Geschwindigkeit, mit der sich der Stern auf den Beobachter zu- oder von ihm wegbewegt. Trägt man die gemessenen Radialgeschwindigkeiten gegen die Zeit auf, so zeigt sich die Existenz eines Planeten durch eine periodische Variation. Die in Abbildung 2 gezeigten Messwerte passen gut zu einer Sinuskurve mit der Amplitude von 57 m/s und einer Periode von 4,2 Tagen.

Aus der gemessenen Umlaufperiode T ermittelt man mit dem 3. Keplerschen Gesetz die Summe der großen Halbachsen a, wenn man die Gesamtmasse M des Systems kennt. Ist die Masse des Planeten M_{Planet} klein gegenüber der Sternenmasse M_{Stern} und die große Halbachse der Sternenbahn a_{Stern} klein gegenüber der des Planeten a_{Planet}, so erhält man für die große Halbachse des Planeten:

$$a_{Planet} \approx \sqrt[3]{\frac{GM_{Stern} \cdot T^2}{4\pi^2}},$$

wobei G die Gravitationskonstante ist.

Als Unbekannte steht hier nur noch die Sternmasse. Im Allgemeinen lässt sich diese jedoch relativ genau angeben, sobald der Spektraltyp des Sterns bestimmt ist, was beobachtungstechnisch kein Problem darstellt.

Als Beispiel zur Bestimmung des Bahnradius von Planet 51 Pegasi b gehen wir von der vereinfachten Annahme einer Kreisbahn aus. Nimmt man die Umlaufperiode von 4,2 Tagen und setzt für die Sternenmasse eine Sonnenmasse ein, so erhält man für a_{Planet} einen Wert von rund 7,7 Millionen Kilometer. Der Planet kreist also in einer Entfernung von nur 0,05 Astronomischen Einheiten (AE) um den Stern, wobei 1 AE die mittlere Entfernung Erde-Sonne von 149,6 Millionen km ist. In unserem Sonnensystem würde

die Bahn von 51 Peg b weit innerhalb der Merkurbahn liegen ($a_{Merkur} = 0{,}387$ AE).

Für die Masse des Begleiters liefert die Radialgeschwindigkeitsmethode jedoch nur eine untere Grenze, wie die folgende Überlegung zeigt. Die Bahngeschwindigkeit des Planeten erhält man aus der Gleichheit von Zentrifugal- und Gravitationskraft:

$$V_{Planet} = \sqrt{\frac{GM_{Stern}}{a_{Planet}}}.$$

Aus dem Schwerpunktsatz $M_{Stern} \cdot a_{Stern} = M_{Planet} \cdot a_{Planet}$ und den Gleichungen

$$V_{Stern} = \frac{2\pi \cdot a_{Stern}}{T} \text{ und } V_{Planet} = \frac{2\pi \cdot a_{Planet}}{T}$$

ergibt sich die Masse des extrasolaren Planeten zu

$$M_{Planet} = M_{Stern} \cdot \frac{V_{Stern}}{V_{Planet}}.$$

Die Geschwindigkeitskomponente, die bei der Radialgeschwindigkeitsmethode ermittelt wird, stimmt mit der wirklichen Bahngeschwindigkeit nur dann überein, wenn wir zufällig direkt auf die Bahnebene schauen. Das kommt nur sehr selten vor, denn die Bahnen können in allen möglichen Winkeln zum Beobachter liegen.

Allgemein gilt $V_{beobachtet} = V_{Stern} \cdot \sin(i)$, wobei i der Neigungswinkel (Inklination) der Bahn gegen die Sichtlinie ist. Der Winkel lässt sich jedoch in einigen Fällen mit anderen Methoden bestimmen, die ich weiter unten beschreibe.

Für den Begleiter 51 Peg b ergibt sich eine untere Grenze für die Planetenmasse von rund einer halben Jupitermasse. Mittlerweile sind weitere Körper dieser Art gefunden worden. Man nennt sie Hot Jupiters: Riesenplaneten in der Größenordnung des Jupiter, die sich dicht um den Zentralstern bewegen und daher sehr stark aufgeheizt werden.

Eine ungewöhnlich enge Bahn gepaart mit der großen Masse des Planeten sorgte anfänglich unter den Astrophysikern für erhebliche Aufregung. Nach den gängigen Modellen kann ein Riesenplanet nämlich nur in den kühlen Außenregionen einer protoplanetaren Scheibe entstehen. In der heißen Nähe des Sterns reichen weder die Zeit noch die Materiemenge dafür aus. Als Erklärung für den Planeten 51 Pegasi b favorisieren heute die meisten Astrophysiker die Migrationstheorie. Hiernach entsteht ein Riesenplanet in aus-

Abb. 1 Bewegung des Sterns und seines Planeten um den gemeinsamen Schwerpunkt. Beide Körper vollziehen eine Kreisbewegung, der Stern mit einem Radius a_{Stern}, der Planet mit einem größeren Radius a_{Planet}.

ABB. 2 | **51 PEGASI**

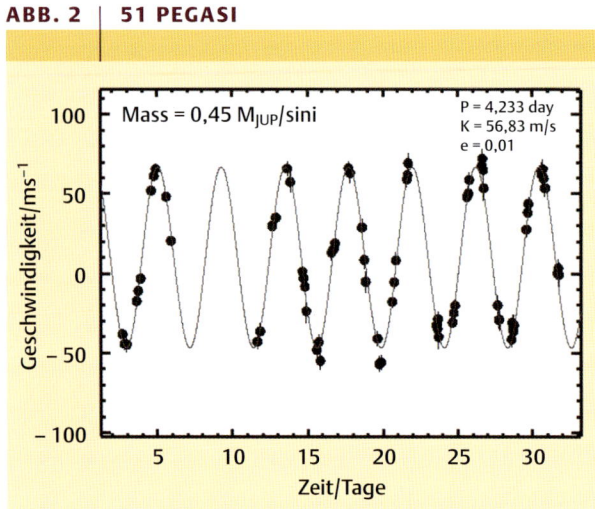

Messkurve der Radialgeschwindigkeit des Sterns 51 Peg
(Quelle: Marcy und Butler).

reichender Entfernung vom jungen Stern, wandert dann aber durch Wechselwirkung mit der protoplanetaren Scheibe an den Stern heran. Bewiesen ist das jedoch nicht. Es werden mittlerweile auch alternative Theorien diskutiert, in denen die Entstehung der heißen Jupiter nahe am Stern möglich sein soll.

Neben Umlaufperiode, großer Halbachse und unterer Massengrenze des Exoplaneten kann man aus der Messung auch die Exzentrizität der Bahn ermitteln. Dabei ergab sich eine erstaunliche Bandbreite: Von kreisförmigen bis zu stark elliptischen Bahnen ist alles vertreten. Hier stellen sich weiterführende Fragen: Wie sind solche Systeme entstanden? Ist unser eigenes Planetensystem eine Ausnahme oder ein typischer Vertreter? Erst eine erheblich größere Zahl an extrasolaren Systemen, die gesicherte statistische Aussagen ermöglichen, wird hierüber Aufschluss geben können.

Die Grenzen der Radialgeschwindigkeitsmethode liegen in der instrumentellen Schwierigkeit, die Doppler-Verschiebungen sehr exakt zu messen. Die höchste Genauigkeit liegt derzeit bei ungefähr 1 m/s. Würde man unser Son-

nensystem von außen beobachten, dann wäre damit der größte Planet Jupiter leicht nachweisbar. Seine Anwesenheit führt zu einer Kreisbewegung der Sonne mit einer Bahngeschwindigkeit von 12 m/s. Allerdings müsste man unsere Sonne sehr lange beobachten, denn für einen Umlauf benötigt Jupiter fast 12 Jahre. Unsere Erde allein lässt die Sonne mit einer Geschwindigkeit von nur 9 cm/s um den gemeinsamen Schwerpunkt kreisen, was mit dieser Methode heute nicht nachweisbar wäre.

Es gibt allerdings nicht nur eine instrumentelle Grenze, sondern auch eine physikalische: Pulsationen an der Sternoberfläche erzeugen periodische Verschiebungen der Spektrallinien, deren Amplituden irgendwann nicht mehr von dem Einfluss eines Planeten zu unterscheiden sind.

Transitmethode

Eine andere erfolgreiche Methode zur Suche nach extrasolaren Planeten ist die Transitmethode. Transits sind uns aus unserem eigenen Sonnensystem bekannt. Am 9. Juni 2004 konnte man über mehrere Stunden hinweg beobachten, wie die Venus vor der Sonne entlang wanderte (Abbildung 3). Während dieser Passage war die Sonnenhelligkeit um etwa ein Zehntausendstel geringer als im Normalzustand.

Das ist auch der Grundgedanke der Transitsuche. Zieht ein Planet von uns aus gesehen vor dem Zentralstern vorbei, dann wird das Sternenlicht geringfügig abgeschattet, und man kann einen Intensitätsabfall registrieren. Der Unterschied zu einem Venus- oder Merkurtransit besteht darin, dass man weit entfernte Sterne nicht als Scheibe sieht und den kleinen Intensitätsabfall neben anderen möglichen Störungen registrieren muss (siehe „Falscher Alarm", S. 293). Die relative Intensitätsabnahme ist durch das Verhältnis der Planetenscheibe zur Sternscheibe gegeben.

In welcher Größenordnung diese Schwankungen liegen, kann man durch die bekannten Größenverhältnisse in unserem Sonnensystem abschätzen (Tabelle 1). Der größte Planet, Jupiter, schattet das Sonnenlicht um ungefähr ein Prozent ab. Im Vergleich dazu ist der Intensitätsabfall des kleinen Planeten Merkur tausendmal kleiner und könnte

TAB. 1 | SONNENSYSTEM ALS TESTFALL

Planet	Äquatorialer Radius [R_{Erde}]	Masse [$M_{Jupiter}$]	große Halbachse [AE]*	siderische Umlaufzeit [Jahren]	Relativer Intensitäts-abfall	Transitdauer [Stunden]	geometrische Wahrscheinlichkeit R_{Sonne}/a_{Planet}
Merkur	0,38	0,00015	0,387	0,241	0,000012	8,1	$1,2 \cdot 10^{-2}$
Venus	0,95	0,0026	0,723	0,615	0,000075	11,0	$6,4 \cdot 10^{-3}$
Erde	1,00	0,0031	1,00	1,00	0,000084	13,0	$4,7 \cdot 10^{-3}$
Mars	0,53	0,00035	1,524	1,88	0,000024	16,0	$3,1 \cdot 10^{-3}$
Jupiter	11,2	1,00	5,205	11,87	0,010	29.6	$8,9 \cdot 10^{-4}$
Saturn	9,41	0,30	9,576	29,63	0,0075	40,1	$4,8 \cdot 10^{-4}$
Uranus	4,02	0,046	19,28	84,67	0,0014	57,0	$2,4 \cdot 10^{-4}$
Neptun	3,89	0,053	30,14	165,5	0,0012	71,3	$1,5 \cdot 10^{-4}$
Pluto	0,17	0,000006	39,88	251,9	0,000002	82,0	$1,2 \cdot 10^{-4}$

*1 AE = 149 597 870 km

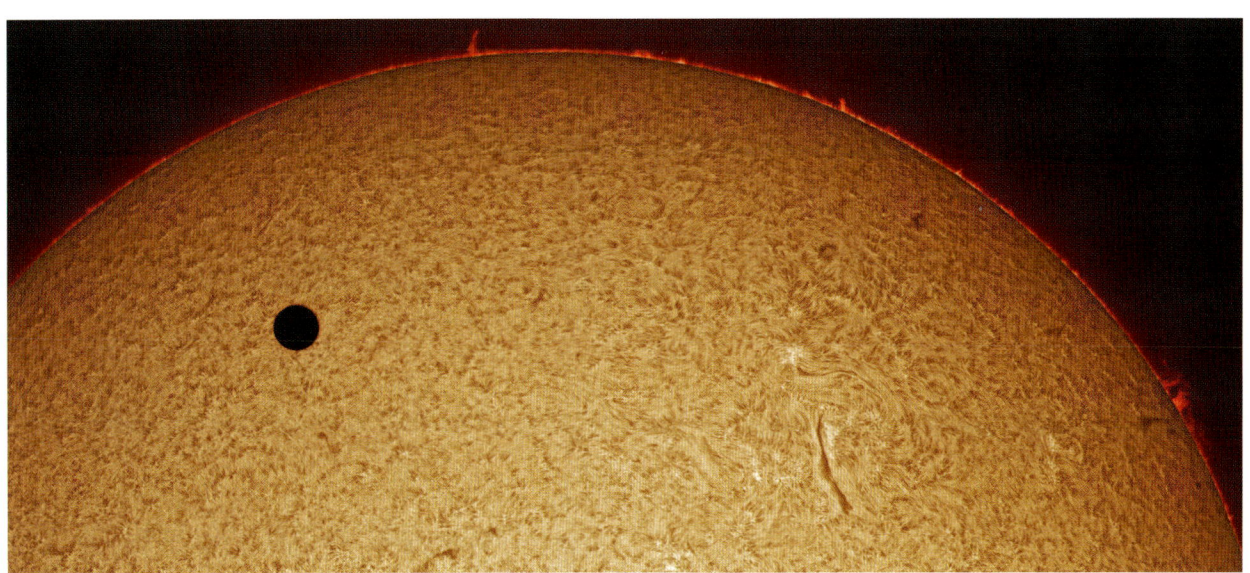

Abb. 3 *Der Venustransit am 8. Juni 2004 im Licht der Hα-Linie* (Foto: S. Seip, VT-2004 Programm).

mit der Empfindlichkeit heutiger Instrumente nicht nachgewiesen werden. Tabelle 1 zeigt die Transitzeiten und Umlaufzeiten in unserem Sonnensystem: Jupiter müssten Beobachter, die sich außerhalb unseres Systems befinden, zwölf Jahre lang verfolgen, um einmal einen fast 30 Stunden dauernden Transit zu sehen.

Erstmals erfolgreich war die Transitmethode bei dem Stern HD 209458. Bei ihm hatte man bereits zuvor mit der Radialgeschwindigkeitsmethode einen Begleiter entdeckt und kannte somit die Phase des Umlaufs. Abbildung 5 zeigt die mit dem Weltraumteleskop Hubble aufgenommene Messkurve [5]. Dabei wurden fünf Transits überlagert. Bei einer Umlaufdauer von 3,5 Tagen lässt sich dies leicht bewerkstelligen. Die Zeit für einen Transit betrug etwa 2,4 Stunden.

Die Transitmethode kann natürlich nur zum Erfolg führen, wenn der Planet vom Beobachter aus gesehen vor dem Stern entlang zieht. Wie groß aber ist die Wahrscheinlichkeit, dass die Ebene der Planetenbahn im richtigen Winkel zum Beobachter liegt, wenn alle Winkel mit gleicher Wahrscheinlichkeit auftreten können? Wie in Abbildung 6 dargestellt, darf $\sin\alpha$ nicht größer sein als das Verhältnis von Sternradius zur großen Halbachse des Planeten. Damit kann man die Häufigkeit abschätzen, einen Planeten in der richtigen Lage zu finden. Würde man 10 000 Sonnensysteme mit der Erde als einzigem Planeten betrachten, so würde man darunter 40 bis 50 Transits entdecken können. Bei 10 000 Systemen mit Planeten auf Neptun-ähnlichen Bahnen wären nur ein bis zwei Transitbeobachtungen möglich (geometrische Wahrscheinlichkeit in Tabelle 1).

Die systematische Suche nach Exoplaneten mit der Transitmethode kann daher nur erfolgreich sein, wenn man eine sehr große Zahl von Sternen über einen langen Zeitraum hinweg beobachtet. Grenzen liegen unter anderem in der Empfindlichkeit der verwendeten CCD-Kamera, den atmosphärischen Störungen und Schwankungen des Sternen-

lichts. Welche Parameter kann man aus der Messung gewinnen?

Hat man einen Planeten mit der Transitmethode gefunden und über mehrere Perioden beobachtet, erhält man – wie bei der Radialgeschwindigkeitsmethode – aus der Periode die große Halbachse. Darüber hinaus errechnet sich aus dem relativen Intensitätsabfall der astrophysikalisch bedeutende Planetenradius. Und aus der Transitdauer bestimmt man die Inklination der Bahn. Kombiniert man die Transit- und Radialgeschwindigkeitsmessungen miteinander, so kann man die wahre Masse eines Planeten M_{Planet} und auch die Dichte ermitteln. In Kombination mit theoretischen Modellen ermöglicht das bereits erste Aufschlüsse über den inneren Aufbau der Planeten.

INTERNET

Enzyklopädie extrasolarer Planeten
exoplanet.eu

Suchmethoden
www.exoplanet.de

California & Carnegie Planet Search
exoplanets.org

BEST und COROT
www.dlr.de/caesp

COROT
www.corot.de
www.esa.int/science/corot
corot.oamp.fr
smsc.cnes.fr/corot

OGLE
bulge.astro.princeton.edu/~ogle

Im Falle von HD 149026 b zum Beispiel besitzt der Planet 1,2 Saturnmassen und eine Dichte von 1,2 g/cm³. Gängige Planetenmodelle sagen für einen solchen Körper einen 70 Erdmassen schweren Kern voraus, der von einer ausge-

dehnten Atmosphäre umgeben ist. Wie Tabelle 2 belegt, haben die meisten der bisher entdeckten Hot Jupiters geringere Dichten als Wasser.

Transitmethode und Radialgeschwindigkeitsmethode ergänzen sich also. Insgesamt wurden 46 extrasolare Planeten mit beiden Methoden untersucht, so dass von ihnen die Masse, Umlaufperiode, große Halbachse, Exzentrizität und Inklination bekannt sind (Tabelle 2).

Astrometrie

Auch die astrometrische Methode beruht darauf, dass ein Stern durch einen umlaufenden Planeten beeinflusst wird und seine Position periodisch verändert. Durch hochgenaue Positionsmessungen lässt sich diese Bewegung in der Himmelsebene messen. Am empfindlichsten ist diese Methode bei massereichen Planeten, die mit großen Perioden nahe massearme Sterne umkreisen. Entdeckt hat man damit bisher noch keinen Planeten, jedoch hat man auf diese Weise die genaue Masse des Exoplaneten Gl 876 b bestimmt, der zuvor mit der Radialgeschwindigkeitsmethode entdeckt worden ist. Der Stern Gliese 876 liegt nur etwa 15 Lichtjahre entfernt und hat sich als interessantes Mehrfachsystem mit drei Planeten erwiesen. Radialgeschwindigkeitsmethode und Astrometrie ergänzen sich also ebenfalls, weil sie die Drehbewegung des Sterns in zwei senkrecht aufeinander stehenden Richtungen messen.

Gravitationslinsenmethode

Die Gravitationslinsenmethode beruht auf einem relativistischen Effekt: Wenn ein Stern mit einem Planeten vor einem anderen, weit entfernten Stern vorbeizieht, wird das Licht des hinteren Sterns durch den Gravitationslinseneffekt in charakteristischer Weise verstärkt. Diese Methode erlaubt immer nur eine einmalige Messung, denn die geometrische Konstellation tritt nicht wieder auf. Bei der Suche mit der Gravitationslinsenmethode haben sich die Astronomen in einem weltweiten Netzwerk organisiert. Sobald ein mutmaßliches Ereignis eintritt wird ein Alarm verschickt, damit der entsprechende Stern nacheinander von einem Teleskop zum anderen zur Beobachtung „weitergereicht" werden kann. Mit dieser Methode hat man bis heute vier Planeten entdeckt. Es scheint möglich zu sein, auch Planeten von der Größe der Erde zu entdecken.

Direkte Abbildung

Am schönsten wäre es natürlich, einen Planeten direkt zu beobachten. In vier Fällen glaubt man, dass das gelungen ist. Einer davon ist der ungefähr 450 Lichtjahre entfernte Stern GQ Lupi im Sternbild Wolf mit einer Masse von 0,7 Sonnenmassen. Im infraroten Licht ließ sich mit der hochgenauen Metho-

ABB. 4 | INTENSITÄTSVERLAUF BEIM TRANSIT

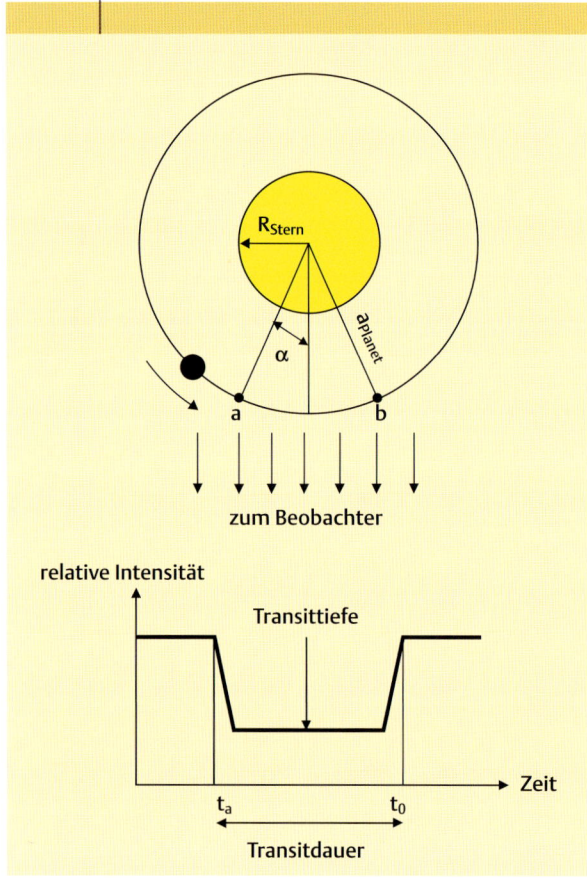

Transit eines Planeten mit Intensitätsverlauf: Tiefe und Dauer des Signals hängen von der Beobachtungsgeometrie ab.

TAB. 2 | EXTRASOLARE PLANETEN

Planet	Periode [Tage]	große Halbachse [AU]	M [M_{Jupiter}]	Radius [R_{Jupiter}]	Dichte [g/cm³]	Exzentrizität e
GJ 436 b	2,6	0,029	0,072	0,4	1,69	0,15
HAT-P-7 b	2,2	0,038	1,776	1,36	0,87	0
HD 149026 b	2,9	0,043	0,36	0,7	1,17	0
HD 17156 b	21,2	0,159	3,11	0,96	4,31	0,67
HD 209458 b	3,5	0,045	0,69	1,3	0,39	0,07
OGLE-TR-10 b	3,1	0,04162	0,63	1,2	0,45	0
OGLE-TR-56 b	1,2	0,023	1,29	1,39	0,93	0
TrES-1	3,0	0,039	0,61	1,1	0,77	0,135
COROT-Exo-1 b	1,5	0,025	1,03	1,49	0,39	0
COROT-Exo-2 b	1,7	0,028	3,31	1,465	1,31	0
WASP-12 b	1,1	0,021	1,12	1,49	0,39	0
XO-1b	3,2	0,048	13,24	1,92	2,32	0,219

Auswahl von Planeten, die mit der Transit- und der Radialgeschwindigkeitsmethode vermessen worden sind (aus Enzyklopädie der extrasolaren Planeten von Jean Schneider, exoplanet.eu).

de der adaptiven Optik ein zweites Objekt in nur 0,7 Bogensekunden Abstand abbilden (Abbildung 7). Diese Konstellation wurde über fünf Jahre hinweg von verschiedenen Teleskopen beobachtet, ohne eine Veränderung im Abstand der beiden Objekte zu entdecken. Solch eine Veränderung würde man erwarten, wenn das schwächere Objekt ein Hintergrundstern wäre. Gehören beide Objekte wie vermutet zusammen, dann entspricht der Abstand einer Entfernung von 100 AE, also dem 2,5-fachen Radius der Plutobahn.

Die Umlaufdauer ist so lang, dass sie sich nicht nachweisen lässt. Damit entfällt auch die Möglichkeit, die Masse des Begleiters daraus zu bestimmen. Die Astronomen sind hier auf Modelle der Planetenentstehung angewiesen. Diese sind jedoch noch mit großen Unsicherheiten belastet und liefern für den Begleiter eine Masse zwischen 3 und 21 Jupitermassen. Damit kann es sich sowohl um einen Planeten als auch um einen Braunen Zwerg handeln. Braune Zwerge gelten als Zwischenglied zwischen Sternen und Planeten. Sie zünden kurz nach ihrer Entstehung für kurze Zeit im Innern eine Deuteriumfusion, glühen danach aber langsam aus.

Planetensuche rund um den Globus

Weltweit laufen Suchprogramme für Exoplaneten, hier sollen nur einige erläutert werden.

Michael Mayor und Didier Queloz, die Entdecker des ersten Exoplaneten, führen systematische Suchprogramme mit der Radialgeschwindigkeitsmethode durch. Für die nördliche Hemisphäre benutzen sie das 1,93-m-Teleskop am Observatoire de Haute Provence, für die Südhalbkugel das 3,6-Meter-Teleskop bei der Europäischen Südsternwarte, ESO, in Chile. Dort verwenden sie den weltweit empfindlichsten Spektrographen, genannt Harps (High Accuracy Radial Velocity Planetary Search). Er misst Doppler-Verschiebungen bis zu 1 m/s – das entspricht der Geschwindigkeit eines Fußgängers.

Das zweite große Suchprogramm mit dieser Methode betreiben die bislang erfolgreichsten Planetenjäger Paul Butler von der Carnegie Institution in Washington und Geoffrey Marcey von der Universität in Berkeley, Kalifornien. Ihr California & Carnegie Planet Search läuft an mehreren Orten, unter anderem am Keck-Observatorium auf Hawaii. Dieses Team sucht in einer ausgewählten Gruppe von 1330 Sternen mit der Doppler-Methode nach unsichtbaren Trabanten. Allein etwa Zweidrittel aller Funde gehen auf ihr Konto. Sie entdeckten auch das bisher größte System 55 Cancri mit vier Planeten.

OGLE (Optical Gravitational Lensing Experiment) ist eine langfristige Beobachtungskampagne der Universität Warschau. Anfangs war sie darauf ausgelegt, Körper der Dunklen Materie zu finden, die sich nur durch die Schwerkraft bemerkbar machen. Die Suche nach plötzlichen Intensitätsverstärkungen durch den Gravitationslinseneffekt bedient sich aber ähnlicher Techniken wie die Transitmethode: Man muss die Intensität vieler Sterne über lange Zeit mit hochgenauen photometrischen Instrumenten aufzeichnen.

ABB. 5 | PLANET HD 209458 B

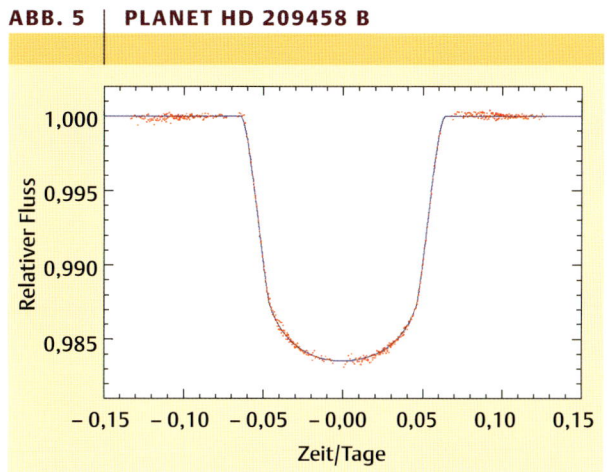

Messkurve des Transits des Planeten HD 209458 b mit dem Weltraumteleskop Hubble [5].

Diese Daten kann man sowohl in Hinblick auf Gravitationslinsen als auch auf Transitereignisse durchsuchen. Die wissenschaftliche Ernte von OGLE auf dem Gebiet der extrasolaren Planeten ist beachtlich. Mit OGLE war man sowohl bei der Transit- als auch bei der Gravitationslinsenmethode erstmals erfolgreich (Tabelle 2).

OGLE hat mehrere Phasen mit verschiedenen Teleskopen und Instrumenten durchlaufen. Die aktuellen Beobach-

ABB. 6 | NEIGUNGSWINKEL

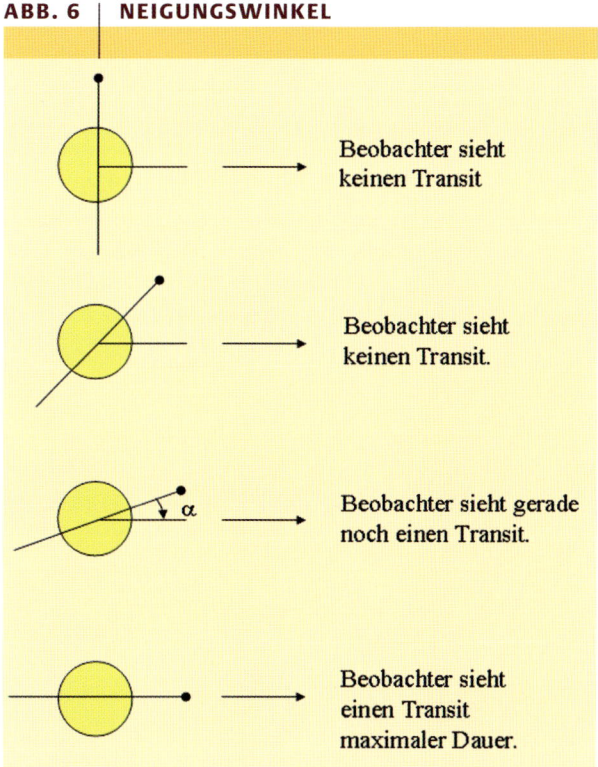

Verschiedene Konstellationen von Stern, Planet und Beobachter. Nur wenn der Neigungswinkel α klein genug ist, kann man einen Transit beobachten. Die Bedingung dafür ist: $\sin \alpha \leq R_{Stern}/a_{Planet}$.

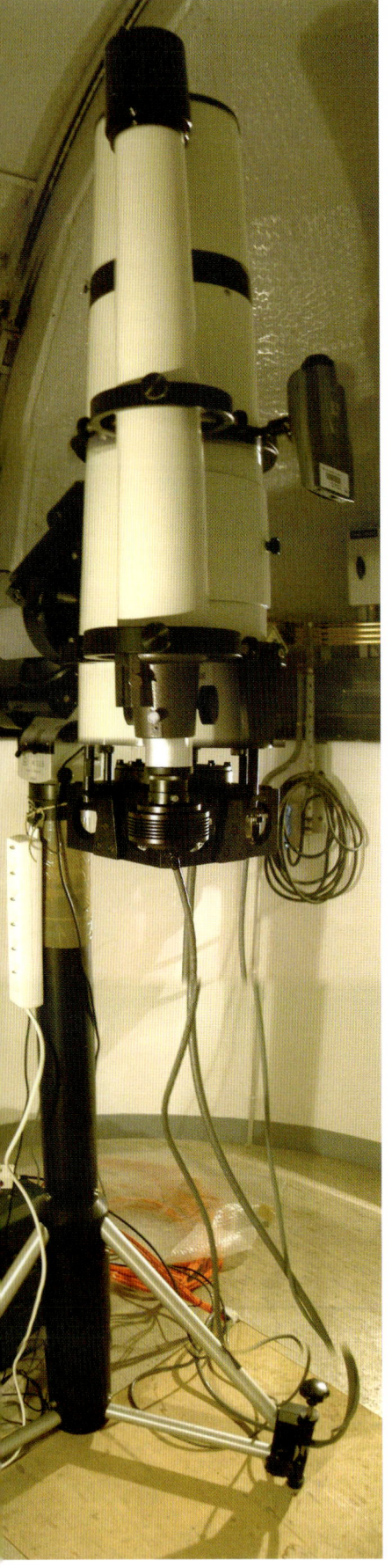

tungen werden mit ei-nem Teleskop mit einem Hauptspiegel von 1,3 m Durchmesser in Chile durchgeführt. Das Bildfeld ist 35' × 35', das ist etwas mehr als der Vollmonddurchmesser. Der Detektor in der Kamera ist aus acht CCDs mit je 2048 × 4096 Pixel zusammengesetzt.

Mit BEST (Berlin Extrasolar Search Teleskop) suchen Astronomen seit dem Jahr 2001 nach extrasolaren Planeten. Das Instrument ist ein Schmidt-Cassegrain-Teleskop mit einem 20-cm-Spiegel. Das Suchprogramm wurde vom Institut für Planetenforschung des Deutschen Zentrums für Luft- und Raumfahrt (DLR) ins Leben gerufen. Zunächst stand das Teleskop an der Thüringer Landessternwarte in Tautenburg, seit Herbst 2004 hat es seine eigene Kuppel auf dem Gelände des Observatoire de Haute Provence, dem historischen Ort der Erstentdeckung eines extrasolaren Planeten (Abbildung 8). Der Standortwechsel hat die Zahl der Nächte erhöht, in denen man kontinuierlich beobachten kann. Es leuchtet unmittelbar ein, dass die möglichst ununterbrochene Beobachtung eines Himmelsfeldes die notwendige Bedingung ist, um ein Transitereignis zu finden und zu verifizieren.

Das BEST-Teleskop hat ein Bildfeld von 3° × 3°, in dem sich Tausende von Sternen befinden. Die Transitsuche ähnelt der sprichwörtlichen Suche nach der Nadel im Heuhaufen. Hat man die Lichtkurven der rund 30 000 Sterne in einem Bildfeld über mehrere Monate aufgenommen, dann muss man diese Daten durchforsten, zum Beispiel Nächte mit dichten Wolken im Bildfeld aussortieren. Teilweise reicht die Auflösung von BEST nicht aus, dicht zusammenstehende Sterne zu trennen. Eine transitähnliche Intensitätsschwankung kann dann nicht eindeutig einem Stern zugeordnet werden.

Die Sichtung der aufgenommenen Messkurven erfolgt teilweise mit dem

Abb. 8 *Das BEST-Teleskop des DLR. Mit ihm wurde von 2001 bis 2004 an der Thüringer Landessternwarte in Tautenburg gemessen, ab 2005 arbeitet es am Observatoire de Haute Provence in Frankreich* (Foto: DLR).

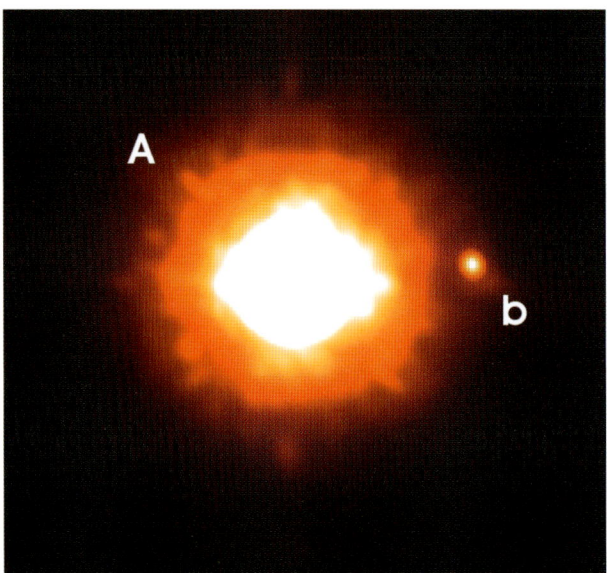

Abb. 7 *Der Stern GQ Lupi mit seinem Begleiter. Ob es sich um einen Planeten oder einen Braunen Zwerg handelt, ist nicht zweifelsfrei geklärt* (Foto: Uni Jena/ ESO).

bloßen Auge, das bei der Mustererkennung ein gutes Instrument ist, teils mit einem eigens hierfür entwickelten Programm. Von den rund 30 000 Sternen bleibt dann eine Liste von vielleicht einem Dutzend Transitkandidaten übrig.

Um weitere Informationen über diese Sterne zu bekommen und falschen Alarm auszuschließen, müssen Messungen mit anderen Instrumenten und Techniken folgen. Mit dem 2-m-Schmidt-Teleskop der Thüringer Landessternwarte in Tautenburg hat man die Kandidaten aus der Beobachtungszeit von 2001 bis 2003 näher untersucht. Durch die Aufnahme der Radialgeschwindigkeitskurve und die Bestimmung des Spektraltyps des Sterns kann man das Objekt genauer bestimmen. Messungen bei verschiedenen Wellenlängen erlauben die Bestimmung des Spektraltyps und damit auch des Radius und der Masse, vorausgesetzt bei dem Zentralstern handelt es sich um einen ganz normalen Stern, der sich in der Mitte seines Lebensphase befindet (Hauptreihenstern).

Ein Beispiel aus der Kandidatenliste der Beobachtungen mit BEST zeigt Abbildung 9. Man findet einen deutlichen Intensitätsabfall um 3 % über 2,6 Stunden, der sich nach knapp fünf Tagen wiederholt. Die Nachfolgemessungen zeigten jedoch, dass es sich um ein Doppelsternsystem handelt, in dem sich ein sonnenähnlicher Stern und ein unsichtbarer Zwergstern (M-Stern) umkreisen. Wenn auch dieser Kandidat sich nicht als extrasolares Planetensystem entpuppte, so ist er doch von großem Interesse. Durch die genaue Massenbestimmung von Zwergsternen kann man dazu beitragen, die Wissenslücke zwischen großen Planeten und kleinen Sternen zu füllen.

Seit 2007 wird BEST durch Messungen mit BEST II auf der Südhalbkugel ergänzt. BEST II ist ein ähnliches Teleskopsystem, das in der Atakama-Wüste in 2817 m Höhe steht und als robotisch arbeitendes System die COROT-Mission unterstützt. BEST II ist Teil des neu gegründeten Observatoriums Cerro Armazones, einem Gemeinschaftsprojekt der Ruhr-Universität Bochum und der Universidád Católica del Norte, Antofagasta, Chile.

COROT

Die Zahl der guten Beobachtungsnächte wird auf vielfältige Weise eingeschränkt: Vollmond, schlechtes Wetter, Lichtverschmutzung. Beobachtungen vom Boden können außerdem nur in der Nacht durchführt werden und machen daher eine lange, ununterbrochene Aufnahme der Lichtkurve unmöglich. Daher liegt es nahe, die Suche nach extrasolaren Planeten auch vom Weltraum aus zu betreiben. Dies wird nun erstmals mit COROT (Convection, Rotation and Planetary Transit) möglich sein. Er ist der erste Satellit, der diesem wissenschaftlichen Ziel gewidmet ist.

COROT ist ein Kleinsatellit mit einem Startgewicht von 600 kg, der am 27. Dezember 2006 von Baikonur in Kasachstan ins All gestartet ist (Abbildung 10). Die COROT-Mission wird von der französischen Weltraumagentur CNES geleitet, hat aber als Partner in Österreich, Belgien, Deutsch-

ABB. 9 | TRANSIT BEI BEST

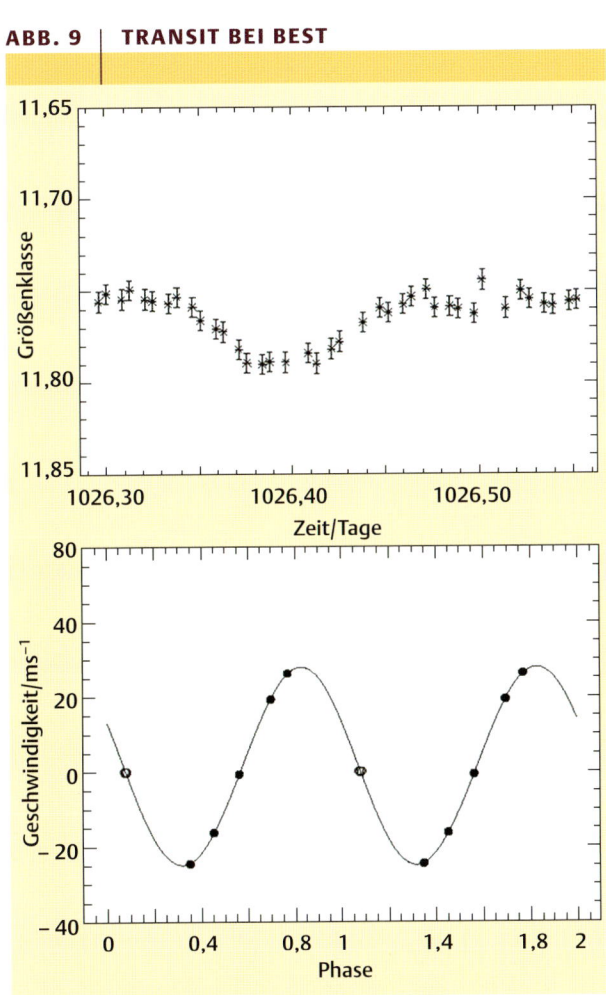

Transitkurve eines Kandidaten bei BEST (oben) und dessen Radialgeschwindigkeitsmessung.

Intensitätsabfälle, wie man sie mit der Transitmethode sucht, können auch andere Ursachen haben als die Absorption des Sternlichts durch einen extrasolaren Planeten. Die wichtigsten sind (untere Bildleiste v.l.n.r.):

Doppelsterne. Je nach Lage der Bahnebene des Systems, kann eine streifende Bedeckung für den Beobachter einen Planetentransit vortäuschen. Um hier zu unterscheiden, müssen der Transitbeobachtung Messungen der Radialgeschwindigkeit und Photometrie folgen, mit denen man den Sterntyp und die Masse des Begleiters bestimmen kann.

Sternflecken. Sie führen wegen der Rotation des Sterns ebenfalls zu periodischen Helligkeitsvariationen. Insbesondere junge Sterne sind häufig magnetisch extrem aktiv und entwickeln solche Sternflecken, die sowohl spektroskopische als auch photometrische Messungen bei der Transitmethode verfälschen können. Einige bereits veröffentlichte Entdeckungen von extrasolaren Planeten mussten aufgrund solcher Täuschungen zurückgenommen werden.

Braune Zwerge. Bewegt sich statt eines Planeten ein größeres, lichtschwaches Objekt um einen Stern herum, dann kann je nach Verhältnis der Radien ein Transit beobachtet werden, dessen Tiefe im Bereich eines Planetentransits liegt. Braune Zwerge sind hierbei die häufigsten Kandidaten.

Zufällige Anordnungen eines Sterns und eines Doppelsternsystems im Hintergrund können einen Transit vortäuschen. Hochauflösende und spektroskopische Nachfolgemessungen können Klarheit bringen.

land, Spanien, Brasilien und die Europäische Weltraumagentur ESA. Das DLR-Institut für Planetenforschung entwickelte die Flugsoftware für den Satelliten und das Instrument und ist Teil des wissenschaftlichen Teams. Es unterstützt die Mission unter anderem durch bodengebundene Messungen in der Vorbereitungsphase und durch Nachfolgebeobachtungen.

Die Messdaten sollen nicht nur dazu dienen, mit Hilfe der Transitmethode extrasolare Planeten zu finden. Gleichzeitig will man auch stellare Vibrationen messen. Im Rahmen der Astroseismologie lässt sich daraus der innere Aufbau von Sternen ermitteln.

COROT umkreist die Erde in 896 km Höhe auf einer polaren Bahn. An Bord befindet sich ein Teleskop mit einem Hauptspiegel von 27 cm Durchmesser, mit dem sich Himmelsfelder von 2,8° × 2,8° beobachten lassen. Der große Unterschied zu BEST besteht in der Länge der Beobachtungsperioden der erreichten photometrischen Qualität und der Stationierung außerhalb der Atmosphäre. Im Laufe seiner auf 2,5 Jahre veranschlagten Mission wird der Satellit insgesamt fünf Felder jeweils 150 Tage lang observieren. Jedes Feld beinhaltet rund 12 000 Sterne, so dass COROT in der gesamten Missionsdauer 60 000 Sterne mit scheinbaren Helligkeiten zwischen 11. und 16. Magnitude beobachten wird. Die Messempfindlichkeit von COROT hängt von mehreren Faktoren, wie der scheinbaren Helligkeit eines Sterns, ab.

Abb. 10 *Das Teleskop von COROT beim Zusammenbau des Satelliten* (Foto: CNES).

Größenordnungsmäßig liegen die messbaren relativen Intensitätsschwankungen bei 10^{-6}.

Die Beobachtungsdauer von 150 Tagen schränkt den Nachweis von Transits auf Planeten ein, die innerhalb dieser Zeitspanne ihren Stern umkreisen. Planeten mit weiter entfernten Umlaufbahnen und entsprechend längeren Umlaufzeiten wird man im Rahmen dieser Mission nicht beobachten können. Bisher hat COROT vier Exoplaneten vom Typ heiße Jupiter gefunden (Tabelle 2) mit Umlaufzeiten von 1,5 und 1,7 Tagen (Stand: Juni 2008). Die Messdaten zeigen jedoch eine Empfindlichkeit des Messinstruments, die die Erwartungen der Wissenschaftler voll erfüllt. Damit sollte es zum ersten Mal möglich sein, Gesteinsplaneten nachzuweisen, die mit Umlaufperioden von bis zu 50 Tagen ihren Zentralstern umkreisen. Französische Kollegen des COROT-Teams hatten abgeschätzt, dass einige zehn Planeten mit einem Radius zwischen zwei und vier Erdradien entdeckt werden könnten [6]. Auf jeden Fall sollte COROT erstmals Daten über die Häufigkeit und die Abstandsverteilung von Planeten von der Größe des Uranus liefern.

Das Ziel, erdähnliche Planeten zu finden, haben sich die Kepler-Mission der NASA und die Darwin-Mission der ESA gesetzt. Der Start für den Kepler-Satelliten ist im Jahr 2009 geplant. Die Darwin-Mission, eine Flotte von vier oder fünf Satelliten, befindet sich noch in der Phase des Entwurfs.

Die Suche nach neuen erdähnlichen Planeten hat sich zu einem der spannendsten Bereiche der modernen Astrophysik entwickelt. Ging es zunächst um den Nachweis und die Erhöhung der Zahl der Exoplaneten, so geht es jetzt darum, Gesteinsplaneten zu finden und ihre Zusammensetzung zu bestimmen. Mit spektroskopischen Methoden wird man die Atmosphären der Exoplaneten untersuchen, um in der Zusammensetzung mögliche Anzeichen von Leben zu finden. Von diesem Ziel sind wir noch weit entfernt, aber es ist ein Ansporn für viele Forscher rund um den Globus.

✳

Die französische CNES hat zu COROT eine CD-Rom erstellt, die das deutsche Team übersetzt hat. Interessierte können die CD bei der Autorin anfordern. Da die Stückzahl begrenzt ist, erfolgt der Versand so lange der Vorrat reicht. Bitte frankierten Rückumschlag beilegen.

Zusammenfassung

Seit der ersten zweifelsfreien Entdeckung eines extrasolaren Planeten hat sich dieser Zweig der Astronomie stürmisch entwickelt. Mit verschiedenen Methoden sucht man weltweit nach Exoplaneten. Durch den COROT-Satelliten, der zu Beginn des Jahres 2007 seinen Betrieb aufnahm, wird die Suche erstmals vom Weltraum aus durchgeführt. COROT soll bei insgesamt 60 000 Sternen mit Hilfe der Transitmethode nach Planeten suchen. Bisher hat man weitere heiße Jupiter gefunden. Der Nachweis terrestrischer Planeten mit Umlaufperioden bis zu 50 Tagen ist von der Qualität der COROT-Daten und der mehr als zweieinhalbjährigen Betriebsdauer her möglich.

Literatur

[1] J. Hamel, Astronomiegeschichte in Quellentexten, Spektrum Akademischer Verlag, 1996.
[2] O. Struve, The Observatory, **1952**, *72*, 199.
[3] M. Mayor, D. Queloz, Nature **1995**, *378*, 355.
[4] G. Radons, Th. Bührke, Physik in unserer Zeit **1997**, *28* (5), 201.
[5] T. M. Brown et al., Astrophys. J. **2001**, *552*, 699.
[6] P. Bordé, D.Rouan, A. Léger, Astron. Astrophys. **2003**, *405*, 1137.
[7] Planetensysteme – Die Suche nach der zweiten Erde, Sterne und Weltraum, Dossier 1/2004.

Die Autorin

Ruth Titz-Weider studierte Physik an der Universität Bonn, promovierte 1991 am Max-Planck-Institut für Radioastronomie in Bonn. Fern-Infrarot-Beobachtungen mit dem NASA-Forschungsflugzeug Kuiper-Airborne-Observatory und dem DLR-Forschungsflugzeug Falcon, Bildungs- und Öffentlichkeitsarbeit für das Forschungsflugzeug Sofia, Lehrauftrag zur Lehrerfortbildung an der TU Berlin.

Anschrift
Dr. Ruth Titz-Weider, Deutsche Zentrum für Luft- und Raumfahrt, Institut für Planetenforschung, Rutherfordstraße 2, 12489 Berlin. ruth.titz@dlr.de.

ABB. 11 | GRAVITATIONSLINSENEREIGNIS

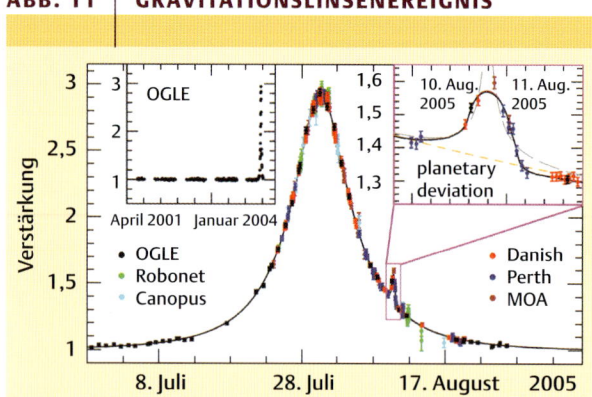

Gravitationslinsenereignis, gemessen mit OGLE und anderen Teleskopen. Hier hat ein rund 5,5 Erdmassen schwerer Planet eine charakteristische Lichtverstärkung erzeugt (Grafik: ESO).

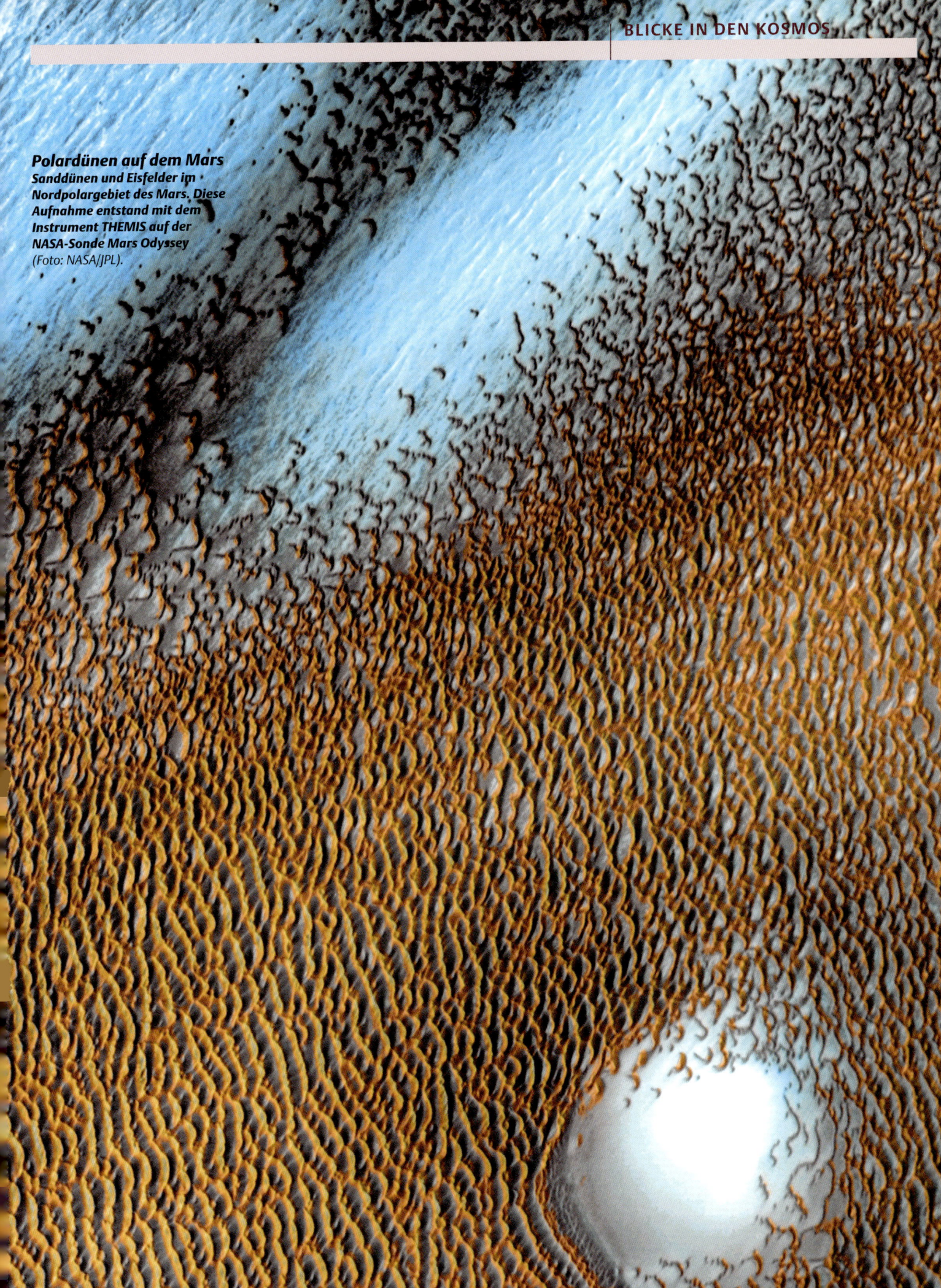

Polardünen auf dem Mars
*Sanddünen und Eisfelder im
Nordpolargebiet des Mars. Diese
Aufnahme entstand mit dem
Instrument THEMIS auf der
NASA-Sonde Mars Odyssey
(Foto: NASA/JPL).*

Extrasolare Planeten

Auf der Suche nach einer zweiten Erde

Christine Bounama | Werner von Bloh | Siegfried Franck

Die Entdeckung extrasolarer Planeten hat der Frage nach bewohnbaren Planeten außerhalb unseres Sonnensystems eine neue Qualität verliehen. Mit Computermodellen ist es möglich, Ausdehnung und zeitliche Entwicklung der bewohnbaren Zone um die Sonne zu simulieren. Dieses Konzept ist auf extrasolare Planetensysteme übertragbar, um die Zahl der bewohnbaren Planeten in der Milchstraße abzuschätzen.

In der modernen Physik wird der Planet Erde als ein sich entwickelndes, offenes System mit Selbstregulationsprozessen betrachtet. Den externen Haupteinfluss auf das Erdsystem hat die Entwicklung der Sonne mit einer derzeitigen Leuchtkraft von $3,853 \cdot 10^{26}$ W und einer effektiven Temperatur von 5770 K. Intern wird das System durch die thermische Entwicklung der festen Erde bestimmt.

Als Sonne und Erde vor 4,6 Milliarden Jahren entstanden, herrschten ganz andere Bedingungen: Die solare Leuchtkraft war etwa 30% geringer und der Erdmantel etwa 250 K heißer. Nimmt man an, dass die Zusammensetzung der Erdatmosphäre und die planetare Albedo (Rückstreuvermögen) ähnlich wie heute waren, dann müsste die Oberflächentemperatur bis vor etwa zwei Milliarden Jahren ständig unter 0°C gelegen haben. Es gibt jedoch Hinweise darauf, dass bereits vor 4,3 Milliarden Jahren flüssiges Wasser an der Erdoberfläche existiert hat.

Lösen lässt sich dieses so genannte „Paradoxon der anfänglich schwachen Sonne", wenn man annimmt, dass die Erde selbstregulierend auf die ständig wachsende Leuchtkraft der Sonne reagiert. Über sehr lange Zeiträume stabilisiert das Erdsystem die Oberflächentemperatur in einem Bereich, der das Auftreten von flüssigem Wasser ermöglicht. Flüssiges Wasser ist die notwendige Voraussetzung für die Entstehung und den Fortbestand von kohlenstoffbasiertem Leben, wie wir es kennen. Wie aber laufen solche Selbstregulationsprozesse ab? Welche globalen Zyklen sind für sie verantwortlich? Gibt es Grenzen, die das System zusammenbrechen lassen? Wenn ja, wann wird es auf der Erde soweit sein, dass unsere Biosphäre ausstirbt? Antworten auf diese Fragen gibt die Erdsystemanalyse.

Erdsystemmodellierung

Die moderne Erdsystemanalyse studiert sowohl das komplexe Verhalten der Ökosphäre als auch den so genannten *menschlichen Faktor* [1]. Die Erde wird als ein wechselwirkendes System aus verschiedenen Komponenten oder Sphären mit sich selbst regulierenden Eigenschaften betrachtet (Abbildung 1). Bei den hier vorgestellten Untersuchungen wollen wir uns auf die sehr langen (geologischen) Zeitskalen der Ökosphäre beschränken und betrachten ein Erdsystem, das aus den Komponenten feste Erde, Hydrosphäre, Atmosphäre und Biosphäre besteht. Das Modell koppelt die zunehmende Sonnenleuchtkraft, die Verwitterungsrate der Silikatgesteine und die globale Energiebilanz. So ist es möglich, den CO_2-Partialdruck in der Atmosphäre und im Boden, die mittlere globale Oberflächentemperatur und die Bioproduktivität als Funktionen der Zeit zu berechnen. Der wesentliche Punkt dabei ist das langskalige Gleichgewicht (mehr als 100 000 Jahre) im CO_2-Haushalt der Atmosphäre. Dieses Gas entweicht aus dem Erdinnern durch geodynamische Prozesse und wird von der Atmosphäre aufgenommen. Durch Verwitterung wird der Atmosphäre CO_2 wieder entzogen und durch Subduktionsprozesse dem Erdinnern zugeführt. Die wesentlichen Komponenten des Modells werden im Folgenden beschrieben.

Das Klima

Das Klima wird durch die Energiebilanz zwischen Ein- und Ausstrahlung bestimmt. Die Oberflächentemperatur als globaler Mittelwert ist dabei das Ergebnis eines räumlich nulldimensionalen Klimamodells. Die Größe der Einstrahlung hängt von der globalen mittleren Albedo und der Solarkonstante ab, während die Größe der Ausstrahlung durch die effektive (Schwarzkörper-)Strahlung der Erde und die natürliche Treibhauserwärmung bestimmt wird.

INTERNET

Extrasolare Planeten
exoplanet.eu
exoplanets.org

SETI-Institut
www.seti.org

NASA-Institut für Astrobiologie
nai.arc.nasa.gov

The Astrobiology Web
www.astrobiology.com

NASA Ames Research Center
astrobiology.nasa.gov

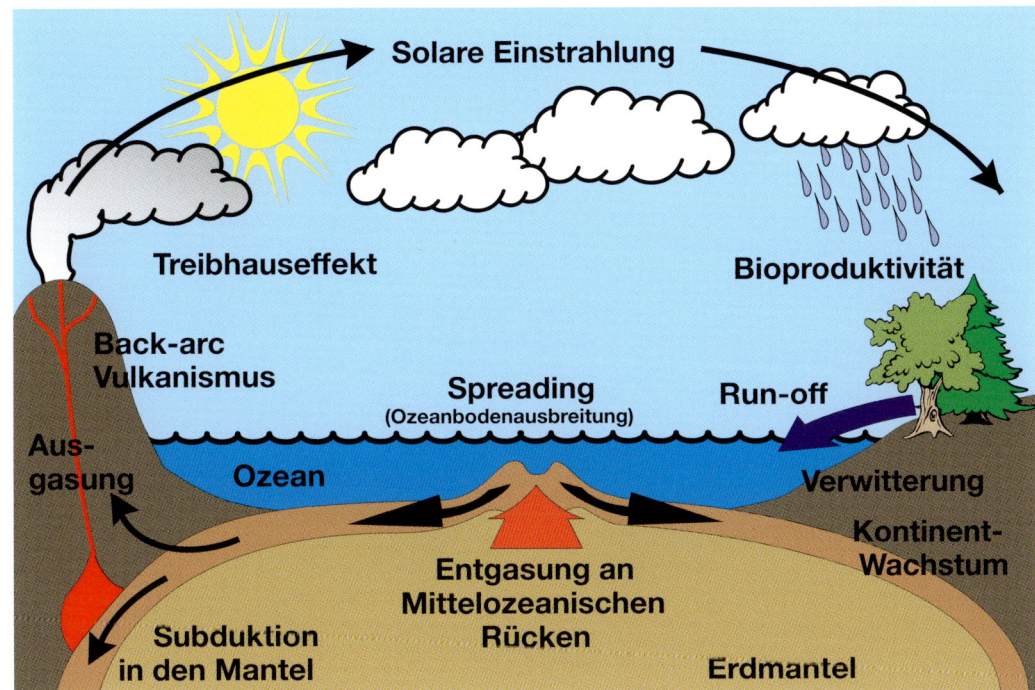

Abb. 1 *Der globale Kohlenstoffkreislauf [3]. Je höher die mittlere globale Oberflächentemperatur ist, desto mehr CO_2 wird durch die Verwitterung chemisch aus der Atmosphäre gebunden, zum Ozean transportiert, dort abgelagert und in den Mantel subduziert. Da an mittelozeanischen Rücken und Vulkanen sowie an Subduktionszonen Kohlenstoff wieder freigesetzt wird und sich in der Atmosphäre ansammeln kann, ist der CO_2-Gehalt der Atmosphäre durch Rückkopplungsprozesse regulierbar.*

Die Sonnenleuchtkraft

Im Laufe der Erdgeschichte hat sich die Leuchtkraft der Sonne um knapp 10 % pro eine Milliarde Jahre erhöht. Diese Entwicklung wird sich in den nächsten fünf Milliarden Jahren fortsetzen. Dieser Anstieg resultiert aus der wachsenden Wasserstoff-Verbrennungsrate während der Hauptreihen-Entwicklungsphase der Sonne. Ein Stern befindet sich in dieser Phase, wenn er sich im hydrostatischen Gleichgewicht befindet und in seinem Innern eine stabile Kernfusion läuft. Wie sich die Leuchtkraft eines Sterns in Abhängigkeit von seiner Masse entwickelt, lässt sich mit heutigen Sternentwicklungsmodellen berechnen (Abbildung 2). Die Ergebnisse für die Leuchtkraft als Funktion der effektiven Strahlungstemperaturen werden in einem Hertzsprung-Russell-Diagramm dargestellt (siehe „Das Hertzsprung-Russell-Diagramm", S. 57) und gehen in die Berechnung des Klimamodells ein.

Der Kohlenstoffkreislauf

Der Kohlenstoffkreislauf ist der Hauptprozess bei der Regulierung der Zusammensetzung der Atmosphäre und damit des Klimas bei zunehmender Sonneneinstrahlung. Dabei spielt der geochemische Karbonat-Silikat-Kreislauf zwischen der Atmosphäre, dem Ozean und den Kontinenten eine wichtige Rolle. Auf geologischen Zeitskalen darf jedoch der Erdmantel als Senke und Quelle für Kohlenstoff nicht vernachlässigt werden. Deshalb betrachten wir den globalen Kohlenstoffkreislauf (Abbildung 1), der als zusätzliche Prozesse die Subduktion (in der Plattentektonik Abtauchen einer Platte) großer Mengen Kohlenstoffs in den Mantel und die Entgasung von Kohlenstoff aus dem Mantel an mittelozeanischen Rücken enthält.

Die Verwitterung

Die Verwitterung spielt eine wichtige Rolle für das Erdklima, weil sie die Hauptsenke für das atmosphärische CO_2 darstellt. Der Gesamtprozess der Verwitterung umfasst die chemische Reaktion der Silikate mit CO_2, den Transport der Reaktionsprodukte und die Ablagerung der Karbonate als Sedimente. Aus diesen Teilprozessen kann man eine implizite Gleichung für die globale mittlere Verwitterungsrate aufstellen.

Die Bioproduktivität

Auch die Bioproduktivität spielt eine bedeutende Rolle. Sie kennzeichnet die Menge an Biomasse, die durch Photosynthese pro Zeiteinheit und pro Kontinentflächeneinheit erzeugt wird. Sie ist eine Funktion verschiedenster Parameter wie dem Wasserangebot, der photosynthetisch aktiven Einstrahlung, dem Nährstoffangebot, dem atmosphärischen CO_2-Gehalt und der Oberflächentemperatur. Für unser Erdsystemmodell betrachten wir nur die Abhängigkeit von den letzten beiden Faktoren. Durch die biologische Aktivität wird der CO_2-Gehalt im Boden erhöht und damit die Verwitterung verstärkt.

Die Geodynamik

Auf sehr langen Zeitskalen kann man ein geodynamisches Gleichgewicht für den globalen Kohlenstoffkreislauf zwischen der atmosphärischen CO_2-Senke und der Quelle aus dem Erdmantel ansetzen. Wendet man diese Bilanz an, so führt dies zu einer Abhängigkeit der Verwitterungsrate von der Kontinentfläche und der Spreading-Rate. Das ist die Rate, mit der sich der Ozeanboden bildet und ausbreitet. Die Kontinentfläche wird aus Kontinentwachstumsmodellen

ABB. 2 | STERNENTWICKLUNG

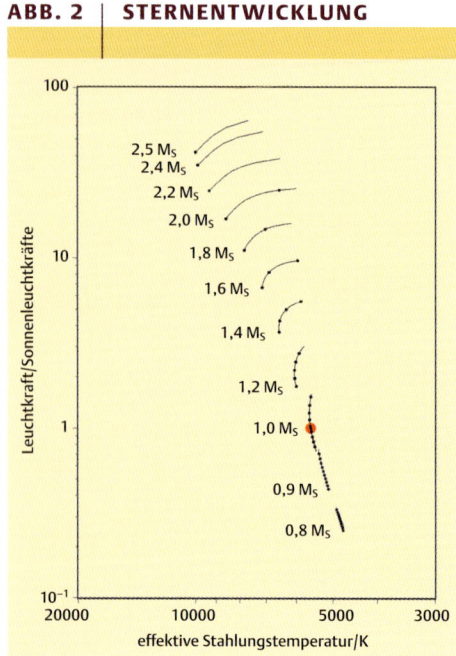

Hertzsprung-Russell-Diagramm für Sterne mit 0,8 bis 2,5 Sonnenmassen (M_s) [2]. Es wird nur die Entwicklung auf der Hauptreihe dargestellt. Die aufeinander folgenden Punkte der massenspezifischen Kurven stellen Zeitschritte von einer Milliarde Jahre dar. Der heutige Entwicklungsstand unserer Sonne ist durch einen roten Punkt hervorgehoben.

ABB. 3 | ERDSYSTEM

Modell für ein Erdsystem mit den unterschiedlichen Wechselwirkungen und Rückkopplungen.

bestimmt, die entweder theoretisch abgeleitet oder, belegt durch geologische Befunde, aufgestellt wurden. Die Spreading-Rate kann man entsprechend der Grenzschichttheorie der Konvektion als Funktion des mittleren globalen Mantelwärmeflusses bestimmen. Letzterer ist das Ergebnis aus so genannten parametrisierten Konvektionsmodellen für die thermische Entwicklung der Erde (siehe „Parametrisierte Konvektionsmodelle", S. 57).

Abbildung 3 zeigt unser komplettes Erdsystemmodell.

Die bewohnbare Zone

Für die bewohnbare Zone um einen Zentralstern gibt es verschiedene Definitionen. Im Allgemeinen bezeichnet man damit jenen Abstandsbereich, in dem ein erdähnlicher Planet moderate Oberflächentemperaturen besitzt, die für höhere Lebensformen notwendig sind. Das ist eindeutig mit der Existenz flüssigen Wassers verbunden.

In den 1970-er und 1980-er Jahren berechnete man die Entwicklung einer terrestrischen Atmosphäre für verschiedene Abstände zur Sonne [6]. Dabei fand man heraus, dass die bewohnbare Zone zwischen einem „runaway greenhouse" (galoppierender Treibhauseffekt: zu heiß) und einem „runaway icehouse" (ein sich selbst verstärkender Abkühlungsprozess: zu kalt) sehr eng war. Bezeichnet man den mittleren Abstand Erde-Sonne mit einer Astronomischen Einheit (1 AE), so durfte ein Planet nicht weniger als 0,958 und nicht mehr als 1,004 AE von der Sonne entfernt sein.

Allerdings wurden in diesen Rechnungen die negativen Rückkopplungsprozesse zwischen atmosphärischem CO_2-Gehalt und mittlerer globaler Oberflächentemperatur ver-

nachlässigt. Neuberechnungen in den 1990er Jahren, die diesen Effekt berücksichtigten, zeigten, dass die innere Grenze bei 0,84 AE zwar nahezu unverändert bleibt, die äußere aber merklich auf 1,77 AE hinaus geschoben wird [7]. Diese Rechnungen wurden nicht nur für Sterne des Spektraltyps G2, zu dem unsere Sonne gehört, sondern auch für andere Hauptreihensterne ausgeführt (zum Beispiel [8]).

Ausgehend von unserem Erdsystemmodell kann man die bewohnbare Zone aber auch folgendermaßen definieren: Die bewohnbare Zone für einen erdähnlichen Planeten ist die Region um einen Stern, in der die Oberflächentemperatur zwischen 0 °C und 100 °C liegt und der atmosphärische CO_2-Partialdruck über 10^{-5} bar beträgt. Diese Bedingungen bedeuten nichts anderes, als dass der erdähnliche Planet die Voraussetzungen für photosynthetischbasiertes Leben aufweist und Bioproduktivität vorhanden ist. Erdähnlich heißt hier aber auch, dass Plattentektonik als Voraussetzung für das Funktionieren des globalen Kohlenstoffkreislaufs auf dem Planeten vorhanden sein muss.

Die Ergebnisse für die Berechnung der bewohnbaren Zone in unserem Sonnensystem sind in Abbildung 4 für drei verschiedene Zeitpunkte (Vergangenheit, Gegenwart und Zukunft) zusammengefasst. Dabei wird deutlich, dass das Band in Zukunft immer schmaler wird, bis es in etwa 1,5 Milliarden Jahren ganz verschwindet. Die äußere Grenze der bewohnbaren Zone wird dadurch bestimmt, dass selbst ein hoher CO_2-Gehalt der Atmosphäre nicht ausreicht, um über den Treibhauseffekt die geringe solare Einstrahlung so zu kompensieren, dass die globale Oberflächentemperatur auf über 0 °C ansteigen kann. Die innere Grenze wird durch zwei Effekte geprägt. Zum einen kann durch die starke solare Einstrahlung die Oberflächentemperatur 100 °C überschreiten und zum anderen kommt durch Selbstregulationsprozesse zu wenig CO_2 in die Atmosphäre, so dass Photosynthese nicht mehr möglich ist. Schon in 500 Millionen Jahren wird unsere Erde aufgrund des zuletzt genannten Effektes, also aufgrund des geringen atmosphärischen CO_2-Gehaltes, die bewohnbare Zone verlassen und die auf Photosynthese basierende Biosphäre aussterben.

Es ist aber auch erkennbar, dass sich ein Planet wie die Erde an der Stelle der Venus nie in der bewohnbaren Zone befunden hätte, wohl aber an der des Mars, und zwar noch bis vor etwa 500 Millionen Jahren. Mars selbst ist jedoch kleiner als die Erde. Deshalb klingen viele Prozesse, die durch die innere Dynamik bestimmt werden, wesentlich schneller ab. Trotzdem könnte man die genannten Ergebnisse als obere Grenze für die Bewohnbarkeit des Mars ansetzen. Untersuchungen, die ein feuchtes und wärmeres Klima für die Frühzeit des Mars annehmen, und Beobachtungen, die mit dem Auftreten von Plattentektonik in Zusammenhang stehen könnten, weisen in diese Richtung.

Auf der andere Seite gibt es Theorien darüber, dass der Sonnenwind die Marsatmosphäre weggeblasen hat und dass ein ursprünglich vorhandenes magnetisches Dipolfeld vor vier Milliarden Jahren verschwunden ist. Da sich dies so kurze Zeit nach der Bildung des Mars ereignet haben soll, ist es sehr unwahrscheinlich, dass sich komplexes Leben auf dem Mars entwickeln konnte.

Dieselbe Art von Untersuchungen lässt sich auf andere Sterne übertragen. Die Entwicklung der bewohnbaren Zone für Erdzwillinge ist in Abbildung 5 für drei unterschiedlich massereiche Zentralsterne dargestellt. Dabei wird deutlich, dass für die beiden leichteren Sterne (0,8 und 1,0 Sonnenmassen (M_s)) die bewohnbare Zone dann vollständig verschwindet, wenn die maximale Überlebensspanne der Biosphäre erreicht ist, wohingegen das Ende der Wasserstoffverbrennung auf der Hauptreihe die Ursache für das Verschwinden der bewohnbaren Zone um den massereicheren Stern (1,2 M_s) ist. Prinzipiell ist die bewohnbare Zone durch folgende Effekte begrenzt:

- Die Verweilzeit des Sterns auf der Hauptreihe verringert sich stark mit seiner Masse. Für Sterne mit mehr als 2,2 M_s beträgt die Wasserstoff-Verbrennungsphase weniger als 0,8 Milliarden Jahre (Gebiet I). Da aber ein erdähnlicher Planet etwa diese Zeit in der bewohnbaren Zone verweilen muss, um Leben zu entwickeln, kann man Sterne mit mehr als 2,2 M_s bei der Berechnung der bewohnbaren Zone ausschließen.
- Wenn ein Stern die Hauptreihe verlässt und zum Rotem Riesen wird, verschwindet die bewohnbare Zone für erdähnliche Planeten in seiner Umgebung (Gebiet II). Dieser Effekt bezieht sich auf Sterne im Massebereich von 1,1 bis 2,2 M_s. Bei der Sonne geschieht dies nach etwa zehn Milliarden Jahren.
- Für Sterne mit einer Masse zwischen 0,6 und 1,1 M_s (Gebiet III) ist die maximale Überlebensspanne der Biosphäre ausschließlich durch die Geodynamik bestimmt. Die maximale Überlebensdauer der Biosphäre beträgt hier 6,5 Milliarden Jahre. Nach dieser Zeit existiert keine bewohnbare Zone mehr im extrasolaren Planetensystem.
- Bei massearmen Sternen unterhalb von 0,6 M_s (Gebiet IV) setzt ein interessanter Effekt ein. Die bewohnbare Zone ist dann so nahe am Stern, dass Rotation durch die auftretenden Gezeitenkräfte gebunden wird. Das heißt, der Planet wendet dem Stern immer die selbe Seite zu. Klimamodelle für Planeten mit gebundener Rotation haben gezeigt, dass diese nicht grundsätzlich unbewohnbar sein müssen.

Als Beispiel ist in Abbildung 6 die bewohnbare Zone eines Erdzwillings mit einem Abstand vom Stern von 2 AE als grüner Bereich dargestellt.

Bewohnbare Supererden

In den letzten Jahren wurden durch den Fortschritt bei der Entwicklung astronomischer Messtechniken rund 300 extrasolare Planeten nachgewiesen [10]. In 25 extrasolaren Systemen befinden sich sogar mehrere Planeten. Je geringer die Masse und je größer der Bahnradius des Planeten ist, desto schwieriger wird es, die auch als Wackeln bezeichnete Bewegung des Zentralsterns um den gemeinsamen Schwer-

ABB. 4 | SONNENSYSTEM

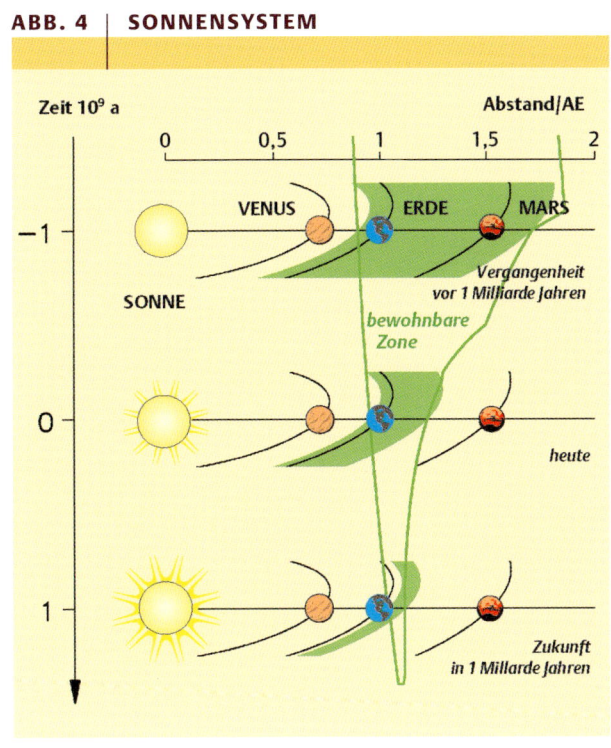

Zeitliche Entwicklung der bewohnbaren Zone für die Erde. Noch vor einer Milliarde Jahren erstreckte sich die bewohnbare Zone über die Marsregion hinaus. In etwa 1,5 Milliarden Jahren verschwindet sie vollständig [9].

punkt von der Erde aus zu registrieren. Deshalb wurden am Anfang vornehmlich Riesenplaneten wie Jupiter entdeckt. Heute können immer masseärmere Planeten identifiziert werden. Die häufig vorkommenden Zwergsterne mit weniger als einer Sonnemasse sind besonders interessante Beobachtungsobjekte. Möchte man um sie herum massearme Planeten nachweisen, dann müssen sich solche Objekte auf engen Bahnen bewegen. Um leuchtschwache Sterne liegt aber gerade die bewohnbare Zone dicht am Zentralstern. Damit existiert eine gewisse Wahrscheinlichkeit, in derartigen Sternsystemen tatsächlich eine *Zweite Erde* zu finden.

DIE DRAKE-GLEICHUNG

„Was müssen wir wissen, um Leben im Weltraum zu entdecken?", fragte Frank Drake 1961. Wie kann man die Zahl technologischer Zivilisationen berechnen, die in unserer Milchstraße existieren?

Während Frank Drake als Radioastronom am National Radio Astronomy Observatory in Green Bank, West Virginia, USA, arbeitete, hatte er 1961 eine Idee. Er wollte alle für die Entwicklung solcher Zivilisationen eine Rolle spielenden Terme in einer Gleichung zusammenfassen. Die Drake-Gleichung lautet:

$$N_{civ} = R_* \cdot f_p \cdot n_e \cdot f_l \cdot f_i \cdot f_c \cdot L.$$

Hierin bedeuten N_{civ} die Zahl der kommunikativen Zivilisationen, R_* die Bildungsrate infrage kommender Sterne, f_p der Anteil der Sterne mit Planeten, n_e der Anteil der „Erden" pro Planetensystem, f_l der Anteil dieser Planeten, auf denen sich Leben entwickelt, f_i der Anteil der belebten Planeten, auf denen sich intelligentes Leben entwickelt, f_c der Anteil, auf denen sich technologische Zivilisationen entwickeln und L die Überlebensdauer technologischer Zivilisationen.

In der letzten Zeit wurden fünf Planetenkandidaten, die nur einige Erdmassen besitzen und relativ leuchtschwache Sterne umkreisen, identifiziert. Im Jahr 2007 gab ein Team der Europäischen Südsternwarte, ESO, bekannt, den ersten Kandidaten für eine *Zweite Erde* im System Gliese 581 (Gl 581) entdeckt zu haben. Sie ermittelten den bislang nach seinen Dimensionen erdähnlichsten Planeten mit maximal fünf Erdmassen. Ohne Atmosphäre wurde für ihn eine Oberflächentemperatur berechnet, die die Existenz von flüssigem Wasser ermöglicht hätte.

Der kalte, leuchtschwache Rote Zwerg Gl 581 befindet sich im Sternbild Waage. Mit einer Entfernung von etwa 20 Lichtjahren gehört er zu den hundert sonnennächsten Sternen. Seine Leuchtkraft beträgt nur 1,3 % der Sonne. Bereits 2005 entdeckte man einen Planeten von Neptungröße (Gl 581 b). 2007 folgte dann die Identifizierung des bereits beschriebenen Planeten Gl 581 c zusammen mit dem Planeten Gl 581 d, dessen Minimalmasse mit etwa acht Erdmassen angegeben wird. Bislang gibt es keine Transitbeobachtung der Planeten und damit keinen Hinweis auf ihren Radius. Mit der sogenannten Masse-Radius-Beziehungen kann mit Hilfe theoretischer Modelle grob auf die innere Zusammensetzung solcher Planeten geschlossen werden. Damit wäre eine erste Unterscheidung von terrestrischen Planeten und Planeten mit hohem Wasseranteil (Ozeanplaneten) möglich.

Terrestrische Planeten mit bis zu zehn Erdmassen bezeichnet man als Supererden [10]. Es handelt sich um erdähnliche, felsige Planeten, für die man eine der Erde ähnliche chemische und mineralische Zusammensetzung annimmt. Genau diese Ähnlichkeit führt dazu, dass man die thermische Entwicklung solcher Planeten mit Hilfe eines Erdsystemmodells berechnen kann, das man entsprechend den Dimensionen skaliert. Einige Forscher vermuten, dass auf Supererden Plattentektonik ablaufen kann. Dann müss-

te das planetare Klima durch dieselben Rückkopplungsprozesse wie auf der Erde reguliert werden. So ist es möglich, die bewohnbare Zone für Supererden zu bestimmen. Im Gegensatz zur Erde ist unbekannt, welcher Anteil der Planetenoberfläche mit Kontinenten bedeckt ist und wie dieser Anteil sich zeitlich verändert hat. Deshalb wird hier mit einer Modellsupererde gerechnet, die einen zeitlich festen, aber in der Größe variablen Anteil an Kontinenten hat. Die Ergebnisse sind in Abbildung 7 dargestellt.

Es wird deutlich, dass der Planet Gl 581 c nicht bewohnbar sein kann. Er empfängt durch seine enge Umlaufbahn effektiv mehr Strahlung als die Venus im Sonnensystem. Überraschenderweise rückt aber die größere Supererde Gl 581 d in den Fokus. Planet d könnte sich gerade in einer solchen Entfernung befinden, die an der äußeren Grenze der bewohnbaren Zone liegt [11, 12]. Damit ist der erste wirkliche Kandidat für eine bewohnbare Welt außerhalb unseres Sonnensystems gefunden.

Ein *Zweite Erde* ist Gl 581 d aber nicht. Dazu dürften die Umweltbedingungen an seiner Oberfläche zu harsch sein. Wegen der starken Gezeitenkräfte ist seine Rotation gebunden, er kehrt seinem Zentralstern stets dieselbe Hemisphäre zu. Deshalb bestehen sehr große Temperaturunterschiede zwischen der Tag- und Nachtseite, die mit extremen Winden einhergehen können. Außerdem leiden alle Lebensformen unter niedrigen Temperaturen und geringer Lichteinstrahlung. Das Auftreten höherer Lebensformen (Landpflanzen) ist unwahrscheinlich, wohingegen nicht ausgeschlossen werden kann, dass sich primitive Formen gebildet haben und überleben konnten.

Einen Nachweis könnte durch die zukünftigen Mission DARWIN der ESA (geplant nach 2020) und Terrestrial Planet Finder der NASA (z.Zt. ausgesetzt) erbracht werden. Mit deren Hilfe soll zum ersten Mal versucht werden, Biomarker in der Atmosphäre von Planeten nachzuweisen.

ABB. 5 | BEWOHNBARE ZONE I

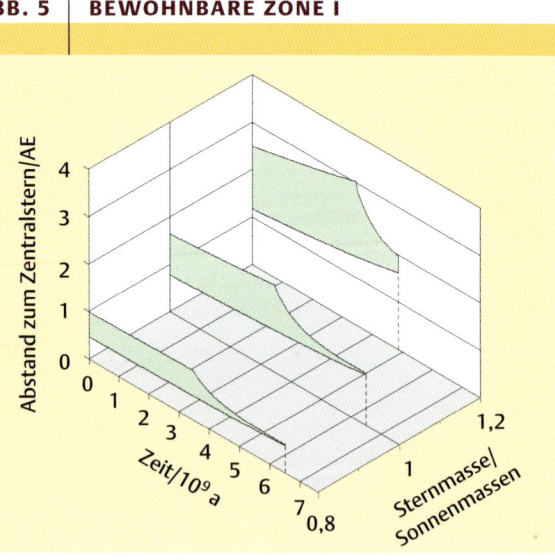

> *Die zeitliche Entwicklung der bewohnbaren Zone (grüner Bereich) für einen erdähnlichen Planeten, der um drei unterschiedlich massereiche Sterne kreist [3].*

ABB. 6 | BEWOHNBARE ZONE II

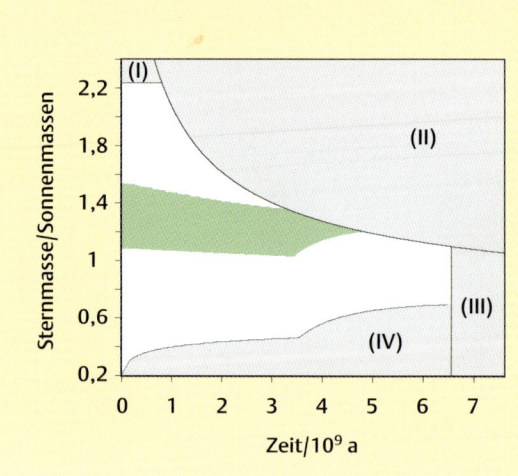

Die Zahl bewohnbarer Planeten in der Milchstraße

Mithilfe der Modelle für bewohnbare Zonen kann man abschätzen, wie viele bewohnbare Erdzwilling es in unserer Milchstraße geben könnte und auf wie vielen von ihnen vielleicht schon primitives Leben entstanden ist.

Schon 1961 veröffentlichte Frank Drake, er ist heute Vorsitzender des Beirats des SETI-Instituts in Mountain View, Kalifornien, eine nach ihm benannte Gleichung. Mit deren Hilfe kann man die Zahl technischer Zivilisationen abschätzen, die in unserer Milchstraße existieren (siehe „Die Drake-Gleichung", S. 55). Sie lässt sich auf die Frage anwenden, wie groß die Zahl N_{CIV} der Zivilisationen in der Milchstraße ist, deren Radiosignale wir empfangen könnten:

$$N_{CIV} = N_{MW} \cdot f_P \cdot n_{CHZ} \cdot f_L \cdot f_{CIV} \cdot \delta.$$

Hierin bedeuten: N_{MW} die Gesamtzahl der Sterne in unserer Milchstraße, f_P der Anteil der Sterne mit erdähnlichen Planeten, n_{CHZ} der mittlere Anteil von Planeten pro System, die bewohnbar sind, f_L der Anteil von bewohnbaren Planeten, auf denen Leben auftritt und sich eine global agierende Biosphäre entwickelt hat (wir nennen diese Planeten *Gaias*), f_{CIV} der Anteil von Gaias, auf denen sich technische Zivilisationen als Form intelligenten Lebens entwickeln und δ das mittlere Verhältnis der Lebensdauer einer Zivilisation zur Lebensdauer von Gaia. Allerdings sind einige der Faktoren hoch spekulativ. Abhängig davon, ob man eher pessimistische oder optimistische Annahmen macht, erhält man entweder gar keine Kandidaten oder eine überraschend große Zahl.

An dieser Stelle wird deutlich, dass insbesondere die beiden letzten Faktoren, f_{CIV} und δ, sehr ungewiss sind. Es gibt einfach keine Informationen darüber, wie der typische evolutionäre Weg des Lebens aussieht oder wie groß die charakteristische Überlebensdauer einer kommunizierenden Zivilisation ist. Für die Erde kann man feststellen, dass

DAS HERTZSPRUNG-RUSSELL-DIAGRAMM

In einem Hertzsprung-Russell-Diagramm sind die Sterne entsprechend ihrer Spektralklasse und ihrer Leuchtkraft eingetragen. Der Leuchtkraft entspricht eine absolute Helligkeit, der Spektralklasse eine effektive Strahlungstemperatur. Es handelt sich damit um ein Zustandsdiagramm. Diese Darstellungsform wurde 1913 von dem amerikanischen Astronomen Henry Norris Russell gewählt, nachdem sein dänischer Kollege Einar Hertzsprung 1905 entdeckt hatte, dass es unter Sternen gleicher Temperatur Riesen und Zwergsterne gibt.

Das Hertzsprung-Russell-Diagramm ist nicht gleichmäßig besetzt. Vielmehr ordnen sich die Sterne in bestimmten Gebieten oder „Ästen" an. Die Mehrzahl der Sterne liegt auf einem relativ scharf begrenzten Ast, den man als Hauptreihe bezeichnet. Auch die Sonne ist ein Hauptreihenstern. Sterne entwickeln sich mit der Zeit und damit ändern sich ihre Werte für Leuchtkraft und effektive Strahlungstemperatur. Daher wandert der Bildpunkt im Hertzsprung-Russell-Diagramm im Laufe der Zeit: Er legt einen „Entwicklungsweg" zurück.

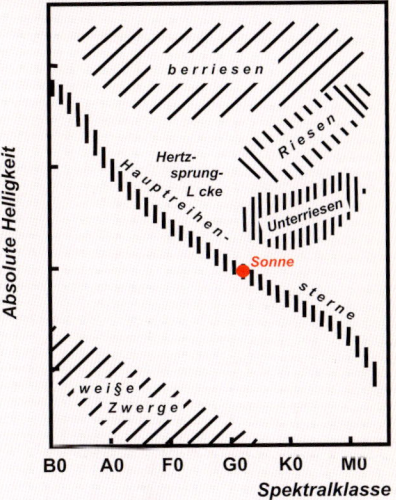

Schematische Darstellung eines Hertzsprung-Russell-Diagramms.

die typische Überlebensdauer hoch entwickelter Zivilisationen immer durch zunehmende Umweltzerstörung und durch maßlose Ausbeutung der natürlichen Ressourcen begrenzt war. Die Entwicklung und Anwendung neuer Technologien könnte mit neuen Gefahrenpotenzialen verbunden sein, die letztendlich die Existenz solcher Hochkulturen in Frage stellen. Die Überlebensdauer einer kommunizierenden Zivilisation δ wäre vielleicht auf einige hundert

◄ *Die bewohnbare Zone (grüner Bereich) eines erdähnlichen Planeten mit einem Abstand zu seinem Zentralstern von 2 AE. Der prinzipielle Bereich, in dem eine bewohnbare Zone um einen Zentralstern vorkommen kann, ist durch vier Faktoren, die unabhängig vom Abstand Stern-Planet sind, begrenzt: (I) die minimale Zeit, die Leben braucht, um sich zu entwickeln, (II) die Verweildauer des Zentralsterns auf der Hauptreihe, (III) die Geodynamik eines erdähnlichen Planeten und (IV) die gebundene Rotation. Die für das Vorkommen einer bewohnbaren Zone ausgeschlossenen Bereiche sind grau dargestellt.*

PARAMETRISIERTE KONVEKTIONSMODELLE

Zur Untersuchung der thermischen Entwicklung der Erde wurden parametrisierte Konvektionsmodelle für die Mantelkonvektion entwickelt. Mit ihrer Hilfe wird die zeitliche Änderung der mittleren Manteltemperatur unter der Bedingung der Energieerhaltung berechnet. Die mittlere Manteltemperatur hängt vom mittleren Wärmefluss und der Energieproduktionsrate durch den Zerfall radioaktiver Elemente im Mantel ab. Wenn sich der Erdkörper abkühlt, verringern sich seine Temperatur und der Wärmefluss, wohingegen sich die Mantelviskosität erhöht. Dieser so genannte Thermostateffekt entsteht sowohl durch die Temperaturabhängigkeit der Mantelviskosität als auch deren starker Abhängigkeit vom Anteil flüchtiger Bestandteile, wie Wasser und Kohlendioxid [4,5]. Die Abkühlungsrate des Erdinneren beträgt etwa 100 K pro eine Milliarde Jahre.

ABB. 7 | GLIESE 581

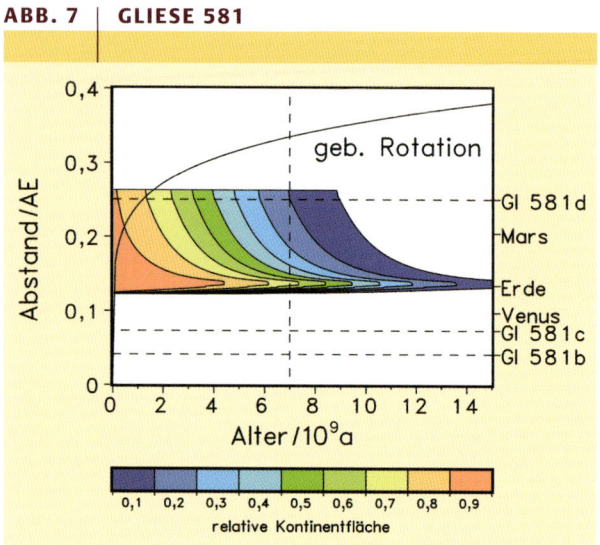

Die Breite der bewohnbaren Zone um den Roten Zwerg Gliese 581 für eine Supererde mit acht Erdmassen in Abhängigkeit vom Alter des Systems. Der Wert für den relativen Anteil der Planetenoberfläche, der mit Kontinenten bedeckt ist, wurde farblich gekennzeichnet. Der Abstand der drei Planeten im Sternsystem ist waagerecht gestrichelt. Zusätzlich sind die Abstände von Venus, Erde und Mars skaliert auf einen Zentralstern mit 0,013 Sonnenleuchtkräften markiert. Die senkrechte gestrichelte Linie gibt das abgeschätzte Alter für Gl 581 an. Die schwarze Kurve markiert den Abstand eines Planeten, bis zu dem ein Planet gebunden rotieren würde.

Jahre begrenzt – diese Zahl entspricht aber nicht einmal einer fundierten Vermutung.

Der Faktor f_L hingegen scheint durch die Theorie der Geophysiologie und durch Beobachtungen abschätzbar zu sein. Die verbleibenden drei Faktoren sind heute wissenschaftlich hinreichend genau belegbar. Die ersten vier Faktoren der Drake-Gleichung liefern eine Zahl, die man mit N_{Gaia} bezeichnen könnte und die angibt, wie viele Planeten in der Milchstraße existieren, die eine global agierende Biosphäre (zumindest eine niedere) aufweisen. Um N_{Gaia} auszurechnen, werden folgende Ansätze gemacht:

- Die Gesamtzahl der Sterne in der Milchstraße ist relativ gut bekannt, wir verwenden hier einen Wert von $4 \cdot 10^{11}$. Diese Zahl könnte aber für unsere Berechnung zu groß sein. Neueste Erkenntnisse zeigen, dass sich nicht in allen Bereichen der Milchstraße bewohnbare Planeten befinden können. Nahe des Zentrums der Galaxie kommt es zu exogenen Störungen, die alles Leben vernichten würden (Supernovae, Gammastrahlen-Ausbrüche, Kometeneinschäge). In den Außenbereichen der Milchstraße ist die chemische Zusammensetzung der Sterne so verändert, dass eine Planetenbildung wegen eines zu geringen Anteils an schweren Elementen unwahrscheinlich ist [13].

- Man schätzt, dass ungefähr 5 % aller sonnenähnlichen Sterne Planeten aufweisen. Die Anzahl der Sterne, um die erdähnliche Planeten kreisen, lässt sich nur durch

theoretische Betrachtungen abschätzen. Dazu vergleicht man Sternbildungsraten mit Bildungsraten von erdähnlichen Planeten auf der Basis der Metallizität (Anteil von Elementen, die schwerer als Wasserstoff und Helium sind) ihres Sterns. Seit die Sonne entstanden ist, lag der Quotient aus Planeten- und Sternbildungsrate immer zwischen 0,010 und 0,014 [3, 14]. Im Rahmen einer konservativen Abschätzung wählen wir deshalb einen Wert von 0,01 für f_P.

- Der mittlere Anteil erdähnlicher Planeten pro System, die sich in der bewohnbaren Zone befinden, kann mit Hilfe unserer Modelle berechnet werden. Dazu sind bestimmte Voraussetzungen notwendig. Die Planeten sind entsprechend einer logarithmischen Skala gleichmäßig verteilt, eine Annahme, die in guter Übereinstimmung mit unserem Sonnensystem ist und nicht im Widerspruch zu den bereits entdeckten extrasolaren Planetensystemen steht. Die Häufigkeit von Sternen im Massebereich zwischen 0,4 und 2,2 M_S folgt einem Potenzgesetz ($\sim M^{-2,5}$). Sterne verschiedenen Alters sind gleich verteilt. Die mittlere Anzahl von Planeten pro Planetensystem beträgt 10, wobei die innere Grenze des Planetensystems bei 0,1 AE und die äußere bei 20 AE angenommen wird. Unter diesen Voraussetzungen erhält man für den mittleren Anteil bewohnbarer Planeten pro System $n_{CHZ} = 0,012$, also kommt in etwa einem von hundert Systemen ein bewohnbarer Planet vor.

- Die Größe des Anteils bewohnbarer Planeten, auf denen Leben entsteht und sich eine Biosphäre entwickelt, ist heute ein Forschungsschwerpunkt und wird kontrovers diskutiert. Einige Wissenschaftler glauben, dass sich niederes Leben sehr schnell bilden kann, sofern flüssiges Wasser, Kohlenstoff und einige Nährstoffe auf einem Planeten vorhanden sind. Diese Behauptung würde zu einem Wert für f_L von 1 führen. Das ist äquivalent zu der Aussage: Wenn die Voraussetzungen für das Auftreten von Leben gegeben sind, dann tritt es auch auf. Andere Wissenschaftler behaupten, dass f_L eine extrem kleine Zahl ist. Wir wählen für f_L einen Wert von 0,01.

Das Einsetzen der Werte für die ersten drei Faktoren führt zu fast 50 Millionen bewohnbaren Planeten. Mit $f_L = 0,01$ ergibt sich hieraus eine halbe Million erdähnlicher Planeten in der Milchstraße, die zumindest niederes Leben im globalen Rahmen entwickelt haben. Diese beiden Werte entsprechen dem derzeitigen Stand der Forschung, sind aber eher als wissenschaftlich fundierte Vermutungen zu betrachten.

Es gibt aber eine Reihe von Faktoren, die diese Zahl noch verkleinern. So scheint das Vorhandensein eines großen Mondes notwendig zu sein. Computersimulationen belegen, dass ein solcher Trabant die Rotationsachse seines Planeten stabilisiert und verhindert, dass diese um große Winkelbereiche schwankt. Mehr noch ist die Bewohnbarkeit eines Planeten von einer stabilen Umlaufbahn abhängig. Das Vorhandensein eines äußeren Riesenplaneten ist wichtig, um den erdähnlichen Planeten vor großen Kometen abzuschirmen und kleinere Körper so abzulenken, dass sie als Lieferanten für flüchtige Stoffe wie Wasserstoff für den Planeten dienen. Andere kosmische Ereignisse können diese Zahl ebenfalls reduzieren. Beispiele dafür wären das Auslöschen der Biosphäre durch große Einschläge von Kometen oder Asteroiden, riesige Gammastrahlen-Ausbrüche des Zentralsterns oder so genannte Superflares, große Eruptionen auf dem Stern.

Die Suche nach extraterrestrischer Intelligenz, SETI, ist mit der grundlegenden Frage verbunden, ob wir allein im Universum sind. Erste Hinweise liefert die Lösung der Drake-Gleichung, wobei die Quantifizierung der beiden letzten Faktoren noch aussteht. Falls intelligentes Leben ein allgemeines Ergebnis Darwinscher Evolution ist, sollte der Wert für f_{CIV} nicht allzu klein sein. Der letzte Faktor δ ist besonders schwer bestimmbar. Wenn die Überlebensdauer einer Zivilisation durch die Zeitspanne zwischen der Entdeckung elektromagnetischer Wellen und dem Potenzial, sich selbst zu zerstören (für die Erde sind das ungefähr 100 Jahre!), bestimmt ist, dann wäre δ sehr klein. Deshalb könnte die Zahl der Zivilisationen, deren Radiosignale wir empfangen könnten, winzig sein, wenn auch nicht Null.

Bis heute ist die Möglichkeit, extraterrestrische Intelligenz zu finden, nur sehr schwer einzuschätzen. In diese Richtung weist auch die von Ward und Brownlee aufgestellte Rare-Earth-Theorie [15]. Danach dürfte einfaches Leben wie Mikroben im Universum weit verbreitet, multizelluläre, tierähnliche Lebensformen hingegen äußerst rar sein. Dennoch werden die nächsten Jahre spannende Ergebnisse über extrasolare Planetensysteme und die Einschätzung ihrer Bewohnbarkeit liefern. Astrobiologie hat sich als Forschungsschwerpunkt etabliert. Und vielleicht können wir irgendwann einmal die berühmte Frage von Enrico Fermi beantworten, die er am Beginn des Atomzeitalters gestellt hat: Wo sind sie?

Zusammenfassung

Um extrasolare Planetensysteme zu untersuchen, müssen wir zuerst unser eigenes Sonnensystem verstehen. Die Erdsystemanalyse gibt uns Hinweise darauf, wie sich ein erdähnlicher Planet unter dem Einfluss eines sich verändernden Sterns verhält und welche Selbstregulationsprozesse zur Stabilisierung seiner Bewohnbarkeit ablaufen. Dabei spielt die Geodynamik eine entscheidende Rolle. Die Definition der bewohnbaren Zone ist eng mit den Bedingungen für das Auftreten von Leben, so wie wir es kennen, verbunden. Die Existenz von flüssigem Wasser ist der zentrale Punkt. Ausgehend von den Ergebnissen für ein virtuelles Erdsystem, könnten sich in unserer Milchstraße etwa 50 Millionen bewohnbare Planeten befinden.

Literatur

[1] H.-J. Schellnhuber, Nature **1999**, *401 Supp.*, C19.
[2] S. Franck et al., J. Geophys. Res. **2000**, *105/E1*, 1651.
[3] S. Franck et al., Naturwissenschaften **2001**, *88*, 416.
[4] S. Franck, C. Bounama, Phys. Earth Planet. Inter. **1995**, *92*, 57.
[5] S. Franck, C. Bounama, Adv. Space Res. **1995**, *15(10)*, 79.
[6] M. H. Hart, Icarus **1979**, *37*, 351.
[7] J. F. Kasting et al., Icarus **1993**, *101*, 108.
[8] L. R. Doyle (Hrsg.), Circumstellar habitable zones: proceedings of the first international conference, Travis House, Menlo Park, 1996.
[9] S. Franck et al. Tellus **2000**, *52B*, 94.
[10] D. Valencia et al., Icarus **2006**, *181*, 545.
[11] W. v. Bloh, Astron. Astrophys. **2007**, *476*, 1365.
[12] F. Selsis, Astron. Astrophys. **2007**, *476*, 1373.
[13] G. Gonzalez, D. Brownlee, P Ward, Icarus **2001**, *152*, 185.
[14] C. H. Lineweaver, Icarus **2001**, *151*, 307.
[15] P. D. Ward, D. Brownlee, Rare Earth, Copernicus (Springer), New York, 2000.

Die Autoren

Christine Bounama hat an der Technischen Universität Bergakademie Freiberg, Sachsen, studiert und 2008 an der Universität Potsdam promoviert. Seit 1997 arbeitet sie am Potsdam-Institut für Klimafolgenforschung auf dem Gebiet der langskaligen Erdsystemanalyse und der Geodynamik.

Werner von Bloh hat an der Universität Oldenburg studiert und 1999 an der Universität Potsdam über die Wechselwirkung von Klima und Biosphäre promoviert. Seit 1993 arbeitet er am Potsdam-Institut für Klimafolgenforschung auf dem Gebiet der Modellentwicklung für die Geophysiologie und für die Koevolution von Geo- und Biosphäre.

Siegfried Franck hat an der Universität Leipzig studiert und dort 1978 promoviert. 1984 hat er sich am Zentralinstitut für Physik der Erde in Potsdam habilitiert und wurde 1989 zum Professor für Geophysik berufen. Seit 1997 ist er am Potsdam-Institut für Klimafolgenforschung auf dem Gebiet der Erdsystemanalyse und Planetologie tätig.

Anschrift: *Dr. Christine Bounama, Dr. Werner von Bloh, Prof. Siegfried Franck, Potsdam-Institut für Klimafolgenforschung, PF 601203, 14412 Potsdam. bounama@pik-potsdam.de.*

Sternentstehung
Vom Dunkel zum Licht

Ralf Launhardt | Thomas Henning

Sterne sind die Lichtquellen des Universums. Ihre Entstehung durch den Gravitationskollaps kalter Gaswolken und die Synthese schwerer Elemente in ihrem Innern sind fundamentale Prozesse im stofflichen Entwicklungskreislauf des Universums.

Die Geburt von Sternen aus diffusem, interstellarem Gas und die Rückgabe von prozessierter Materie an ihre Umgebung sind zwei fundamentale Prozesse im stofflichen Entwicklungskreislauf des Universums [1]. Es sind die Kernfusionsmaschinen im Innern der Sterne, die das Licht ins Universum bringen und es gleichzeitig mit schweren Elementen anreichern. Der Urknall hat ja nur Wasserstoff und Helium sowie Spuren von Lithium hinterlassen. Insbesondere massereiche Sterne geben in den Spätphasen ihrer Entwicklung durch Abstoßen der äußeren Hüllen schwere Elemente an das interstellare Gas ab, die sie in ihrem Innern durch Kernfusion aus den beiden leichten Elementen erzeugt haben. Somit könnte es ohne Sterne auch keine Planeten mit festen Oberflächen geben. Selbstverständlich wäre auch die Entstehung des Lebens unmöglich gewesen. Wir Lebewesen sind letztendlich aus Sternenstaub geboren!

Bis in die erste Hälfte des 20. Jahrhunderts hinein beschränkte sich die astronomische Forschung im Wesentlichen auf die Beobachtung und Beschreibung mechanischer Phänomene und die empirische Klassifikation von Himmelsobjekten. Die Antwort auf die Frage, was im Innern der Sterne vorgeht und wie sie Ihre Energie erzeugen, gelang 1938 Hans Bethe und Carl Friedrich von Weizsäcker. Sie entdeckten mit dem Kohlenstoff-Stickstoff-Zyklus (auch Bethe-Weizsäcker-Zyklus genannt [2]) eine der beiden Fusionsreaktionen des Wasserstoffbrennens. Dabei wandeln die Sterne Wasserstoff in Helium um und gewinnen Energie. Damit war das theoretische Fundament gelegt, auf dessen Grundlage Geburt, Entwicklung und Tod der Sterne verstanden werden konnte.

Von turbulenten Molekülwolken zu dichten Kernen

Sterne entstehen, wenn große Wolken aus Gas und Staub oder Teile von ihnen unter der Wirkung ihrer eigenen Schwerkraft in sich kollabieren. In der Scheibe der Milchstraße befinden sich heute etwa fünf Milliarden Sonnenmassen (10^{40} kg) interstellaren Gases. Es besteht zu 70 % aus Wasserstoff, zu 29 % aus Helium, und zu 1 % aus schwereren Elementen. Etwa die Hälfte dieses Gases liegt in atomarer Form vor und ist nahezu gleichmäßig verteilt. Die mittlere Dichte dieses Gases beträgt etwa ein Atom pro Kubikzentimeter. Die andere Hälfte befindet sich in Wolken aus molekularem Gas, hauptsächlich H_2. Sie sind im Durchschnitt etwa 200-Mal so dicht wie das diffuse Gas, nehmen aber nur 0,3 % des gesamten Volumens der Galaktischen Scheibe ein. Alle uns heute bekannten Sternentstehungsprozesse finden in diesen dichten Molekülwolken statt und nicht im atomaren Gas (Abbildung 1).

In der Scheibe der Milchstraße gibt es heute etwa hundert Milliarden Sterne, die zusammen mehr als zehn Mal so viel Masse besitzen wie das gesamte interstellare Gas. Sie nehmen aber nur etwa ein 10^{-22}-stel des Gesamtvolumens ein! Bei der Sternentstehung kondensieren also aus einem mehr oder weniger gleichmäßig verteilten dünnen Gas hochkompakte Gasbälle aus, wobei eine Verdichtung um etwa 25 Größenordnungen stattfindet (Abbildung 2)! Dieser immense Dynamikbereich macht es auch so schwierig, den Prozess der Sternentstehung zu modellieren. Hinzu kommen die ungenügend durch Beobachtungen festgelegten Randbedingungen.

Die ersten numerischen Modelle und analytischen Näherungslösungen für den Gravitationskollaps einer interstellaren Wolke entwickelten Ende der 1960er Jahre unabhängig voneinander Richard Larson und Margaret Penston in den USA. 1977 veröffentlichte dann Frank Shu von der Universität in Berkeley eine elegante analytische Lösung für den Gravitationskollaps einer isothermen sphärischen Wolke [3]. Diese Ansätze liefen auf selbstähnliche (skalenfreie) Lösungen hinaus. Auch wenn wir heute wissen, dass die idealisierten Anfangs- und Randbedingungen dieser Ansätze nicht der beobachteten Wirklichkeit entsprechen, so beschreiben sie doch wesentliche Teile der Physik des Gravitationskollapses.

Man kann gesamten Prozess der Entwicklung von einer diffusen Gaswolke hin zu einem leuchtenden Stern in drei Stufen unterteilen:

1. *Entstehung von Molekülwolken*. Die Spiralarme von Scheibengalaxien sind das Ergebnis von Dichtewellen, die um das Zentrum der Scheibe laufen. Die Dichte-

INTERNET

Entstehung von Jets und deren Einfluss auf Sternentstehung
www.jetsets.org

Katalog zirkumstellarer Scheiben und deren Eigenschaften
www.circumstellardisks.org

wellen komprimieren das diffuse atomare Gas und führen dort zur Bildung von Molekülwolken – ein Prozess den wir im Detail noch nicht verstehen. Sterne entstehen nur in Molekülwolken, die nach einigen Millionen Jahren wieder zerstört werden. Dies geschieht hauptsächlich durch die Folgen des Sternentstehungsprozesses selbst. Das Leuchten der neu entstandenen Sterne macht die Dichtewellen als Spiralarme sichtbar (Abbildung 3).

2. *Entstehung dichter Wolkenkerne*, die durch ihre eigene Schwerkraft zusammengehaltenen werden und die „Saatkerne" für die Bildung neuer Sterne bilden.

3. *Gravitationskollaps eines Wolkenkerns* und Entstehung eines oder mehrerer neuer Sterne im Zentrum.

Die geringe Effektivität der Sternentstehung

In den Molekülwolken ist die Gasdichte mit über 100 Molekülen pro Kubikzentimeter relativ hoch. Damit ist auch die Dichte des beigemischten Staubs so groß, dass dieser die UV-Strahlung anderer Sterne abschirmen kann. Diese würde ansonsten die Moleküle zerstören. Außerdem übernehmen einige Molekül- und Atomsorten die Rolle eines Kühlmittels. So strahlen beispielsweise C^+-Ionen in Feinstrukturübergängen im fernen Infrarotbereich und CO in Rotationsübergängen bei Millimeterwellenlängen. Die Abschirmung durch den Staub und diese Energieabstrahlung durch Moleküllinien sorgen gemeinsam dafür, dass die Temperatur im Innern der Wolke auf etwa 10 bis 30 Kelvin absinkt (Abbildung 2). Ausgerechnet das häufigste Molekül, H_2, besitzt

Abb. 1 *Infrarotbild des Weltraumteleskops Hubble vom Konus-Nebel im Sternbild Einhorn. An der Spitze einer Säule aus Gas und Staub sind neu entstandene Sterne sichtbar* (Foto: NASA/ESA).

keine stark abstrahlenden Übergänge und kann die Wolke deshalb nicht kühlen.

Da der innere thermische Druck eines Gasvolumens proportional zur Gastemperatur ist, kann er oberhalb einer kritischen Masse und bei zu niedriger Temperatur der Gra-

ABB. 2 | WACHSTUMSSTADIEN

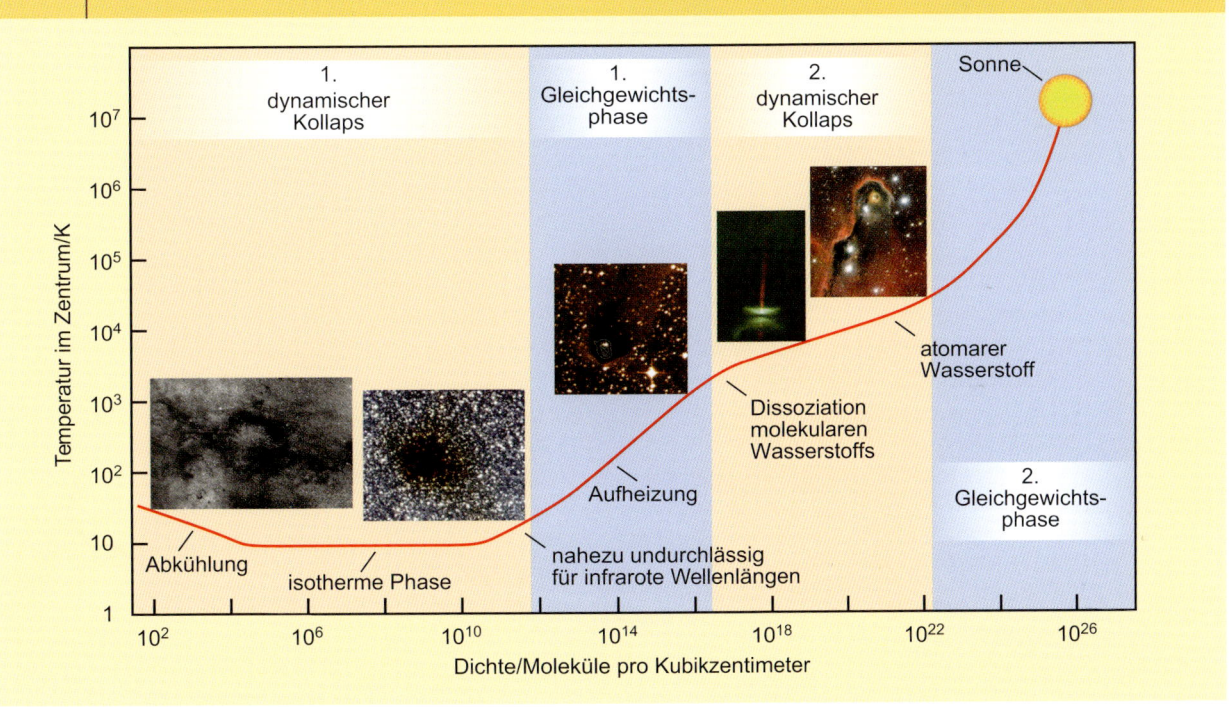

Temperatur und Dichte einer Gaswolke verändern sich während des Kollapses. Dabei wächst im Zentrum der Wolke die Temperatur um den Faktor 10^6 und die Dichte um den Faktor 10^{25}, bevor sich ein Stern bildet.

Abb. 3 *Dieses Kompositbild der Spiralgalaxie Messier 81 ist eine Überlagerung der Bilder von drei Weltraumteleskopen in verschiedenen Wellenlängenbereichen: GALEX (UV), Hubble (sichtbares Licht) und Spitzer (Infrarot). Deutlich sichtbar sind Staub und Gas entlang der Spiralarme, die vom Licht junger Sterne zum Leuchten angeregt werden. Im Zentralbereich dominiert das direkte gelbe Licht älterer Sterne* (Foto: NASA/ESA).

teilung und Massenspektrum offenbar den Schlüssel zu den Eigenschaften der neu entstehenden Sternpopulation bilden? Das sind nur einige der Fragen, die im Mittelpunkt der heutigen Forschung stehen.

Für die niedrige Sternentstehungsrate werden zwei alternative Erklärungen ins Feld geführt. Die eine besagt, dass Sternentstehung ein sehr langsamer Prozess ist, da der Wolkenkollaps durch Magnetfelder verzögert wird. Ein gewisser Anteil des Gases ist durch hochenergetische kosmische Strahlen und die UV-Strahlung der bereits entstandenen Sterne immer ionisiert. Durch Reibung mit den neutralen Molekülen verhindern die im Magnetfeld „gefangenen" Ionen, dass das Gas der Wirkung der Gravitation folgen kann. Da diese Kopplung des Gases an das Magnetfeld aber nicht ideal ist, können die neutralen Moleküle trotzdem langsam der Schwerkraft folgend zum Zentrum driften. Diese ambipolare Diffusion kann sowohl die Kontraktion einer Wolke als Ganzes als auch den Gravitationskollaps eines Wolkenkerns verzögern [4].

Eine andere Erklärung besagt, dass Sternentstehung sehr wohl ein schneller, aber sehr ineffizienter Prozess ist, da innerhalb einer Molekülwolke nur wenige Gebiete für ausreichende Zeit massereich und dicht genug werden, um tatsächlich Sterne bilden zu können. Turbulente Gasbewegungen sorgen dafür, dass lokale Verdichtungen oft nur kurzlebig sind [5]. Neuere Computersimulationen haben gezeigt, dass turbulente Gasbewegungen einerseits den Kollaps einer Wolke als Ganzes verhindern können, andererseits aber lokale Verdichtungen erzeugen können. Diese ordnen sich in Filamenten und Knoten an (Abbildung 4).

Solche Filamente aus dichtem Gas sowie Ketten von Protosternen, die wie Perlenschnüre aufgereiht sind, werden tatsächlich häufig beobachtet. Unter vielen möglichen Ursachen für solche turbulenten Strömungen scheinen Stoßwellen von Supernovaexplosionen massereicher Sterne sowie Geschwindigkeitsscherungen in der galaktischen Scheibe eine wichtige Rolle zu spielen. In diesem Szenario, das wir erst ansatzweise verstehen, neigen massereiche Wolken mit relativ geringer Turbulenz eher dazu, großräumig zu kollabieren und dabei durch weitere Fragmentation sehr effektiv viele Sterne auf engem Raum zu bilden. Dies scheint im Orion-Nebel der Fall zu sein. In masseärmeren und turbulenteren Wolken dagegen sind die meisten Wolkenkerne instabil und lösen sich nach kurzer Zeit wieder auf. Nur vereinzelten und zufällig verteilten Wolkenkernen gelingt es dann, unter ihrer eigenen Gravitation zu kollabieren und Sterne zu bilden. Dieser Fall könnte im Taurus vorliegen.

Mit verbesserten Beobachtungstechniken, wie polarisationsempfindlichen Submillimeter-Bolometern, hat man inzwischen festgestellt, dass die Magnetfeldstärken im interstellaren Raum kleiner sind, als ursprünglich angenommen. Die kollapsverzögernde Wirkung von Magnetfeldern wurde möglicherweise bisher überschätzt und reicht wahrscheinlich nicht aus, um die niedrige Sternentstehungsrate in der Milchstraße allein zu erklären. Es gibt eine Reihe weiterer

vitation nicht mehr entgegenwirken. Die Wolke müsste unter ihrer eigenen Schwerkraft kollabieren und sich innerhalb von etwa einer Million Jahren vollständig in Sterne umwandeln. Dies hätte aber eine wesentlich höhere Sternentstehungsrate zur Folge, als wir derzeit in der Milchstraße beobachten. Außerdem haben Beobachtungen gezeigt, dass im Mittel nur etwa 10–15 % der Masse einer Wolke in Sterne umgewandelt wird, und dass Sterne nur dort entstehen, wo es lokale Verdichtungen in der Wolke gibt.

Warum ist die Sternentstehungsrate so gering, und was verhindert die vollständige Umwandlung des Gases in Sterne? Warum entstehen in manchen Wolken sehr viele Sterne auf einmal (beispielsweise im Orion-Nebel), in anderen dagegen nur sehr vereinzelt, wie im Taurus? Wie entstehen die lokalen Verdichtungen innerhalb der Wolken, deren Ver-

Anzeichen dafür, dass zumindest auf großen Skalen das Modell der turbulenzgesteuerten Sternentstehung der Wirklichkeit näher kommt. So hat man zum Beispiel bisher keine großen Molekülwolken gefunden, die noch keine Sterne gebildet haben, sich also in dem etwa eine Million Jahre dauernden quasistatischen Zustand der ambipolaren Diffusion befinden.

Jedoch beruhen viele dieser Aussagen auf Beobachtungen weniger, sehr gut untersuchter Molekülwolken in einem sehr kleinen Teil der Milchstraße, nämlich der Umgebung unseres Sonnensystems. Es ist durchaus denkbar, dass es keine einfache Entweder-oder-Entscheidung zwischen beiden Szenarien gibt, sondern dass der relative Einfluss von Magnetfeldern und Turbulenz auf den Sternentstehungsprozess sowohl von der Umgebung als auch vom Entwicklungsstadium und der betrachteten Größenskala abhängt. Neben weiteren detaillierten Untersuchungen der internen Dichte- und Geschwindigkeitsstruktur von Molekülwolken brauchen wir zur Überprüfung solcher Theorien auch bessere statistische Untersuchungen des Zusammenhangs von Molekülwolken und jungen Sternen in der gesamten Scheibe der Milchstraße. Auch ein genauerer Blick auf andere, der Milchstraße ähnliche Spiralgalaxien könnte sich lohnen.

Vom Wolkenkern zum Protostern

Das Massenspektrum und die räumliche Verteilung der neu entstehenden Sternpopulation in einer Molekülwolke ist offensichtlich schon durch die Verteilung der dichten Wolkenkerne bestimmt. Tatsächlich haben Beobachtungen und Computersimulationen gezeigt, dass die Massenverteilungen der bereits entstandenen Sterne und diejenige von dichten Kernen in Molekülwolken eine gewisse Ähnlichkeit aufweisen. Die endgültige Masse eines Sterns hängt aber auch von anderen Prozessen ab. So verliert ein junger Stern Materie durch bipolare Ausströmungen, worauf wir später noch eingehen. Zudem kann der Strahlungsdruck benachbarter massereicher Sterne die äußeren Bereiche eines Wolkenkerns zerstören, bevor sie auf den Protostern fallen. Erstaunlicherweise scheint das Massenspektrum der Sterne aber relativ universell zu sein und nicht von Gebiet zu Gebiet zu variieren. Im Detail ist die Entstehung der Massenverteilung der Sterne noch nicht verstanden.

Was passiert nun, wenn ein Molekülwolkenkern genügend Masse angesammelt hat und so dicht geworden ist, dass weder der innere thermische Druck noch turbulente Strömungen ihn wieder zerstören können?

Wegen der hohen Dichte kann der Staub den Wolkenkern noch effektiver von der umgebenden Strahlung anderer Sterne abschirmen und ihn zusammen mit der oben beschriebenen Linienstrahlung einiger Moleküle weiter kühlen. Dadurch bleibt der innere thermische Druck unter dem für die Stabilisierung gegen die Gravitation kritischen Wert. Neben der restlichen Turbulenz bieten Magnetfelder jetzt noch die einzige Möglichkeit, den Gravitationskollaps in der oben beschriebenen Weise zu verzögern. Durch die ambipolare Diffusion sinkt im Zentrum langsam die relati-

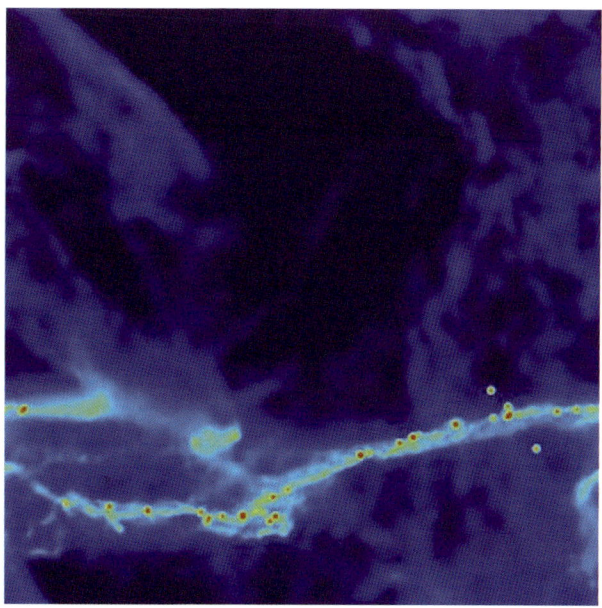

Abb. 4 *Computersimulation der Dichteverteilung in einer Molekülwolke mit turbulenten Strömungen. Die dichten Klumpen, Saatkerne neuer Sterne, sammeln sich entlang von Filamenten aus dichterem Gas an* (R. Klessen, ZAH-ITA Heidelberg).

ve Konzentration der geladenen Teilchen, bis auch das Magnetfeld den Kollaps nicht mehr aufhalten kann.

Nachdem die Gravitation im Kampf gegen die auseinandertreibenden Kräfte des thermischen, turbulenten und magnetischen Druckes den Wolkenkern Anfangs für eine gewisse Zeit nur allmählich zusammendrücken kann, gewinnt sie ab einem bestimmten Punkt die Oberhand. Dann beginnt der Wolkenkern nahezu im freien Fall unter seiner eigenen Schwerkraft zu kollabieren.

Der genaue Verlauf des Kollaps hängt empfindlich vom Anfangszustand des Wolkenkerns ab. Für einen „typischen" Wolkenkern mit einer Sonnenmasse dauert der Kollaps insgesamt einige hunderttausend Jahre. Während der Kontraktion steigen Druck und Temperatur im Innern der Wolke an. Die Wärme wird durch Stöße von den Wasserstoffmolekülen auf die beigemischten Staubteilchen übertragen und kann von diesen als Infrarotstrahlung abgestrahlt werden. Dadurch bleibt die Temperatur etwa konstant bei 7 bis 10 Kelvin. Die Kollapsbewegung des Gases in einem protostellaren Wolkenkern lässt sich spektroskopisch nachweisen: Die Bewegung des Gases auf das Zentrum der Wolke zu verursacht durch die Doppler-Verschiebung ein charakteristisches Profil bei bestimmten Moleküllinien. Auch Anregungsverhältnisse von Molekülen, die Temperatur und Aussagen über die optische Tiefe lassen sich aus solchen Spektren ableiten.

Wenn die Dichte im Zentrum einen Wert von etwa 10^{10} Molekülen pro Kubikzentimeter (entsprechend nur $3 \cdot 10^{-14}$ g/cm^3) übersteigt, wird der Kern für die Wärmestrahlung undurchsichtig. Damit kann er auch nicht mehr

Abb. 5 *Optisches Bild der Bok-Globule CB68 im Sternbild Schlangenträger. Bok-Globulen sind kleine isolierte Molekülwolken mit meist nur einem zentralen dichten Kern. Staub absorbiert das Licht der dahinter liegenden Sterne. Die Wärmestrahlung eines tief in die Wolke eingebetteten Protosterns konnte nur mit einem Radioteleskop sichtbar gemacht werden und wurde hier dem optischen Bild überlagert (R. Launhardt).*

durch Strahlungsemission abkühlen und heizt sich auf. Mit der Temperatur steigt aber auch der innere Druck der Gaskugel, der nun dem Gravitationsdruck entgegenwirken kann, bis es zu einem Quasi-Gleichgewichtszustand kommt (Abbildung 2). Der Gravitationskollaps ist vorerst gestoppt, allerdings nur im Innern dieses protostellaren Kerns, den wir noch nicht als Stern bezeichnen können. Von außen fällt weiterhin Materie aus der umgebenden Wolkenhülle auf diesen Kern, der sich dadurch weiter aufheizt und an Masse gewinnt.

Wenn die Temperatur im Innern 2000 K erreicht und die zentrale Dichte auf etwa 10^{13} Moleküle pro Kubikzentimeter angestiegen ist, halten die Bindungen zwischen den Wasserstoffatomen den Stößen nicht mehr stand. Der bisher molekulare Wasserstoff dissoziiert in einzelne, freie Atome. Da dieser Prozess fast die gesamte Energie der weiterhin einfallenden Materie verbraucht, können Temperatur und Druck im Innern nicht mehr schnell genug wachsen, um der Gravitation entgegenzuwirken. Der bisher im Gleichgewicht befindliche protostellare Kern beginnt erneut unter seiner eigenen Schwerkraft zu kollabieren. Wenn der gesamte Wasserstoff dissoziiert ist, verlangsamt sich der Kollaps bei einer Dichte von etwa 10^{-2} g/cm^3 erneut, und die Temperatur steigt wieder schneller an (Abbildung 2).

Wenn die Temperatur im Zentrum eine Million Grad erreicht – die Atome sind jetzt vollständig ionisiert und die Materie befindet sich in einem Plasmazustand aus freien Protonen und Elektronen – setzt langsam der erste thermonu-

kleare Prozess ein. Schwere Wasserstoffkerne (Deuterium), bestehend aus je einem Proton und einem Neutron, verschmelzen mit einem freien Proton zu Helium. Allerdings ist dieses anfängliche Deuteriumbrennen noch sehr langsam und ineffizient und setzt weit weniger Energie frei als der immer noch anhaltende Gravitationskollaps.

Der Protostern befindet sich zu diesem Zeitpunkt immer noch tief eingebettet in der weiterhin auf ihn einstürzenden Wolkenhülle. Sämtliche von ihm ausgesendete Strahlung wird von dem der Hülle beigemischten Staub absorbiert und als Wärmestrahlung nach außen abgegeben. Er bleibt also weiterhin unsichtbar und kann nur indirekt mit Infrarotkameras oder großen Millimeterwellenteleskopen nachgewiesen werden (Abbildung 5).

Erst bei einer Temperatur von sechs bis zehn Millionen Grad und einer Dichte von mehreren Gramm pro Kubikzentimeter setzt das wesentlich effektivere Wasserstoffbrennen ein. Ein neuer Stern ist geboren!

Das Drehimpulsproblem

Wir haben bisher noch ein wichtiges Problem vernachlässigt: Jede interstellare Gaswolke besitzt, genau wie die Milchstraße als Ganzes, einen gewissen Drehimpuls – sie rotiert. Wenn die Wolke kontrahiert, muss sie wegen der Drehimpulserhaltung schneller rotieren. Dieses Prinzip kann man sehr gut bei Pirouetten drehenden Eiskunstläuferinnen beobachten. Sie drehen sich allein dadurch schneller, dass sie die anfangs ausgestreckten Arme dichter an den Körper heranziehen.

Aus Messungen der Doppler-Verschiebung von Moleküllinien wissen wir, dass kleine interstellare Wolken oder Wolkenkerne mit einer Masse von wenigen Sonnenmassen einen spezifischen Drehimpuls von etwa 10^{17} m^{2}s^{-1} besitzen. Die Fliehkraft würde eine solche Wolke trotz der gewaltigen Eigengravitation zerreißen, sobald sie sich auf etwa die dreifache Größe des Sonnensystems zusammengezogen hat. Das ist lange bevor Dichte und Temperatur im Innern zur Bildung eines neuen Sterns ausreichen. Wir wissen aber, dass Sterne existieren und dass der spezifische Drehimpuls eines typischen Sterns nur etwa ein Millionstel des Anfangsdrehimpulses einer protostellaren Wolke beträgt. Die Natur hat offensichtlich einen effektiven Weg gefunden, 99,9999 % des ursprünglichen Drehimpulses der protostellaren Wolke während des Sternentstehungsprozesses abzugeben. Erstaunlicherweise bleibt aber noch genug Drehimpuls übrig, damit später entstehende Planeten nicht in den Stern hineinstürzen.

Die Lösung dieses Drehimpulsproblems verstehen wir erst ansatzweise. Wir wissen, dass verschiedene physikalische Mechanismen zu unterschiedlichen Zeiten und auf unterschiedlichen Skalen wirksam werden. Die wichtigsten davon sind: magnetische Bremsung bei der Wolkenkontraktion, Fragmentation beim Kollaps, viskose Reibungsprozesse in der zirkumstellaren Scheibe, kollimierte polare Massenausflüsse (Jets) und die Bildung von Planetensystemen. In unserem Sonnensystem besitzen alle Planeten zusammen etwa 60-mal mehr Drehimpuls als die Sonne selbst, wobei Jupiter dominiert. Wir beobachten auch, dass protostellare Kerne häufig bereits fragmentiert sind und die meisten Sterne in Doppel- oder Mehrfachsystemen vorkommen. Dadurch wird bereits ein Teil des Eigendrehimpulses der Wolke in Bahndrehimpuls umgewandelt, das Drehimpulsproblem aber nicht vollständig gelöst. Unsere Sonne ist als Einzelstern eher untypisch.

Zirkumstellare Scheiben und Jets

Trotz magnetischer Bremsung und Fragmentation besitzt die einstürzende Materie weiterhin einen gewissen Drehimpuls. Er verhindert, dass das Gas direkt auf den zentralen Protostern fällt. Stattdessen bildet sich um den Protostern eine Scheibe aus, auf die die Materie aus der umgebenden Wolkenhülle einfällt. Durch turbulente Reibungsprozesse in der Scheibe wird ein Teil des Drehimpulses auf Gas übertragen, das radial nach außen wandert. Der größte Teil des Gases kann so mit verringertem Drehimpuls weiter durch die Scheibe nach innen wandern [6, 7].

Erste Hinweise auf die Existenz von Staubscheiben um junge sonnenähnliche Sterne lieferten Durchmusterungen im infraroten Spektralbereich und bei Millimeterwellenlängen. Staubteilchen werden durch die stellare Strahlung aufgeheizt und geben die Energie bei großen Wellenlängen wieder ab. Im Bereich von Millimeter-Kontinuumsstrahlung konnte man auch die Massen der zirkumstellaren Scheiben direkt abschätzen. Sie betragen typischerweise 1/100 der Sonnenmasse. Mit der hohen räumlichen Auflösung des Weltraumteleskops Hubble, aber auch mit Hilfe von adaptiver Optik an bodengebundenen Teleskopen sowie mit Millimeterinterferometern ist es unterdessen gelungen, solche Scheiben direkt abzubilden (Abbildung 6). In einigen Fällen ließ sich auch nachweisen, dass sich das Gas in den Scheiben in Kepler-Rotation befindet.

Allerdings besitzt auch das nach innen wandernde Gas in der Scheibe immer noch zuviel Drehimpuls, um tatsächlich auf dem Protostern zu landen. Wiederum wird ein großer Teil des Drehimpulses auf einen kleinen Teil des Gases übertragen, und zwar auf jenen Teil, der als elektrisch leitfähiges Plasma vorliegt. Das Magnetfeld in der Scheibe beschleunigt dieses Plasma und fokussiert es zu rotierenden Jets, die senkrecht zur Scheibenebene mit einer Geschwindigkeit von mehreren hundert Kilometern pro Sekunde herausschießen. Solche spektakulären bipolaren Gasausströmungen wurden bei jungen Sternen erstmals 1983 entdeckt [8]. Sie werden heute überall dort beobachtet, wo Akkretionsvorgänge stattfinden, von Protosternen bis hin zu schwarzen Löchern im Zentrum von aktiven Galaxienkernen (Abbildung 7). Allerdings ist nach wie vor nicht genau geklärt, wie diese Jets entstehen und wie effektiv sie Drehimpuls aus der Scheibe abziehen können [9].

Nachdem das meiste Gas aus der umgebenden Wolkenhülle zunächst auf die Scheibe abgesunken, von dort auf den Stern gefallen ist und ein Teil durch die bipolaren Ausströmungen weggeblasen worden ist, wird der junge Stern

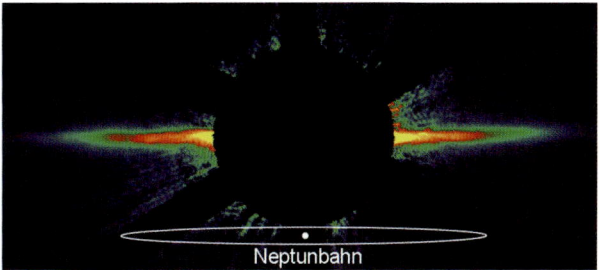

Abb. 6 *Staubscheibe um den nahen, jungen Stern AU Microscopii, aufgenommen mit dem Keck-Teleskop auf Hawaii. Man blickt hier seitlich auf die Scheibenebene. Das Licht des Sterns wurde mit einer Maske ausgeblendet* (M. Liu, IfA Hawaii).

endlich sichtbar. Er ist nach wie vor von einer rotierenden Scheibe aus Gas und Staub umgeben und durchläuft jetzt eine 1 bis 100 Millionen Jahre andauernde unruhige Phase. Es treten Instabilitäten auf, bevor er das stabile Stadium des Wasserstoffbrennens erreicht.

Massereiche Sterne durchlaufen diese Phase wesentlich schneller als masseärmere Sterne. Sie leben insgesamt auch viel kürzer, strahlen aber dafür umso intensiver. Gleichzeitig führt eine Reihe von Prozessen in den noch vorhande-

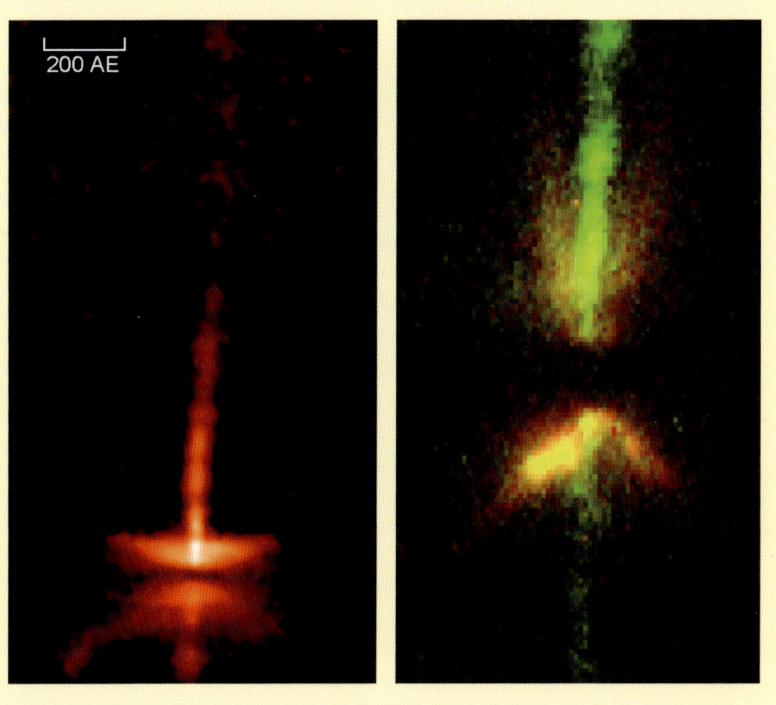

Abb. 7 *Scheibe und Jet der jungen Sterne HH30 (links) und DG Tau B (rechts) im Sternbild Stier. Diese mit dem Weltraumteleskop Hubble aufgenommenen Bilder zeigen bei beiden Sternen den Schatten der von der Seite gesehenen Staubscheibe vor dem an kleinen Staubteilchen oberhalb und unterhalb der Scheibe gestreuten Licht. Die Staubscheibe verdeckt den dadurch nicht sichtbaren Stern. Magnetfelder bündeln dünnes Plasma aus der Scheibe und fokussieren es in rotierenden Jets, die senkrecht aus der Scheibe herausschießen* (Foto: NASA/ESA).

nen Scheiben bei vielen Sternen zur Entstehung von Planetensystemen (siehe den Beitrag auf Seite 4).

Viele wichtige Aspekte der Sternentstehung konnten wir gar nicht erwähnen. Hierzu zählen zum Beispiel die Entstehung der ersten Sterne im Universum oder die Probleme der Entstehung sehr massereicher Sterne mit mehr als zehn Sonnenmassen oder sehr massearmer Sterne mit weniger als 0,1 Sonnenmassen.

Ausblick

Die Erweiterung der Beobachtungsmöglichkeiten vom schmalen optischen Spektralbereich in die Weiten der Infrarot- und Radiowellenlängen, aber auch in den Röntgenbereich, haben es uns ermöglicht, die frühesten Phasen der Sternentstehung zu identifizieren und ein erstes Bild von ihnen zu zeichnen.

In den kommenden Jahren werden wir mit Hilfe der optischen und Infrarot-Interferometrie (zum Beispiel mit dem Very Large Telescope Interferometer der Europäischen Südsternwarte ESO in Chile) oder mit dem zur Zeit im Bau befindlichen großen Millimeter-Interferometer ALMA in der Lage sein, die Struktur zirkumstellarer Scheiben genauer zu untersuchen. Dann können wir hoffentlich auch den Entstehungsmechanismus protostellarer Jets erkennen. Das Infrarot-Weltraumteleskop Spitzer hat uns bereits eine Fülle neuer Erkenntnisse über bisher unentdeckte sehr leuchtkraftschwache Protosterne und die Massenfunktion insbesondere sehr leichter Sterne geliefert. Infrarotteleskope der nächsten Generation, wie das Weltraumobservatorium Herschel (Start voraussichtlich Anfang 2009), werden uns in den kommenden Jahren weitere Antworten auf Fragen nach der räumlichen Verteilung und der Dichte- und Temperaturstruktur protostellarer Wolkenkerne geben. Auch vom Hubble-Nachfolger, dem James-Webb-Weltraumteleskop (Start voraussichtlich 2014), das insbesondere im Infrarotbereich arbeiten soll, erhoffen wir uns große Fortschritte im Verständnis der Sternentstehung.

Wir haben aber auch gelernt, dass ein tieferes Verständnis der Prozesse, die zur Entstehung von Sternen, Planetensystemen und schließlich von Leben führen, nur mit interdisziplinärer Zusammenarbeit möglich ist. Astronomen arbeiten dafür mit Vertretern der numerischen Astrophysik und der Laborastrophysik sowie mit Chemikern, Biologen und anderen Wissenschaftlern zusammen.

Zusammenfassung

Sterne entstehen durch den Gravitationskollaps dichter Bereiche innerhalb von Wolken aus molekularem Wasserstoff. Dies geschieht in den Spiralarmen von Galaxien. Dabei spielen die abschirmende Wirkung des interstellaren Staubes sowie Energieabstrahlung durch Moleküllinien eine wichtige Rolle. Beim Akkretionsprozess bilden sich zirkumstellare Scheiben und polare Jets heraus, die Drehimpuls abtransportieren. Die Scheiben sind gleichzeitig die Geburtsstätten von Planetensystemen. In den kommenden Jahren erwarten wir von

neuen Beobachtungsinstrumenten wichtige Antworten auf bisher ungelöste Fragen des Sternentstehungsprozesses.

Literatur

[1] S.W. Stahler, F. Palla, The Formation of Stars, Wiley-VCH, Weinheim 2005.
[2] H. A. Bethe, Phys. Rev. **1939**, *55*, 434.
[3] F. H. Shu, Astrophys. J. **1977**, *214*, 488.
[4] F. H. Shu, F. C. Adams, S. Lizano, Ann. Rev. Astron. Astrophys., **1987**, *25*, 23.
[5] M.-M. Mac Law, R. S. Klessen, Rev. Mod. Phys. **2004**, *76*, 125.
[6] D. Lynden-Bell, J. E. Pringle, MNRAS **1974**, *168*, 603.
[7] C. P. Dullemond et al., in: B. Reipurth et al. (Hrsg.), Protostars & Planets V, Univ. of Arizona Press, **2006**, 555.
[8] R. Mundt, J. Fried, Astrophs. J. **1983**, *274*, L83.
[9] J. Bally et al., in: B. Reipurth et al. (Hrsg.), Protostars & Planets V, Univ. of Arizona Press **2006**, 215.

Die Autoren

Ralf Launhardt studierte Physik in Jena und forscht nach Aufenthalten am Max-Planck-Institut für Radioastronomie in Bonn und am California Institute of Technology seit 2002 am Max-Planck-Institut für Astronomie in Heidelberg. Er beschäftigt sich mit frühen Stadien der Sternentstehung und arbeitet derzeit an neuen Nachweistechniken für extrasolare Planeten.

Thomas Henning studierte Physik in Greifswald und Jena (Promotion) und war Post Doc in Prag und am Max-Planck-Institut für Radioastronomie in Bonn. Nach der Leitung einer Arbeitsgruppe der Max-Planck-Gesellschaft an der Universität Jena und einer Professur an der dortigen Universität ist er seit 2001 Direktor am Max-Planck-Institut für Astronomie in Heidelberg und Professor an den Universitäten Heidelberg und Jena. Am MPI für Astronomie leitet er die Abteilung für Planeten- und Sternentstehung.

Anschrift
Dr. Ralf Launhardt, Prof. Thomas Henning, Max-Planck-Institut für Astronomie, Königstuhl 17, D-69117 Heidelberg. rlau@mpia.de.

Säule der Schöpfung
Zum 15-jährigen Jubiläum des Weltraumteleskops Hubble nahmen amerikanische Astronomen mit diesem Observatorium ein altbekanntes Objekt auf: den 6500 Lichtjahre entfernten Adler-Nebel (M16) im Sternbild Schlange. Die erste Aufnahme dieser Staubwolken, genannt Säulen der Schöpfung, sorgte 1995 für großes Aufsehen und zierte die Titelbilder von Zeitungen und Zeitschriften in aller Welt. Diese Aufnahme aus dem Jahre 2005 zeigt eine dieser Staubsäulen. Sie ist etwa sieben Lichtjahre lang und könnte die Geburtsstätte von neuen Sternen sein. Umgebende heiße, junge Sterne erhitzen mit ihrer intensiven UV-Strahlung die Außenseite der Wolke und lassen das Gas leuchten *(Foto: STScI, NASA/ESA).*

Wenn Sterne explodieren

HANS-THOMAS JANKA | EWALD MÜLLER

Supernova-Explosionen beenden die Entwicklung masse-reicher Sterne. Bei diesen Ereignissen entstehen Neutronen-sterne oder Schwarze Löcher. Neutrinos spielen hierbei eine entscheidende Rolle.

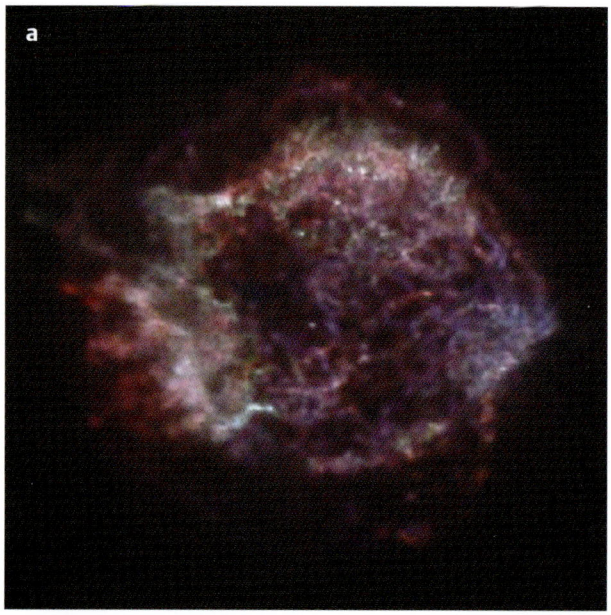

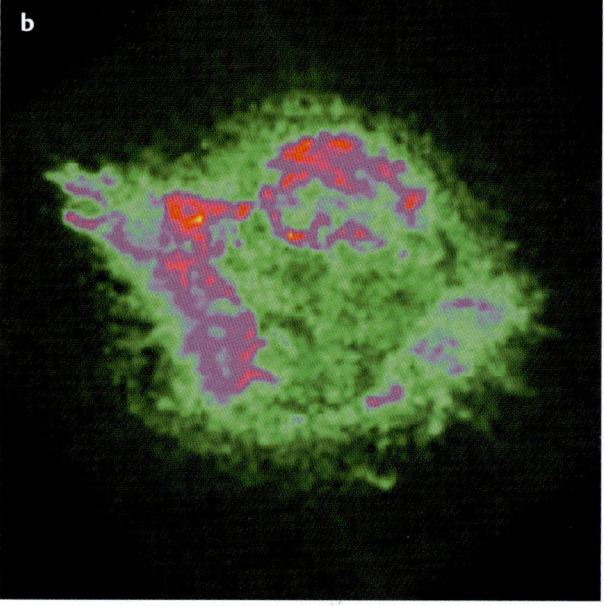

Sehr massereiche Sterne explodieren, wenn sie ihren Brennstoff verbraucht haben. Diese so genannten Supernovae gehören zu den energiereichsten Phänomenen im Universum. Sie setzen in kürzester Zeit so viel Energie frei, wie die Sonne im Verlauf von zehn Milliarden Jahren. Dabei erreichen sie für mehrere Wochen die Helligkeit einer ganzen Galaxie. Der weitaus größere Teil der Energie, rund 10^{44} Joule, wird aber nicht als elektromagnetische Strahlung abgegeben, sondern steckt in der kinetischen Energie des stellaren Gases, das mit bis zu einem Zehntel der Lichtgeschwindigkeit in den interstellaren Raum geschleudert wird. Radioaktive Elemente, die bei der Explosion entstehen, heizen durch ihren Zerfall die expandierende Gaswolke. Diese leuchtet über Jahre hinweg, wobei ihre Leuchtkraft exponentiell abklingt.

Der überwiegende Teil der Energie wird jedoch in Form von Neutrinos abgestrahlt: Einige 10^{46} Joule oder das Masseäquivalent von mehr als einem Zehntel der Sonnenmasse, werden freigesetzt, wenn der stellare Kern zu einem Neutronenstern oder Schwarzen Loch kollabiert [1].

Die Rolle von Supernovae

Supernovae spielen eine zentrale Rolle im kosmischen Kreislauf der Materie und beim Werden und Vergehen von Sternen. In jeder Sekunde ereignet sich irgendwo im Universum eine Supernova. In unserer Milchstraße, wo nur wenige Supernovae pro Jahrhundert explodieren, haben viele solche Sternexplosionen das Gas mit schweren Elementen, wie Eisen, Silizium, Sauerstoff, Kohlenstoff und Kalzium, angereichert. Erst dadurch wurde die Entstehung von Planeten und des Lebens auf der Erde möglich. Denn im Urknall bildeten sich nach heutiger Vorstellung lediglich die leichtesten Elemente Wasserstoff und Helium.

Die bei Supernovae entstehenden Explosionswellen pflügen durch den interstellaren Raum und verdichten das Gas. Dadurch leiten sie die Entstehung neuer Sterne ein. Sie sind auch der Ursprung der hochenergetischen kosmischen Strahlung, von der die Erde getroffen wird, und beeinflussen mit ihrer riesigen Energiefreisetzung die dynamische Entwicklung der Galaxien.

Die Suche nach Supernovae wird heute systematisch durch automatische Teleskope betrieben. Jedes Jahr gelingt es so, mehrere hundert Ereignisse in fernen Galaxien aufzuspüren. Durch ihre enorme Helligkeit können sie selbst bis in Entfernungen von mehreren Milliarden Lichtjahren beobachtet werden und dienen zur Vermessung der Struktur des Weltalls. Jüngste Beobachtungen zeigen zudem einen Zusammenhang zwischen einigen Gamma-Ray Bursts und

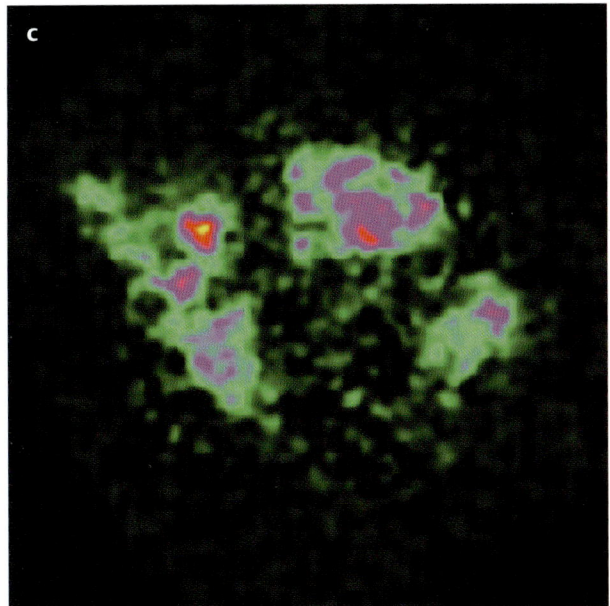

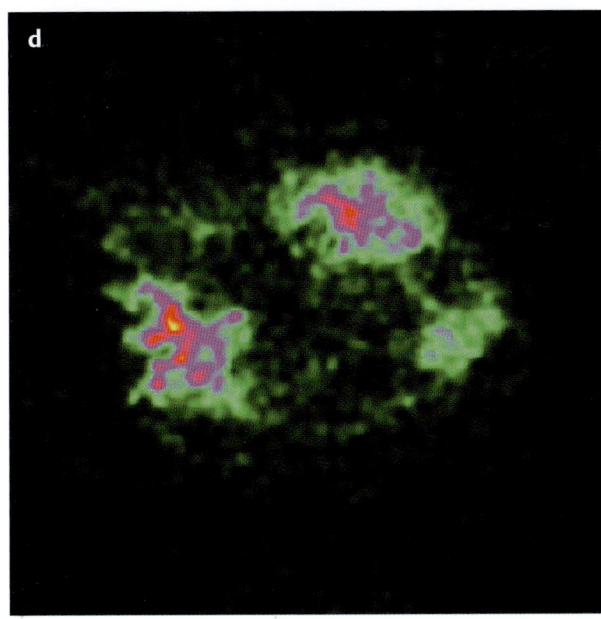

gerer Supernova-Überrest ist Cassiopeia A (Abbildung 1), der mit einer Sternexplosion um das Jahr 1680 in Verbindung gebracht wird. Von ihr existieren aber lediglich mehrdeutige Aufzeichnungen des niederländischen Astronomen John Flamsteed aus dem 17. Jahrhundert. Dichte Gas- und Staubwolken in der galaktischen Ebene versperren die Sicht in die Spiralarme der Milchstraße, wo die größte Häufung von Sternentstehung und Supernova-Explosionen vermutet wird. Sie sind auch der Grund dafür, dass wir längst nicht alle Supernovae in unserer Milchstraße sehen.

Es war ein historischer Glücksfall für die Astronomen, als am 23. Februar 1987 eine Supernova in der Großen Magellanschen Wolke, einer Satellitengalaxie der Milchstraße, explodierte. Diese ist uns mit 170 000 Lichtjahren Entfernung relativ nahe, so dass es möglich war, eine beispiellose Fülle von Daten in allen Wellenlängenbereichen des elektromagnetischen Spektrums über die gesamte Entwicklung der Explosion bis heute zu sammeln.

Klassifikation von Supernovae

Aufgrund der chemischen Elemente, die sich in Spektren identifizieren lassen, und aufgrund des zeitlichen Verlaufs der Lichtemission, der so genannten Lichtkurve, unterscheidet die Beobachtung traditionell Supernovae vom Typ I und II.

Auch die Theorie teilt Supernova-Explosionen in zwei grundsätzlich verschiedene Arten ein, abhängig vom Vorläuferstern, dem Ursprung der Explosionsenergie sowie dem Mechanismus, der zur Explosion führt. Supernovae vom Typ Ia erklärt man als thermonukleare Explosionen von „nackten" Weißen Zwergen, die aus Helium oder Kohlenstoff und Sauerstoff bestehen. Solche Weißen Zwerge sind die Überreste von relativ massearmen Sternen. Der Weiße Zwerg wird bei der Explosion vollständig zerstört, und es bleibt nur ein diffuser Gasnebel übrig.

Supernovae vom Typ II und Typ Ib,c dagegen ereignen sich bei massereicheren Sternen. Nur diese Sternexplosionen werden uns im Folgenden weiter beschäftigen. Sterne mit mehr als der zehnfachen Masse der Sonne durchlaufen die komplette Abfolge von Phasen der Energieerzeugung durch Kernfusion, in deren Verlauf im Zentrum immer schwerere chemische Elemente bis hin zu Eisen aufgebaut werden. Am Ende ihrer Entwicklung besitzen diese Sterne eine „Zwiebelschalenstruktur", bei der ein stellarer Eisenkern von Schichten umgeben ist, die vorwiegend aus Silizium, Sauerstoff, Kohlenstoff, Helium und Wasserstoff bestehen (Abbildung 2). Die physikalische Ursache hierfür ist, dass Temperatur und Druck von innen nach außen abnehmen. Wenn die Masse des stellaren Eisenkerns schließlich zu groß wird, kommt es zum Gravitationskollaps. Dadurch wird die Explosion des Sterns ausgelöst, die ihre Energie aus der gravitativen Bindungsenergie des kollabierenden stellaren Kerns bezieht.

Dabei zeigen sich bei Supernovae durchaus Unterschiede. Sie kommen durch eine unterschiedliche Struktur der Sternhülle vor der Explosion zustande. Unterschiede

*< **Abb. 1** Aufnahme des Supernova-Überrests Cassiopeia A mit dem Röntgensatelliten Chandra [9]. Im Zentrum der Gaswolke sieht man eine kompakte Strahlungsquelle (a). Emission bei verschiedenen Wellenlängen zeigt räumlich getrennte Gebiete mit überwiegenden Anteilen von Kalzium (b), Silizium (c) und Eisen (d).*

Supernova-Explosionen, worauf wir im Rahmen dieses Artikels jedoch nicht eingehen können.

Astrophysiker haben daher ein starkes Interesse zu klären, welche Sterne als Supernovae explodieren, welche Vorgänge zur Explosion führen und welche Prozesse die beobachtbaren Eigenschaften der Explosion bestimmen.

In unserer Milchstraße ereignen sich Supernovae recht selten, nach Schätzungen nur wenige pro Jahrhundert. Rund 200 diffuse oder sphärische Gasnebel zeugen jedoch als Überreste von vergangener Aktivität. Der bekannteste Vertreter ist der Krebsnebel (s. Titelbild), der Überrest einer Supernova, die im Jahr 1054 asiatische und arabische Astronomen als „Gaststern" beobachtet haben. Die letzte mit bloßem Auge sichtbare Supernova in unserer Galaxie beobachtete Johannes Kepler im Jahr 1604. Ein noch jün-

ABB. 2 | SCHALENSTRUKTUR

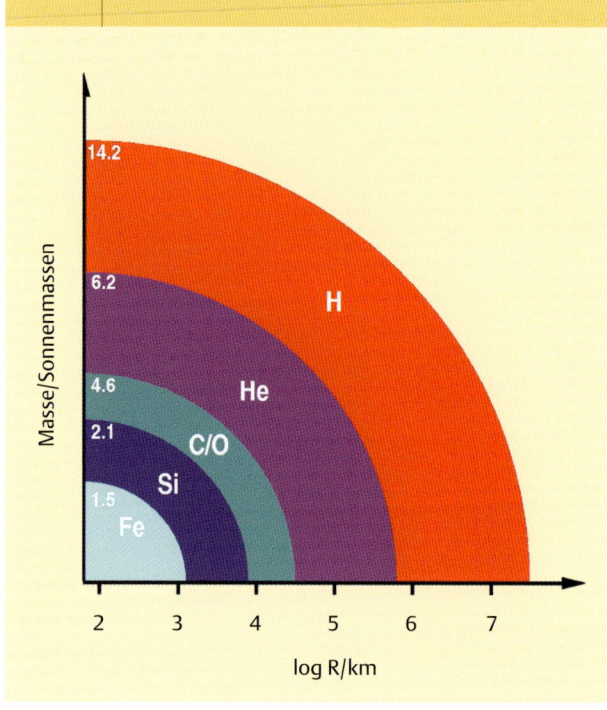

ABB. 2 | SCHALENSTRUKTUR

> **Abb. 2** *Zwiebel-schalenstruktur eines Sterns mit ursprünglich 20 Sonnenmassen bei Kollapsbeginn. Der Stern hat zuvor von seiner Anfangsmasse durch Teilchen-winde etwa sechs Sonnenmassen verloren.*

können zum Beispiel dadurch entstehen, dass der explo-dierende Stern einen Begleiter besaß. Nur wenn der Stern zum Zeitpunkt der Explosion seine Wasserstoffhülle behal-ten hat, erscheinen in den Supernova-Spektren Balmer-Linien (Typ-II-Supernovae). Wenn er dagegen vorher seine Hülle weitgehend verloren hat, sei es in Form eines Teil-chenwindes, oder indem Gas zum Begleitstern hinüberge-strömt ist, fehlen diese Linien (Typ Ib). Wurde auch die zweit äußere, aus Helium bestehende Schale abgestreift, sind Heliumlinien in den Spektren ebenfalls nicht vorhan-den. Man spricht dann von Typ-Ic-Supernovae.

Im Zentrum des expandierenden Explosionsnebels bleibt eine kompakte Sternleiche zurück, in der Regel ein Neutronenstern. Wenn jedoch der explodierende Stern ei-ne anfängliche Masse von mehr als dem 25-fachen der Son-nenmasse hatte, entsteht wahrscheinlich ein Schwarzes Loch. Ein Neutronenstern ist ein Objekt von rund 20 Kilo-metern Durchmesser, in dem die Masse von ein bis zwei Sonnen auf eine Dichte höher als in Atomkernen kompri-miert ist. Walter Baade und Fritz Zwicky [2] äußerten be-reits 1934 die Vermutung, dass Neutronensterne bei Su-pernova-Explosionen entstehen. Dies ist mittlerweile durch die Beobachtung von Pulsaren in zahlreichen Explosions-nebeln bestätigt. So ist der Pulsar im Krebsnebel ein Neu-tronenstern, der sich 33 Mal in der Sekunde um seine Ach-se dreht und dadurch periodische Radiosignale aussendet. Erst vor einigen Jahren konnte das lang gesuchte kompak-te Objekt im Supernova-Überrest Cassiopeia A mit dem Röntgensatelliten Chandra zweifelsfrei identifiziert werden. Es ist noch nicht klar, ob es sich um einen Neutronen-stern oder ein Schwarzes Loch handelt.

Die Supernova 1987A
Wie sehr oft bei großen wissen-schaftlichen Entdeckungen, so tra-fen auch im Falle der Supernova 1987A eine ganze Reihe von glücklichen Zufällen zusam-men. Die Explosion wurde sehr früh gesichtet, und erst-mals konnte der Vorläuferstern auf älteren fotografischen Auf-nahmen identifiziert werden. Es war ein blauer Riesenstern mit dem Namen Sanduleak −69°202 [3].

Auch in anderer Hinsicht wurde die Supernova 1987A zu einem wahrhaft historischen Ereignis: Wenig mehr als eine Stunde vor dem ersten, unbeobachteten Ultraviolett-blitz der Explosion wurden in drei unterirdischen Neutri-no-Detektoren, dem japanischen Kamiokande, dem Expe-riment Irvine-Michigan-Brookhaven sowie im russischen Baksan-Experiment, 24 Neutrinos nachgewiesen. Sie stamm-ten von den insgesamt etwa 10^{58} Neutrinos der Supernova 1987A. Dies war die erste eindeutige Messung von Neutri-nos aus einem Objekt außerhalb der Milchstraße. Damit

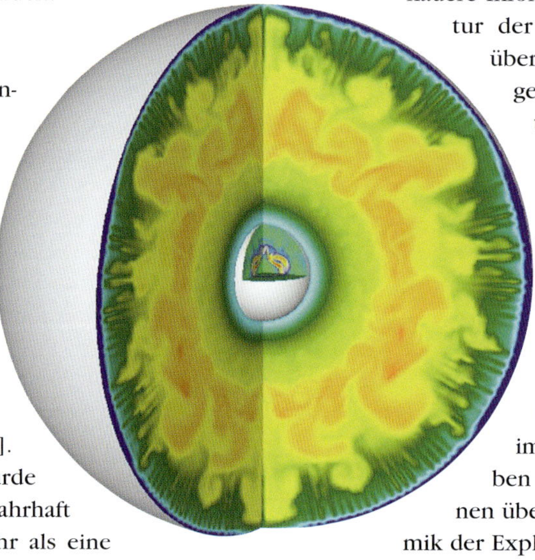

> **Abb. 3** *Konvek-tionszonen im Zentrum einer Supernova etwa 0,1 Sekunden nach der Stoßentste-hung. Der Neutro-nenstern in der Mitte hat einen Radius von etwa 50 km, die Stoß-front am äußeren Rand befindet sich bei knapp 300 km. Im Neutronen-stern wurden die Absolutwerte der Plasmageschwin-digkeit farbco-diert, im Neutri-noheizgebiet die Entropie des Sternmediums.*

wurde nicht nur verifiziert, dass bei einer Supernova eine riesige Zahl Neutrinos erzeugt wird. Auch die theoretisch vorhergesagten Eigenschaften eines solchen Signals, etwa die mittleren Neutrinoenergien und die Gesamtenergie, wurden im Grundsatz durch die Messungen bestätigt. Lei-der reichte die kleine Zahl der Ereignisse nicht aus, um ge-nauere Informationen über die zeitliche Struk-tur der Neutrinoabstrahlung und damit über die Explosionsdynamik und die Ei-genschaften des entstehenden Neu-tronensterns zu gewinnen.

Durch Vergleich mit theoreti-schen Modellen lassen sich aus der Lichtkurve der Supernova und der dazugehörigen spektra-len Verteilung des Lichts Aussa-gen über die Energie der Explo-sion, die Mengen der bei der Ex-plosion erzeugten radioaktiven Elemente sowie deren Verteilung im Stern gewinnen. Diese Größen ge-ben wichtige diagnostische Informatio-nen über den Mechanismus und die Dyna-mik der Explosion.

Demnach erwies sich die Supernova 1987A in ihren glo-balen Parametern vom Typ II. Ihre Explosionsenergie betrug rund 10^{44} Joule, es wurden etwa 0,08 Sonnenmassen ra-dioaktives ^{56}Ni und ungefähr 1,5 Sonnenmassen Sauerstoff ausgeschleudert. Bei der Explosion wurden außerdem rund 10 Sonnenmassen Wasserstoff und 2 Sonnenmassen Helium freigesetzt. Die Masse des Vorläufersterns konnte auf 18 bis 22 Sonnenmassen bestimmt werden.

Erste Misserfolge

Sterne mit einer anfänglichen Masse von mehr als zehn Sonnenmassen erreichen in ihrem Zentrum so hohe Temperaturen und Dichten, dass nacheinander Wasserstoff-, Helium-, Kohlenstoff-, Neon-, Sauerstoff- und schließlich Siliziumbrennen stattfindet. Die Fusionsreaktionen von Silizium produzieren Eisengruppenelemente, deren Kerne die höchste Bindungsenergie pro Nukleon besitzen und damit das Endprodukt dieser Kette aufeinanderfolgender thermonuklearer Brennphasen darstellen. Wenn sich im Zentrum des Sterns neutronenreiche Eisengruppenelemente (^{56}Fe, ^{58}Fe, ^{60}Fe, ^{62}Ni usw.) gebildet haben, steigt durch Kontraktion die Temperatur in den angrenzenden Schichten, und Siliziumbrennen setzt sich in einer den stellaren Eisenkern umgebenden Schale fort. Die bei den Kernreaktionen entstehenden Elektronneutrinos können ungehindert entweichen, ebenso wie Neutrino-Antineutrino-Paare. Sie bestimmen während den neutrinodominierten Entwicklungsphasen den Energieverlust des stellaren Kerns, kühlen ihn und erniedrigen seine Entropie. Auf diese Weise wächst ein stellarer Eisenkern, in dem nicht die thermische Bewegung der Elektronen und Atomkerne, sondern die Entartung des Elektronengases den Druck bestimmt. Ein solches Gebilde kann nur bis zu einer maximalen Masse von etwa 1,5 Sonnenmassen stabil sein.

An der Grenze zur Instabilität besitzt der stellare Eisenkern einen Radius von einigen tausend Kilometern. Seine zentrale Dichte beträgt etwa 10^{13} kg/m^3, und er hat eine Zentraltemperatur von zirka 10^{10} K, was einer (dimensionslosen) Entropie von rund 1 pro Nukleon entspricht. Bei diesen Bedingungen laufen alle Reaktionen der elektromagnetischen und starken Wechselwirkung, wie Photodissoziationen und Neutronen-, Protonen- und Alpha-Einfänge von Atomkernen, extrem schnell ab. Daher ist das stellare Medium im thermodynamischen Gleichgewicht, und die relativen Kompositionsanteile von freien Nukleonen und Atomkernen werden durch die Bedingungen des „nuklearen statistischen Gleichgewichts" festgelegt. Bei der hohen Dichte und Elektronenentartung sind Elektroneneinfänge durch Protonen (hauptsächlich durch gebundene Protonen in Atomkernen) begünstigt, weil dadurch ein energetisch vorteilhafter Zustand erreicht wird.

Die entstehenden Neutrinos können zunächst den Stern ohne weitere Wechselwirkungen verlassen. Als schwach wechselwirkende Teilchen gelangen sie nicht ins Gleichgewicht mit dem stellaren Plasma. Da die Elektronenzahl im Medium ab- und die Neutronenzahl zunimmt, spricht man von Deleptonisierung und Neutronisierung des stellaren Eisenkerns. Bei diesem Vorgang sinkt die mittlere Elektronenzahl pro Nukleon, wodurch sich auch die kritische Stabilitätsmasse nach unten verschiebt. So überschreitet der Kern die Grenzmasse, und der Gravitationskollaps ist unausweichlich [4]. Die im Folgenden beschriebenen Reaktionen spielen sich im Bruchteil einer Sekunde ab (vgl. „Der Kollaps im Computer", S. 72).

Durch den Elektroneneinfang schwächt sich der Anstieg der Elektronenentartung und damit des Drucks mit der Dichte ab. Die Zustandsgleichung wird dadurch „weicher". Mit zunehmender Dichte nimmt die Einfangrate für Elektronen zu und dieser Effekt verstärkt sich, es kommt schließlich zur dynamischen Implosion des stellaren Eisenkerns. Erst bei einer Dichte von etwa 10^{15} kg/m^3 wird die Diffusionszeit der erzeugten Neutrinos aus dem stellaren Kern durch Streuprozesse an Nukleonen und Atomkernen länger als die Kollapszeit, und es tritt „Neutrino-Gefangenschaft" ein. Obwohl der größte Teil der Neutrinos dann von der einstürzenden Materie mitgerissen wird, sorgt die kontinuierliche Umwandlung von Elektronen in Elektronneutrinos für eine weitere Beschleunigung der Fallbewegung.

Ein innerer Bereich des stellaren Eisenkerns bewegt sich dabei „homolog". Das heißt, der Betrag der radialen Geschwindigkeit wächst proportional zum Abstand vom Sternzentrum, während sich bei steigender Zentraldichte das radiale Dichteprofil nicht ändert. Erst wenn nach einem Bruchteil einer Sekunde im Zentrum die Kernmateriedichte von rund $3 \cdot 10^{17}$ kg/m^3 erreicht wird, steigt die Inkompressibilität des stellaren Plasmas schlagartig an, und der Kollaps dieses inneren Gebietes wird abrupt gestoppt. Da die weiter außen liegende Materie mit Überschallgeschwindigkeit auf das zentrale, dichte Objekt prallt, bildet sich an der Grenze beider Bereiche eine Stoßfront. Diese entsteht bei einem Radius von wenigen zehn Kilometern und beginnt durch den stellaren Eisenkern zu propagieren.

Wegen des Temperatur- und Entropiesprungs beim Durchgang durch die Front wird dabei die Sternmaterie in freie Nukleonen zerlegt. Der Energieaufwand hierzu ist erheblich: rund 9 MeV pro Nukleon oder fast $2 \cdot 10^{44}$ J pro zehntel Sonnenmasse. Sobald die Stoßfront in Bereiche so geringer Dichte vorgedrungen ist, dass Neutrinos nur noch selten streuen – ein Moment, den man den „Stoßausbruch durch die Neutrinosphäre" nennt –, kommen weitere Energieverluste wegen der Abstrahlung von Neutrinos hinzu. Diese Neutrinos werden in großer Zahl im heißen Medium hinter der Stoßfront durch Elektroneneinfänge auf Protonen, Positronabsorption durch Neutronen und Elektron-Positron-Paarvernichtung erzeugt. Der Stoßausbruch führt zu einem plötzlichen Anstieg der Leuchtkraft von Elek-

ABB. 4 | BLAUER RIESE

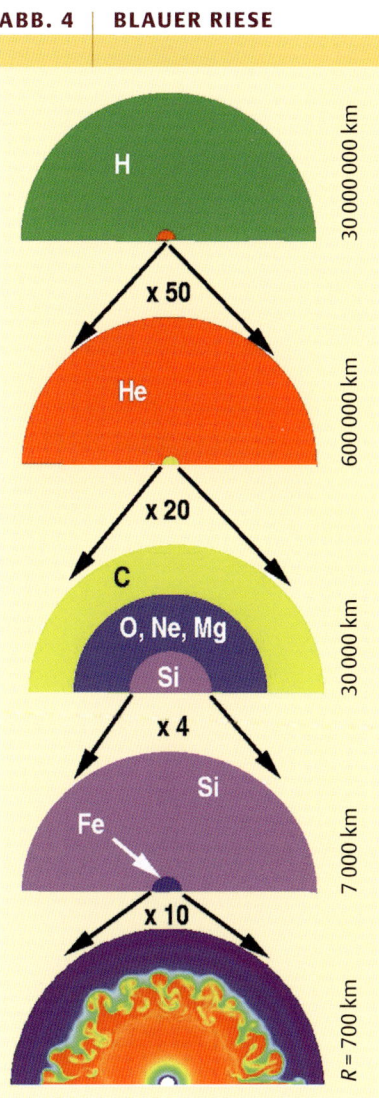

Radiale Skalen in einem massereichen Blauen Riesen. Die Sternoberfläche befindet sich bei rund 30 Millionen Kilometern, der Stoß startet in einem Raumbereich von weniger als 100 km Radius.

Computersimulation vom Kollaps eines Sterns, der bei seiner Entstehung das 15-fache der Sonnenmasse besaß. Die Linien markieren die radiale Position ausgewählter Schalen im stellaren Eisenkern und der darüber liegenden Schichten von Silizium, Neon und Magnesium. Man erkennt, dass der äußere Bereich des Eisenkerns innerhalb von 0,2 Sekunden von 1000 km

Radius auf 100 km zusammenbricht. Die Materie erreicht dabei eine Geschwindigkeit bis zu 15 % der Lichtgeschwindigkeit. Der Supernova-Stoß (rote Linie) entsteht rund 0,21 Sekunden nach Kollapsbeginn und wurde für weitere 0,35 Sekunden verfolgt. Zwischen dem Stoß und der gestrichelten Linie liegt das Gebiet des Neutrinoheizens. Die verschiedenen Phasen der Entwicklung sind Kollaps und Rückprall bei der Entstehung des Neutronensterns im Zentrum (210 ms), Expansion des Stoßes zunächst aufgrund seiner anfänglichen Energie (220 ms), dann aufgrund des Aufsammelns von Sternmaterie (320 ms) und schließlich durch den Energieübertrag von Neutrinos (390 ms). Bei dieser sphärisch symmetrischen Simulation sind hydrodynamische Mischvorgänge nicht berücksichtigt. Der Stoß kontrahiert daher am Ende der Rechnung wieder, und der Stern explodiert nicht [11].

Linien ausgewählter Massenschalen beim Kollaps eines Sterns.

Materie des kollabierenden Sterns von außen durch ihn hindurchstürzt.

Schon gegen Ende der siebziger Jahre wurde durch detaillierte Simulationen klar, dass auf diese Weise nicht wie erhofft die Supernova-Explosion von Sternen mit mehr als zehn Sonnenmassen ablaufen kann. Die anfängliche Energie des Stoßes reicht nicht aus, um ihn trotz seiner Energieverluste aus dem stellaren Eisenkern zu treiben.

Eine zündende Idee

Die Vorhersage der neutralen schwachen Ströme durch Weinberg und Salam im Rahmen der Theorie der elektroschwachen Wechselwirkung und ihre experimentelle Entdeckung nur wenige Jahre später hatten wichtige Konsequenzen auch für die Supernova-Forschung. Mit der stärkeren Wechselwirkung der Neutrinos im dichten Medium wurde klar, dass Neutrino-Gefangenschaft eintreten muss. Deshalb wird nur ein sehr geringer Teil der Bindungsenergie des entstehenden Neutronensterns auf der Kollapszeitskala des stellaren Kerns durch Neutrinos abgestrahlt. Durch die neutrale schwache Wechselwirkung und die dadurch möglichen Streuprozesse wurde die Diffusionszeit der Neutrinos aus dem implodierten stellaren Kern wesentlich länger.

An dieser Stelle kam der Zufall ins Spiel. Wie eine Anekdote berichtet, hatte Jim Wilson vom Lawrence Livermore National Laboratory vergessen, seine laufende Supernova-Simulation vor dem Wochenende abzubrechen. Als er am Montagmorgen zurück an den Computer kam, stellte er fest, dass das berechnete Modell explodiert war. Allerdings sehr viel später als er es für möglich gehalten hatte und als bis dahin Simulationen gelaufen waren. Wilson hatte entdeckt, was heute den Namen „verzögerte Explosion" trägt.

Wie Hans Bethe in Cornell in den folgenden Jahren analysierte [5], deponieren die vom Neutronenstern abgestrahlten Neutrinos einen kleinen Bruchteil ihrer Energie im Medium hinter dem stillstehenden Supernova-Stoß, primär durch die Absorption von Elektronneutrinos und -antineutrinos durch die freien Neutronen und Protonen. Aufgrund der gewaltigen Energie, die in Form von Neutrinos entweicht, kann dieser Energieübertrag von wenigen Prozent

tronneutrinos um mindestens eine Größenordnung. Beides, Kerndissoziationen und Neutrinoabstrahlung, reduziert den Druck hinter dem Stoß und schwächt ihn innerhalb weniger tausendstel Sekunden nach seiner Entstehung bereits so stark ab, dass seine nach außen gerichtete Bewegung zum Stillstand kommt, noch bevor er den Rand des stellaren Eisenkerns erreicht hat. Der Stoß bleibt bei einem Radius zwischen 100 und 300 Kilometern stehen, während weiterhin

ABB. 5 | MOMENTAUFNAHMEN I

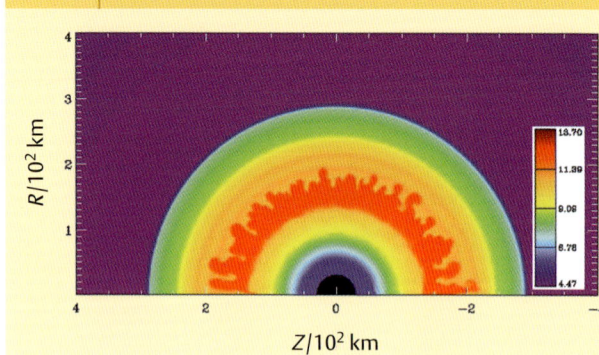
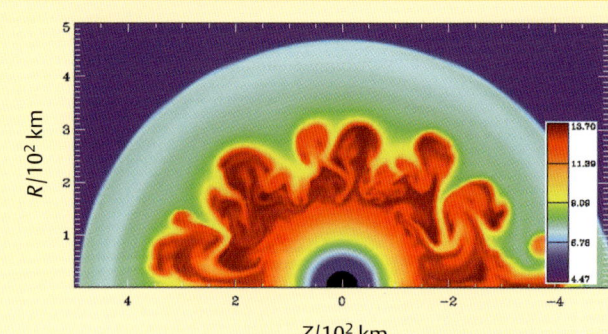

ausreichen, den Stoß wieder zu beleben und letztendlich die beobachtete Explosion des Sterns zu bewirken.

Dieser Wilson-Mechanismus wird heute als Erklärung für die Explosion favorisiert. Gleichwohl weisen Simulationen verschiedener Gruppen auf ernsthafte Probleme hin, die Verbesserungen bei der Beschreibung der Mikrophysik im entstehenden Neutronenstern erforderlich machen. Man sollte auch in Erinnerung behalten, dass trotz der Beobachtung von Neutrinos aus der Supernova 1987A bislang die experimentelle Bestätigung dafür fehlt, dass der Energieübertrag von Neutrinos an das stellare Medium tatsächlich die Ursache für die Explosion ist.

Aufbruch in neue Dimensionen

Mehrdimensionale Simulationen der Entwicklung des kollabierten stellaren Eisenkerns und des entstehenden Neutronensterns – allerdings mit starken Vereinfachungen bei der Behandlung der Neutrinophysik – haben ergeben, dass konvektive Prozesse sowohl im dichten Innern des Neutronensterns als auch hinter dem Supernova-Stoß eine wichtige Rolle spielen (Abbildung 3) [6].

Beobachtungen von Supernovae und Supernova-Überresten haben gezeigt, dass Mischvorgänge und Asymmetrien schon während der frühesten Phase der Explosion sehr bedeutend sein müssen. In dieser Hinsicht hat die Supernova 1987A revolutionäre Veränderungen in unserem Bild von der Explosion angestoßen: Die Zwiebelschalenstruktur des Vorläufersterns (Abbildung 3) wird zerstört. Großskalige Strömungen transportieren radioaktive Nuklide aus Regionen nahe dem Neutronenstern bis in die Wasserstoffhülle und bringen umgekehrt Helium und Wasserstoff tief ins Innere des explodierenden Sterns. Es gibt Anzeichen für starke Inhomogenitäten in dem abgestoßenen Gas, und Spektren zeigen, dass Nickelklumpen mit bis zu mehreren tausend Kilometern pro Sekunde expandieren. Diese Geschwindigkeiten sind typisch für die Wasserstoffhülle des Sterns, aber viel höher als in sphärisch symmetrischen Modellen für Nickel vorhergesagt.

Da radioaktive Elemente aus dem tiefsten Innern des explodierenden Sterns bis nahe an seine expandierende Oberfläche verfrachtet werden, liegt der Verdacht nahe, dass die sphärische Symmetrie bereits in den ersten Sekunden der Explosion, also noch während oder sogar schon vor der explosiven Nukleosynthese radioaktiver Kerne, gebrochen wird.

Bis vor wenigen Jahren waren mehrdimensionale, hydrodynamische Simulationen mit der erforderlichen Auflösung und über die interessanten, relativ langen Zeiträume hinweg undenkbar. Um den Beginn der Explosion einer Supernova durch den verzögerten Mechanismus zu untersuchen, muss eine Zeitspanne von mehreren zehntel Sekunden nach der Entstehung des Stoßes berechnet werden. Um die weitere Entwicklung der Explosion einschließlich der Elemententstehung und der großskaligen Mischprozesse im Stern zu verfolgen, müssen sogar Stunden mit der Simulation überdeckt werden. So lange dauert es, bis der Stoß die Sternoberfläche bei einem Radius von rund 30 Millionen Kilometern erreicht hat (Abbildung 4). Da dynamische Prozesse andererseits auf sehr kurzen Zeitskalen von Millisekunden und kleinen räumlichen Skalen von etwa 100 Metern ablaufen, erfordert eine solche Simulation auch mit effizienten Algorithmen viele hunderttausend Zeitschritte.

Neue numerische Verfahren, speziell Methoden zur automatischen Verfeinerung und Anpassung des Rechengitters, mit deren Hilfe Strukturen trotz einer geringeren Gesamtzahl von Gitterpunkten feiner aufgelöst werden können, ermöglichen nun solche Berechnungen. Dennoch muss man an die Grenze der Leistungsfähigkeit moderner Supercomputer gehen und ist immer noch zu Vereinfachungen des Gesamtproblems gezwungen. Dies gilt vor allem für die Beschreibung der extrem komplexen Neutrinophysik in den mehrdimensionalen Modellen.

Einerseits konnte durch ein- und zweidimensionale Simulationen die Neutrinokühlphase des entstehenden Neutronensterns untersucht und die Bedeutung konvektiven

INTERNET

Simulationen von Supernovae
www.mpa-garching.mpg.de/Hydro

Animationen und Filme zu astrophysikalischen Themen
www.mpa-garching.mpg.de/~museum

Theorie von Supernovae
www.psc.edu/science/Burrows/burrows.html

Ergebnisse des Chandra-Röntgenteleskops
chandra.harvard.edu/xray_sources/supernovas.html

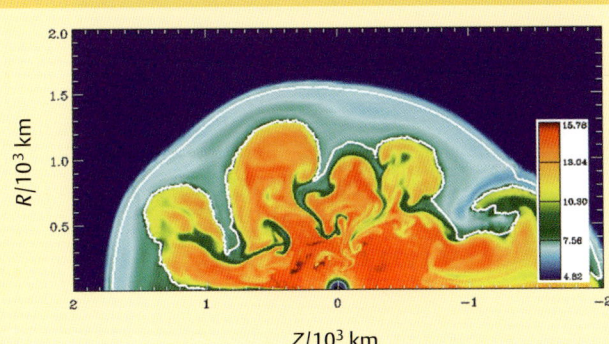

Momentaufnahmen der Entwicklung konvektiver Instabilitäten im Neutrinoheizgebiet um den entstehenden Neutronenstern. Hier ist die Verteilung der (dimensionslosen) Entropie pro Nukleon für eine zweidimensionale (axialsymmetrische) Simulation farbcodiert dargestellt: 0,04, 0,08 und 0,2 Sekunden nach der Stoßentstehung (v.l.n.r.). Der äußere Rand der sich ausdehnenden Sphäre stellt die Position des Supernova-Stoßes dar. Die weiße Linie im rechten Bild umrandet das Gebiet, in dem die Bedingungen die Entstehung von Nickel zulassen.

ABB. 6 | **MOMENTAUFNAHMEN II**

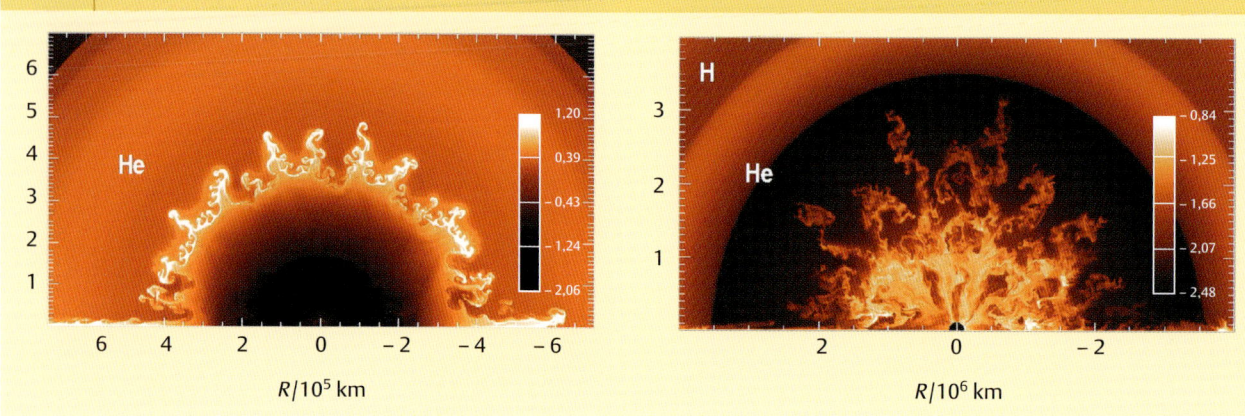

Energietransports für seine Entwicklung und die Eigenschaften seiner Neutrino-Emission demonstriert werden. Andererseits ist es nun möglich, die Sternexplosion von der Stoßentstehung bis zum Ausbruch des Stoßes aus der Sternoberfläche mit beeindruckender numerischer Auflösung zu verfolgen. In diesen Modellen wird allerdings der Neutronenstern nur sehr grob beschrieben oder sogar durch eine innere Randbedingung ersetzt und lediglich der Energieübertrag von Neutrinos ans stellare Medium hinter der Stoßfront parametrisiert berücksichtigt.

Hier war ein wichtiger Ansatzpunkt für notwendige Verbesserungen in den vergangenen Jahren. Die Lösung der Boltzmann-Gleichung für den Neutrinotransport in mehrdimensionalen Simulationen zur gleichzeitigen Entwicklung von Neutronenstern und Supernova-Explosion stellt eine echte Herausforderung dar. Nur eine solche Synthese kann die Frage beantworten, ob Neutrinoheizen, unterstützt durch hydrodynamische Instabilitäten, die theoretische Erklärung für die Explosion massereicher Sterne liefert.

In der Tat konnten neue Computermodelle mit einer detaillierten Beschreibung der Neutrinophysik bestätigen, dass diese Hypothese zumindest für Sterne zutrifft, die im unteren Bereich des Massenspektrums von Supernovavorläufern liegen. Diese besitzen rund das Acht- bis Zehnfache der Sonnenmasse. Bei Sternen mit noch größerer Masse kann die Stoßfront extreme Dipol- und Quadrupolverformungen entwickeln. Dafür verantwortlich ist eine generische Instabilität gegen nichtradiale Deformationsmoden. Das sind Akkretionsstöße von Stoßwellen in Gasströmungen auf kompakte Objekte. Die Bedeutung dieses Phänomens beim Beginn von Supernova-Explosionen wurde erst in jüngster Zeit erkannt. Es kann einerseits zu stark asphärischen Explosionen führen und andererseits den Neutronenstern in Vibration, Rotation und Translationsbewegung versetzen [12].

Die mehrdimensionalen Modelle der Explosion selbst geben damit Einblick in überaus interessante und nebenbei auch ästhetisch reizvolle hydrodynamische Vorgänge. Durch die Deposition der Neutrino-Energie entwickeln sich schon in der ersten Sekunde nach der Stoßentstehung konvektive Umwälzbewegungen zwischen dem Neutronenstern und dem Supernova-Stoß (Abbildung 5). Blasen heißen, neutrinogeheizten Gases steigen auf, durchsetzt von absteigenden, schlauchförmigen Strömen kühlerer Materie mit ge-

ABB. 7 | **ELEMENTVERTEILUNG**

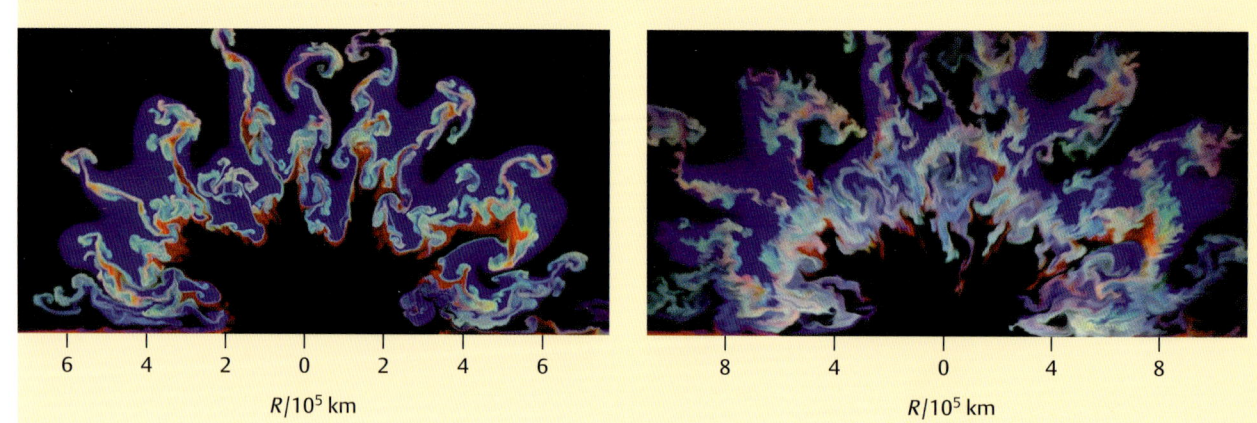

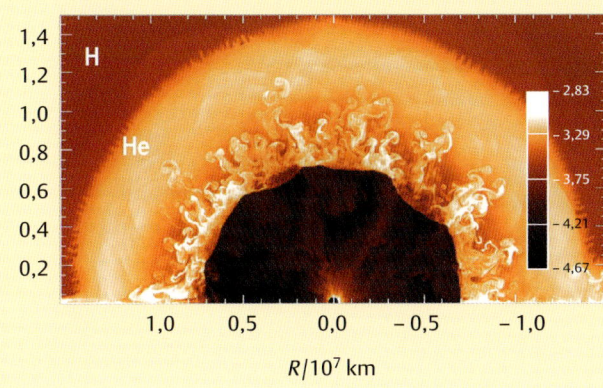

Momentaufnahmen der Entwicklung konvektiver Instabilitäten im explodierenden Stern (zeitliche Fortsetzung von Abbildung 5): 100 s, 1170 s, 10 000 s (v.l.n.r.). Die Farbcodierung ist für den Logarithmus der Dichte vorgenommen. Man erkennt wachsende, dichte „Finger" und „Pilze" von Instabilitäten. Die Mischvorgänge erfassen schließlich den gesamten Stern bis zur Wasserstoffhülle.

ringer Entropie. Dieser Gasaustausch unterstützt die Explosion, da heißes Plasma und damit Energie aus der Zone stärksten Neutrinoheizens ins Gebiet direkt hinter der Stoßfront transportiert wird. Zugleich wird kühlere Materie der Heizregion zugeführt, um dort weitere Energie von den Neutrinos aufzunehmen. Dadurch steigt die Effizienz des verzögerten Mechanismus, und die Energie der Explosion erhöht sich. Wenn der Stoß Fahrt aufnimmt und in die Siliziumschale vordringt, erzeugt er dort Temperaturen von über $4 \cdot 10^9$ K, und Silizium verbrennt zu Nickel. Durch die expandierenden Blasen neutrinogeheizten Gases wird die Verteilung von Nickel, das in den Gebieten zwischen den Blasen konzentriert ist, inhomogen und klumpig. Man erkennt hier eine unmittelbare räumliche und zeitliche Nachbarschaft der konvektiv instabilen Neutrinoheizregion und der Zone explosiver Nukleosynthese. Dadurch sind quantitative Aussagen zur Elemententstehung in Supernova-Explosionen nur mittels detaillierter, dynamischer Modelle möglich, die der Mehrdimensionalität des Problems Rechnung tragen.

Nachdem die Stoßfront weiter durch die Sternschichten mit vorwiegend Sauerstoff, Kohlenstoff und Helium nach au-

ßen gerast ist, beginnen Instabilitäten die Kompositionsgrenzen zu zerfransen. Die Wechselwirkung der dort aufkeimenden Strukturen mit den frühen Anisotropien führt zu Mischvorgängen und Asymmetrien im gesamten Stern (Abbildung 6). Die radioaktiven Produkte der explosiven Nukleosynthese, ebenso wie Silizium und Sauerstoff des Vorläufersterns, werden über eine weite Spanne von Radien und Geschwindigkeiten verteilt. Helium und Wasserstoff werden tief ins Innere des explodierenden Sterns gemischt. Nickel findet sich schließlich hoch konzentriert in schnell fliegenden Klumpen und Knoten entlang ausgedehnter Filamente aus verdichtetem Gas, die auch mit Sauerstoff, Kohlenstoff und Silizium angereichert sind (Abbildungen 6 und 7). Die schnellsten dieser Nickelklumpen bewegen sich mit Geschwindigkeiten von mehreren tausend Kilometern pro Sekunde durch die ebenfalls expandierende Heliumschicht [7].

Diese Ergebnisse stimmen gut mit Beobachtungen von Supernovae vom Typ Ib und Ic überein. Das sind massereiche Sterne, bei denen der Vorläuferstern seine Wasserstoff- bzw. Heliumschicht verloren hatte. Im Fall der Supernova 1987A, einem Typ-II-Ereignis, liefern die Simula-

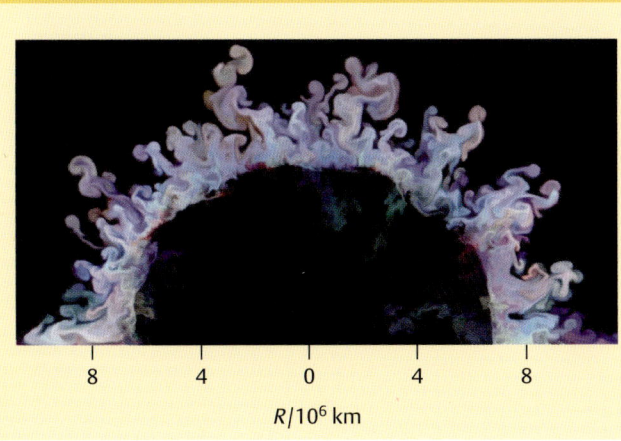

^{16}O

^{28}Si

^{56}Ni

Momentaufnahmen der Verteilung der Elemente Sauerstoff, Silizium und Nickel in der Simulation der Abbildung 6. Man erkennt, wie in den dichten Strukturen die schweren Elemente aus dem Zentrum des Sterns in die Heliumschale gemischt werden.

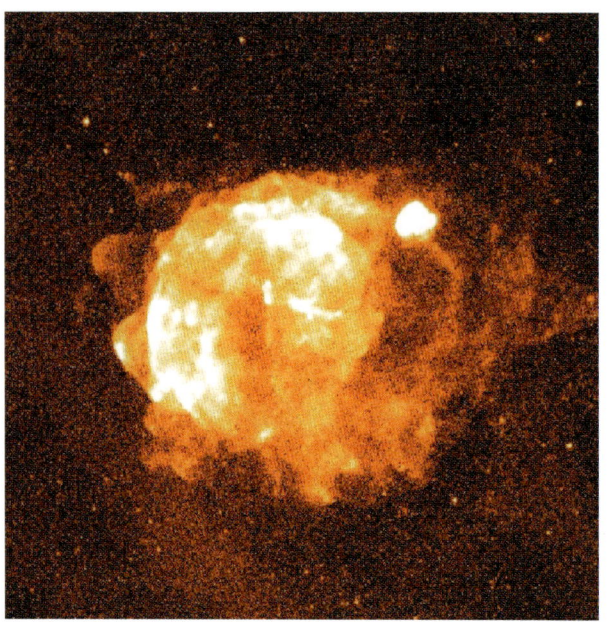

Abb. 8 *Aufnahme des Supernova-Überrests im Sternbild Vela mit dem Röntgensatelliten ROSAT [8]. Man erkennt Mach-Kegel schnell fliegender, heißer Sternfragmente außerhalb der kugelförmigen Explosionswolke. Der helle Fleck rechts oberhalb der Bildmitte ist der viel weiter entfernte Supernova-Überrest Puppis-A.*

tionen aber nur dann die hohen Geschwindigkeiten von Nickel in der Wasserstoffhülle des explodierenden Sterns, wenn die Explosion von einer anfänglich stark asphärischen Stoßfront ausgelöst wird. Dadurch kommt es zu ausgeprägteren Mischvorgängen zwischen den Kompositionsschalen des sterbenden Sterns [13]. Ohne diese Effekte zeigen Rechnungen ein Abbremsen der Nickelklumpen beim Übergang von der Heliumschicht zur Wasserstoffhülle, was nicht mit Beobachtungen im Einklang ist.

Was aber war der Grund für die starke Deformation der einsetzenden Explosion bei der Supernova 1987A? Möglicherweise war die bereits erwähnte nichtradiale Stoßinstabilität dafür verantwortlich. Vielleicht wurde die Dynamik der Explosion aber auch von einer schnellen Rotation des Vorläufersterns beeinflusst. Dies hätte dann einen hohen Eigendrehimpuls des stellaren Eisenkerns und damit des entstehende Neutronensterns zur Folge gehabt.

Die asphärische und geklumpte Verteilung der chemischen Elemente in der ausgeschleuderten Materie scheint ein allgemeines Phänomen zu sein, für das es mittlerweile Evidenzen aus Lichtkurven und Spektren einer ganzen Reihe von Supernovae gibt. Auch Röntgenaufnahmen der diffusen, gasförmigen Überreste von Supernovae, die vor Hunderten oder Tausenden von Jahren explodierten, zeigen derartige Inhomogenitäten. Besonders eindrucksvoll sind die schnell fliegenden, dichten Fragmente auf Aufnahmen des Vela-Überrests durch den Röntgensatelliten ROSAT [8]. Sie haben sogar den Supernovastoß überholt und bilden durch ihre überschallschnelle Bewegung Mach-Kegel aus (Abbildung 8). Die Rekonstruktion ihrer Bewegungsrichtungen deutet auf einen gemeinsamen Ursprungsort nahe dem Zentrum des Nebels. Sie sind demnach bereits zu Beginn der Sternexplosion entstanden. Wunderbare Aufnahmen des Überrests Cassiopeia A mit dem Chandra-Röntgenobservatorium der NASA bei gleichzeitiger spektraler Information

in drei verschiedenen Wellenlängenbereichen offenbaren räumlich getrennte Filamente, die dominante Anteile von Eisen, Kalzium, Silizium oder Schwefel enthalten (Abbildung 1) [9]. Die eisenreichen Strukturen scheinen am äußeren Rand des Überrests zu liegen, was bedeuten könnte, dass das Material, das in der Explosion am weitesten innen entstand, später mit den höchsten Geschwindigkeiten expandierte. Ein solches Ergebnis steht im Widerspruch zu sphärisch symmetrischen Modellen, die genau das Gegenteil erwarten lassen.

Faszinierende Perspektiven

Die mehrdimensionale Modellierung von Supernovae steht erst am Anfang. Zugleich häufen sich Beobachtungshinweise, dass nicht nur lokale Inhomogenitäten in Supernovae Anisotropien hervorrufen, sondern die erwähnten globalen Asphärizitäten eine bedeutende Rolle spielen.

So machen sich manche Neutronensterne als Pulsare bemerkbar und sind mit Radioteleskopen leicht beobachtbar. Viele Pulsare zeigen hohe Geschwindigkeiten von bis zu mehreren hundert Kilometern pro Sekunde. Es gibt Gründe, warum diese Pulsare wahrscheinlich während der Supernova-Explosion stark beschleunigt wurden.

Als Ursache hierfür kommen konvektive Instabilitäten im stellaren Kern allein nicht in Frage; die entsprechenden Störungen sind zu kleinskalig und fluktuativ und mitteln sich deshalb räumlich wie zeitlich weitgehend aus. Man ist gezwungen, eine globale Asymmetrie der Explosion anzunehmen, deren Ursache eine starke Dipolmode der erwähnten generischen Stoßinstabilität sein könnte [14]. Dadurch bekäme die Explosion eine Vorzugsrichtung und der Neutronenstern einen Rückstoß.

Es ist auch denkbar, dass die Neutrino-Emission des entstehenden Neutronensterns nicht in alle Richtungen gleich ist, sondern kleine Anisotropien auftreten. Wegen der gewaltigen Energie, welche die Neutrinos wegtragen – das Äquivalent von rund einem Zehntel der Neutronensternmasse wird mit Lichtgeschwindigkeit abgestrahlt! – reicht bereits eine Pol-zu-Pol-Variation von lediglich einem Prozent aus, um den Neutronenstern durch solch einen „Neutrino-Antrieb" auf 300 km/s zu beschleunigen. Aufgrund des gigantischen Gravitationsfeldes eines Neutronensterns sind hingegen selbst so kleine Anisotropien kaum vorstellbar. Rotationsdeformation allein reicht nicht aus, man benötigt eine Störung der Symmetrie zwischen beiden Hemisphären.

Es wird vielleicht nie möglich sein, diese Prozesse direkt zu beobachten, so dass unser Weg zur Erkenntnis über theoretische Modelle und ihre indirekte Verknüpfung mit messbaren Parametern und Erscheinungen führt. Der direkte Blick in die Abgründe sterbender Sterne ist uns nur durch Neutrinos und Gravitationswellen gewährt. Neutrinos liefern Informationen über die thermodynamischen Bedingungen. Die Struktur von Gravitationswellen enthält zudem komplementäre Auskunft über das dynamische Verhalten beim Kollaps.

Eine neue Generation von Neutrinoteleskopen (Superkamiokande, Borexino, ICECUBE usw.) ist in den zurückliegenden Jahren in Betrieb gegangen oder wird in naher Zukunft ihre Messungen beginnen, und interferometrische Gravitationswellendetektoren (GEO600 in Deutschland, LIGO in den USA, TAMA in Japan und VIRGO in Italien) stehen kurz vor ihrer Inbetriebnahme [10]. Voraussetzung für nachweisbare Signale ist beim gegenwärtigen Stand allerdings eine Supernova in unserer Milchstraße. Es wäre eine Krönung der Anstrengungen bei der Entwicklung und beim Aufbau dieser Experimente, wenn sie durch eine Supernova vor unserer kosmischen Haustür belohnt würden!

Zusammenfassung

Neutrinos spielen eine entscheidende Rolle beim Kollaps massereicher Sterne zu Neutronensternen. Ihr Energieübertrag auf die stellare Materie um den Neutronenstern wird auch als Ursache für die Explosion vermutet. Trotz großer Fortschritte in den vergangenen Jahren ist jedoch der Explosionsmechanismus nach wie vor nicht endgültig geklärt. Simulationen zeigen, dass die Vorgänge, die zur Sternexplosion führen, sowie die Entstehung radioaktiver Elemente und die beobachtbaren Eigenschaften von Supernovae nur verstanden werden können, wenn Konvektion und Mischprozesse durch mehrdimensionale Modelle berücksichtigt werden. Dies erfordert modernste numerische Verfahren und den Einsatz der leistungsfähigsten Supercomputer.

Literatur

[1] T. Montmerle, N. Prantzos, Explodierende Sonnen, Spektrum Akademischer Verlag, Heidelberg 1991.

[2] W. Baade, F. Zwicky, Phys. Rev. **1934**, *45*, 138.

[3] R.W. Hanuschik, R. Werger, Physik in unserer Zeit **1991**, *22*, 197; Sterne und Weltraum **1991**, *30*, 368.

[4] S.L. Shapiro, S.A. Teukolsky, Black Holes, White Dwarfs, and Neutron Stars, John Wiley & Sons, New York 1983.

[5] H. A. Bethe, J.R. Wilson, Astrophys. J. **1985**, *295*, 14; H.A. Bethe, Rev. Mod. Phys. **1990**, *62*, 801.

[6] M. Herant et al., Astrophys. J. **1994**, *435*, 339; A. Burrows, J. Hayes, B. A. Fryxell, Astrophys. J. **1995**, *450*, 830; H.-T. Janka, E. Müller, Astron. Astrophys. **1996**, *306*, 167; W. Keil, H.-T. Janka, E. Müller, Astrophys. J. Lett. **1996**, *473*, L111.

[7] K. Kifonidis et al., Astrophys. J. Lett. **2000**, *531*, L123.

[8] B. Aschenbach, R. Egger, J. Trümper, Nature **1995**, *373*, 587.

[9] J. P. Hughes et al., Astrophys. J. Lett. **2000**, *528*, L109; http://chandra.harvard.edu/photo/casajph.

[10] P. Aufmuth, A. Rüdiger, Physik in unserer Zeit **2000**, *31*, 14.

[11] M. Rampp, H.-T. Janka, Astrophys. J. Lett. **2000**, *539*, L33.

[12] H.-Th. Janka et al., Theory of core-collapse supernovae, in: Hans Bethe Centennial Volume of Physics Reports **2007**, *442*, 38; A. Burrows et al., Multi-dimensional explorations in supernova theory, in: Hans Bethe Centennial Volume of Physics Reports **2007**, *442*, 23.

[13] K. Kifonidis et al., Astron. Astrophys. **2006**, *453*, 661.

[14] L. Scheck et al., Phys. Rev. Lett. **2004**, *92*, 011103; L. Scheck et al., Astron. Astrophys. **2006**, *457*, 963.

Die Autoren

Hans-Thomas Janka hat an der Technischen Universität München studiert und 1991 promoviert. Nach einem Forschungsaufenthalt an der University of Chicago ist er heute wissenschaftlicher Mitarbeiter am Max-Planck-Institut für Astrophysik in Garching und arbeitet mit seiner Gruppe theoretisch über Supernovae, Gamma-Ray Bursts und Neutrino-Astrophysik.

Ewald Müller hat an der TH Darmstadt studiert und dort im Jahre 1979 promoviert. Danach wurde er wissenschaftlicher Mitarbeiter am Max-Planck-Institut für Astrophysik in Garching. Seit 1995 ist er dort als Forschungsgruppenleiter tätig. Im Jahre 1994 hat er sich an der TU München habilitiert. Seine Arbeitsgebiete sind hydrodynamische Simulationen, Supernovae, und relativistische Jets.

Anschrift: *Dr. Hans-Thomas Janka, Priv. Doz. Dr. Ewald Müller, Max-Planck-Institut für Astrophysik, Karl-Schwarzschild-Straße 1, 85748 Garching. thj@mpa-garching.mpg.de www.mpa-garching.mpg.de/Hydro/hydro.html*

Die stärksten Explosionen im Universum

Sylvio Klose | David Alexander Kann | Steve Schulze

Gamma-Ray Bursts sind verbunden mit stellaren Katastrophen in fernen Galaxien. Vor zehn Jahren wurde erstmals das Nachleuchten der Materie am Ort einer solchen Explosion beobachtet. Seitdem hat die Erforschung dieses Phänomens stürmische Fortschritte gemacht.

Kurz nach der Unterzeichnung des Atomwaffenteststop-Abkommens im Jahre 1963 entwickelten die USA die Satelliten der Vela-Serie, um die Einhaltung des Abkommens zu überwachen. Mit Gammastrahlendetektoren ausgerüstet, konnten die Satelliten heimlich durchgeführte Kernwaffentests aufspüren. Im Juli 1967 registrierten die Satelliten erstmals einen Gammastrahlenblitz. Überraschenderweise kam der jedoch nicht von einem Ort auf der Erde, sondern aus den Tiefen des Weltalls. In den folgenden Jahren wurde rund ein Dutzend weitere Ereignisse registriert, doch erst im Jahre 1973 wurde diese Entdeckung öffentlich bekannt [1].

Die Entdeckung der Gamma-Ray Bursts (GRBs) reiht sich ein in die großen astronomischen Entdeckungen der sechziger Jahre. Damals fand man die Quasare, die Pulsare und die kosmische Mikrowellenhintergrundstrahlung. Während letztere relativ rasch in die Lehrbücher eingingen, war der Fortschritt in der Erforschung der GRBs eher gering. Ursache hierfür waren technische Schwierigkeiten. Die Gammastrahlendetektoren der ersten Generation erlaubten nur eine sehr grobe Lokalisation der Quellen an der Himmelssphäre. Damit ließen sich die Bursts bei anderen Wellenlängen nicht identifizieren. Aus diesem Grunde blieben ihre physikalische Ursache wie auch ihre charakteristische Entfernungsskala unbekannt. Die Burstquellen konnten sich ebenso gut in unserem Sonnensystem befinden wie in Milliarden von Lichtjahren entfernten Galaxien. Zum Höhepunkt der Konfusion in den siebziger Jahren gab es mehr Theorien über die Natur der Bursts als nachgewiesene Ereignisse.

In den Neunzigern brachten die Daten des Burst And Transient Source Experiment (BATSE) auf dem Compton Gamma-Ray Observatory (Abbildung 1) mehr Licht in das Dunkel. BATSE war ein sehr empfindlicher Gammastrahlendetektor, der die Quellen auf einige Quadratgrad genau ortete. Im Durchschnitt registrierte BATSE einen GRB pro Tag. Schon im ersten Betriebsjahr wurde deutlich, dass die Bursts an der Himmelssphäre eine isotrope Verteilung aufweisen. Dies sprach dafür, dass sich die Objekte entweder tief im äußeren Halo unseres Milchstraßensystems befinden oder in kosmologischen Distanzen in fernen Galaxien (Abbildung 2).

Das Feuerball-Modell

Bereits Anfang der neunziger Jahre ließen die Gammadaten erkennen, dass es sich bei den Bursts um Ereignisse handeln muss, bei denen Materie mit ultrarelativistischen Geschwindigkeiten strömt. Waren die Quellen in kosmologischen Distanzen gelegen, so mussten die von ihnen freigesetzten Energiemengen mit bis zu etwa 10^{47} Ws sehr hoch sein. Die im Gammaband beobachtete Variabilität der Bursts auf einer Zeitskala herunter bis zu Millisekunden sprach zudem dafür, dass diese hohen Energiemengen in einem relativ kleinen Raumgebiet von maximal einigen hundert Kilometern Radius freigesetzt werden. Man spricht von einem Feuerball. Aufgrund der hohen Energiedichten am Ort der Explosionen war davon auszugehen, dass das Spektrum der Bursts im Gammaband ein reines Schwarzkörperspektrum sein muss. Die Beobachtungen aber zeigten, dass das Spektrum nicht-thermischer Natur ist.

Um diese nicht-thermische Natur der Bursts zu erklären, musste man annehmen, dass sich die Materie mit hohem Lorentz-Faktor auf den Beobachter zu bewegt. Die typischen Lorentz-Faktoren $\Gamma = (1 - (v/c)^2)^{-1/2}$, wobei v die Geschwindigkeit und c die Lichtgeschwindigkeit sind, mussten Werte um 100 oder mehr annehmen. Das heißt, die Materie muss sich mit mindestens 99,995 % der Lichtgeschwindigkeit bewegen. Solch hochrelativistischen Materieausflüsse hatte man bisher bei keiner anderen Klasse astrophysikalischer Objekte gemessen, nicht einmal in den Jets, die aus den Zentren aktiver Galaxien herausströmen (Abbildung 3).

INTERNET

Cosmology Calculator (Rotverschiebungen)
www.astro.ucla.edu/~wright/CosmoCalc.html

Gamma-Ray Burst Real-time Sky Map
grb.sonoma.edu

Homepage des Swift-Satelliten
swift.gsfc.nasa.gov/docs/swift/swiftsc.html

Nach der heute favorisierten Vorstellung breitet sich bei den mit den Bursts verbundenen explosiven Erscheinungen Materie in einzelnen Schalen mit jeweils unterschiedlichen relativistischen Geschwindigkeiten aus. Wenn diese Schalen miteinander kollidieren, wird über Stoßfronten (Schocks) kinetische Energie in Strahlungsenergie umgewandelt. Hierbei entsteht der eigentliche Gammastrahlenburst. Die Details dieses Prozesses sind jedoch noch keineswegs verstanden.

Der Feuerball bewegt sich schließlich in das umgebende interstellare Medium hinein, sammelt dabei wie ein Schneepflug Materie auf und wird abgebremst. Hierbei propagiert eine Schockfront in das ungestörte interstellare Medium hinein (Vorwärtsschock), während in den Feuerball ein Rückwärtsschock läuft. Über magnetohydrodynamische Instabilitäten werden in diesen Schocks vermutlich Magnetfelder aufgebaut, in denen Elektronen auf relativistische Geschwindigkeiten beschleunigt werden und Synchrotronstrahlung emittieren. Der Vorwärtsschock bewirkt ein lang anhaltendes Nachglühen der Materie am Ort der Explosion, den sogenannten Afterglow.

Dieses Feuerballmodell [2, 3] sagt voraus, dass die zeitliche Entwicklung der Flussdichte F_ν eines Afterglows einem einfachen Potenzgesetz folgt:

$$F_\nu \sim t^{-\alpha}\, \nu^{-\beta}. \tag{1}$$

Hierin sind ν die Frequenz der Strahlung und t die Zeit nach dem Burst, α und β sind Konstanten in der Größenordnung von 1. Bereits die Beobachtungen des ersten Afterglows bestätigten glänzend die theoretischen Voraussagen.

Die Afterglows

Am 28. Februar 1997 registrierte der Gammastrahlendetektor an Bord des im Sommer 1996 gestarteten italienisch-niederländischen Satelliten BeppoSAX einen Burst. Gemäß dem Datum seines Auftretens erhielt er die Bezeichnung GRB 970228. Anschließend richtete der Satellit die ebenfalls an Bord befindlichen Röntgenteleskope auf das Himmelsgebiet, aus dem der Burst gekommen war. Überraschenderweise fand sich darin eine unbekannte helle Röntgenquelle, die rasch an Helligkeit verlor. Das war der Afterglow von GRB 970228 im Röntgenlicht. Seine Position konnte bis auf drei Bogenminuten (ein Zehntel des Vollmonddurchmessers) genau bestimmt werden. Auf diese Weise gelang es unter anderem mit dem William-Herschel-Teleskop auf La Palma rund 21 Stunden nach dem Burst erste tiefe Aufnahmen dieses Feldes zu gewinnen. Anhand eines Vergleichs mit weiteren Aufnahmen Tage später konnte dabei ein schwaches optisches Objekt der 20. Größenklasse gefunden werden, das rasch an Helligkeit verlor. Damit hatte man erstmals den Afterglow eines GRBs im sichtbaren Licht entdeckt (Abbildung 4).

Im Mai 1997 gelang es schließlich mit dem 10-m-Keck-Teleskop auf Hawaii von dem Afterglow des Bursts GRB 970508 ein Spektrum aufzunehmen. Anhand der sichtbaren Absorptionslinien konnte man eine Rotverschiebung von $z = 0,835$ bestimmen, was einer Entfernung von mehreren Milliarden Lichtjahren entspricht. Damit war rund 30 Jahre nach der Entdeckung des ersten GRBs die kosmologische Entfernungsskala der Burstquellen endgültig bestätigt.

Wie wir heute wissen, sind GRBs die energiereichsten Vorgänge im Universum. Dies wurde besonders deutlich an dem Ereignis vom 23. Januar 1999. GRB 990123 war mit ei-

ABB. 2 | ISOTROPE VERTEILUNG

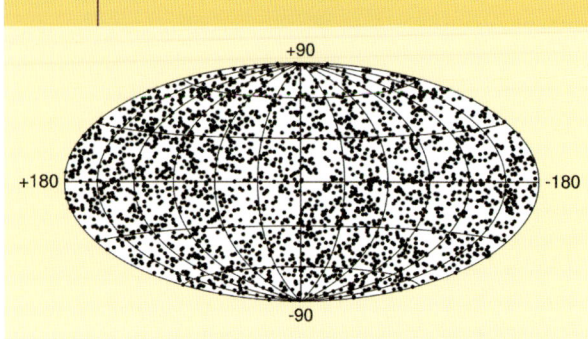

Die Verteilung von 2704 GRBs, gemessen mit BATSE im Laufe von neun Betriebsjahren bis Mitte 2000. Darstellung in galaktischen Koordinaten, das heißt, die Milchstraßenebene bildet den Äquator (Quelle: NASA).

ner freigesetzten Strahlungsenergie im Gammaband von mehr als 10^{47} Ws nicht nur einer der energiereichsten Bursts, die jemals gemessen wurden, sondern auch bei ihm trat zudem gleichzeitig zum Ausbruch im Gammaband ein Strahlungsblitz im Optischen auf. Dieser erreichte eine scheinbare Maximalhelligkeit um die neunte Größenklasse. Damit wäre er bereits mit einem Feldstecher beobachtbar gewesen – und das bei einer Entfernung von vielen Milliarden Lichtjahren!

Abb. 3 *Kollimierte Materieausflüsse, wie man sie bei Aktiven Galaxien beobachtet (als Beispiel hier die Galaxie M 87), charakterisieren auch die mit den GRBs verbundenen Explosionen. Im Unterschied zu den Jets bei Quasaren sind jene der Bursts jedoch ein äußerst kurzfristiger, explosiver Auswurf (Foto: NASA/ESA).*

Seither sind auch in einigen anderen Fällen derart energiereiche Ereignisse gefunden worden. So registrierte das europäische Weltraum-Gammateleskop INTEGRAL Ende 2004 den hellen und langen Burst 041219A. Seine Dauer von fast zehn Minuten erlaubte es, mit zwei erdgebundenen Teleskopen den GRB im Optischen und im nahen Infrarot zu beobachten, als er noch im Gammaband aktiv war. Der Afterglow von GRB 050904 schließlich wurde von einem optischen Blitz begleitet, der kurzzeitig $6 \cdot 10^{16}$-Mal leuchtkräftiger war als die Sonne [4]. Hätte das Ereignis in nur 4000 Lichtjahren Entfernung stattgefunden, so hätte dieser optische Blitz die scheinbare Helligkeit der Sonne erreicht. Ein GRB in dieser Entfernung hätte auch erhebliche Auswirkungen auf die Erdatmosphäre und das Leben auf unserem Planeten gehabt.

Im März 2008 wurde dies von dem optischen Blitz von GRB 080319B übertroffen, der kurzzeitig mit etwa fünfter Größenklasse so hell wurde, dass man ihn unter günstigen Bedingungen mit bloßem Auge hätte sehen können. Mehrere Teleskope vermaßen dessen optische Emission während des gesamten Bursts mit hoher zeitlicher Auflösung. Dieses Ereignis bei einer Rotverschiebung von z = 0,937 ist formal die mit Abstand entfernteste astronomische Quelle, die mit bloßem Auge je sichtbar war. Sie leuchtete auf, als das Universum etwa halb so alt war wie heute.

Gamma-Ray Bursts signalisieren Sternexplosionen

Das Jahr 1998 brachte zwei weitere wesentliche Entdeckungen. Im April beobachtete BeppoSAX den Röntgen-Afterglow von GRB 980425. Anschließend fand man innerhalb der nur wenige Bogenminuten großen Fehlerbox eine helle Supernova in rund 120 Millionen Lichtjahren Entfernung (z = 0,0087). Sie bekam die Katalogbezeichnung SN 1998bw. Diese Beobachtung machte erstmals deutlich, dass es eine physikalische Verbindung zwischen GRBs und Supernovae geben kann.

Weitere Aufschlüsse zu einer solchen Verbindung erbrachte GRB 980326, den BeppoSAX bereits knapp einen Monat zuvor gefunden hatte. Der Helligkeitsabfall seines optischen Afterglows folgte zunächst den Erwartungen (Gl. 1), bis er dann nach wenigen Wochen flacher wurde. Wie bei den vorangegangenen Bursts interpretierte man dies anfangs damit, dass neben dem verblassenden Afterglow nunmehr zunehmend das Licht der Muttergalaxie zur Gesamtintensität beitrug. Zur Überraschung fanden aber Nachfolgebeobachtungen Monate später die Muttergalaxie des Afterglows nicht. Erst Aufnahmen mit dem Hubble Space Telescope wiesen eine sehr lichtschwache Galaxie nach, die jedoch nicht die Ursache der abflachenden Lichtkurve gewesen sein konnte. In Wirklichkeit war der Afterglow wenige Tage nach dem Ausbruch selbst heller geworden. Dies konnte man als das Aufleuchten einer dem Burst folgenden Supernova-Komponente verstehen (Abbildung 5). Es dauerte weitere fünf Jahre, bis uns die Natur einen relativ nahe gelegenen GRB bescherte, dessen Supernova-Komponente für Teleskope der 8-m-Klasse ausreichend hell war, um diese Hypothese durch spektroskopische Beobachtungen zu prüfen.

Der am nördlichen Sternhimmel auftretende GRB 030329 war in mehrfacher Hinsicht ein außergewöhnliches Ereignis. Sein Fluss im Gammaband war so hoch, dass anfänglich das Ansprechen des Detektors auf dem für GRB-Beobachtungen spezialisierten Satelliten HETE 2 als Fehlalarm interpretiert wurde. In der anschließend mit dem Röntgenteleskop auf HETE 2 bestimmten Fehlerbox des Afterglows fand sich kurz darauf ein heller optischer Afterglow der 13. Größenklasse. Er ist bis heute der zwischen einer Stunde und 100 Tagen nach dem eigentlichen Burst hellste optische Afterglow geblieben. Der Gammafluss des Bursts war so stark gewesen, dass er nachweislich die oberen Schichten der Ionosphäre der Erde störte, und dies, obgleich die Explosion in etwa 2,6 Mrd. Lichtjahren Entfernung ($z = 0{,}1687$) stattgefunden hatte.

Spektren, gewonnen mit dem Very Large Telescope (VLT) der ESO, zeigten erstmals bei GRB 030329, wie sich im Laufe der Zeit eine Supernova aus dem Afterglow herauskristallisierte. Sie war vom Typ Ic. Diese Klasse von Supernovae geht nach heutigem Verständnis auf die Explosion von Wolf-Rayet-Sternen zurück. Das sind Sterne, die zur Zeit ihres Wasserstoffbrennens 20 und mehr Sonnenmassen aufweisen, am Ende ihres Lebens aber ihre massereiche, äußere Wasserstoff- und Heliumhülle durch einen intensiven Sternwind verloren haben. Zum Zeitpunkt ihrer Explosion, nur wenige Millionen Jahre nach ihrer Entstehung, sind es mithin relativ kleine, aber sehr heiße Sterne vom Radius der Sonne, jedoch mit einer Masse von einigen Sonnenmassen.

Bis heute hat man in vier Fällen gute Spektren von GRB-Supernovae erhalten. Hinzu kommen etwa 15 Fälle, in denen im späten Afterglow, wie bei GRB 980326, eine zusätzliche Lichtkomponente gefunden wurde. Unsere Analyse zeigte unlängst, dass diese GRB-Supernovae zu den leuchtkräftigsten aller Supernovae zählen, die auf den Gravitationskollaps von Einzelsternen zurückgehen [6].

Gamma-Ray Bursts sind kollimierte Explosionen

Ursprünglich nahm man an, GRBs seien mit sphärischen Explosionen verbunden. Bald stellte sich jedoch heraus, dass die bei der Explosion freigesetzte Energie außergewöhnlich hoch sein müsste. So hätte GRB 990123 bei einer sphärischen Explosion die vollständige Umsetzung von fast zwei Sonnenmassen in Strahlungsenergie allein im Gammaband bedeutet ($E = Mc^2$).

Dieses Problem kann überwunden werden, wenn man annimmt, dass die Explosion kollimiert erfolgt, also in Form von zwei eng gebündelten Jets. Wegen der hohen Lorentz-Faktoren (in der Größenordnung von 100) wird für den Beobachter dann die relativistische Aberration von Bedeutung. Für $\Gamma \gg 1$ gilt für den relativistischen Öffnungswinkel des Jets $\Theta \approx 1/\Gamma$. Der Gammaburst selbst entstammt demgemäß

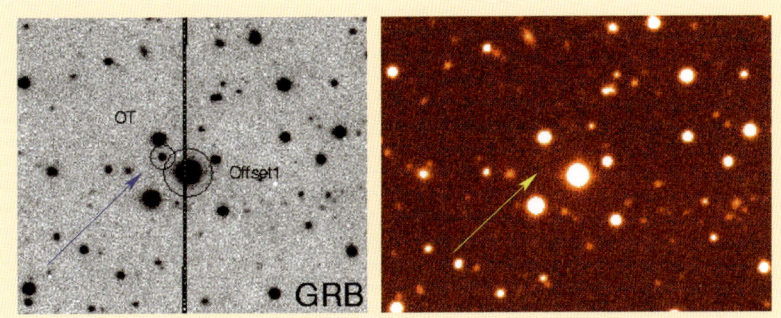

Abb. 4 *Beispiel des raschen Helligkeitsabfalls eines GRB-Afterglows. Gezeigt sind hier die Ergebnisse der Beobachtungen des Afterglows von GRB 021211 mit dem 1,2-m-Teleskop auf Mount Palomar (links) und dem Tautenburger 2-m-Teleskop (rechts). Die linke negativ dargestellte Aufnahme erfolgte 20 min nach dem Burst: Helligkeit R = 18.2. 12 Stunden später (rechts) ist der Afterglow (Pfeil) bereits schwächer als R = 22.5 und nicht mehr nachweisbar.*

einem Gebiet, dessen relativistischer Öffnungswinkel kleiner als 1/100 rad ist. Beobachter, die nicht im eigentlichen intrinsischen Öffnungswinkel des Jets liegen, bemerken daher (wenn überhaupt) nur einen stark reduzierten Strahlungsfluss. Die aus den Beobachtungen abgeleitete isotrope Energiefreisetzung ist dann um den so genannten beaming factor zu groß. Dieser ist gleich dem Verhältnis der Oberfläche der Vollkugel zur Frontfläche des als kegelförmig angenommenen Jets. Üblicherweise berücksichtigt man noch einen Faktor 2, welcher der erwarteten Existenz eines (nicht sichtbaren) Gegenjets Rechnung trägt.

Wenn die Explosion kollimiert erfolgt, sollte sich dies auf charakteristische Weise in der Lichtkurve widerspiegeln. Der Parameter α, der die Steilheit der Lichtkurve beschreibt (Gl. 1), ändert sich typischerweise nach einigen Stunden oder Tagen um einen deutlichen Betrag (Abbildung 5). Das

ABB. 5 | LICHTKURVE MIT SUPERNOVA

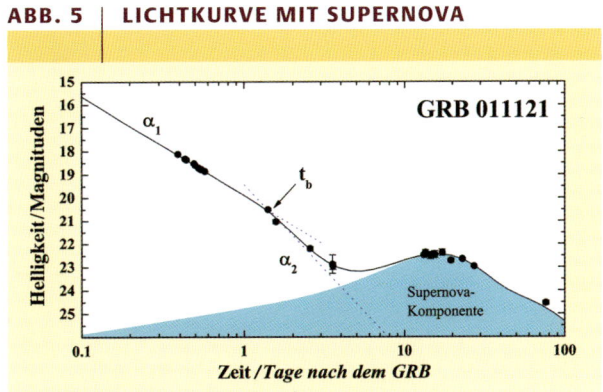

Die Lichtkurve von GRB 011121 (z = 0,36) in den ersten Wochen nach der Explosion. Ab wenige Tage nach dem Burst kann sie sehr gut durch die Lichtkurve einer entsprechend rotverschobenen Supernova vom Typ SN 1998bw angepasst werden. Die Lichtkurve des reinen Afterglows zeigt zudem etwa nach einem Tag eine Beschleunigung der Helligkeitsabnahme. Dies wird als Anzeichen für eine kollimierte Explosion verstanden [5].

ABB. 6 | LICHTKURVEN

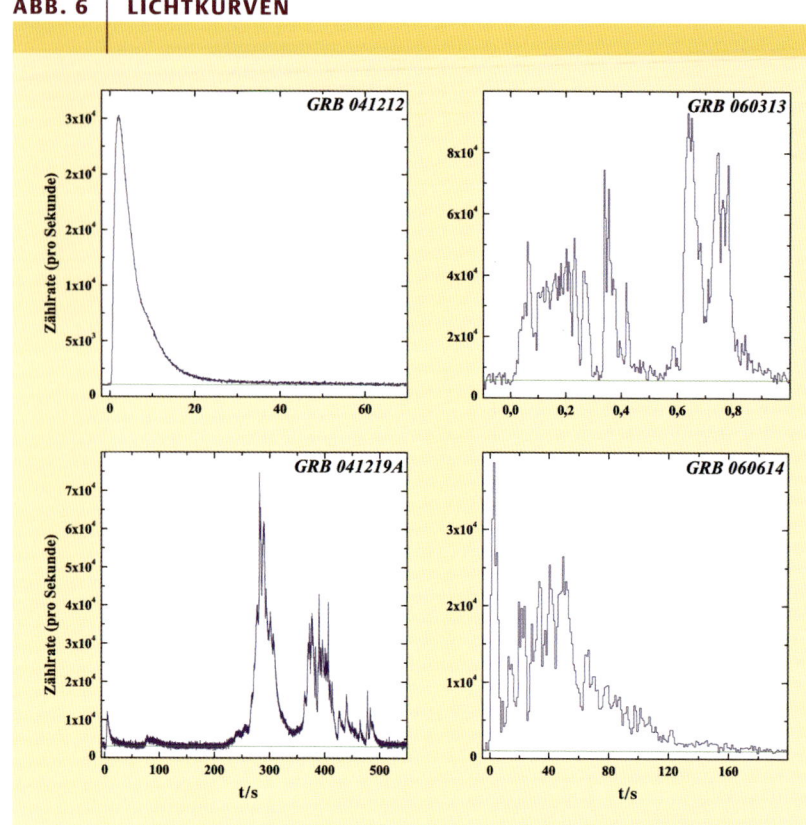

Lichtkurven einiger GRBs, gemessen mit dem europäischen Gammastrahlen-Observatorium INTEGRAL (GRB 041212) sowie mit Swift. GRB 041212 ist der Prototyp eines sehr schnell ansteigenden und exponentiell abfallenden Bursts. GRB 041219A ist ein extrem langer Burst, GRB 060313 ein sehr heller, kurzer und auf extrem kurzer Zeitskala variabler Burst, GRB 060614 beginnt mit einer kurzen Intensitätsspitze, gefolgt von einer lang anhaltenden, schwächeren Emission (Quellen: GRB 041212: A. Rau, Garching, 041219A: E. Fenimore, Los Alamos; GRB 060313: P. Roming, Pennsylvania; GRB 060614: V. Mangano, Palermo).

ABB. 7 | ZWEI POPULATIONEN

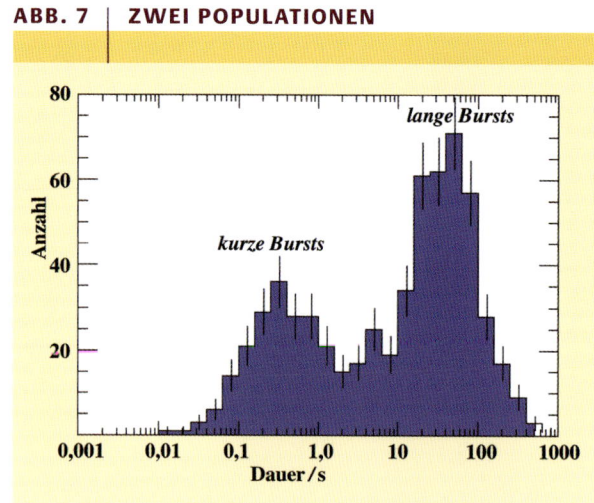

Im Gammaband bilden die GRBs zwei deutlich getrennte Populationen. Aufgetragen ist hier die beobachtete Dauer der Bursts. Das ist der Zeitraum, in dem zwischen 5 % und 95 % aller Photonen eingetroffen waren (Quelle: NASA).

heißt, dass die Lichtkurve steiler wird. Aus dem Zeitpunkt des Auftretens dieses Effekts kann der intrinsische Öffnungswinkel der Jets abgeschätzt werden. Die so gefundenen Werte liegen typischerweise zwischen 2 und 10 Grad [7].

Dies heißt aber auch, dass der beaming factor in der Größenordnung von 100 liegt. Damit sinkt einerseits die aus der Beobachtung bei Annahme einer isotropen Explosion abgestrahlte Energie um eben diesen Faktor. Andererseits muss die Ereignisrate der Bursts im Universum um denselben Faktor höher sein, als wir aus der Beobachtung schließen. Die meisten Bursts entgehen uns demnach, weil wir nicht im Jetkegel liegen.

Auch wenn das Jet-Modell derzeit als ziemlich gesichert gilt, gibt es immer noch Unstimmigkeiten. So haben jüngere Beobachtungen gezeigt, dass dieses Modell einer Verbesserung bedarf. So mancher Burst zeigt in seinem Röntgen-Afterglow keine Beschleunigung der Helligkeitsabnahme, auch wenn dies im optischen Afterglow passiert, oder umgekehrt. Bisher ist nicht geklärt, wie dies zu verstehen ist.

Die kurzen Bursts

Bis in das Jahr 2004 hinein schwankte die Entdeckungsrate der optischen Afterglows zwischen fünf und zehn pro Jahr. Im Jahr 2005 startete die NASA dann einen Satelliten namens Swift, der auf die Suche nach GRB spezialisiert ist und bei jedem Nachweis binnen Sekunden einen Alarm mit der entsprechenden Himmelsposition des Bursts an ein Netz von Bodenstationen aussendet. Auf diese Weise stieg die jährliche Nachweisrate von GRB-Afterglows um rund einen Faktor zehn. Abbildung 6 zeigt vier Lichtkurven der Gammastrahlen-Ausbrüche, welche die unterschiedlichen Verläufe illustriert.

Mit Swift gelang auch erstmals die präzise Lokalisation eines kurzen Gamma-Ray Bursts. Schon mit dem BATSE-Detektor auf dem Compton Gamma-Ray Observatory ließen sich zwei Gruppen von GRBs unterscheiden, kurze und lange Bursts, mit dem Schnittpunkt beider Verteilungen bei etwa zwei Sekunden (Abbildung 7). Während die langen Bursts vermutlich immer mit dem Gravitationskollaps massereicher Einzelsterne verbunden sind, so ist die Natur der Quellen der kurzen Bursts weit weniger klar. Das entscheidende Problem ist ihre kurze Dauer. Erst Swift erlaubt es, auch die kurzen Bursts schnell und auf Bogensekunden genau zu orten, so dass schnelle Nachfolgebeobachtungen mit optischen Großteleskopen möglich sind. Dies gelang erstmals im Mai 2005.

Die nur zehn Bogensekunden Radius aufweisende Röntgen-Fehlerbox von GRB 050509B lag im Halo einer rund vier Milliarden Lichtjahre entfernten elliptischen Riesengalaxie (Abbildung 8) und unterschied sich allein in dieser Hinsicht von allen bis dato bekannten langen Bursts. Wann immer bei Letzteren eine Muttergalaxie gefunden wurde, so war dies eine Galaxie mit nachweisbarer Sternentstehung, also nie eine elliptische Galaxie. Dies passt zu einer Verbindung der langen Bursts mit massereichen Sternen. Da sehr massereiche Sterne schon einige Millionen Jahre nach ihrer Entstehung explodieren, können sie sich nur in Galaxien ereignen, in denen auch noch Sterne entstehen. Dies ist aber in elliptischen Galaxien nicht der Fall. Dort ist die Sternentstehung schon vor langer Zeit zum Erliegen gekommen. Die dortige Sternpopulation besitzt deshalb keine massereichen Sterne mehr, die als Supernova-GRB explodieren könnten.

Zwar ist die Faktenlage bei den kurzen Gamma Ray Bursts noch sehr dürftig. Eines aber ist offensichtlich: Wenn eine solch gewaltige Energiemenge innerhalb von nur wenigen Sekunden abgestrahlt wird, kommen als Ursache nur kompakte Objekte in Betracht, sehr wahrscheinlich Neutronensterne oder Schwarze Löcher. Als wahrscheinlichste Erklärung gelten zwei Neutronensterne, die miteinander verschmelzen und zu einem Schwarzen Loch kollabieren.

Wenn sich zwei Neutronensterne gegenseitig umkreisen, strahlen sie Gravitationswellen ab. Das entzieht dem System Bahnenergie, so dass sich beide Sterne auf einer spiralförmigen Bahn langsam annähern. Wenn sie schließlich verschmelzen, ist das entstehende kompakte Objekt so massereich, dass es zu einem Schwarzen Loch kollabiert. Ein Teil der verschmelzenden Materie, in der Temperaturen von bis zu hundert Milliarden Kelvin herrschen, umläuft noch in Form eines ringförmigen Torus für kurze Zeit das gerade entstandene Schwarze Loch, bevor es in ihm verschwindet. Parallel dazu werden vermutlich in entgegengesetzten Rich-

Abb. 8 *Die nur zehn Bogensekunden im Radius große Fehlerbox des Röntgen-Afterglows des kurzen GRB 050509B liegt im Halo einer elliptischen Riesengalaxie bei einer Rotverschiebung von z = 0,226.*

tungen zwei ultrarelativistische Jets emittiert. In diesen kann dann der eigentliche Gammablitz erzeugt werden. Computersimulationen, wie sie beispielsweise Theoretiker am Max-Planck-Institut für Astrophysik in Garching ausführen, können diesen Vorgang bereits ansatzweise modellieren (Abbildung 9).

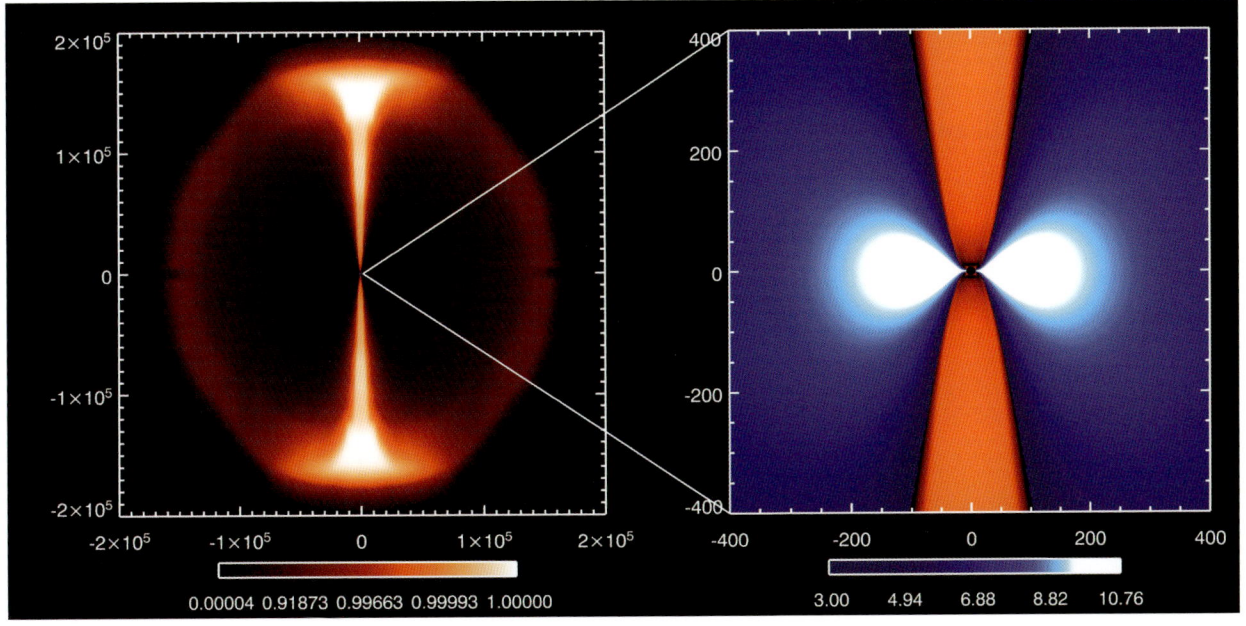

Abb. 9 *Computersimulation der Entstehung eines Torus und zweier Jets in der Nähe eines Schwarzen Lochs, das bei der Verschmelzung von zwei Neutronensternen entstanden ist. Die hochrelativistischen Jets erstrecken sich weiter als 150 000 km ins interstellare Medium hinein und strahlen bei Abständen von 100 Millionen Kilometern vom Schwarzen Loch einen Gammablitz aus. Das seitlich abströmende Gas ist wesentlich energieärmer und langsamer, es erreicht nur Geschwindigkeiten von maximal 98 % der Lichtgeschwindigkeit (rote Gebiete). Rechts: Vergrößerung der unmittelbaren Umgebung des zentralen Schwarzen Lochs bis zu einem Radius von rund 400 km. Man sieht die Jet-Entstehung und den ausgedehnten Akkretionstorus* (Quelle: Th. Janka, M.-A. Aloy, MPI f. Astrophysik).

ABB. 10 | ROTVERSCHIEBUNGSVERTEILUNG

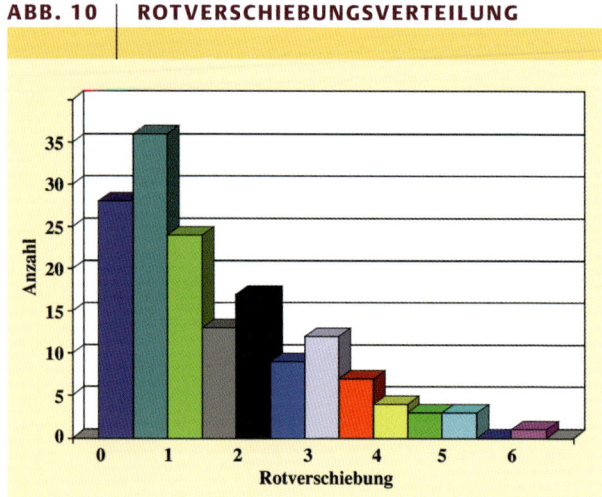

Die Rotverschiebungsverteilung aller GRBs bis Mitte Mai 2007 zeigt ein deutliches Maximum um z = 1 mit einer langen Verteilung zu größeren Rotverschiebungen [9].

Prinzipiell möglich ist auch das Verschmelzen eines Neutronensterns mit einem Schwarzen Loch. Für eine klare Entscheidung, welches Szenario tatsächlich vorliegt, reichen die Beobachtungsdaten bisher nicht aus. Vermutlich kann diese Frage erst mit der zweiten Generation von Gravitationswellendetektoren wie LIGO-II ab 2013 beantwortet werden.

Die unterschiedliche Natur der kurzen und langen GRB sollte sich auch in einer unterschiedlichen Entfernungsverteilung äußern. Untersuchungen der letzten Jahre haben gezeigt, dass die mittlere Sternentstehungsrate im jungen Universum größer war als sie heute ist. Damit sollte auch die Ereignisrate von langen Bursts im Laufe der Evolution des Universums abgenommen haben. Kurze Bursts hingegen gehen vermutlich auf eine alte Sternpopulation zurück. Das Anzahlverhältnis zwischen Neutronensternen und massereichen Sternen im Universum wächst stetig zu Gunsten der kompakten Objekte an. Dieser Evolutionseffekt sollte sich in den beobachteten Rotverschiebungsverteilungen der langen und der kurzen Bursts widerspiegeln.

In der Tat liegt für kurze Bursts der Median der Rotverschiebung um $z = 0{,}6$ (vor 5,7 Mrd. Jahren), während er für lange Bursts bei etwa $z = 2{,}3$ (vor 10,8 Mrd. Jahren) liegt. Gleichwohl darf man hierbei nicht übersehen, dass die optischen Afterglows der kurzen Bursts viel leuchtschwächer sind als die der langen. Dies ist letztlich Folge der im Vergleich zu den langen Bursts geringeren Dichte des umgebenden interstellaren oder gar intergalaktischen Mediums, in das sich hier der Feuerball entwickelt. Tatsächlich konnten wir unlängst zeigen, dass die optischen Afterglows der kurzen Bursts im Schnitt ungefähr hundertmal leuchtschwächer sind als jene der langen Bursts. Deshalb ist ihr Nachweis auch deutlich schwieriger und bevorzugt näher gelegene Objekte.

Zeugen des jungen Universums

Die Bursts und ihre Afterglows sind die leuchtkräftigsten Erscheinungen im Universum, wenn auch stets nur für kurze Zeit. Die optischen Afterglows vieler Bursts sind in den ersten Stunden nach der Explosion weit leuchtkräftiger als

---

DER SWIFT-SATELLIT

Swift ist ein Gemeinschaftsprojekt von Wissenschaftlern aus den USA, Großbritannien und Italien unter der Führung der NASA. Seit Anfang 2005 untersucht das Satellitenteleskop vorrangig GRBs, wobei es ungefähr hundert Bursts pro Jahr bis auf wenige Bogenminuten genau lokalisiert. Dabei kann Swift nach dem Nachweis eines Bursts völlig autonom mit seinem Röntgen- und optischen Teleskop auf das entsprechende Himmelsgebiet schwenken und nach dem zugehörigen Röntgen- und optischen Afterglow suchen. Im Gegensatz zu bisherigen Satellitenmissionen kann Swift auf diese Weise innerhalb von kurzer Zeit einen Burst auf Bogensekunden genau lokalisieren. Seine vorgesehene Betriebsdauer geht bis in das Jahr 2011. Die Tabelle listet die drei Instrumente an Bord auf.

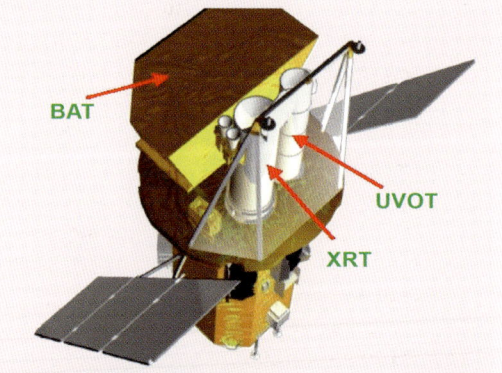

	Burst Alert Telescope (BAT)	X-Ray Telescope (XRT)	UltraViolet/Optical Telescope (UVOT)
Teleskopart	Coded Mask CdZnTe-Detektor	Wolter-Teleskop	Modifiziertes Ritchey-Chrétien-Teleskop (30 cm)
Energiebereich/Wellenlänge	15–150 keV	0,2–10 keV	170–650 nm
Zeitauflösung	Millisekunden	Sekunden	
Positionsgenauigkeit	1–4 Bogenminuten	2–5 Bogensekunden	0,3 Bogensekunden
Gesichtsfeld	1,4 sr	24 x 24 Bogenminuten^2	17 x 17 Bogenminuten^2

die leuchtkräftigsten Quasare [9]. Dies macht sie zu einem potenziellen Werkzeug der beobachtenden Kosmologie, da sie sich bei sehr hohen Rotverschiebungen befinden können. Alle Materie, die sich zwischen uns und der Burstquelle befindet, hinterlässt wichtige Informationen in Form von Absorptionslinien im Spektrum des Afterglowlichts. Das ist ein wichtiges Werkzeug, um die Häufigkeiten chemischer Elemente im jungen Universum zu ermitteln.

Der Vorteil der GRBs bei der Suche nach immer höheren Rotverschiebungen liegt auf der Hand: Sie erfordern keine aufwendigen großflächigen Himmelsdurchmusterungen wie bei Galaxien und Quasaren, um unter der Vielzahl der kosmischen Objekte jene mit den höchsten Rotverschiebungen herauszufiltern. Seit Jahren wird in der Literatur darüber spekuliert, wie die Rotverschiebungsverteilung der Bursts insbesondere bei hohen Rotverschiebungen, also großen Entfernungen, aussieht. Interessant ist auch die Frage, wo die obere Grenze der Rotverschiebungen sein könnte (Abbildung 10). Optimistische Prognosen lassen die Quellen bis in Rotverschiebungen um $z = 20$ erwarten, das heißt zu Zeiten, als das Universum rund 200 Millionen Jahre alt war und sich die erste Sterngeneration nach dem Urknall formte. Heute steht der Rotverschiebungsrekord der Quasare bei $z = 6{,}43$, bei Galaxien bei $z = 6{,}96$ und bei GRBs bei $z = 6{,}29$. Diese Objekte haben das heute empfangene Licht ausgesandt, als das Universum etwa 900 Millionen Jahre alt war.

Noch vor zwei Jahren lag der Rotverschiebungsrekord der GRBs bei $z = 4{,}5$. Wann werden wir den ersten Burst bei $z = 7$ nachweisen, wann die erste Sterngeneration nach dem Urknall bei $z > 10$? Dies sind zwei der derzeit spannendsten Fragen der Erforschung der Bursts. Für die beobachtende Kosmologie wäre die Entdeckung solch hochrotverschobener Objekte von herausragender Bedeutung. Es würde uns einen Einblick in die früheste Entwicklungsgeschichte des Universums gestatten, zu Objekten mit Rotverschiebungen, die vermutlich mit der gegenwärtigen Teleskopgeneration anders gar nicht zugänglich sind.

Ausblick

Die GRB-Forschung macht rasante Fortschritte. Bis März 2008 sind über einen Zeitraum von rund zehn Jahren dank weltweiter Bemühungen die optischen Afterglows von rund 230 Bursts nachgewiesen worden, in rund 160 Fällen gelang die Messung einer Rotverschiebung [9]. Nach den erfolgreichen Weltraumobservatorien Compton Gamma-Ray Observatory, BeppoSAX, HETE-2 und INTEGRAL (noch aktiv) ist nunmehr Swift der produktivste GRB-Satellit. Er beschert der Forschung derzeit eine höchst fruchtbare Phase mit einer Vielzahl von Implikationen für verschiedenste Teilbereiche der Astrophysik und auch für neue Beobachtungsfenster.

So wird in der Antarktis bis 2011 das größte Hochenergie-Neutrino-Observatorium Icecube mit einem Nachweisvolumen von 1 km^3 in Betrieb genommen werden. Bei diesem Experiment wird die Spur von sich relativistisch bewegenden Teilchen unter Benutzung des Tscherenkow-Effekts registriert und untersucht. Aus der Teilchenspur kann die Richtung des Neutrinos zurückverfolgt werden. Da Neutrinos elektrisch neutral sind und eine verschwindende Masse besitzen, werden sie so gut wie nicht abgelenkt. Das bedeutet, dass sie direkt auf die ursprüngliche Quelle zeigen. Man erwartet, mit Icecube auch Neutrinos zu finden, die von GRBs kommen.

Schließlich wird die nächste Generation von Gravitationswellendetektoren empfindlich genug sein, um in jene Bereiche des Universums vorzustoßen, wo auch GRB-Ereignisse in ausreichender Anzahl stattfinden. Es ist die große Hoffnung, dass uns diese Messungen dann erstmals einen Einblick in die zentrale Energiequelle der Bursts liefern.

Zusammenfassung

Noch vor wenigen Jahren waren die kosmischen Gamma-Ray Bursts weitgehend unbekanntes Terrain. Heute ist die Erforschung dieser kurzlebigen Quellen einer der wissenschaftlichen Zweige der Astrophysik, die besonders rasant wachsen. Die Bursts und die ihnen nachfolgenden Afterglows sind die leuchtkräftigsten Erscheinungen im Universum. Ihre Quellen liegen vermutlich in der Entstehung stellarer Schwarzer Löcher und den dabei verursachten ultra-relativistischen Materieausflüssen. Gamma-Ray Bursts bieten als Werkzeug der beobachtenden Kosmologie eine atemberaubende Perspektive.

Literatur

[1] R. Klebesadel et al., Astroph. J. **1973**, *182*, L85.
[2] T. Piran, Rev. Mod. Phys. **2004**, *76*, 1143.
[3] B. Zhang, P. Meszaros, Int. J. Mod. Phys. A, **2004**, *19*, 2385.
[4] D. A. Kann, N. Masetti, S. Klose, Astron. J. **2007**, *133*, 1187.
[5] J. Greiner et al., Astroph. J. **2003**, *599*, 1223.
[6] P. Ferrero et al., Astron. Astroph. **2006**, *457*, 857.
[7] A. Zeh, S. Klose, D. A. Kann, Astroph. J. **2006**, *637*, 889.
[8] D. A. Kann, S. Klose, A. Zeh, Astroph. J. **2006**, *641*, 993.
[9] J. Greiner, www.mpe.mpg.de/~jcg/grbgen.html.

Die Autoren

David Alexander Kann studierte Physik in Jena und ist derzeit Doktorand an der Landessternwarte in Tautenburg, wo er insbesondere zur Natur der kurzen Bursts forscht. Sylvio Klose studierte in den 80er-Jahren Physik in Jena, wo er auch sein Diplom machte. Seit den Neunziger Jahren arbeitet er an der Thüringer Landessternwarte Tautenburg. Steve Schulze ist Diplomphysiker und arbeitet gemeinsam mit Sylvio Klose und Alexander Kann über GRBs. Sein Arbeitsschwerpunkt sind die Röntgeneigenschaften der Afterglows.

Anschrift

Dr. Sylvio Klose, David Alexander Kann, Steve Schulze, Thüringer Landessternwarte Tautenburg, Sternwarte 5, 07778 Tautenburg.
klose@tls-tautenburg.de

Gamma-Astronomie

INTEGRAL entdeckt den Gamma-Himmel

VOLKER SCHÖNFELDER

Am 17. Oktober 2002 startete vom russischen Weltraum-bahnhof Baikonur das europäische Weltraumteleskop INTEGRAL. Seitdem beobachtet es den Himmel im harten Röntgen- und weichen Gammastrahlenbereich. Die Vielzahl an neuen Erkenntnissen über den Hochenergiekosmos haben es bereits zu einem wichtigen Meilenstein der modernen Astrophysik werden lassen.

Gammastrahlung bildet den energiereichsten Teil des elektromagnetischen Spektrums oberhalb einer Energie von etwa 100 keV. Die in diesem Bereich arbeitenden Astronomen erhalten deshalb auch Informationen über die energiereichsten Prozesse und Phänomene im Universum. Dieser verhältnismäßig junge Zweig der Astronomie stellt jedoch hohe Anforderungen an die Technik. Es sind vor allem drei Aspekte, die diese Art der Astronomie erschweren: Die Photonenflüsse kosmischer Objekte sind sehr gering, Gammastrahlen lassen sich nicht einfach mit Linsen oder Spiegeln fokussieren und kosmische Gammastrahlung durchdringt nicht die Erdatmosphäre. Der letzte Grund ist dafür verantwortlich, dass die Geburtsstunde der Gamma-Astronomie mit dem Beginn des Weltraumzeitalters zusammenfällt.

Die Gamma-Astronomie begann allerdings mit einem Irrtum, der positive Folgen hatte. Im Jahr 1958 sagte der amerikanische Physiker Phil Morrison die Existenz von Himmelskörpern voraus, die Gammastrahlung aussenden. Seine Prognosen für die Helligkeiten der Objekte waren so optimistisch, dass er damit einen Boom für dieses völlig neue Gebiet der Astrophysik auslöste. Tatsächlich hatte Morrison die Intensitäten um das Hundert- bis Tausendfache über- und die Beobachtungsanstrengungen erheblich unterschätzt. Wäre er zum richtigen Ergebnis gekommen, hätte sich zur damaligen Zeit wohl niemand auf dieses unwegsame Terrain gewagt.

In den 1960er- und 1970er-Jahren ging es zunächst darum, Teleskope für die Gamma-Astronomie zu entwickeln. Die allerersten Beobachtungen mit Ballonen und Satelliten zeigten nämlich rasch, dass die Gamma-Photonenflüsse von Himmelskörpern außerordentlich klein sind. Man musste riesige, massereiche und komplizierte Teleskope in den Weltraum bringen, deren Entwicklung und Fertigstellung Jahrzehnte gedauert hat. Die Entwicklung der Röntgenastronomie, die etwa zur gleichen Zeit wie die Gamma-Astronomie begann, erfolgte wesentlich zügiger, da die Röntgenflüsse von Himmelskörpern um Größenordnungen höher sind.

Ein Höhepunkt für die Gamma-Astronomie war der Start des Compton-Gammastrahlen-Observatoriums der NASA im Jahr 1991 [1]. Es war neun Jahre in Betrieb und durchmusterte erstmals den gesamten Himmel systematisch nach Gamma-Quellen. Eine Vielfalt unterschiedlichster Objekte entpuppte sich als Gammastrahler. Erwartungsgemäß waren es die kompaktesten, energiereichsten und exotischsten Himmelsobjekte, die wir kennen. Dazu gehören Neutronensterne, Schwarze Löcher in Doppelsternsystemen und ihre viel massereicheren Pendants in den Zentren von Galaxien sowie Supernovae und ihre Explosionsnebel. Fast alle diese Himmelskörper senden den größten Anteil ihrer gesamten Strahlungsenergie in Form von Gammastrahlung aus. Es ist daher praktisch unmöglich, die Physik dieser Objekte zu verstehen, ohne ihre Eigenschaften in diesem Spektralbereich zu kennen.

Gammastrahlung entsteht auf grundsätzlich andere Art als beispielsweise Sternenlicht. Sterne erzeugen im Innern mit Kernfusion Energie und sind an der Oberfläche viele tausend Grad heiß. Ihre Atmosphären geben daher thermische Strahlung ab. Im Gegensatz dazu hat die Erzeugung von Gammastrahlung meist nichts mit der Temperatur zu tun. Sie entsteht bei nichtthermischen Prozessen. Zu diesen kommt es beispielsweise, wenn relativistische, geladene Teilchen wie Elektronen und Protonen mit Materie, anderen Photonenfeldern oder mit Magnetfeldern wechselwirken. Durch die Beobachtung solcher Prozesse hat uns die Gamma-Astronomie ein völlig neues Fenster geöffnet, um die Eigenschaften des Universums zu studieren.

Die Ergebnisse des Compton-Observatoriums in den 1990er-Jahren haben uns eine Fülle wichtiger und faszinierender Erkenntnisse gebracht – und viele neue Fragen aufgeworfen. Es wurde klar, dass der Himmel reich an Gamma-Objekten und Vieles noch unerforscht ist. Zuvor waren

INTERNET

Integral-Homepage der ESA
sci.esa.int/home/integral

nur rund 300 kosmische Gamma-Objekte bekannt, und bei etwa hundert von ihnen ist die physikalische Natur geklärt.

Daher entschloss sich die Europäische Weltraumbehörde, ESA, ein ausgereifteres Teleskop zu bauen. Dieses INTEGRAL (International Gamma-Ray Astrophysics Laboratory) genannte Observatorium verfolgt vor allem zwei Ziele: hoch auflösende Gamma-Linienspektroskopie kosmischer Objekte und Abbildung von Himmelsregionen mit bisher unerreichter Auflösung und Empfindlichkeit im Spektralbereich zwischen 15 keV und 10 MeV. Hoch auflösende Linienspektroskopie war mit dem Compton-Observatorium nicht möglich gewesen. Die Messung von Linienprofilen enthält den Schlüssel für das Verständnis physikalischer Prozesse, die zur Emission führen. Etwa zehnmal besser als bei Compton ist INTEGRALs hervorragende Bildauflösung mit 12 Bogenminuten (zum Vergleich: der Vollmonddurchmesser beträgt etwa 30 Bogenminuten). Sie ist für die Identifikation der Gamma-Objekte von entscheidender Bedeutung.

Die Teleskope an Bord von INTEGRAL

Das Observatorium beinhaltet vier Teleskope (Abbildung 2): die zwei Hauptteleskope SPI und IBIS sowie zwei Monitore, genannt JEM-X und OMC. Alle vier Instrumente schauen stets in die gleiche Richtung, wobei die Gesichtsfelder 16° (SPI), 9° (IBIS), 4,8° (JEM-X) und 5° (OMC) betragen.

SPI ist das hoch auflösende Spektrometer. Es umfasst einen Energiebereich von 20 keV bis 8 MeV mit einer Auflösung von 2,5 keV bei 1 MeV. Die Winkelauflösung ist allerdings mit 2,5° relativ bescheiden. Komplementär zu diesem Spektrometer arbeitet das abbildende Instrument IBIS in einem Bereich von 15 keV bis 10 MeV. Es verfügt über eine ausgezeichnete Bildauflösung von 12 Bogenminuten, während die Energieauflösung mit 10% bei 1 MeV relativ gering ist. Die zwei Monitore erlauben es, die Gammaquellen gleichzeitig im Röntgenbereich (JEM-X: 3 bis 35 keV) und im optischen Bereich (OMC) zu beobachten.

Wie bereits erwähnt, lassen sich Gammastrahlen nicht mit klassischen Methoden abbilden. Man muss daher zu einem Trick greifen, um dennoch richtige Bilder zu erstellen. Das bei SPI, IBIS und JEM-X genutzte Verfahren, genannt kodierte Maske (Abbildung 3), funktioniert nach folgendem Prinzip: Gammastrahlen von verschiedenen Himmelsobjekten fallen durch unterschiedliche Bereiche einer Maske, die aus einem Lochmuster besteht. Auf dem ortsauflösenden Detektor entsteht so ein Schattenmuster, das die Information über die Positionen der Himmelsobjekte im Gesichtsfeld enthält. Aus der Erscheinung dieses Schattenwurfs errechnet ein Computer Position und Form des Himmelskörpers, der ihn erzeugt hat. Auf diese Weise lassen sich punktförmige von ausgedehnten Objekten unterscheiden.

Als Detektoren verwendet SPI auf 85 K gekühlte Germanium-Detektoren. IBIS verfügt für den Niederenergiebereich zwischen 20 keV und 1 MeV über CdTe-Detektoren sowie CsJ-Szintillatoren für den Hochenergiebereich bis 10 MeV. Die Gesichtsfelder von SPI und IBIS werden einer-

Abb. 1 **INTEGRAL bei der Montage auf die Spitze der russischen Proton-Rakete.**

seits durch eine aktive Abschirmung aus Wismut-Germanat-Szintillatoren und andererseits durch die Fläche und den Abstand der kodierten Masken definiert. JEM-X verwendet zum Nachweis der Röntgenstrahlen Xenon-Gas mit Mikrostreifen-Detektoren. OMC ist eine CCD-Kamera mit einer 50-mm-Linse.

Der Start von INTEGRAL im Oktober 2002 erfolgte von Baikonur aus mit einer russischen Proton-Rakete, die den etwa vier Tonnen schweren Satelliten in eine stark elliptische, 72-stündige Umlaufbahn brachte. Auf ihr schwankt der Abstand zur Erde zwischen 153 000 km und 9000 km. Diese große Exzentrizität erlaubt lange Beobachtungszeiten bei relativ konstanter Hintergrundstrahlung.

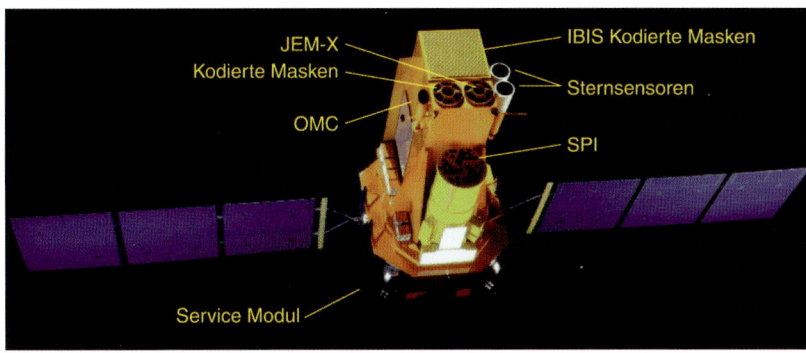

Abb. 2 **INTEGRAL und seine vier Teleskope.**

ABB. 3 | TELESKOPE

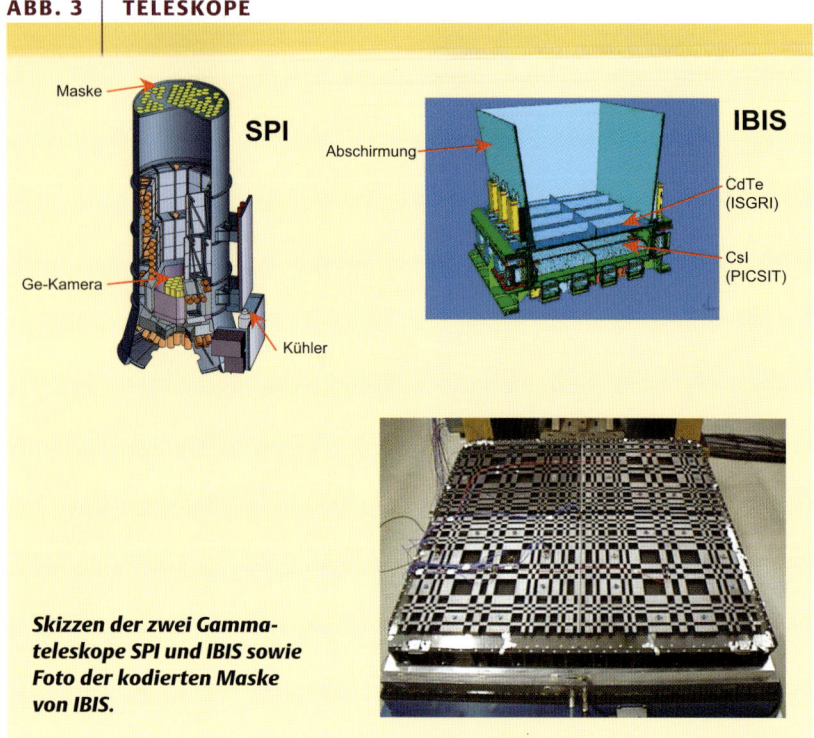

Maske
SPI
Ge-Kamera
Kühler

Abschirmung
IBIS
CdTe (ISGRI)
CsI (PICSIT)

Skizzen der zwei Gamma-teleskope SPI und IBIS sowie Foto der kodierten Maske von IBIS.

INTEGRAL wird als Observatorium betrieben, das heißt der größte Anteil der Beobachtungszeit steht der Allgemeinheit zur Verfügung. Die restliche Zeit gehört dem INTEGRAL-Science-Team der ESA. Die ursprünglich auf zwei Jahre festgesetzte Missionsdauer wurde von der ESA dank der spektakulären Ergebnisse von INTEGRAL um acht Jahre bis 2012 verlängert. Das ist insofern wichtig, als die Beobachtungszeiten in der Gamma-Astronomie wegen der geringen Photonenflüsse extrem lang sind. Für die Messung einer Emissionslinie eines Objekts benötigt man typischerweise einen Monat!

Nach einer zweimonatigen Eich- und Verifikationsphase im November und Dezember 2002 begann das offizielle Beobachtungsprogramm. Im ersten Missionsjahr war die Blickrichtung der Teleskope auf INTEGRAL hauptsächlich auf den Zentralbereich der Milchstraße ausgerichtet. In den folgenden Jahren wurden dann aber in zunehmendem Maße auch die Außenbereiche der Galaxis und der extragalaktische Raum untersucht. Am Ende des fünften Missionsjahres hatte INTEGRAL etwa 70 % des gesamten Himmels beobachtet. Bisherige Höhepunkte sind spektroskopische Gammalinien-Messungen von Nukleosyntheseprodukten, ein erster Katalog von harten Röntgenquellen, Untersuchungen des diffusen galaktischen Hintergrundes und die Entdeckungen von einigen Gamma-Burst-Quellen. Über die Ergebnisse der Gammalinien berichten Roland Diehl und Dieter Hartmann im folgenden Beitrag. Wir gehen deshalb lediglich auf die Beobachtung von Röntgenquellen und Gamma-Ray-Bursts ein.

Durchmusterung nach harten Röntgenquellen

Das Studium und die Identifikation harter Röntgenquellen im Spektralbereich von 20 keV bis 200 keV ist das Hauptgebiet von IBIS. Ein erster IBIS-Katalog wurde nach Ende des ersten Missionsjahres erstellt. Er beschränkte sich im Wesentlichen auf den Zentralbereich der Milchstraße und enthielt 123 Quellen, deren Positionen sich auf 1 bis 3 Bogenminuten genau lokalisieren ließen (Abbildung 4). Kataloge früherer Weltraummissionen waren bei 10- bis 30-mal geringeren Empfindlichkeiten erstellt worden und enthielten nur etwa 25 Objekte.

Zum fünfjährigen Geburtstag von INTEGRAL im Oktober 2007 wurde der dritte IBIS-Katalog mit 421 Himmelskörpern veröffentlicht. Er beruhte auf den Daten der ersten dreieinhalb Jahre (Abbildung 5) [2].

Die meisten INTEGRAL-Quellen, nämlich 41 %, sind Röntgenbinärsysteme. Das sind Doppelsysteme mit einem kompakten Objekt, bei dem es sich entweder um einen Neutronenstern oder ein Schwarzes Loch handelt (Abbildung 6). Ein Neutronenstern ist ein extrem kompakter Himmelskörper mit nur etwa 20 km Durchmesser, der aber größenordnungsmäßig die Masse unserer Sonne beinhaltet. In solchen Doppelsystemen strömt Gas von dem normalen Stern des Systems auf den kompakten Begleiter. Bei diesem Massetransfer wird Gravitationsenergie freigesetzt und letztlich in Form von Röntgen- und Gammastrahlung abgegeben.

Das bekannteste Beispiel für ein Röntgenbinärsystem mit einem stellaren Schwarzen Loch ist Cygnus X-1. Bei ihm wurden in der Vergangenheit starke Intensitätsschwankungen gemessen, die wahrscheinlich auf Instabilitäten im Massentransfer beruhen. Diesen nennt man auch Akkretionsrate, weil das Schwarze Loch Materie aufnimmt (akkretiert). Abbildung 7 zeigt zur Illustration das vom Compton-Observatorium sowie dem italienisch-niederländischen Röntgensatelliten Beppo-SAX in den 1990er-Jahren gemessene Energiespektrum. Es umfasst den gesamten Röntgen- und Gammabereich zwischen 0,4 keV und 10 MeV für zwei verschiedene Intensitätszustände.

Die hohe Intensität im keV-Bereich repräsentiert einen Zustand hoher Akkretionsrate, die geringe Intensität einen

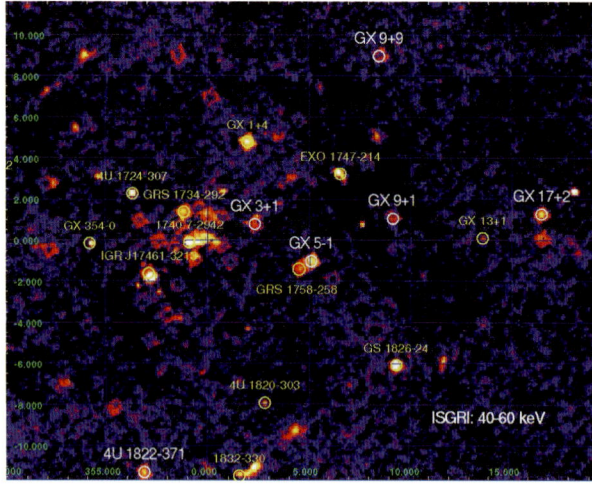

Abb. 4 Kompakte harte Röntgenquellen in einem 24 mal 30 Grad großen Ausschnitt des galaktischen Zentrums, aufgenommen mit IBIS bei Energien von 40 bis 60 keV im ersten Missionsjahr.

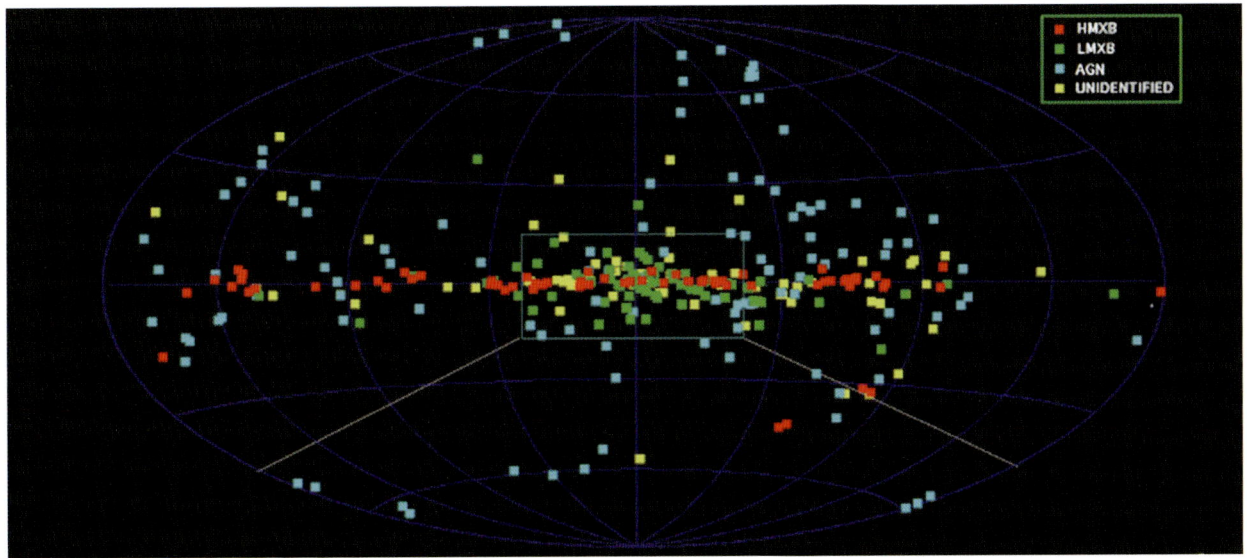

Abb. 5 *Himmelskarte der 421 Objekte des dritten IBIS-Katalogs, aufgenommen im harten Röntgenbereich. Der Himmel ist in galaktischen Koordinaten dargestellt, das Zentrum der Milchstraße liegt also im Ursprung, das Band der Milchstraße verläuft entlang des Äquators. Dort finden sich die Doppelsternsysteme (rot, grün). Die blauen Quadrate kennzeichnen aktive Galaxien, in deren Zentren sich massereiche Schwarze Löcher befinden. Gelb markierte Objekte ließen sich bislang nicht identifizieren* (Foto: ESA).

solchen niedriger Rate. Der hohe Intensitätszustand kommt relativ selten vor (nur etwa während zehn Prozent der Zeit). Wie man sieht, ist die Intensität im keV-Bereich antikorreliert mit der Intensität um 100 keV und korreliert mit der Intensität oberhalb 1 MeV. Offensichtlich beeinflusst die Akkretionsrate nicht nur den Röntgenfluss, sondern auch die spektrale Verteilung.

Es hat sich als unmöglich erwiesen, das Spektrum im gesamten Bereich mit rein thermischer Strahlung zu deuten. Es ist auch eine nicht-thermische Komponente zur Deutung der Gammastrahlung oberhalb 1 MeV nötig, deren Entstehungsprozess noch nicht geklärt ist. Speziell für Röntgendoppelsterne mit einem Schwarzen Loch wurde vorgeschlagen, dass Elektronen eine stochastische Beschleunigung im Plasma erfahren, welches das Schwarze Loch umgibt. Auch magnetohydrodynamische Wellen in den heißen Außenbereichen der Akkretionsscheibe könnten Elektronen beschleunigen. Dass es solche kosmischen Beschleuniger gibt, wissen wir von der Sonne, wo bei Ausbrüchen (Flares) vergleichbare Prozesse stattfinden.

Das Abweichen des Spektrums oberhalb einiger 100 keV von einem rein thermischen Ursprung (Abbildung 8) ist typisch für Doppelsysteme mit einem Schwarzen Loch. Binärsysteme mit einem Neutronenstern zeigen diese nicht-thermische Komponente nicht. Bei ihnen bricht die Strahlungsintensität oberhalb einiger 100 keV ab. INTEGRAL hat Cyg X-1 im Laufe der Jahre wiederholt in verschiedenen Intensitätszuständen beobachtet.

Eine Überraschung war die Entdeckung einer ganz neuen Klasse von stark absorbierenden Röntgenbinärsystemen mit IBIS. Die erste dieser Quellen mit dem Namen IGR J 6318-4848 war im Januar 2003 entdeckt worden. In einer anschließenden Beobachtung mit dem ESA-Röntgenteleskop XMM-Newton [3], die durch die INTEGRAL-Entdeckung ausgelöst worden war, konnte die neue Quelle genau lokalisiert werden. Aus den spektroskopischen Eigenschaften wurde gefolgert, dass es sich wohl um ein Binärsystem mit einem massereichen Stern handelte. Abbildung 8 zeigt das von XMM und IBIS gemessene Spektrum zwischen 3 keV und 80 keV. Am unteren Ende des Spektrums (um 5 keV herum) ließ sich eine starke photoelektrische Absorption mit einer Eisen-Absorptionskante bei 7,1 keV und verschiedenen Emissionslinien identifizieren. Es muss sich also vor der Gamma-Quelle ein absorbierendes Gas befinden, dessen Säulendichte zu etwa $2 \cdot 10^{24}$ cm^{-2} bestimmt werden konnte. Es wird vermutet, dass das absorbierende Gas aus dem Binärsystem selbst stammt und wahrscheinlich mit dem Akkretionsfluss oder einem Teilchenwind des massereichen Sterns zu tun hat.

Abb. 6 *Computer-Animation eines Röntgen-Doppelsystems, in dem von einem Stern Gas zu einem kompakten Objekt, einem Neutronenstern oder Schwarzen Loch, hinüberströmt.*

ABB. 7 | CYGNUS-X1

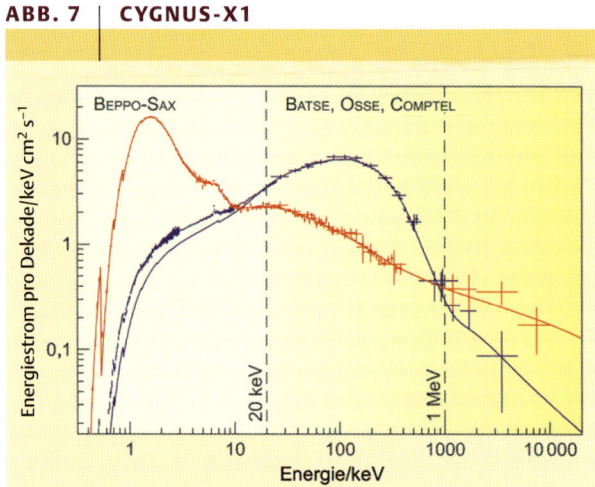

Energiespektrum von Cygnus X-1 als Beispiel für ein Binär-system mit einem stellaren Schwarzen Loch. Die in den 1990er-Jahren gemessenen Energiespektren zeigen zwei Intensitätszustände. Oberhalb einiger 100 keV weichen die gemessenen Spektren von einem rein thermischen Spektrum ab.

Seither hat INTEGRAL weitere dieser stark absorbie-renden Röntgenquellen entdeckt. Sie könnten möglicher-weise bei der Erklärung des diffusen galaktischen Hinter-grundes eine Rolle spielen, auf die ich im nächsten Ab-schnitt eingehen werde. Wegen der hohen Absorption un-terhalb von 10 keV konnten bisherige Röntgenteleskope (ROSAT, Chandra oder XMM), die im Niederenergiebereich von 0,2 keV bis maximal 10 keV operieren, diese neue Klas-se von Objekten nicht beobachten. Erst die hohe Emp-findlichkeit von INTEGRAL oberhalb von 20 keV machte ih-re Entdeckung möglich.

Den zweitgrößten Anteil der IBIS-Objekte (29 %) stellen aktive Galaxien (Seyfert-Galaxien, Quasare und Blasare). Ak-tive Galaxien unterscheiden sich von normalen Galaxien durch einen sehr hellen, kompakten Zentralbereich. Dessen

ABB. 8 | ABSORPTION

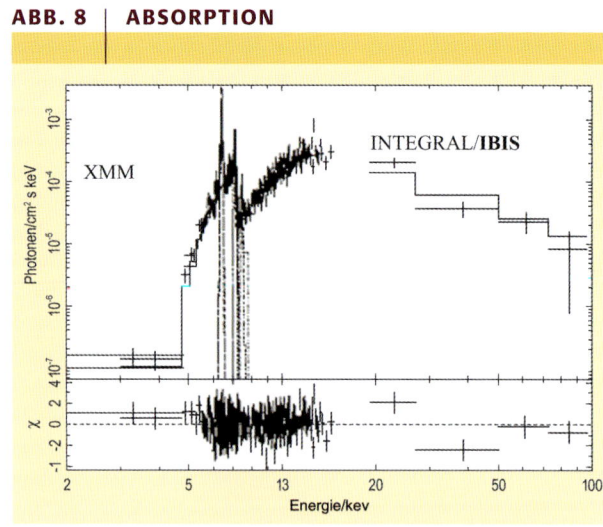

Helligkeit ist häufig variabel, außerdem haben sie ihr Leucht-kraftmaximum im Infraroten sowie im Röntgen- und Gam-mabereich. Die Kerngebiete normaler Galaxien sind im Be-reich des sichtbaren Lichts am hellsten.

Die aktiven Galaxienkerne enthalten Schwarze Löcher mit Massen von 10^6 bis 10^9 Sonnenmassen. Ähnlich wie bei den Binärsystemen ziehen die zentralen Schwarzen Löcher Materie aus der Umgebung an, die sich in einer Akkreti-onsscheibe um das Schwarze Loch ansammelt. Senkrecht zur Scheibe kann ein relativistisches Plasma in Form von kol-limierten Gasströmen (Jets) in zwei entgegengestzte Rich-tungen austreten. Bei den Blasaren weist einer der beiden Jets zufällig genau in unsere Richtung.

Die Zahl der von INTEGRAL beobachteten aktiven Ga-laxienkerne hat sich im Vergleich zum ersten IBIS-Katalog stark erhöht, weil das Teleskop nach dem ersten Missions-jahr zunehmend von der Milchstraße weg in den interga-laktischen Raum ausgerichtet wurde. Aus den gemessenen Spektren lassen sich Rückschlüsse auf die Erzeugung der Strahlung im Akkretionsprozess ziehen. Außerdem kann man durch Vergleich von unterschiedlich weit entfernten Objekten etwas über die Entwicklung der Schwarzen Lö-cher lernen. Und schließlich kann man feststellen, welchen Beitrag die aktiven Galaxienkerne zum allgemeinen Rönt-genhintergrund leisten, der den Kosmos erfüllt. Diese Hin-tergrundstrahlung wurde mit INTEGRAL 2006 im Energie-bereich zwischen 5 und 100 keV bestimmt. Das Ergebnis stimmte innerhalb von 10 % mit früheren Messungen über-ein.

Immerhin sind aber 26 % der Objekte im dritten IBIS-Katalog noch nicht identifiziert.

Diffuser galaktischer Hintergrund

Der Ursprung des diffusen galaktischen Röntgen- und Gam-mahintergrundes ist seit seiner Entdeckung Ende der 1960er-Jahre ein ungelöstes Problem. Auch die Beobach-tungen mit dem Compton-Observatorium zeigten eine über das gesamte Band der Milchstraße verschmierte Emission. Die Natur dieses galaktischen Hintergrunds ist bis heute ungeklärt. Im Prinzip können relativistische Elektronen der kosmischen Teilchenstrahlung hierfür verantwortlich sein. Sie erzeugen Gammastrahlung über den Bremsstrahlungs-prozess und durch inverse Compton-Stöße mit niederener-getischen Photonen. Allerdings ist die gemessene Leucht-kraft des Hintergrundes von einigen 10^{31} W viel zu hoch, um sie mit Modellen des Elektronenflusses in Einklang brin-gen zu können.

Jetzt liegen neue Messungen von INTEGRAL vor: Mit IBIS und SPI ist es gelungen, die Quellen von der wirklich diffusen Strahlung zu trennen, was bisher entweder wegen schlechter Bildauflösung oder mangelnder Empfindlichkeit nicht möglich war. Als Ergebnis findet man, dass nur 10 bis 15 % der gesamten Strahlung im Energiebereich zwischen 20 keV und 100 keV aus dem inneren 60°-Bereich der Milch-straße diffuser Natur ist. Der Rest stammt von Einzelquel-len.

| *Spektrum der stark absorbierenden Quelle IGR J 6318-4848.*

Abbildung 9 zeigt das Spektrum der rein diffusen Strahlung (links) und das über alle Quellen aufsummierte Spektrum von SPI (rechts). Das diffuse Spektrum zeigt zudem frühere Messungen des Röntgenteleskops RXTE (unterhalb von 20 keV) sowie den totalen Fluss aus Compton-Beobachtungen oberhalb von 1 MeV. Das diffuse Spektrum lässt sich mit drei Komponenten erklären: die Positronium- und 511-keV-Emission (grüne Kurve), ein mit zunehmender Energie wachsendes Potenzspektrum (blau) und ein weiteres bis circa 100 keV exponentiell abschneidendes Potenzspektrum (rot). Letzteres liefert den Hauptbeitrag unterhalb 20 keV.

Das bis in den MeV-Bereich reichende Potenzspektrum könnte von Elektronen der kosmischen Teilchenstrahlung herrühren, die Energien im GeV-Bereich besitzen und inverse Compton-Stöße mit Infrarot- und optischen Photonen erleiden. Das bei circa 100 keV abbrechende Potenzspektrum ist am schwierigsten zu erklären. Hier könnte es sich um Bremsstrahlung von quasithermischen Elektronen mit Energien unterhalb von 100 keV handeln, die direkt in der Umgebung energiereicher Objekte, wie Supernovae, beschleunigt werden.

Die Extrapolation der SPI-Messungen in den Bereich oberhalb von 1 MeV führt zu dem Schluss, dass von 1 bis 5 MeV etwa die Hälfte des mit Hilfe von Compton insgesamt aus der Milchstraße gemessenen Gammaflusses diffuser Natur ist. Mit zunehmender Energie nimmt der diffuse Anteil noch weiter zu. Der aufsummierte Fluss der Einzelquellen (Abbildung 9 rechts) ist bei 20 keV etwa 10-mal größer als der diffuse Fluss. Bei 1 MeV macht er etwa die Hälfte der totalen Emission aus und bis 30 MeV nimmt der Anteil der Quellen immer weiter ab. Mit Comptel war eine Trennung von Quellen und diffuser Emission nicht ausreichend möglich gewesen.

Die jetzt vorliegenden INTEGRAL-Ergebnisse werden zu einer neuen Diskussion über den Ursprung der diffusen galaktischen Röntgen- und Gammastrahlung insbesondere oberhalb einiger 100 keV führen. Klar ist bereits, dass definitiv mehrere Prozesse hierzu beitragen. Dies sind wahrscheinlich Bremsstrahlung, inverse Compton-Strahlung und π°-Zerfall. Diese instabilen Teilchen entstehen bei Nukleonenwechselwirkungen im interstellaren Medium. Der potenzförmige Verlauf der Spektren aufsummierter Quellen unterhalb von 100 keV ist typisch für die harten Röntgenspektren von stellaren Doppelsystemen. Deren Spektren brechen aber zu höheren Energie hin ab. Ob oberhalb von 100 keV noch andere Objekte, wie Supernova-Überreste (also die „Explosionswolken"), Pulsare oder bisher unidentifizierte Gammaquellen eine Rolle spielen, bleibt abzuwarten. Hier sind weitere genauere Messungen erforderlich.

Gamma-Burst-Astronomie mit INTEGRAL

Gamma-Ray Bursts (zu Deutsch etwa Gammastrahlen-Ausbrüche) gehören gegenwärtig zu den interessantesten Forschungsobjekten der Astrophysik. Es handelt sich um Gammablitze von 0,1 bis zu einigen 100 Sekunden Dauer,

ABB. 9 | HINTERGRUNDSTRAHLUNG

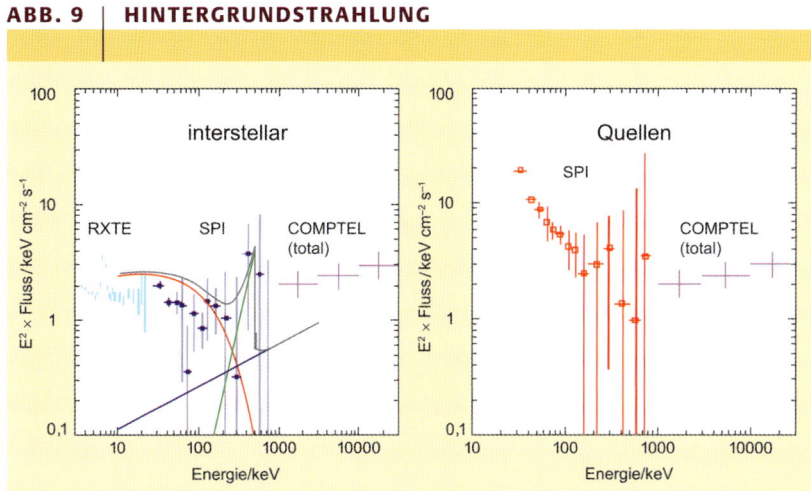

Kontinuumspektrum der diffusen Hintergrundstrahlung (links) und aufsummiertes Spektrum der Einzelquellen (rechts) aus dem Innenbereich der Milchstraße. Die SPI-Messungen werden durch ein Dreikomponentenmodell gedeutet.

die mit einer Rate von etwa einem pro Tag völlig unvermittelt an beliebigen Stellen des Himmels auftauchen. Rund 25 Jahre lang blieb das Phänomen ein Rätsel, weil es nie gelang, einen Gamma-Burst auch mit anderen Teleskopen beispielsweise im optischen Bereich zu identifizieren. Erst im Jahre 1997 gelang mit Hilfe von Beppo-SAX der Durchbruch. Er konnte die Himmelspositionen relativ genau im Röntgenlicht bestimmen und sendete diese unverzüglich zum Boden, wo sie per Internet an ein Netz von Observatorien weiter geleitet wurden. Innerhalb kürzester Zeit nach dem Ausbruch konnten so optische und Radioteleskope auf die Bursts ausgerichtet werden. In einigen Fällen gelang es auf diese Weise, das „Nachleuchten" zu beobachten und auch spektroskopisch zu untersuchen. Diese Beobachtungen zeigten, dass sich die Burst-Quellen außerhalb des Milchstraßensystems in fernen Galaxien befinden.

Die Astrophysiker gehen heute davon aus, dass der Gammablitz die Geburtsstunde eines stellaren Schwarzen Loches markiert. Dies geschieht entweder durch Kollaps eines sehr massereichen Sterns (lange Bursts mit mehr als 2 Sekunden Dauer) oder durch Verschmelzen von zwei kompakten Himmelskörpern, beispielsweise zweier Neutronensterne (kurzzeitige Bursts mit weniger als 2 Sekunden Dauer). Die dabei frei werdende Energie ist enorm: Sie kann im Prozentbereich der gesamten Ruheenergie der Sonne von $1{,}6 \cdot 10^{47}$ W liegen. In den letzten Jahren haben wir gelernt, dass der Schlüssel für das Verständnis der Gamma-Burst-Quellen in der Beobachtung des Nachleuchtens liegt.

Eigentlich war die Untersuchung dieser Objekte für INTEGRAL nur ein sekundäres Ziel. Doch in den ersten eineinhalb Jahren der Mission stellte sich heraus, dass dieses Teleskop innerhalb von 10 bis 15 Sekunden der wissenschaftlichen Gemeinde Informationen über einen Gamma-Burst zur Verfügung stellen und somit rasche Beobachtung in anderen Spektralbereichen initiieren kann. Zu diesem Zweck wurde am INTEGRAL Science Data Center in

Versoix bei Genf ein INTEGRAL Burst Alert System entwickelt, das die Position mit Bogenminuten Genauigkeit innerhalb einiger Sekunden bestimmt. In den Jahren bis 2004 gab es kein Satellitenprojekt, das dies schneller konnte. Bis zum 30. April 2004 wurden insgesamt zwölf Bursts im Gesichtsfeld von IBIS und SPI registriert und ihre Positionen, Energiespektren und Lichtkurven gemessen. Für die Hälfte dieser Bursts gelang anschließend eine Beobachtung des Nachleuchtens im optischen und/oder im Röntgenbereich.

Im Jahr 2004 wurde das amerikanische Weltraumteleskop Swift gestartet, das eigens für die Beobachtung von Gamma-Ray Bursts konzipiert ist. Mit ihm wurde es möglich, diese unvorhergesehen am Himmel aufblitzenden Objekte rasch und genau zu lokalisieren und deren Positionen an ein weltweites Netz von Beobachtungsstationen weiterzuleiten.

Besondere Beachtung fand der von INTEGRAL beobachtete Burst mit der Bezeichnung GRB 031203 vom 3.12.2003. Bei ihm gelang es mit dem Röntgenteleskop XMM-Newton, erstmals einen Halo aus gestreutem Röntgenlicht um die Position des Bursts nachzuweisen. Der Halo hatte die Form von konzentrischen Ringen, deren Radien mit $\sqrt{t}$ anwuchsen [5]. Der Halo entsteht durch Kleinwinkelstreuung der Röntgenphotonen an interstellaren Staubteilchen in unserer Milchstraße. Aus dem Zeitunterschied zwischen dem Eintreffen der direkten Burst-Strahlung und der Strahlung aus dem Streuhalo kann man auf die Entfernung der Staubschichten schließen. Es ergaben sich Entfernungen von 2900 und 4500 Lichtjahren. Der Gamma-Burst selbst befindet sich in einer 1,3 Milliarden Lichtjahre entfernten Galaxie. Dies war eines der erdnächsten bekannten Objekte dieser Art. Überraschenderweise hatte er rund tausendmal weniger Gamma-Energie abgestrahlt als sonst üblich. Möglicherweise hat INTEGRAL hiermit eine neue Klasse von Gamma-Bursts entdeckt.

Überdies gehört GRB 031203 zu den ersten Gamma-Ray Bursts, bei denen an Hand von spektroskopischen Beobachtungen im Optischen eine Verknüpfung mit einer Supernova gefunden worden ist [6]. Die Interpretation geht dahin, dass die längeren Gamma-Ray Bursts Supernovae sind, bei denen nicht nur eine Gashülle abgestoßen wird, sondern auch zwei eng gebündelte Gasstrahlen entstehen. Nur wenn wir zufällig unmittelbar in einen dieser beiden Jets hineinschauen, sehen wir außer der Supernova auch einen Gamma-Burst.

INTEGRAL registriert nicht nur Gamma-Bursts im Gesichtsfeld von IBIS und SPI. Auch das in alle Richtungen gleichzeitig empfindliche Antikoinzidenzsystem von SPI wird als empfindlicher Gamma-Burst-Detektor betrieben. Er misst Lichtkurven mit einer Zeitauflösung von 50 ms. Mit dieser Zeitinformation lassen sich die Himmelspositionen unter Einbeziehung anderer Satelliten durch geometrische Triangulation bestimmen. In den ersten 26 Monaten der Mission hat INTEGRAL auf diese Weise 374 Bursts registriert, 179 davon wurden auch von anderen Satellitenexperimenten gesehen.

Zusammenfassung

Das Gamma-Weltraumteleskop INTEGRAL der Europäischen Weltraumbehörde, ESA, hat eine Fülle interessanter, neuer Ergebnisse geliefert. Hauptinstrumente an Bord sind das hoch auflösende Spektrometer SPI und das Spektrometer IBIS. Hinzu kommt je ein Monitor für den Röntgen- und optischen Bereich. Die wichtigsten neuen Erkenntnisse stammen vor allem aus dem Bereich harter kompakter Röntgenquellen und aus dem Bereich der Gammalinien-Spektroskopie. Mit INTEGRAL wurde es erstmals möglich, den diffusen galaktischen Hintergrund zum Teil mit Einzelquellen identifizieren zu können. Auch zum Studium der geheimnisvollen Gamma-Ray Bursts hat INTEGRAL entscheidend beigetragen.

Literatur

[1] V. Schönfelder, Physik in unserer Zeit, **1995**, *26* (6), 262; Sterne und Weltraum **2002**, (7), 34.
[2] A. J. Bird et al., Astrophys. J. **2007**, *170*, 175.
[3] M. Dahlem, Physik in unserer Zeit **1999**, *30* (1), 12.
[4] E. Churazov et al., Astron. Astrophys. **2007**, *467*, 529.
[5] S. Vaughan et al., Astrophys. J. **2004**, *603*, L5.
[6] D. Malesani et al., Astrophys. J. **2004**, *609*, L5.

Weiterführende Literatur über INTEGRAL und erste Ergebnisse von INTEGRAL: Astron. Astrophys., **2003**, *411*, No. 1, November III.

Die hier gezeigten INTEGRAL-Ergebnisse sind zum größten Teil den Proceedings des „5th INTEGRAL-Workshops", ESA-SP 552 V. Schönfelder, G. Lichti, C. Winkler (Hrsg,) entnommen.

Der Autor

Volker Schönfelder, geboren am 5.10.1939, studierte Physik an den Universitäten Göttingen, Kiel und München. Bis 2004 leitete er am MPI für extraterrestrische Physik die Abteilung Gamma-Astronomie, war wissenschaftlicher Leiter des Experiments Comptel auf dem Compton-Gamma-strahlen-Observatorium und war auf deutscher Seite federführend an Bau und Entwicklung des Spektrometers SPI auf INTEGRAL beteiligt. Seit 2004 ist er im Ruhestand.

Anschrift
Prof. Dr. Volker Schönfelder, Max-Planck-Institut für extraterrestrische Physik, Gießenbachstraße, 85748 Garching. vos@mpe.mpg.de

Filigrane Wolken
Diese mit dem Weltraumteleskop Hubble gewonnene Aufnahme zeigt den 1500 Lichtjahre entfernten Vela-Supernova-Überrest. Er entstand, als dort vor etwa 11 000 Jahren ein massereicher Stern explodierte. Im Zentrum des Nebels entdeckte man 1977 einen Pulsar, der Strahlung im Bereich des sichtbaren Lichts sowie im Radio- und Röntgenbereich mit einer Periode von 89 Millisekunden aussendet. Es handelt sich demnach um einen Neutronenstern, der sich elfmal pro Sekunde um die eigene Achse dreht. Der Vela-Nebel hat einen Durchmesser von etwa 200 Lichtjahren (Foto: NASA/ESA).

Astrophysik im Gammabereich
Die radioaktive Galaxis

Roland Diehl | Dieter H. Hartmann

Abb. 1 *Die 2002 gestartete Mission INTEGRAL der Europäischen Weltraumorganisation ESA ist das derzeit leistungsfähigste Gammastrahlen-Observatorium (Grafik: ESA).*

Aus dem interstellaren Gas unserer Milchstraße dringt eine besondere Art elektromagnetischer Strahlung zu uns: Spektrallinien im Gammalicht, die vom Zerfall radioaktiver Isotope stammen. Radioaktivität im All erhellt die Entstehung neuer Atomkerne und zeigt uns den Himmel in einer ganz anderen Weise als das Licht der Sterne und Galaxien.

Radioaktivität ist in unserem Alltag gegenwärtig. Sie ist natürlicher Bestandteil der umgebenden Materie und wird zum Beispiel auch in der medizinischen Diagnostik eingesetzt. In jüngerer Vergangenheit haben auch Astronomen gelernt, Strahlung von radioaktiven Zerfällen im Universum mit neuartigen Teleskopen im Gammabereich zu empfangen. Die Analyse dieser Strahlung liefert Aufschlüsse über Ereignisse wie Sternexplosionen (Supernovae) und über die jüngere Entwicklung der Milchstraße.

Radioaktive Elemente entstehen zum Beispiel bei Kernfusionsreaktionen im Innern von Sternen und bei Sternexplosionen, also immer dann, wenn Materie sehr heiß und hoch verdichtet ist. Wenn dann Dichte und Temperatur unter die für Fusionsbedingungen notwendigen Werte absinken, zerfallen die instabilen Isotope zu ihren stabilen Endprodukten. Die bei den Zerfällen frei werdende Gammastrahlung durchdringt interstellare Gas- und Staubwolken besser als andere Arten elektromagnetischer Strahlung. Sie wird allerdings von der dichten Erdatmosphäre absorbiert, so dass für ihre Beobachtung Weltraumteleskope nötig sind.

Astronomie mit Gammalinien

Nukleare Energiezustände sind quantisiert, ähnlich den Zuständen in der Atomhülle. Allerdings ist der Kernaufbau weniger leicht zu durchschauen, da ein dominantes zentrales Potential fehlt und alle Nukleonen des Kerns (Protonen und Neutronen) mit ihren Impuls- und Spin-Eigenschaften die Quantisierungen gemeinsam bewerkstelligen. Übergänge führen hier aber ebenso wie in der Elektronenhülle zur Emission elektromagnetischer Strahlung ganz scharf definierter Energien. Radioaktiv erzeugte Gammalinien überdecken einen Energiebereich von etwa 70 keV bis 8 MeV.

Astronomie bei Energien von einigen MeV wird durch einen instrumentellen Hintergrund erschwert, der von der kosmischen Strahlung im Weltall verursacht wird. Zudem lassen sich Photonen mit Energien oberhalb von etwa 200 keV nicht mehr durch abbildende Optik sammeln und fokussieren, während die bei höheren Energien zum Nachweis nutzbaren sekundären Teilchenspuren noch schwach und schwer zu verfolgen sind.

Die erste Durchmusterung des gesamten Himmels gelang mit dem Compton Gamma-Ray Observatory der NASA (1991-2000) erstmals im Bereich der Atomkernlinien. Compton erzielte eine Empfindlichkeit von etwa 10^{-5} Photonen pro cm^2 und Sekunde sowie eine spektrale Auflösung $E/\mathrm{d}E$ von etwa 10 über einen Energiebereich von 0,1

ABB. 2 | CHEMISCHE ELEMENTE

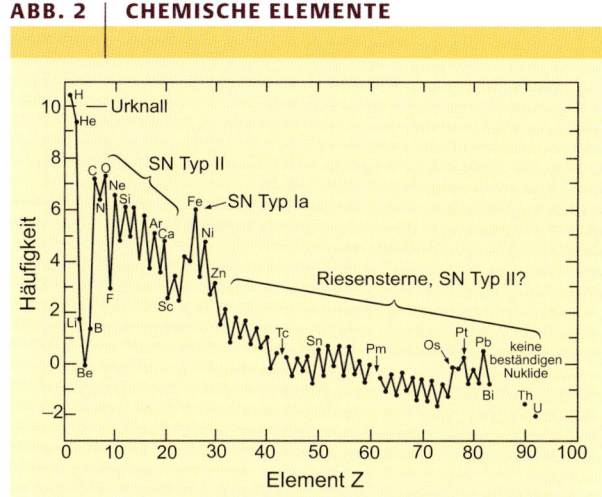

Über zwölf Größenordnungen erstreckt sich die Häufigkeit der etwa 110 chemischen Elemente. Sie entstehen über Tausende von meist kurzlebigen Isotopen in Kernreaktionen bei Temperaturen zwischen 15 Millionen Grad (Inneres leichter Sterne wie der Sonne) und einigen Milliarden Grad (Supernovae).

bis 10 MeV. Mit dieser Empfindlichkeit kann man bisher nur die hellsten Gammalinienquellen sehen, und auch dafür benötigt man eine Integrationszeit von mehreren Wochen. Die hier vorgestellten Ergebnisse sind das Resultat jahrelanger Messungen. Deshalb sind unsere bisherigen Erkenntnisse auch beschränkt auf die vergleichsweise nahen Quellen in unserer Galaxis.

Im Jahr 2002 startete das Gammaobservatorium INTEGRAL (Abbildung 1) der Europäischen Weltraumorganisation ESA, an dem auch Deutschland beteiligt ist. Es deckt derzeit mit dem Spektrometer SPI den Energiebereich von 0,02 bis 8 MeV ab [1] und ermöglicht bei vergleichbarer Empfindlichkeit wie seine Vorgänger erstmals relevante Spektroskopie. Mit einer Auflösung $E/dE \sim 600$ wird dies auf absehbare Zeit das höchstauflösende astronomische Gammaspektrometer bleiben. Zum Vergleich: Das gesamte Spektrum des sichtbaren Lichts erstreckt sich über den be-

INTERNET

Gammaastronomie und radioaktive Isotope
www.mpe.mpg.de/~rod/rod.html

Gammaobservatorium Integral
www.esa.int/SPECIALS/Integral
www.mpe.mpg.de/gamma/instruments/integral/
www/integral.html

Compton Gamma-Ray Observatory
www.mpe.mpg.de/gamma/instruments/cgro/

scheidenen Wellenlängenbereich von 0,4 μm bis 0,8 μm. Moderne optische Teleskope erreichen spektrale Auflösungen von ungefähr 100 000, das aktuelle Röntgen-Observatorium der ESA XMM-Newton erreicht 100 bis 500 in seinem Energieband von 0,3 bis 2,1 keV.

Radioaktive Isotope eignen sich abhängig von ihrer Zerfallszeit für unterschiedliche Untersuchungen. Mit kurzlebigen Isotopen, deren Zerfallszeiten kürzer sind als die mittlere Rate der sie produzierenden Ereignisse, lassen sich zum Beispiel sehr gut Sternexplosionen untersuchen. Das betrifft insbesondere die Zerfallskette von $^{56}Ni \rightarrow {}^{56}Co \rightarrow {}^{56}Fe$ (mittlere Zerfallszeit 113 Tage). Isotope mit längerer Lebensdauer wie $^{26}Al \rightarrow {}^{26}Mg$ (1,04 Mio. Jahre) sammeln sich im interstellaren Raum an und spiegeln so eine gemittelte Elemententstehungs-Aktivität über diese Zerfallszeit wider. Die Unabhängigkeit der Emission von Dichte- und Temperaturschwankungen bietet eine komplementäre Sichtweise zu den langwelligeren astronomischen Beobachtungen beispielsweise im Visuellen, bei der es sich meist um thermisch angeregte Strahlung aus Elektronenübergängen der atomaren Hülle handelt. Doch aus welchen kosmischen Quellen stammen die radioaktiven Isotope?

Sternexplosionen

Astronomen unterscheiden unterschiedliche Typen von Supernovae. Eine Supernova vom Typ II ereignet sich, wenn ein massereicher Stern seinen Brennstoff verbraucht hat und in sich zusammenbricht. Hierbei endet der innere Teil des ehemaligen Sterns als Neutronenstern oder Schwarzes Loch, während ein Großteil der äußeren Hülle in den Weltraum abgestoßen wird. Diese expandierende Gashülle ist die hell sichtbare Supernova. Geheizt wird das in ihr enthaltene Gas zum großen Teil durch den radioaktiven Zerfall instabiler Isotope, die bei dem Kollaps entstanden sind.

Eine Supernova Typ Ia ereignet sich dagegen in einem Doppelsystem, in dem von dem einen Stern Materie auf den ihn begleitenden Weißen Zwerg hinüberströmt. Wenn der Weiße Zwerg eine kritische Massengrenze (die sogenannte Chandrasekhar-Masse von etwa 1,4 Sonnenmassen) überschreitet, zündet im Innern die rasche Fusionsreaktion von Kohlenstoff, und der Weiße Zwerg explodiert.

Die Häufigkeiten der hierbei entstehenden Isotope zu ermitteln ist eine sehr anspruchsvolle Aufgabe der modernen Astrophysik. Hierbei mache man sich die enorme Vielfalt der Natur klar: Derzeit sind 3177 Isotope bekannt, davon 308 langlebig oder stabil. Der Häufigkeitsbereich erstreckt sich über 12 Zehnerpotenzen. Ohne diese kosmische Produktion von schweren Elementen wie Sauerstoff, Silizium oder Eisen gäbe es keine feste Materie im Universum, also auch kein Leben. Die Vielfalt der chemischen Elemente (Abbildung 2) und Isotope ist Ergebnis der unzähligen Sternengenerationen seit den Anfängen des Universums und der explosiven Freisetzung dort entstandener Kernfusionsprodukte. Mit astronomischen Messungen der erzeugten Isotope versuchen wir, die chemische Evolution des Kosmos zu verstehen [2].

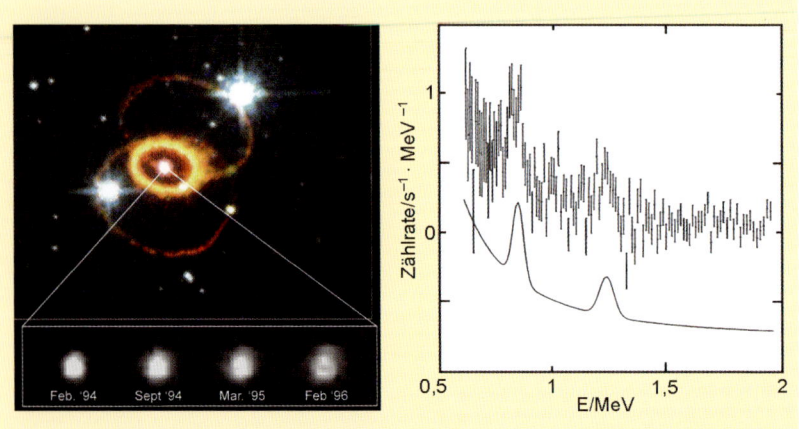

Abb. 3 *Die Supernova 1987A in der Großen Magellanschen Wolke, aufgenommen mit dem Weltraumteleskop Hubble. Neben den beiden ringförmigen Emissionsgebieten erkennt man im Zentralgebiet (Ausschnitte links unten) die sich langsam ausdehnende Supernova-Hülle. In ihr wurden etwa ein halbes Jahr nach der Explosion mit dem Satelliten SMM die Gammalinien des radioaktiven Zerfalls von ^{56}Co bei 847 und 1238 keV nachgewiesen* (Foto: ESO, HST, SMM).

Bei einer Supernova sieht man im optischen Bereich lediglich die umgewandelte thermische Strahlung der äußeren, für Strahlung transparenten Hülle. Die rasche Expansion mit Geschwindigkeiten von mehr als 10 000 km/s hat jedoch zur Folge, dass die äußeren Bereiche immer ausgedünnter werden und man im Laufe der Zeit immer tiefer in die Supernova hineinschauen kann. Bis man zum Kernbereich vordringt, können aber je nach Strahlungsart viele Monate vergehen. Nur wenn das empfangene Licht nicht zu viele Streuprozesse in der Hülle hinter sich hat, kann wertvolle Information über seinen Entstehungsort gewonnen werden.

Die starke Durchdringungsfähigkeit von Gammastrahlung bietet hier einen entscheidenden Vorteil, der die großen Unsicherheiten komplexer Strahlungstransportprozesse in einer rasch und ungleichmäßig expandierenden Hülle umgeht. Die radioaktiven Zerfallslinien im Gammabereich zeigen Ort und Intensität unmittelbar nach ihrer Entstehung an: Die Gammastrahlenquelle befindet sich dort, wo die Isotope der Elementgruppen Eisen-Nickel-Cobalt frisch synthetisiert wurden, und dies ist genau der innerste Teil der Explosion, der die höchsten Temperaturen und Dichten bei der Kernfusion durchlaufen hat.

Mit Computersimulationen lassen sich die Vorgänge im Innern der Supernovae nur schwer erfassen. Während die Fusionsvorgänge im Innern eines massereichen Sterns über mehrere Millionen Jahre hinweg ablaufen und seinen chemischen und isotopischen Aufbau verändern, dauern die physikalischen Prozesse, die die Explosion verursachen, nur wenige Sekunden. Die relevanten Raumdimensionen übersteigen die Größe unseres Planeten, die eigentlichen Kernbrennzonen sind aber nur einige Zentimeter dünn und von ungeheurer Dynamik. Diese riesige Spannbreite der zu berechnenden Skalenbereiche erfordert Näherungsverfahren

und Zusatzannahmen. So beschränkt man sich in der kernphysikalischen Reaktionsvielfalt auf eine vereinfachte Materiezusammensetzung aus den elementaren Neutronen, Protonen und nur wenigen Schlüsselisotopen. Außerdem stellt man das für die Brennzonenentwicklung entscheidende Turbulenzverhalten des stellaren Gases auf kleinen Skalen mit einem empirischen Skalierungsansatz dar.

Solche Näherungen in numerischen Simulationen lassen sich auf ihre Plausibilität hin überprüfen. Aber die Beobachtungsgrößen einer Supernova, wie ihre Explosionsenergie, Leuchtkraft, chemische Zusammensetzung der Explosionsasche und ihre Kinematik, bilden die eigentlichen Prüfsteine der Modelle. Der radioaktive Zerfall des in großen Mengen erzeugten ^{56}Ni und die Messung der Gammaspektren in ihrer Entwicklung ermöglichen solche Konsistenztests. Leider sind die derzeitigen Instrumente der Gammaspektroskopie längst nicht so leistungsfähig wie Teleskope in anderen Spektralbereichen. Linienspektroskopie ist bei Supernovae vom Typ Ia bis in Entfernungen von 10 bis 50 Millionen Lichtjahren möglich.

Das umfasst immerhin ein paar große Sternsysteme, wie die Andromeda-Galaxie oder die nächsten Galaxien des Virgo-Haufens. Eine Supernova vom Typ II müsste sich dagegen in unserer eigenen Galaxis oder einer unmittelbaren Nachbargalaxie befinden, damit wir sie noch spektroskopieren können.

Im Jahr 1987 ereignete sich in der 150 000 Lichtjahre entfernten Großen Magellanschen Wolke eine Supernova Typ II (Abbildung 3). Bei ihr konnten Gammalinien des radioaktiven Zerfalls von ^{56}Co und ^{57}Co gemessen werden. Dies markierte den ersten direkten Nachweis, dass die Leuchtkraft einer Supernova radioaktiv verursacht ist.

Der Betrieb von INTEGRAL wurde im vergangenen Jahr auch wegen der Aussicht auf solche einzigartigen Beobachtungen von Supernovae bis mindestens 2012 verlängert. Da in unserer Galaxis etwa alle 50 Jahre eine Supernova explodiert, könnten wir mit etwas Glück sogar eine galaktische Supernova beobachten.

Bereits 1994 gelang es mit Compton in der Explosionswolke der Supernova Cassiopeia A (Cas A) Gamma-Emissionslinien des langsamer zerfallenden Isotops ^{44}Ti (mittlere Zerfallszeit 85 Jahre) bei 1,157 MeV zu messen. Cas A ist etwa 10 000 Lichtjahre entfernt, die Explosion muss sich um 1667 ereignet haben. Es gibt allerdings außer einer kurzen Notiz keine nützlichen historischen Aufzeichnungen darüber.

Das Isotop ^{44}Ti zerfällt in ^{44}Sc und weiter in ^{44}Ca. Auch die hierbei entstehenden Emissionslinien bei 68 und 78 keV Energie konnten mit mehreren Instrumenten gemessen werden [3]. Erstaunlicherweise ist Cas A das einzige Objekt, bei dem ^{44}Ti-Emission nachgewiesen wurde. Dabei wurde insbesondere in den Spiralarmen der Milchstraße, wo Supernovae bevorzugt explodieren sollten, mit Compton und INTEGRAL intensiv gesucht. Dies deutet auf eine Verständnislücke bei Supernovae hin. Entsteht dieses Radioisotop nur bei manchen Supernovae, und wenn ja, warum [4]?

Einen Schlüssel zu dieser Frage kann der ^{44}Ti-Zerfall vielleicht selbst liefern. Nach heutigen Modellen entsteht dieses Isotop ganz im Inneren der Supernova, nahe an dem von der Explosion übrig bleibenden Neutronenstern. Hier sollte auch die Expansionsgeschwindigkeit des Gases erheblich geringer sein, als in den weiter außen befindlichen Hüllenregionen. Geschwindigkeiten von einigen 100 km/s bis maximal wenige 1000 km/s werden erwartet.

Diese Modellvorstellungen sind noch recht schematisch. Während die atomaren Elementverteilungen mancher Supernova-Überreste ihr zu widersprechen scheinen, konnten jüngere Beobachtungen mit INTEGRAL sie bestätigen. Mit dessen Gammaspektrometer wurden jüngst bei Cas A andeutungsweise alle drei Linien des ^{44}Ti-Zerfalls erkannt. Die Spektren deuten auf eine Expansionsgeschwindigkeit des ^{44}Ti von etwa 430 ($\pm$240) km/s hin – vergleichsweise wenig im Vergleich zu den rund 10 000 km/s der äußeren Supernova-Hülle. Die Auswertung der Spektren ist noch nicht abgeschlossen, und die Doppler-Verschiebung und -Verbreiterung der Zerfallslinien sollten die Kinematik der inneren Supernova-Regionen direkt messbar widerspiegeln – ein entscheidender Parameter in den Explosionsmodellen.

Doch gleichzeitig wirft eine andere Messung an Cas A neue Fragen auf. So hat man nämlich bei der atomaren Linie von Eisen wesentlich höhere Geschwindigkeiten mit mehr als 7000 km/s gefunden. Nach den Modellen sollte die Eisenemission aber auch aus den inneren Supernova-Regionen stammen und dementsprechend geringe Geschwindigkeiten besitzen. Eine asymmetrische Explosion könnte vielleicht hierfür verantwortlich sein. Dennoch zeigt auch diese Messung, wie begrenzt unser Wissen über diese Explosionen noch ist.

Radioaktivität im interstellaren Raum

Supernovae sind nicht die einzigen Objekte, die schwere Elemente und Isotope ins interstellare Medium einbringen. Bei massereichen Sternen gelangen durch Konvektion neu erzeugte schwere Elemente aus dem Kernbereich in die äußeren Regionen und die Atmosphäre, von wo aus sie dann ein starker Teilchenwind ins interstellare Medium transportiert. Langlebige radioaktive Isotope, die in solchen massereichen Sternen fusioniert werden, sind die Gammastrahlen-Emitter ^{26}Al und ^{60}Fe.

Mit mittleren Zerfallszeiten von einer beziehungsweise zwei Millionen Jahren zerfallen diese Isotope im interstellaren Raum zwischen den sie erzeugenden Sternpopulationen. Im interstellaren Raum sammeln sich daher innerhalb eines Zeitraums von Millionen von Jahren Nukleosynthese-produkte verschiedener Einzelobjekte an. Radioaktive Gammastrahlung von ^{26}Al und ^{60}Fe spiegelt demnach die Aktivität einer ganzen Sterngruppe wider. Wenige Millionen Jahre sind nur ein Wimpernschlag angesichts der Entwicklungszeiten der Galaxis von rund 12 Milliarden Jahren oder auch der typischen Umlaufperiode um das Zentrum der Milchstraße von 200 Millionen Jahren. Diese Radioaktivität zeigt deshalb eine Momentaufnahme der Galaxis und ihrer

ABB. 4 | VERTEILUNG VON RADIOAKTIVEM ^{26}AL

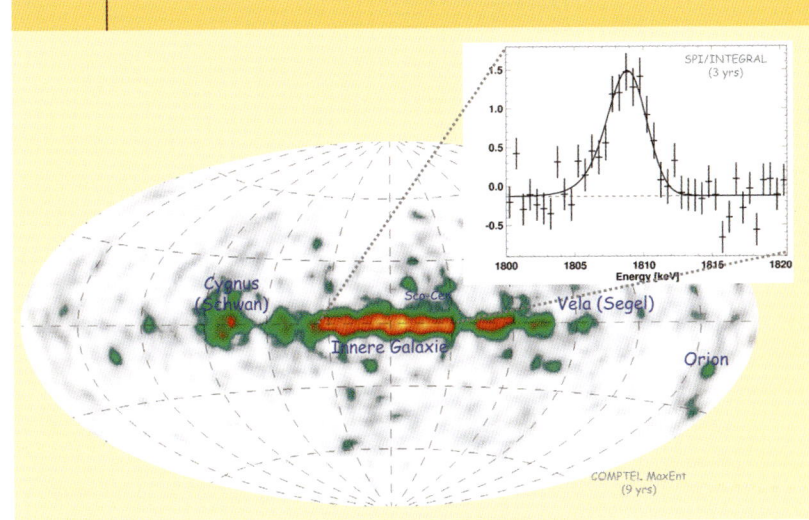

Die Milchstraße im radioaktiven Leuchten des Isotops ^{26}Al (Zerfallszeit etwa eine Million Jahre). Die Karte spiegelt die derzeitige Nukleosynthese-Aktivität in unserer Galaxis wider, also die Orte kurzlebiger, massereicher Sterne und ihrer Supernovae.

derzeit aktiven Regionen. Im Gegensatz dazu dauern Phänomene wie Supernovae und das Nachleuchten ihrer Überreste lediglich einige Jahre beziehungsweise rund 10 000 Jahre. Die Radioaktivität von ^{26}Al kann so eine astronomische Zeitlücke abdecken.

Schon mit dem Compton-Observatorium hatte man bei Himmelsaufnahmen Emission im Energiebereich des ^{26}Al-Zerfalls (1,81 MeV) gefunden. Diese erstreckte sich entlang der gesamten galaktischen Ebene (Abbildung 4). Die leuchtenden Regionen passen gut zur Vorstellung, dass massereiche Sterne in den Spiralarmen der Galaxis in Gruppen gebildet werden und dort ihre Umgebung mit ihren Fusionsprodukten anreichern.

Mit dem Spektrometer auf INTEGRAL konnte nun auch die Doppler-Verschiebung der Gammalinie gemessen werden (Abbildung 4 und 5). Sie passt zu den Modellen der Rotation der Milchstraße – ein Beleg dafür, dass die beobachtete ^{26}Al-Emission großräumig aus der gesamten Galaxis zu uns dringt. Massereiche Sterne sind im optischen Spektralbereich oft schwer beobachtbar, weil dichte Staubwolken sie verbergen. Deshalb stellt die Messung der gesamten galaktischen ^{26}Al-Emission auch eine repräsentative Messung der Gesamtheit der massereichen Sterne in unserer Galaxis dar, die mit anderen, indirekteren astronomischen Messungen verglichen werden kann [5].

Die gesamte Menge des leuchtenden ^{26}Al ließ sich zu etwa drei Sonnenmassen bestimmen. Berücksichtigt man nun die bekannte Häufigkeitsverteilung massereicher Sterne und die aus Modellrechnungen erhaltenen ^{26}Al-Fusionsmengen pro Stern, so lässt sich abschätzen, wie oft solche massereichen Sterne als Supernovae explodieren. Demnach geschieht dies in unserer Galaxis rund alle 50 Jahre. Dieser Wert passt sehr gut zu bisherigen Abschätzungen.

Mittlerweile konnte INTEGRAL auch das Isotop ^{60}Fe (^{60}Fe → ^{60}Co → ^{60}Ni) anhand seiner beiden Gammalinien nachweisen. Da ^{26}Al und ^{60}Fe in den gleichen Objekten, allerdings in unterschiedlichen Sternentwicklungsphasen erzeugt werden, ist das relative Mengenverhältnis der von diesen massereichen Sternen ausgestoßenen Isotope ein guter Test unserer Modellvorstellungen von den komplexen Kernfusionsvorgängen. Die Vergleiche stimmen optimistisch, auch wenn zwischenzeitlich irritierende Diskrepanzen zwischen Beobachtung und Theorie auftraten. Diese konnten erst durch genauere kernphysikalische Messungen der beteiligten Isotope und weitere astronomische Beobachtungen ausgeräumt werden. Hier zeigt sich ein fruchtbarer Austausch zwischen Astro- und Kernphysik.

Interessant ist, dass in Meereskrusten des Pazifischen Ozeans ebenfalls Reste von ^{60}Fe nachgewiesen wurden. Dessen Ursprung wird in einer nahe gelegenen Supernova gesehen, bei deren Explosion vor zwei bis drei Millionen Jahren die Fusionsprodukte ausgestoßen wurden und auch über die Erdatmosphäre ins Meer gelangten.

So, wie dieses terrestrische ^{60}Fe den Einfluss nahegelegener Sterngruppen widerspiegelt, so wird über interstellare ^{26}Al-Radioaktivität derzeit in den Gammasignalen von INTEGRAL nach regionalen Besonderheiten gesucht, die mit nahen oder besonders herausstechenden Sterngruppen in Verbindung stehen könnten. Die Regionen Cygnus, Orion und Scorpius-Centaurus sind Gegenstand aktueller Studien (Abbildung 4). Die Sterne der Cygnus-Region sind so jung,

ABB. 5 | DOPPLER-VERSCHIEBUNG DER ^{26}AL-LINIE

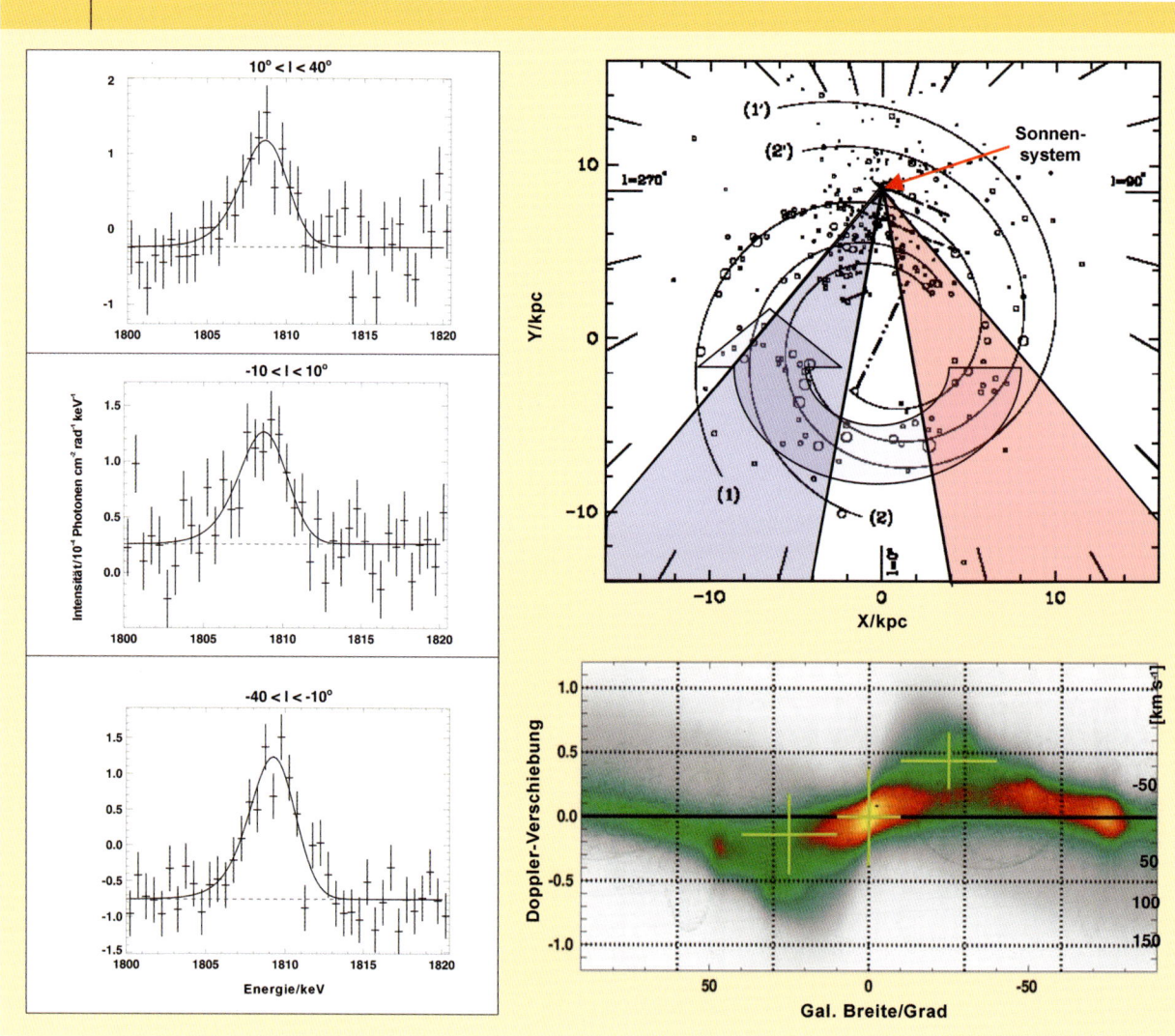

Spektrallinie des ^{26}Al-Zerfalls, entlang unterschiedlicher Sichtlinien in unserer Galaxis (drei fächerförmige Bereiche wie im Bild rechts oben gezeigt). Die großräumige Rotation der Milchstraßenebene (breiter Pfeil rechts oben) führt zu Relativbewegungen von etwa 100 km s^{-1} zwischen dem ^{26}Al im interstellaren Gas und dem Sonnensystem. Dies äußert sich in Doppler-Verschiebungen der Linien (linke Spalte). Die gesamte Doppler-Verschiebung in Abhängigkeit von der galaktischen Längenkoordinate (rechts unten) lässt sich gut mit einem Rotationsmodell der Milchstraße beschreiben (farbig dargestellt).

dass das ^{26}Al hier überwiegend über Sternwinde ins interstellare Medium gelangte. Die Supernovae stehen uns noch bevor. In der Orion-Region haben frühere Sterngenerationen einen markanten interstellaren Hohlraum erzeugt, in den derzeitige Sterngenerationen ihre radioaktiven Isotope strömen lassen. Die Generationen der Scorpius-Centaurus-Sterngruppe befinden sich in der unmittelbaren Sonnenumgebung. Deren Supernovae der vergangenen Millionen Jahre sind vermutlich die Ursache der mehrere Lichtjahre großen „lokalen Blase." Dies ist ein nahezu sphärischer Bereich ausgedünnten Gases, der unsere Sonne mit einbezieht. Eine Supernova in dieser Sterngruppe ist vermutlich auch für das im pazifischen Meeresboden nachgewiesene ^{60}Fe verantwortlich. Das radioaktive Nachglühen von ^{26}Al-Gammastrahlung liefert weitere Teile wissenschaftlicher Beweisführungen für diese Hypothese.

Antimaterie im interstellaren Raum

Die meisten Erkenntnisse aus der Analyse von Emissionslinien im Gammabereich stammen aus den vergangenen 15 Jahren. Doch der erste Nachweis einer Gammalinie erfolgte bereits 1970 mit einem Balloninstrument der Rice-Universität (USA). Diese Linie zeigte eine Energie von etwa 500 keV und wurde deshalb sofort der Annihilation von Elektronen und deren Antiteilchen Positronen zugeordnet. Da sich sämtliche eventuell im Urknall freigesetzte Antimaterie bereits mit ihrem Pendant der normalen Materie vernichtet hat, stellte sich demnach die Frage: Woher stammt diese neue Antimaterie?

Grundsätzlich entstehen Positronen beim radioaktiven β^+-Zerfall. Entsprechend $E = mc^2$ wandelt sich das Positron beim Zusammentreffen mit einem Elektron in Energie um. Aufgrund der Erhaltungssätze für Energie und Impuls, Ladung und Spin werden bei dieser Positron-Elektron-Annihilation meist zwei Gammaphotonen mit identischer Energie von 511 keV und entgegengesetzen Spins und Impulsen frei.

Bevor es zur Annihilation kommt, entsteht meist ein exotisches wasserstoffähnliches Elektron-Positron-Atom (Positronium). Das kann sich jedoch erst dann bilden, wenn die sich anfänglich mit nahezu Lichtgeschwindigkeit fortbewegenden Positronen im interstellaren Gas erheblich abgebremst wurden. Die Signatur dieses Prozesses kann man mit der 511-keV-Linie und dem zugehörigen Positronium-Kontinuumsspektrum untersuchen. Letzteres entsteht bei dem Drei-Photonen-Zerfall des im Triplett-Zustand (parallele Spinorientierung von Elektron und Positron) annihilierenden Atoms. Auf diese Weise lassen sich die charakteristische Dichte und Ionisation des interstellaren Mediums am Ort der Annihilation entschlüsseln.

Wie oben erläutert erzeugen Supernovae erhebliche Mengen des instabilen Isotops ^{56}Ni, das in 19 % seiner Zerfälle zu dem stabilen Endprodukt ^{56}Fe zerfällt, indem ebenfalls jeweils ein Positron freigesetzt wird. Auch ^{26}Al oder etwa die in Novae erzeugten ^{13}N- und ^{18}F-Isotope zerfallen unter Emission von Positronen. Deshalb wurde die Gam-

malinie bei 511 keV anfangs diesen Nukleosynthese-Quellen zugeordnet.

In den 1970er- und 1980er-Jahren sorgten dann die Ergebnisse von Gammadetektoren an Stratosphärenballons für Aufsehen, weil die Quelle im Zentrum der Milchstraße ungewöhnlich stark variabel zu sein schien. Vom „Great Annihilator" war schon die Rede. Doch dann zeigten Instrumente auf den Satelliten Solar Maximum Mission (SMM) und Compton, dass die variablen Intensitäten offenbar den unzureichend kalibrierten Instrumenten und den schwierigen Messbedingungen zuzuschreiben waren: Die Intensität der Annihilationslinie erschien nun konstant und vorwiegend aus der inneren Galaxis zu kommen. Sie entsprach einer Rate von etwa 10^{43} Annihilationen pro Sekunde bei einer angenommenen Distanz zum galaktischen Zentrum von 25 000 Lichtjahren.

Doch wie so oft in der Astronomie brachte auch hier ein neues, empfindlicheres Teleskop die vorherrschende Lehrmeinung erneut ins Wanken. Kürzlich zeigte das Spektrometer auf INTEGRAL ganz deutlich ein ausgedehntes, nahezu kugelsymmetrisches Emissionsgebiet der 511-keV-Linie. Dieses ist erstaunlich genau in der Galaxis zentriert und so dominant, dass die galaktische Ebene kaum als Quelle von Annihilationsstrahlung auszumachen ist (Abbildung 6) [6, 7]. Dies widerspricht klar der Hypothese, dass Novae und Supernovae Quelle der Positronen sind, denn die treten vorwiegend in den Spiralarmen der Milchstraße auf und müssten daher in der gesamten galaktischen Ebene auftauchen. Auch andere plausible Quellen, wie Plasma ausstoßende Pulsare und Doppelsterne, bevölkern die galaktische Ebene und den Zentralbereich und sind unvereinbar mit der jetzt gefundenen Verteilung der Annihilations-Gammastrahlung.

Jüngst wurde mit INTEGRAL die vergleichsweise leuchtschwache Annihilationsemission der galaktischen Ebene als deutlich asymmetrisch erkannt [7] (Abbildung 6). Aus einer analogen räumlichen Verteilung einer bestimmten Art von

ABB. 6 | ANNIHILATIONSSTRAHLUNG

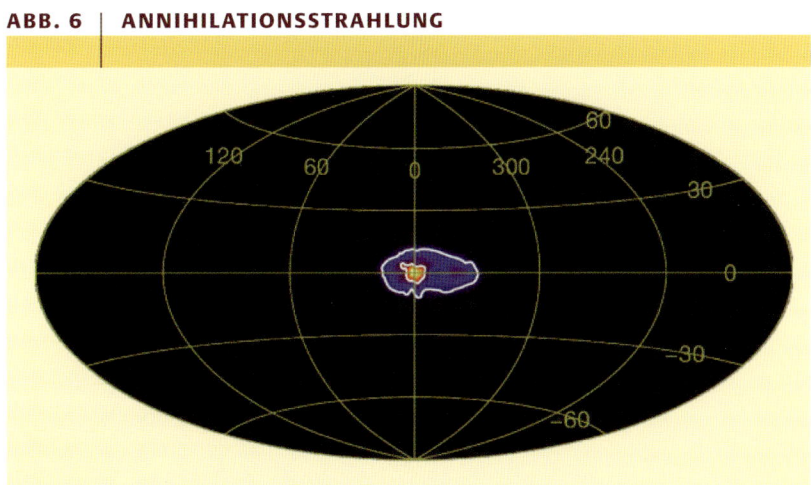

Die Elektronen-Positronen-Annihilationsstrahlung konzentriert sich um das galaktische Zentrum, während die Ebene der Galaxis nur schwach zu erkennen ist.

Doppelsternsystemen wurde daher gefolgert, dass auch im helleren Zentralbereich solche Binärsternsysteme einen großen Teil der Annihilationsemission beitragen. Allerdings ist derzeit noch unklar, ob die gesamte Gammaleuchtkraft sich auf diese Weise erklären lässt.

Es wird spannend sein, inwieweit in den kommenden Jahren die Beiträge der vermuteten stellaren Positronenquellen durch genauere Messungen und theoretische Studien (vor allem der Positronen-Ausbreitung im interstellaren Raum) eingegrenzt werden können. Denn es steht eine andere, spektakuläre Interpretation dieser ausgedehnten, symmetrischen Annihilations-Emission parat. Demnach entsteht sie beim Zerfall Dunkler-Materie-Teilchen: INTEGRAL könnte also erstmals direkt astronomisch die Dunkle Materie, die sich im Schwerefeld der Galaxis häufen sollte, über ihren Zerfall nachgewiesen haben [8]. Tatsächlich werden vergleichsweise leichte skalare Teilchen als Kandidaten für die Dunkle Materie vorhergesagt, die über Positronen als Zwischenzustand zerfallen.

Wie es weitergeht

Gammastrahlung aus kosmischer Radioaktivität eröffnet einen neuen Blick auf physikalische Vorgänge im Universum – über Strahlung, deren Ursache in atomaren Kernen liegt. Compton und INTEGRAL haben die Basis bereitet. Es gibt Projektvorschläge für verbesserte Instrumente: Im Zukunftsprogramm „Cosmic Vision 2015-2025" der ESA verpasste ein solcher Vorschlag in der aktuellen Ausschreibung knapp einen „Podestplatz" der wenigen direkt finanziell geförderten Projekt-Detailstudien. Das grundsätzliche Interesse an der Ausweitung der Astronomie im Beobachtungsfenster kernphysikalischer Signaturen ist offensichtlich.

Die beträchtlichen instrumentellen Herausforderungen an Gammateleskope im MeV-Bereich haben die Faszination und das astrophysikalische Potenzial dieses Feldes in jüngster Vergangenheit oft überlagert. Im Gammabereich wird zunächst das Gebiet der Elementarteilchen-Astrophysik bei GeV-Energien mit dem Start des NASA-Observatoriums GLAST (auch mit deutscher Beteiligung) im Juni 2008 vertieft. Andere Bereiche, wie die Suche nach Dunkler Materie und Dunkler Energie oder die Untersuchung Schwarzer Löcher, locken mit ihrer Faszination des Exotischen. Die hierfür projektierten, deutlich empfindlicheren Röntgenteleskope der nächsten Generation werden derzeit auch zu hohen Energien hin optimiert, und sollten dann wenigstens bei den niederenergetischen ^{44}Ti-Linien wichtige räumlich hochaufgelöste Messungen auch nuklearer Linien ermöglichen.

Zusammenfassung

Gammalinien aus dem Zerfall von Isotopen, die im Innern von Sternen oder Supernovae fusioniert wurden, sind Gegenstand aktueller astrophysikalischer Forschung. Damit sind prinzipiell direkte Messungen der Kernfusionsbedingungen sowohl im Innern von Supernovae als auch insgesamt in den jüngsten Sterngenerationen in der Galaxis möglich. Neueste Instrumente illustrieren dies mit der Messung von Gammalinien der Isotope ^{56}Ni, ^{44}Ti und ^{26}Al. Überdies haben sie mit der Beobachtung der Annihilationslinie von Positronen und Elektronen eine fundamentale astrophysikalische Frage über die Herkunft dieser Form von Antimaterie aufgeworfen.

Stichworte

Gammaastronomie, radioaktive Isotope, Kernfusion, Sternentwicklung, Supernovae, Nukleosynthese, Positronen, Annihilation, Antimaterie, Dunkle Materie, Compton-Observatory, INTEGRAL, SPI.

Literatur

[1] V. Schönfelder, Physik in unserer Zeit **2004** *35* (6), 264.
[2] R. Diehl, N. Prantzos, P. v. Ballmoos, Nucl. Phys. A **2006**, *777*, 70.
[3] J. Vink, Adv. Space Res. **2005**, *35*, 976.
[4] L.-S. The et al., Astron. Astrophys. **2006**, *450*, 1037.
[5] R. Diehl et al., Nature **2006**, *439*, 45.
[6] J. Knödlseder et al., Astron. Astrophys. **2005**, *411*, 513.
[7] G. Weidenspointer et al., Nature **2008**, 451, 159
[8] C. Boehm, P. Fayet, J. Silk, Phys, Rev. D **2004**, *69*, 101302.

Die Autoren

Roland Diehl arbeitet in der Hochenergie-Astrophysik-Gruppe des Max-Planck Instituts für extraterrestrische Physik in Garching und ist Privatdozent an der Technischen Universität München. Er beschäftigt sich mit der Entwicklung von Gammateleskopen und deren Datenanalyse-Methoden, und studiert die „nukleare Astrophysik" kosmischer Elemententstehung in unterschiedlichen Kontexten.

Dieter H. Hartmann ist Professor für Astrophysik an der Universität in Clemson, South Carolina, USA. Er beschäftigt sich mit Theorien zu Nukleosynthese-Reaktionen in Supernovae, studiert galaktische Entwicklungen der chemischen Zusammensetzung, sowie Theorien zu Gammastrahlen-Ausbrüchen.

Anschriften
Priv. Doz. Dr. Roland Diehl, Max Planck Institut für extraterrestrische Physik, Gießenbachstraße 1, 85748 Garching. rod@mpe.mpg.de.
Prof. Dr. Dieter Hartmann, Clemson University, Department of Physics and Astronomy, Clemson, SC 29634-0978, USA. hdieter@clemson.edu

Die Tarantel am Südhimmel

In der 170 000 Lichtjahre entfernten Großen Magellanschen Wolke befindet sich eines der größten bekannten Sternentstehungsgebiete: Der Tarantel-Nebel. Der oben im Bild sichtbare, gelblich erscheinende Tarantel-Nebel beinhaltet rund 500 000 Sonnenmassen an Gas und eine Fülle an jungen Sternen. Im Zentrum befindet sich der junge Sternhaufen R 136, der den umgebenden Nebel mit seiner UV-Strahlung zur Emission anregt. Würde sich der Tarantel-Nebel in unserer Milchstraße am Ort des Orion-Nebels befinden, so würde er ein Viertel des Nachthimmels einnehmen und wäre sogar am Tage sichtbar. Die massereichsten Sterne, die sich darin gebildet haben, sind nach kurzer Lebensdauer von wenigen Millionen Jahren bereits wieder explodiert. Auch die Supernova SN 1987 A befindet sich in diesem Gebiet. Die Aufnahme entstand mit einer speziellen Weitwinkelkamera am 2,2-Meter-Teleskop der ESO auf La Silla, das der Max-Planck-Gesellschaft gehört. Die Aufnahme besteht aus 256 Millionen Pixel und wurde durch vier Farbfilter aufgenommen. Rote Emission stammt von Wasserstoff, gelblich-grüne von Sauerstoff (Foto: ESO).

Die energiereichste Strahlung im Universum

WERNER HOFMANN | CHRISTOPHER VAN ELDIK

Einer der jüngsten Zweige der Astrophysik beschäftigt sich mit der hochenergetischen Gammastrahlung. Sie entsteht zum Beispiel in den Zentren aktiver Galaxien, wo sich wahrscheinlich massereiche Schwarze Löcher befinden. Weltweit sind derzeit mehrere Anlagen zur Beobachtung dieser Strahlung in Betrieb und im Bau. Eine der größten entsteht unter deutscher Leitung in Namibia.

Die Erde ist einem permanenten Fluss an elektromagnetischer und Teilchenstrahlung aus dem Weltall ausgesetzt. Die elektromagnetische Strahlung überdeckt Frequenzen vom Radiobereich (10^8 Hz und darunter) bis zu extremen Frequenzen von 10^{29} Hz und darüber. Dies entspricht einem Energiebereich pro Strahlungsquant von 10^{-7} eV bis zu 10^{14} eV und mehr. In der kosmischen Teilchenstrahlung werden sogar Energien bis zu 10^{20} eV beobachtet. Ein einzelner Atomkern trägt hier eine kinetische Energie vergleichbar mit der eines Tennis- oder Golfballs beim Aufschlag!

Alle Information über das Weltall entspringt dem Studium dieser Strahlung. Die klassische, optische Astronomie nutzt dabei nur etwa eine Dekade des mindestens 20 Frequenzdekaden umfassenden Spektrums. Erst im Laufe dieses Jahrhunderts wurden andere Frequenzbereiche der Beobachtung erschlossen, wie die Infrarot- und Radioastronomie am langwelligen Ende des Spektrums, und die UV-, Röntgen- und Gammaastronomie am kurzwelligen Ende.

In vielen dieser Bereiche ist die Atmosphäre nicht transparent für die einfallende Strahlung; diese kann daher nur von Flugzeugen, Ballonen oder Satelliten aus beobachtet werden. Der hohe Aufwand für diese Techniken wird dadurch gerechtfertigt, dass solche Beobachtungen neue Fenster zum Universum eröffnen. Die Staubwolken, die im optischen Bereich den Blick auf das Zentrum der Milchstraße behindern, sind beispielsweise im Infrarot- und besonders im Gammabereich nahezu transparent.

Strahlung bei sehr hohen Energien – im GeV-Energiebereich (10^9 eV) und darüber – birgt einen speziellen Reiz: In den meisten Frequenzbereichen ist die beobachtete Strahlung thermischen Ursprungs, das heißt sie wird von

heißen Objekten emittiert. Aus grundsätzlichen Überlegungen kann es aber keine Objekte geben, die so heiß sind, dass sie Quanten im GeV-Bereich aussenden. Die Strahlung muss daher anderen Ursprungs sein; man spricht von nichtthermischer Strahlung. Die Energiespektren der kosmischen Teilchenstrahlung (Abbildung 1) wie der Gammastrahlung im GeV und TeV-Bereich (10^{12} eV) bestätigen dies: Die Spektren werden typischerweise durch ein Potenzspektrum $F(E) \sim E^{-\alpha}$ beschrieben und beinhalten keinen Hinweis auf eine charakteristische Energie- oder Temperaturskala, wie man sie bei der thermischen Strahlung findet.

Die in der nichtthermischen kosmischen Strahlung enthaltene Energiedichte ist vergleichbar mit den Energie-

ABB. 1 | ENERGIESPEKTRUM

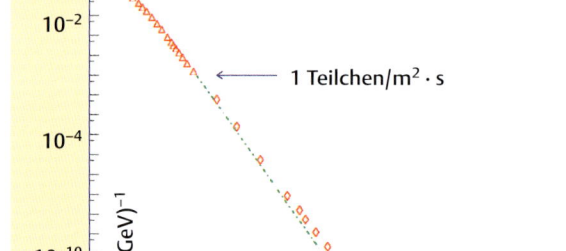

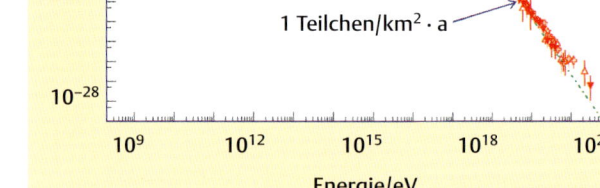

Energiespektrum der Teilchen der kosmischen Strahlung (S. Swordy, U. Chicago).

Geheimnisvoller Kosmos. Herausgegeben von Thomas Bührke und Roland Wengenmayr · Copyright © 2009 WILEY-VCH Verlag GmbH & Co. KGaA, Weinheim · ISBN: 3-527-40899-1

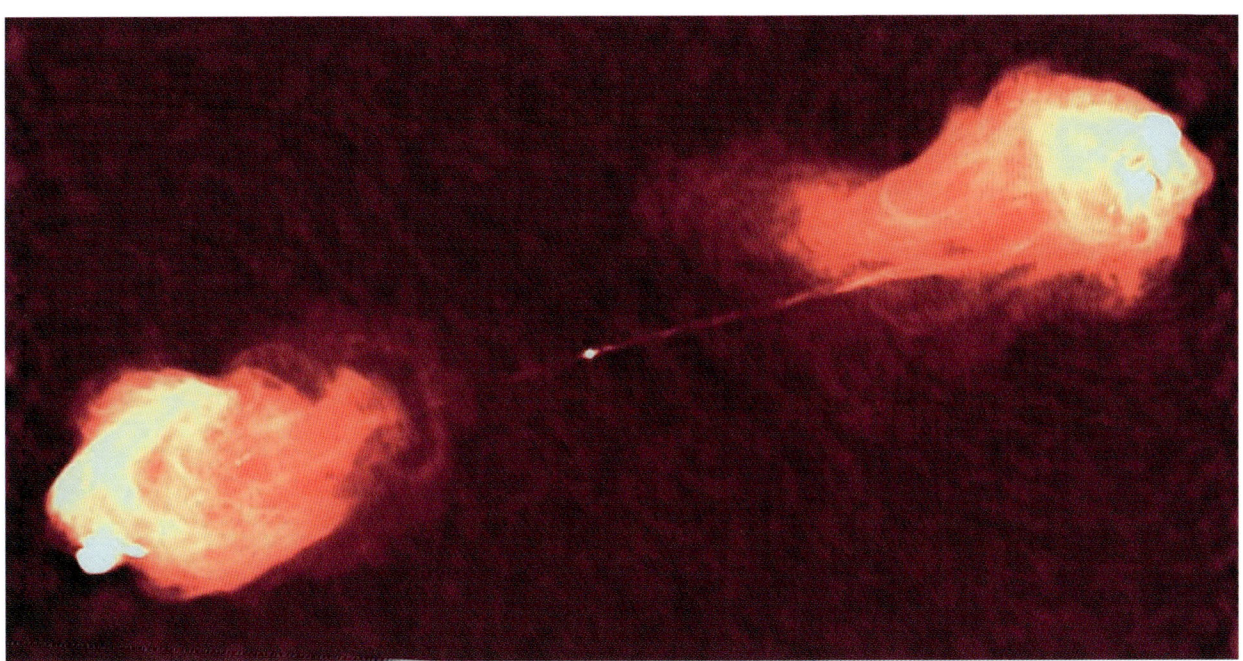

Abb. 2 *Die etwa eine Milliarde Lichtjahre entfernte Radiogalaxie Cygnus A. Die eigentliche Galaxie ist der helle Punkt in der Bildmitte; die beiden Jets erstrecken sich über 200 000 Lichtjahre nach jeder Seite (NRAO/VLA).*

dichten im sichtbaren Licht und in den galaktischen Magnetfeldern. Diese Übereinstimmung legt nahe, dass die kosmische Strahlung kein isoliertes Phänomen ist, sondern sich in einer Art Gleichgewicht mit anderen Energieformen befindet. Die Erforschung dieses „nichtthermischen Universums" ist Ziel der Gamma-Astronomie bei hohen Energien.

Als Quellen höchstenergetischer Strahlung sind verschiedene Prozesse in der Diskussion. Der klassische „Bottom-up-Ansatz" nutzt die Beschleunigung geladener Teilchen in den mit ausgedehnten Schockwellen verbundenen Magnetfeldern [1]. Am einfachsten kann man sich das am Bild zweier sich aufeinander zu bewegender Magnetfelder vorstellen, die für geladene Teilchen eine Art Spiegel darstellen. Ein Teilchen, das zwischen den beiden bewegten „Spiegeln" gefangen ist, gewinnt bei jeder Reflexion etwas Energie und wird so langsam zu hohen Energien beschleunigt, bis es irgendwann aus dem Bereich der Felder entkommt. Geeignete Schockwellen werden etwa bei Supernova-Explosionen von Sternen erzeugt, oder wenn ein von einem kosmischen Objekt emitterter Materiestrahl (ein „Jet") im interstellaren oder intergalaktischen Materiefeld abgebremst wird. Solche Jets werden bei vielen astrophysikalischen Objekten beobachtet (Abbildung 2). Die Teilchenbeschleunigung in Schockwellen ist ein langsamer Prozess. Ein Teilchen kann seine Endenergie unter Umständen erst nach einigen tausend Jahren erreichen.

Die Schockwellenbeschleunigung erzeugt Energiespektren der Form $F(E) \sim E^{-\alpha}$, mit einem spektralen Index α im Bereich von 2 bis etwa 2,4. Diese Form des Spektrums ist kompatibel mit dem beobachteten Spektrum der kosmischen Strahlung, wenn man berücksichtigt, dass hochenergetische Teilchen schneller aus der Galaxis entweichen und daher das auf der Erde gemessene Spektrum etwas steiler abfällt als das Spektrum am Ort der Quelle. Probleme hat man allerdings bei den höchsten Energien, da man keine Objekte kennt, deren Magnetfelder stark genug sind, um solche Teilchen lange genug in der Beschleunigungszone zu binden [2]. Im Gegensatz zur Schockwellenbeschleunigung stehen „Top-down-Mechanismen". Bei ihnen sind die hochenergetischen Teilchen Zerfallsprodukte von supermassereichen Teilchen. Deren Existenz ist jedoch keinesfalls gesichert, sie hätte weitreichende Konsequenzen für die Elementarteilchenphysik und Kosmologie.

In all diesen Prozessen werden primär hochenergetische Elementarteilchen erzeugt, spezifisch im Fall der Schockwellenbeschleunigung geladene Teilchen, da nur diese an die Magnetfelder der Schockwellen koppeln. Hochenergetische Gammaquanten, um die es in diesem Beitrag geht, entstehen erst in Sekundärreaktionen dieser Teilchen. Obwohl man in der Gamma-Astronomie also nicht die ursprünglich von einem Himmelskörper emittierte Strahlung beobachtet, bietet sie dennoch die derzeit wohl erfolgversprechendste Möglichkeit, die Quellen und Erzeugungsmechanismen nichtthermischer Strahlung zu identifizieren. Der Grund dafür ist folgender: Die elektrisch geladenen Teilchen bewegen sich nicht geradlinig durch den Weltraum. Sie werden von galaktischen und extragalaktischen Magnetfeldern abgelenkt und breiten sich letztlich diffusiv aus. Ihre Ankunftsrichtung auf der Erde hat daher nichts mehr mit der Richtung zur Quelle zu tun!

Im Gegensatz dazu breiten sich Gammaquanten geradlinig aus und erlauben, ein echtes Bild des Himmels und der Quellen zu erzeugen. Dies illustriert die EGRET-Himmelskarte für Gammaquanten im Energiebereich um 100 MeV (Abbildung 3). EGRET war ein Detektor auf dem Gamma-Observatorium Compton, das in den neunziger Jahren erfolgreich gearbeitet hat. Man erkennt eine Reihe von Punktquellen sowie eine diffuse Strahlungskomponente, die dem

Band der Milchstraße folgt. Die diffuse Komponente entsteht, wenn Teilchen der kosmischen Strahlung in der Galaxis mit interstellarem Gas wechselwirken und dabei π^0-Mesonen entstehen, die in zwei Gammaquanten zerfallen. Die Intensität der Strahlung entspricht dem Produkt der Säulendichte des Gases und des Flusses der kosmischen Strahlung. Man kann über die Gammastrahlung daher nicht nur die Quellen, sondern auch die Ausbreitung der kosmischen Strahlung studieren. Aus einer quantitativen Auswertung lernt man, dass die kosmischen Strahlung die Milchstraße einigermaßen homogen durchsetzt.

Da die Atmosphäre für Gammastrahlung nicht transparent ist, können Gammaquanten direkt nur außerhalb der Atmosphäre nachgewiesen werden. Satelliten haben den MeV- und GeV-Bereich erforscht, haben aber den Nachteil einer vergleichsweise kleinen Nachweisfläche. Da der Quantenfluss mit wachsender Energie mit der zweiten bis dritten Potenz abnimmt, ist der Energiebereich oberhalb von einigen GeV damit für heutige Weltraumobservatorien nicht mehr zugänglich. Gerade dieser Bereich ist aber für das Verständnis der Quellmechanismen von großem Interesse. Bei den hohen Energien – im TeV-Bereich – haben im letzten Jahrzehnt die Tscherenkow-Teleskope als Nachweistechnik einen Durchbruch erzielt.

Tscherenkow-Teleskope zum Nachweis kosmischer Gammastrahlung

Tscherenkow-Teleskope [4] nutzen die Erdatmosphäre als Nachweismedium. Hochenergetische Gammaquanten treten mit Kernen der Lufthülle in Wechselwirkung und kon-

verticren in ein Elektron-Positron-Paar. Elektron wie Positron können bei Stößen mit Kernen wiederum neue Gammaquanten abstrahlen, die ihrerseits erneut konvertieren. Dadurch bildet sich in der oberen Atmosphäre eine Elektron-Positron-Kaskade aus. Mit zunehmender Tiefe stirbt diese langsam aus, da die Energie des Primärteilchens immer weiter verteilt wird und irgendwann keine neuen Teilchen erzeugt werden können (Abbildung 4). Im Maximum der Schauerausbildung, das in etwa 10 km Höhe liegt, kann ein Schauer viele tausend Teilchen enthalten. Nur ein sehr kleiner Teil der Schauerteilchen erreicht aber den Erdboden.

Nun sind die meisten Schauerteilchen hoch relativistisch und bewegen sich mit einer Geschwindigkeit, die nahe bei der Vakuum-Lichtgeschwindigkeit liegt. Da die Geschwindigkeit der Teilchen damit über der Ausbreitungsgeschwindigkeit des Lichts in der Atmosphäre liegt (gegeben durch c/n, wobei c die Vakuumlichtgeschwindigkeit und n der Brechungsindex sind), emittieren die Teilchen das Tscherenkow-Licht im optischen und nahen UV-Bereich, vergleichbar mit dem Überschallknall eines mit Überschallgeschwindigkeit fliegenden Flugzeugs. Das Tscherenkow-Licht wird gebündelt in Form eines Kegels in Flugrichtung der Teilchen emittiert und leuchtet auf dem Erdboden eine Kreisfläche von über 120 m Radius aus (Abbildung 4). Ein Lichtdetektor, der innerhalb dieser Fläche um die Schauerachse steht, kann das Tscherenkow-Licht und damit auch das primäre Gammaquant nachweisen. Man erreicht somit eine Nachweisfläche von etwa 50 000 m^2, im Vergleich zu 0,1 m^2 des EGRET-Detektors.

Andererseits ist der Tscherenkow-Lichtblitz mit nur etwa 100 Photonen/m^2 bei Gamma-Energien um 1 TeV extrem schwach und dauert nur einige Nanosekunden. Der Lichtblitz muss vor der Hintergrundhelligkeit des Nachthimmels nachgewiesen werden. Selbst bei optimal dunklem Himmel hat man noch einen Fluss von mehr als 10^{12} Photonen/m^2 · sr. Tscherenkow-Teleskope nutzen daher große Spiegelflächen, um das Licht zu sammeln und auf eine „Kamera" zu fokussieren. Die Kamera enthält Photonendetektoren, typischerweise einen oder mehrere Photomultiplier, gekoppelt mit einer schnellen Elektronik, die effektive „Belichtungszeiten" im Bereich einiger Nanosekunden erlaubt. Durch die kurze Belichtungszeit und den relativ kleinen Raumwinkel, den die Photodetektoren abdecken, wird der Einfluss des Nachthimmelsuntergrunds auf ein handhabares Niveau reduziert.

Die amerikanische Whipple-Gruppe führte abbildende Tscherenkow-Teleskope erstmals ein. Sie verfügen über segmentierte Photonendetektoren in der Fokalebene und erzeugen damit ein echtes Bild des Luftschauers. Man kann dieses Bild eines Luftschauers etwa vergleichen mit dem

Gammaquant

Teilchenschauer

~ 10 km

~ 1°

Tscherenkow-Licht

~ 120 m

Bild eines Meteors, der in der Erdatmosphäre verglüht. Aus der Orientierung des Luftschauers lässt sich die Position der Quelle bestimmen, und aus der Intensität folgt die Energie des primären Gammaquants. Darüber hinaus erlaubt es die Form der Luftschauers, bis zu einem gewissen Grad die von Gammastrahlung ausgelösten Elektron-Positron-Schauer von jenen zu unterscheiden, welche die isotrop einfallende kosmische Teilchenstrahlung auslöst.

Allerdings ist es mit einem einzelnen Teleskop sehr schwierig, die exakte Orientierung des Schauers im Raum und damit die genaue Richtung des Primärquants zu bestimmen – schließlich sieht man nur die Projektion des Schauers in einer Ebene. Daher ist zur Zeit eine neue Generation von Instrumenten im Aufbau: Stereoskopische Systeme von Tscherenkow-Teleskopen, bei denen der Luftschauer mit mehreren Teleskopen aus verschiedenen Blickwinkeln beobachtet wird. Mehrere Teleskope bieten eine stereoskopische Sicht des Schauers und ermöglichen eine eindeutige Rekonstruktion der Schauergeometrie und damit eine hohe Richtungsauflösung. Dies ist in völliger Analogie zum räumlichen Sehen mit zwei Augen.

Da damit auch der genaue Abstand des Teleskops zur Schauerachse bestimmt ist, lässt sich die nachgewiesene Lichtmenge exakter in eine Schauerenergie umrechnen. Man erreicht also zudem eine verbesserte spektroskopische Auflösung. Da man verlangt, dass mehrere Teleskope in Koinzidenz ansprechen, wird ferner sowohl der Untergrund durch Schauer der kosmischen Strahlung wie auch der Einfluss des Nachthimmelshintergrundlichts reduziert.

Die stereoskopische Technik wurde von der HEGRA-Kollaboration (High Energy Gamma Ray Astronomy) zum ersten Mal im praktischen Betrieb eingesetzt und perfektioniert. An HEGRA beteiligt sind Arbeitsgruppen des MPI für Kernphysik, Heidelberg, des MPI für Physik, München, der Universitäten Madrid, Hamburg, Kiel, Wuppertal, und des Yerevan Physics Institute in Armenien. Das HEGRA-Teleskopsystem arbeitet auf der Kanareninsel La Palma in etwa 2200 m Höhe auf dem Gelände des spanischen Observatorio del Roque de los Muchachos.

Abb. 5 *Eines der HEGRA-Tscherenkow-Teleskope auf La Palma. Die Auslese- und Datenerfassungselektronik ist in dem kleinen Container neben dem Teleskop untergebracht, rechts sieht man die Kamera.*

Das HEGRA-System umfasst fünf Teleskope. Jedes verfügt über 30 Einzelspiegel mit einer Gesamtfläche von 8,5 m^2 und einer Brennweite von 5 m. Im Fokus befindet sich eine aus 271 Photomultipliern zusammengesetzte Kamera (Abbildung 5). Neben den fünf „Systemteleskopen", die immer parallel auf ein Objekt schauen, wird ein weiteres Einzelteleskop mit 10 m^2 Spiegelfläche betrieben. Aus Kostengründen sind die Spiegel aller Teleskope in Einzelfacetten unterteilt, die sorgfältig gegeneinander justiert sind. Die Kameras der Systemteleskope haben ein Blickfeld von etwa 4,3°, ein einzelnes Bildpixel deckt einen Winkel von 0,25° ab, entsprechend etwa dem halben Vollmonddurchmesser.

Diese Kameras sind somit sehr grob im Vergleich zu den in der optischen Astronomie eingesetzten Detektoren, mit Pixelgrößen im Bogensekundenbereich und darunter. Sie reichen aber aus, um die wesentlichen Strukturen eines Luftschauers aufzulösen. Die Genauigkeit der Schauerrekonstruktion wird zu einem signifikanten Teil von Fluktuationen in der Schauerentwicklung und von Fluktuationen in der (geringen) Zahl nachgewiesener Photonen bestimmt, und nicht so sehr von der Größe der Bildpixel.

ABB. 6 | LUFTSCHAUER

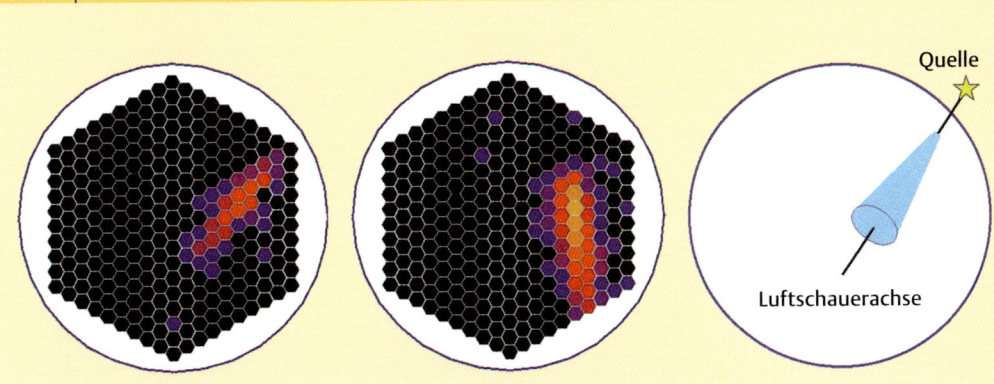

Quelle

Luftschauerachse

Bilder von zwei Luftschauern, aufgenommen mit einem der HEGRA Teleskope. Man erkennt eine leichte Asymmetrie; das „intensivere" Ende des Bildes entspricht dem oberen Teil des Luftschauers und zeigt in Richtung der Quelle des Gammaquants. Man kann sich den Schauer wie eine riesige Leuchtstoffröhre am Himmel vorstellen, die man schräg von unten sieht (rechtes Bild). Ihre Achse entspricht der Richtung des Gammaquants und zeigt auf die Quelle am Himmel.

Ein typisches Bild eines Luft-schauers zeigt Abbildung 6. Die Signale der Photodetektoren werden mit einer Frequenz von 120 MHz abgetastet und digitalisiert. Man erreicht damit Belichtungszeiten von etwa 15 ns. In dieser Zeit stehen den etwa 100 nachgewiesenen Photonen eines Luftschauers mit 1 TeV nur etwa 0,5 Photonen pro Pixel des Nachthimmels gegenüber. Damit hebt sich das Schauerbild deutlich vom Hintergrund ab.

Die HEGRA-Teleskope und ihre Algorithmen zur Schauerrekonstruktion können Gammaquanten oberhalb einer Energie von 0,5 TeV nachweisen. Sie erreichen für einzelne Quanten eine Richtungsauflösung von 0,1° und eine Energieauflösung von etwa 10 %. Im Vergleich zu optischen Teleskopen ist dies nicht beeindruckend, wohl aber im Vergleich beispielsweise mit dem EGRET-Gammadetektor mit seiner Auflösung von typischerweise 5,5° bei 100 MeV. Die Position einer Gammaquelle lässt sich mit HEGRA mit einer Genauigkeit von knapp einer Bogenminute bestimmen.

Die aktiven Galaxien Markarian 421 und 501

Zu den Highlights der HEGRA-Ergebnisse zählen sicher der Nachweis von TeV-Gammastrahlung von dem Supernova-Überrest Cassiopeia A und die Spektroskopie der Gammastrahlung der aktiven Galaxien Markarian (Mkn) 501 und

421 [5]. Wir werden uns im Folgenden auf den zweiten Punkt konzentrieren.

Bei diesen beiden Markarian-Objekten handelt es sich um Galaxien in einem nahezu identischen Abstand von etwa 500 Millionen Lichtjahren. Im Bereich des sichtbaren Lichts sind die Objekte nur mit größeren Teleskopen sichtbar. Bei Radiobeobachtungen erkennt man bei Mkn 501 Hinweise auf einen „Jet", analog zu dem in Abbildung 2 sichtbaren Jet in Cygnus A. Bei Mkn 501 liegt dieser Jet aber nicht quer zur Sichtlinie, sondern deutet nahezu direkt auf uns.

Die amerikanische Whipple-Gruppe beobachtete in den neunziger Jahren erstmals von beiden Objekten TeV-Gammastrahlung, deren Intensität stark variierte [6]. Abbildung 7 zeigt den Fluss von Mkn 501 in der ersten Hälfte des Jahres 1997. Dabei war diese Galaxie offensichtlich in einem sehr aktiven Zustand und überstrahlte zeitweise sogar den Krebs-Nebel, die wohl stärkste TeV-Gammaquelle in unserer eigenen Milchstraße.

Der Fluss von Mkn 501 variierte auf Zeitskalen von weniger als einem Tag, der von Mkn 421 sogar auf Skalen von unter einer Stunde. Eine (ruhende) Strahlungsquelle, deren Intensität sich auf einer Zeitskala T ändert, kann keine größere Ausdehnung als der entsprechende Lichtweg, $c \cdot T$, in diesem Zeitraum haben, wobei c die Lichtgeschwindigkeit ist. Die Quelle kann sich nicht schneller ändern, als das Licht braucht, das Quellvolumen zu durchqueren. Die beobachtete Zeitvariation impliziert damit eine Größe des Quellvolumens, die vergleichbar mit der unserer Sonnensystems ist. Bei Mkn 421 liegt sie sogar noch deutlich darunter.

Geht man von einer isotropen Abstrahlung aus, entspricht der TeV-Gamma-Energiefluss aus diesem Volumen der 10^{12}-fachen Abstrahlung unserer Sonne. Als Energiequelle für einen so enormen Energiefluss kommt nach heutigem Wissen nur ein Schwarzes Loch mit einer Masse im Bereich von vielleicht hundert Millionen Sonnenmassen in Frage, das kontinuierlich Materie aus der Umgebung aufsammelt und einen Teil der dabei umgesetzten Energie wieder abstrahlt.

Gleichzeitig ergibt sich aber das Problem eines extrem hohen Flusses an elektromagnetischer Strahlung in unmittelbarer Umgebung der Quelle. In diesen Strahlungsfeldern finden Reaktionen des Typs $\gamma_{\text{TeV}} \ \gamma \rightarrow e^+e^-$ statt, durch welche die wie auch immer erzeugten Gammaquanten bereits in der Quelle wieder absorbiert werden. Die Quelle ist also optisch dicht für TeV-Gammaquanten, und man sieht allenfalls Quanten aus den äußersten Bereichen des emittierenden Volumens. Diese Annahme treibt aber den erforderlichen Energieumsatz in noch unrealistischere Höhen.

Die einzig konsistente Lösung scheint zu sein, dass die Gammaquanten innerhalb des sich mit relativistischer Geschwindigkeit auf uns zu bewegenden Jets erzeugt werden, zum Beispiel durch Beschleunigung geladener Teilchen an Stoßwellen im Jet und nachfolgende Wechselwirkungen. In diesem Fall unterliegt die Strahlung einem starken Doppler-

ABB. 7 │ **TeV-GAMMASTRAHLUNG**

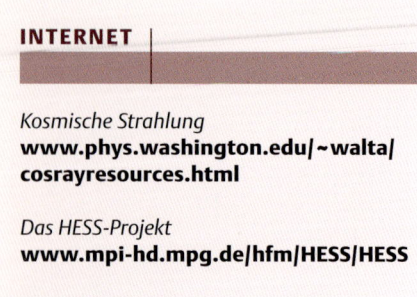

Zeitliche Variation der TeV-Gammastrahlung der aktiven Galaxie Markarian 501. „MJD" bezeichnet das Datum, MJD = 50550 entspricht dem 12.4.1997.

Effekt, das heißt wir sehen Zeitvariationen schneller als sie im Ruhesystem der Quelle stattfinden. Die wirkliche Quellgröße darf in einem solchen Fall bis zu $\gamma \cdot c \cdot T$ betragen, wobei γ der Doppler-Faktor ist. Die Emission aus einer bewegten Quelle führt ferner zu einer Bündelung der Abstrahlung in unsere Richtung. Damit ist die insgesamt abgestrahlte Leistung kleiner als im Fall der isotropen Emission. Beide Effekte zusammen reduzieren die Energiedichte im Quellvolumen um einen Faktor γ^4, und damit auch die Selbstabsorption in der Quelle. Ab einem Doppler-Faktor von etwa 10 wird die Quelle für TeV-Gammastrahlung transparent [5]. Wir haben es also offensichtlich mit einem hochrelativistischen Jet zu tun.

Die nächste wichtige Frage ist, worum es sich bei den primär beschleunigten Teilchen handelt. Kann es sich bei solchen aktiven Kernen um Quellen der dominanten nukleonischen Komponente der kosmischen Strahlung handeln? Aus den TeV-Gammaspektren alleine ist dies schwer zu beantworten. Aufschluss können koinzidente Beobachtungen in verschiedenen Wellenlängenbereichen geben. Besonders interessant sind in diesem Zusammenhang Beobachtungen mit Röntgensatelliten. So findet man, dass in bestimmten Bereichen der Gammafluss im TeV-Energiebereich etwa mit dem Quadrat des Flusses an Röntgenquanten variiert. Ein solcher Zusammenhang ergibt sich in so genannten Synchrotron-Selbst-Compton-Modellen.

Diese Modelle nehmen an, dass primär Elektronen beschleunigt werden. In den Magnetfeldern innerhalb der Quelle strahlen diese Elektronen Synchrotronstrahlung im Röntgenbereich ab. Im Inversen Compton-Prozess können diese Synchrotronquanten nun innerhalb der Quelle an anderen Elektronen streuen und dabei einen signifikanten Teil der Energie des Elektrons übertragen bekommen (Abbildung 8). Damit variiert die Röntgenstrahlung linear mit der Elektronendichte, der Fluss der im Inversen Compton-Prozess erzeugten TeV-Gammaquanten aber mit dem Quadrat, da immer zwei Elektronen involviert sind.

Auch die Spektren der Röntgen- und TeV-Gammastrahlung werden durch diesen Mechanismus gut beschrieben. Obwohl man nicht ausschließen kann, dass Objekte wie Mkn 501 auch Nukleonen beschleunigen, sind die vorliegenden Daten doch mit einem reinen Elektronenbeschleuniger konsistent. Weitergehende Schlüsse könnte man aus der zeitaufgelösten Variation der Spektren ziehen. Aufschlussreich ist hier die Frage, ob sich bei einem Ausbruch zuerst die Röntgenspektren oder die TeV-Spektren ändern. Die Zählraten der heutigen Instrumente sind aber zu gering, um solche Studien mit ausreichender Auflösung zu erlauben. Erst die weiter unten diskutierte nächste Generation von Instrumenten könnte hier einen Durchbruch bringen.

Aufregung hat auch die Beobachtung verursacht, dass in den Energiespektren der Photonen von Mkn 501 erstmals im TeV-Bereich eine Abweichung von reinen Potenzspektren sichtbar wird: Bei etwa 6 GeV ist das Spektrum exponentiell abgeschnitten (Abbildung 9) [5]. Ein solches Verhalten kann seine Ursache zum einen in der Physik des

Beschleunigungsprozesses haben, zum anderen in der Ausbreitung der TeV-Gammaquanten.

Obwohl hochenergetische Gammaquanten unsere Galaxis nahezu ungehindert durchqueren, machen sich doch auf der Skala von etlichen hundert Millionen Lichtjahren Absorptionsprozesse an der Kosmischen Hintergrundstrahlung bemerkbar, die im optischen Bereich und im Infrarot ihr Maximum hat [7]. Dies sind Prozesse der Art: $\gamma_{\text{TeV}}\,\gamma_{\text{IR}} \rightarrow e^+e^-$. Ein TeV-Gammaquant, das auf ein Photon mit etwa 1 eV Energie trifft, kann auf diese Weise absorbiert werden. Je höher die Energie der Gammaquanten, desto niedriger kann die Energie des „Targetphotons" werden, und um so mehr Photonen stehen für den Prozess zur Verfügung. Daher brechen die Gammaspektren bei hohen Energien ab.

Aus der Messung des TeV-Gammaspektrums kann man daher die Dichte der Hintergrundstrahlung im extragalaktischen Raum bestimmen. Die Dichte dieser Strahlung ist ein Maß für die über die Lebensdauer der Galaxien integrierte Abstrahlung und damit indirekt für das Alter der Galaxien. Diese Frage ist von großem kosmologischen Interesse. Verblüffenderweise liegt die so bestimmte Photonendichte eher unter den aus (sehr schwierigen) direkten Messungen bestimmten Werten. Das hat zu einer Reihe von Spekulationen Anlass gegeben, bis hin zu der Annahme, dass bei hohen Energien Abweichungen von der Speziellen Relativitätstheorie sichtbar werden [8].

ABB. 8 | SYNCHROTRONSTRAHLUNG

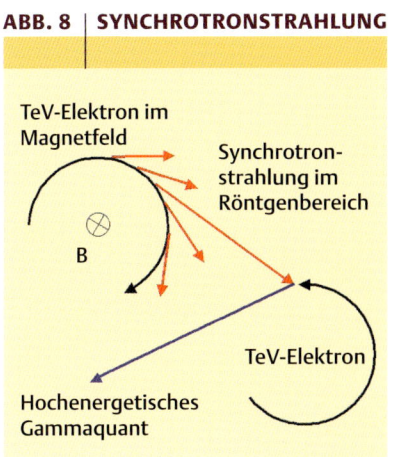

Illustration der Mechanismen der Synchrotronstrahlung und des Inversen Compton-Prozesses, durch den die Röntgenquanten zu hohen Energien gestreut werden.

ABB. 9 | GAMMASPEKTRUM

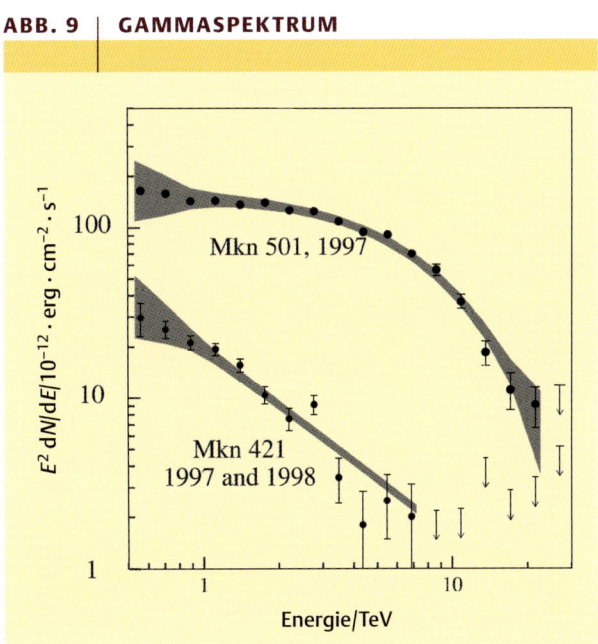

Spektrum der Gammastrahlung von Markarian 501 und 421. In dieser Darstellung ist der Fluss bei einer Energie E multipliziert mit E^2; ein E^{-2}-Potenzspektrum entspricht daher einer waagrechten Linie. In der doppelt-logarithmischen Darstellung resultieren alle Potenzspektren $dN/dE \sim E^{-\alpha}$ in geraden Linien. Ab etwa 6 TeV setzt bei Mkn 501 ein steilerer, exponentieller Abfall ein.

Eine endgültige Unterscheidung, ob es sich bei dem Abknicken der Spektren um Effekte in der Quelle oder in der Ausbreitung handelt, ist erst dann möglich, wenn man mehrere Objekte in verschiedenen Abständen beobachten kann, oder wenn unterschiedliche Objekte im gleichen Abstand einen identischen Abbruch des Spektrums zeigen. Nun ist Mkn 421 in nahezu der gleichen Entfernung wie Mkn 501. Das Energiespektrum der TeV-Gammaquanten von Mkn 421 ist aber deutlich steiler, was auf unterschiedliche Quellparameter hinweist. Durch das steilere Spektrum von Mkn 421 ist die Ereignisstatistik bei hohen Energien geringer, und ein Abbruch im Spektrum schwerer nachweisbar (Abbildung 9). Jüngste Daten deuten aber darauf hin, dass auch das Spektrum von Mkn 421 ebenfalls bei Energien von einigen TeV abbricht.

Teleskopsysteme der nächsten Generation

Auch wenn man Instrumente wie das HEGRA-Teleskopsystem bereits als die dritte Generation von Tscherenkow-Teleskopen betrachten kann – nach den ersten, nichtabbildenden Instrumenten und den abbildenden Einzelteleskopen – so steht das Feld der TeV-Gamma-Astronomie noch an den Anfängen, und nur etwa eine handvoll von Quellen sind zweifelsfrei etabliert.

Die physikalischen Erkenntnisse sind durchaus beeindruckend, in ihrer Interpretation aber dadurch beschränkt, dass man in jeder Klasse von Quellobjekten nur ein oder zwei Exemplare beobachtet und oft nur schwer unterscheiden kann, welche Eigenschaften charakteristisch für eine Klasse von Objekten sind, und welche spezifische Parameter, Anfangsbedingungen oder Umgebungseigenschaften des untersuchten Objekts sind. Hinzu kommt, dass sich nur die stärksten und daher vermutlich atypischen Quellen beobachten lassen.

Mit der nächsten Generation von Instrumenten hat sich diese Situation geändert. Generell geht der Trend zu größeren Spiegelflächen der Teleskope, verbesserter Auflösung der Kameras durch feinere Pixel, und schnellere Elektronik. Drei der großen Projekte, unser eigenes H.E.S.S.-Projekt (High Energy Stereoscopic System), das VERITAS-Projekt in den USA und das japanisch-australische CANGAROO-Projekt, sehen stereoskopische Teleskopsysteme vor. Das europäische MAGIC-Projekt setzt im Gegensatz dazu auf ein einzelnes Teleskop mit sehr großer Spiegelfläche. Derzeit wird aber auch dort ein zweites Spiegelteleskop gebaut. Durch ihre geographische Verteilung – H.E.S.S. in Namibia, MAGIC auf den Kanarischen Inseln, VERITAS in den USA, CANGAROO in Australien – bieten die vier Projekte eine nahezu optimale Abdeckung des gesamten Himmels, und erlauben es, variable Quellen über lange Zeiträume hinweg zu beobachten.

Das H.E.S.S.-Projekt besteht aus vier Teleskopen mit je über 100 m² Spiegelfläche – eine mehr als zehnfache Steigerung gegenüber HEGRA. Die Teleskope sind mit Kameras mit je 960 Photomultiplier-„Pixeln" ausgerüstet, um eine noch bessere Rekonstruktion des Schauerabbilds zu ermöglichen. Damit wurde die Nachweisempfindlichkeit gegenüber HEGRA um einen Faktor zehn erhöht. Man rechnet damit, 50 und mehr Gammaquellen nachweisen und klassifizieren zu können.

Für H.E.S.S. wurde ein Standort in der südlichen Hemisphäre gewählt, da von dort der zentrale Bereich der Milchstraße sehr gut sichtbar ist – eine aus verschiedensten Gesichtspunkten hoch interessante Region. Der genaue Standort in der Nähe des Gamsbergs in Namibia ist für seine hervorragenden optischen Beobachtungsbedingungen bekannt. Der Gamsberg selbst war mehrfach als Standort für eine große Südsternwarte im Gespräch.

Ergebnisse aus vier Jahren

Seit Ende 2003 richten sich die vier Spiegelteleskope des H.E.S.S.-Teleskopsystems auf ausgesuchte Himmelsregionen. Bis zu 300 Leuchtspuren werden pro Sekunde aufgezeichnet, wovon aber nur ganz wenige von hochenergetischen Gammaquanten stammen. Einige der wichtigsten Ergebnisse, für die H.E.S.S. den Descartes-Forschungspreis der Europäischen Gemeinschaft im Jahr 2006 erhielt, fassen wir im Folgenden zusammen.

Die Milchstraße

Selbst mit dem großen Gesichtsfeld der H.E.S.S.-Teleskope wären über 2000 Beobachtungsfelder erforderlich, um den gesamten Himmel abzudecken. Bei einer Beobachtungsdauer von 10 Stunden pro Feld und einer jährlich verfügbaren Beobachtungszeit von etwa 1000 Stunden wäre das ein aufwendiges Unterfangen. Sinnvoller ist das Kartogra-

Abb. 10 *Zwei der vier H.E.S.S.-Teleskope.*

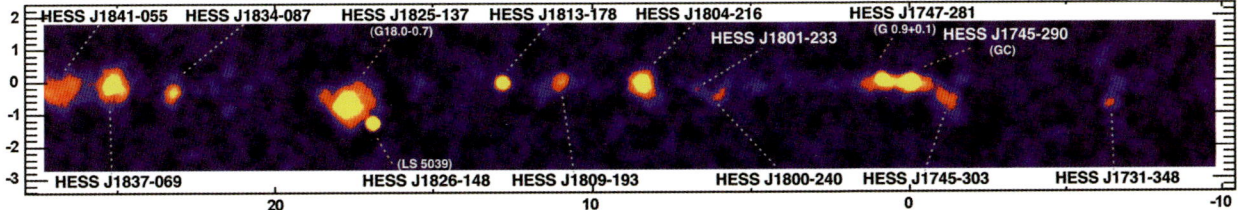

Abb. 11 *Der zentrale Bereich der Milchstraße im Licht hochenergetischer Gammastrahlung in einem Bereich von −10 Grad bis +27 Grad Galaktischer Länge um das Zentrum der Milchstraße (GC) herum. Die meisten der Gammaquellen sind ausdehnt, nur eine Handvoll sind Punktquellen auf der Skala der Auflösung von einigen Bogenminuten.*

fieren von Himmelsstreifen. Einer der großen Erfolge von H.E.S.S. ist die erste empfindliche Durchmusterung der Milchstraße nach TeV-Gammaquellen [1]. Dazu wurde die Galaxis mit einer typischen Schrittweite von einem Grad in überlappende Beobachtungsfelder aufgeteilt.

Einen Ausschnitt dieser Gammastrahlungskarte im Bereich von −10° bis +27° galaktischer Breite zeigt Abbildung 11. Sie ist das Ergebnis von fast 1000 Stunden Datennahme, verteilt über mehrere Jahre. Mit H.E.S.S. konnte zum ersten Mal eine solche Karte der Galaxis im Hochenergie-Gammalicht erzeugt werden.

Man erkennt zahlreiche Gammaquellen, die sich entlang des galaktischen Äquators aufreihen. Fast alle diese Objekte werden als ausgedehnte und strukturierte Quellen mit einer Größe von einigen zehntel Grad aufgelöst. Bei einer typischen Entfernung von einigen 10 000 Lichtjahren impliziert das eine Größe der Strahlungsquellen von etlichen 10 Lichtjahren.

Etwa eine Handvoll der Gammaquellen kann eindeutig Supernova-Überresten zugeordnet werden, circa 20 sind höchstwahrscheinlich mit Pulsarwindnebeln assoziiert (siehe unten), eine mit einem Binärsystem. Bei weiteren 20 Objekten ist die Identifikation unsicher. Eine besonders interessante Klasse bildet ein knappes Dutzend Objekte, bei denen auf Röntgen- und Radiokarten kein plausibles Gegenstück zu finden ist. Außer der Gammaemission haben wir hier somit keine weiteren Hinweise auf hochenergetische Prozesse. Im Folgenden werden wir einige dieser Objekte näher betrachten.

Supernova-Überreste – Quellen kosmischer Strahlung?

Der Energieinhalt kosmischer Teilchenstrahlung in unserer Galaxis wird auf $5 \cdot 10^{48}$ J geschätzt. Zum Beispiel aus der Analyse von Strahlungsspuren in Meteoriten weiß man, dass sich die Intensität der kosmischen Strahlung in den letzten 10^9 Jahren nicht wesentlich verändert hat. Da die Teilchen aber auf einer (etwas von der Teilchenenergie abhängigen) Zeitskala von einigen 10^7 Jahren in den intergalaktischen Raum hinaus diffundieren und der Milchstraße verloren gehen, impliziert dies, dass die kosmische Strahlung mit etwa 10^{34} J/s „nachgefüttert" werden muss.

Supernova-Explosionen gelten als die plausibelsten „Lieferanten". Wir rechnen in unserer Milchstraße mit einer Rate von einer Supernova in etwa 30 Jahren. Dabei wird eine kinetische Energie von etwa 10^{44} J frei. Supernovae müssten also als Teilchenbeschleuniger eine Effizienz von etwa 10 % aufweisen, um die kosmische Teilchenstrahlung nachzuliefern. Einen Mechanismus dafür bietet die Schockwellenbeschleunigung: Wenn das in der Supernova-Explosion ausgestoßene Material auf das interstellare Medium trifft, schiebt es dieses vor sich her und baut eine Schockwelle auf. In den irregulären Magnetfeldern im Bereich der Schockwelle können nun Teilchen gefangen werden und mehrfach zwischen dem ruhenden Medium vor der Schockwelle und dem sich bewegenden Medium hinter der Schockwelle hin und her diffundieren. Nach jedem Wechsel gewinnt das Teilchen Energie durch Streuung an den sich im Mittel auf das Teilchen zu bewegenden Magnetfeldern. Der Energiezuwachs pro Zyklus ist allerdings gering, da die Geschwindigkeit der Schockwelle nur wenige Prozent der Lichtgeschwindigkeit beträgt. Der Beschleuni-

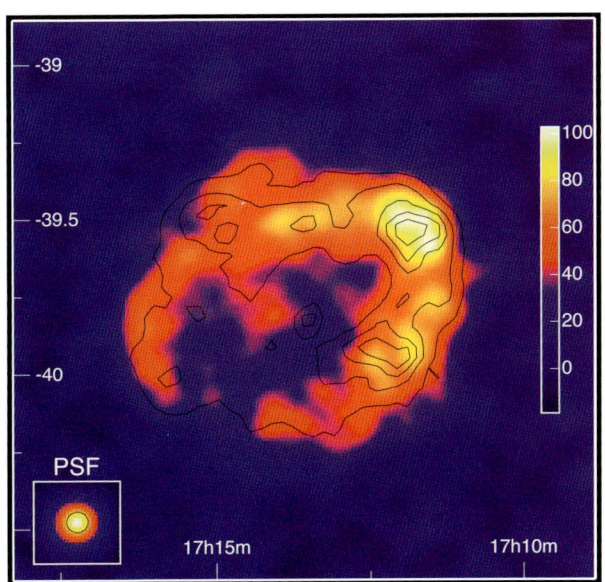

Abb. 12 *Die Gammastrahlung des Supernova-Überrests RX J1713.7-3946 zeichnet genau die aus Röntgendaten bekannte Struktur der Supernova-Schale nach (Konturlinien). Abschätzungen zeigen, dass dieser kosmische Teilchenbeschleuniger bei Protonen eine Grenzenergie von einigen 100 TeV erreicht. PSF zeigt, wie eine punktförmige Quelle abgebildet würde.*

ABB. 13 | BINÄRSYSTEM LS 5039

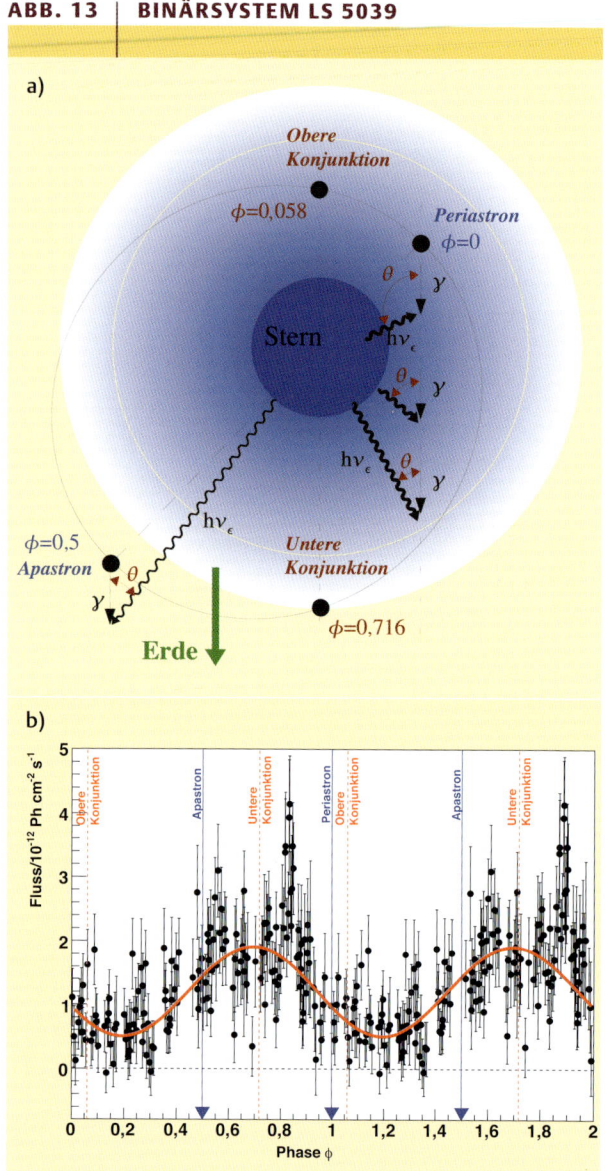

Die räumliche Konfiguration des Binärsystems LS 5039 (oben) und die gemessene Gammastrahlung oberhalb von 1 TeV als Funktion der Phase entlang der Bahn (unten). Der Fluss in Richtung Erde ist nicht am Periastron am intensivsten, wenn die beiden Sterne den kleinsten Abstand haben und ihre Wechselwirkung vermutlich am stärksten ist, sondern um die untere Konjunktion, wenn der kompakte Begleiter vor dem massereichen Zentralstern steht.

gungsprozess ist daher sehr langsam, mit Zeitskalen von 100 bis 1000 Jahren.

Mit der Beobachtung des Supernova-Überrestes RX J1713.7-3946 [2] hat H.E.S.S. einen wichtigen Beitrag geleistet, dieses Szenario zu verifizieren. Zum ersten Mal konnte die Schockwelle eines Supernova-Überrests als Quelle hochenergetischer Gammastrahlung abgebildet werden (Abbildung 12). Überhaupt war dies das erste Mal, dass die Struktur einer TeV-Quelle aufgelöst werden konnte.

Pulsarwindnebel – ein kosmisches Plasmaphysik-Labor

Ein signifikanter Teil aller neu entdeckten Quellen scheint mit Pulsaren und deren Teilchenwinden assoziiert zu sein. Vermutlich sind auch etliche der bisher nicht identifizierten Quellen von diesem Typ.

Im Zentrum einer Supernova-Explosion entsteht häufig ein Pulsar, ein schnell rotierender Neutronenstern, dessen Rotationsachse nicht mit der Ausrichtung seines Dipol-Magnetfeldes übereinstimmt. Das mitbewegte Magnetfeld induziert elektrische Felder, in denen Elektron-Positron-Paare erzeugt und zu einem relativistischen Wind beschleunigt werden. Trifft der Wind auf das umgebende interstellare Material, so werden die Teilchen isotrop gestreut: ein Pulsarwindnebel entsteht.

Durch Synchrotronstrahlung und inverse Compton-Streuung leuchtet der Nebel im Röntgen- und Gammalicht. Die typische, einem Potenzgesetz folgende Energieverteilung der Elektronen (und Gammaquanten) wird durch Schockwellenbeschleunigung erklärt, Details der Beschleunigungsmechanismen und Energieumsetzung sind aber noch unverstanden. H.E.S.S. liefert wichtige Erkenntnisse zu ihrem Verständnis.

Aus den mit H.E.S.S. gemessenen Gammaflüssen von Pulsarwindnebeln folgt, dass Pulsare etwa 1 % ihrer Energie als Gammastrahlung abgeben. Extrapoliert man das Gammaspektrum zu kleineren Energien, so stellt man fest, dass einige 10 % der über das Dipolfeld des Pulsars abgestrahlten Energie letztlich in kinetische Energie hochenergetischer Elektronen umgewandelt werden – ein erstaunlicher Wirkungsgrad.

H.E.S.S.-Beobachtungen zeigen, dass die meisten dieser kosmischen Elektronenbeschleuniger mit Ausdehnungen von einigen 10 Lichtjahren unerwartet groß sind. Ferner sind die Gammaquellen oft gegenüber dem Pulsar versetzt. Ein möglicher Grund ist, dass Pulsare in der Supernova-Explosion einen Stoß bekommen und mit einigen 100 km/s davonfliegen. Der Pulsarwindnebel erhält dadurch etwa die Form eines Kometenschweifs.

Das Binärsystem LS 5039

Eine im Vergleich zu Pulsarwindnebeln seltene, aber hochinteressante Objektklasse sind Doppelsysteme. Mit H.E.S.S. wurde erstmals hochenergetische Gammastrahlung aus dem Binärsystem LS 5039 nachgewiesen [3]. Dieses System besteht aus einem blauen Riesenstern, den ein kompakter Begleiter – ein Neutronenstern oder ein Schwarzes Loch – umkreist. Viele Sterne in unserer Galaxis bilden solche Doppelsternsysteme, aber selten kommen sich die beiden Partner so nahe wie in LS 5039: Der kleinste Abstand auf der exzentrischen Bahn des Begleiters entspricht der doppelten Größe des blauen Sterns (Abbildung 13 oben).

Eine Umkreisung des Riesensterns dauert nur knapp vier Tage. Mit H.E.S.S. konnte eine zyklische Veränderung der Intensität der Gammastrahlung entlang der Bahn des Begleitsterns nachgewiesen werden. Ein weiteres solches

System namens LS I +61 303 wurde mit MAGIC als Gammaquelle entdeckt.

Die genaue Natur beider Systeme ist umstritten. Wenn es sich bei dem Begleiter des massereichen Sterns um ein Schwarzes Loch handelt, dann saugt dieses Materie des Sterns auf und kann einen Plasma-Jet aussenden, in dessen Schockwellen Teilchen beschleunigt werden. Alternativ könnte der Begleiter ein Pulsar sein, dessen Wind mit dem Sonnenwind des massereichen Sterns kollidiert und dadurch zu einer Art Komentenschweif verformt wird. In den Schockwellen der Kollisionszone beider Winde können sehr effektiv Teilchen beschleunigt werden. Besonders interessant an solchen Systemen ist, dass wegen der elliptischen Bahn der Abstand der beiden Objekte sich periodisch ändert. An einem solchen System lässt sich studieren, wie der Beschleunigungsprozess auf die sich ändernden Umgebungsbedingungen reagiert (Abbildung 13 unten).

Die gemessene Gammastrahlung aus Richtung von LS 5039 ist am stärksten, wenn der kompakte Begleiter von der Erde aus gesehen vor dem blauen Stern steht, und am schwächsten, wenn er sich dahinter befindet. Da die Bahnebene gegen die Sichtlinie gekippt ist, kann es sich dabei nicht um einen reinen Abschattungseffekt handeln. Hinzu kommt, dass das Spektrum der Gammastrahlen periodisch variiert: Vor dem blauen Stern ist die Strahlung sehr viel härter, das heißt energiereicher.

Die Modulation wird zu einem signifikanten Teil vermutlich durch einen Absorptionseffekt verursacht: Steht der kompakte Begleiter – die Quelle der Gammastrahlung – hinter dem Zentralstern, so müssen die Quanten auf ihrem Weg zum Beobachter das intensive Lichtfeld dieses Sterns durchqueren. Wenn aber TeV-Quanten mit Lichtquanten „kollidieren", so reicht die Schwerpunktsenergie aus, um Elektron-Positron-Paare zu erzeugen. Durch das intensive Strahlungsfeld des Zentralsterns und den kleinen Abstand der beiden Sterne ist die Dichte der Lichtquanten so hoch, dass im hinteren Teil des Orbits praktisch 100 % aller Gammaquanten absorbiert werden.

Aus der Modellierung solch eines komplexen Systems wird man Details der Beschleunigsmechanismen ableiten können, die bei statischen Quellen nicht zugänglich sind.

Das Zentrum unserer Galaxis

Das Galaktische Zentrum ist ein Astrophysik-Labor der besonderen Art. Um das zentrale supermassive Schwarze Loch Sagittarius A* (Sgr A*) gruppieren sich auf engstem Raum ein Cluster von heißen Sternen, massereiche Gasvorkommen und Supernova-Überreste, die auf komplexe Art miteinander wechselwirken. H.E.S.S.-Beobachtungen [4, 5] beantworten die spannende Frage, welche dieser Objekte Gammastrahlung aussenden.

Zwei im Rahmen der Winkelauflösung punktförmige Quellen dominieren die Gammastrahlungskarte (Abbildung 14). Die Linke der beiden Quellen wird als Pulsarwindnebel im Supernova-Überrest G0.9 + 0.1 identifiziert, die andere liegt nahe beim Galaktischen Zentrum. Innerhalb der

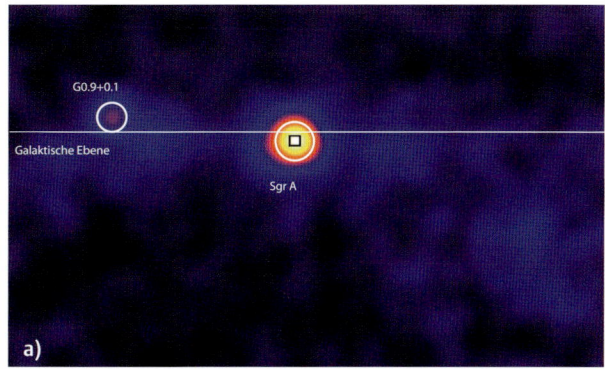

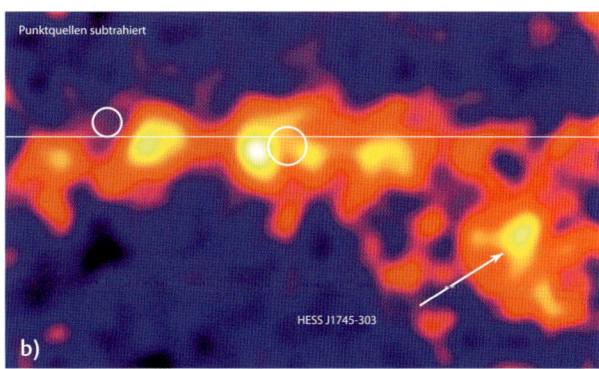

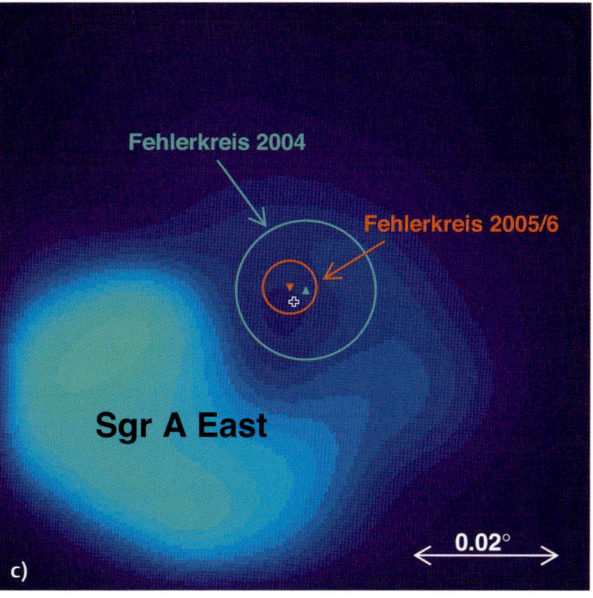

Abb. 14 *a) Im zentralen Bereich unserer Galaxis sind zwei Gammaquellen nachweisbar, eine am Galaktischen Zentrum (Sgr A) und eine weitere etwa 0,9 Grad entfernt, koinzident mit dem Supernova-Überrest G0.9 + 0.1. Die Linie zeigt den galaktischen Äquator.*
b) Nach Subtraktion dieser zwei Quellen (weiße Kreise) werden in einer empfindlicheren Darstellung ein Band von Gammastrahlung entlang des Äquators sowie die unidentifizierte Quelle HESS J1745-303 sichtbar.
c) In der nahen Umgebung des Galaktischen Zentrums zeigen Radiodaten (bläulich) den Supernova-Überrest Sgr A East. Die Kreise geben die gemessene Position der zentralen Gammaquelle an und verdeutlichen die Verbesserung, die mit Daten der Jahre 2005/6 im Vergleich zu 2004 erzielt wurde.

für Tscherenkow-Teleskope bisher unerreichten Genauigkeit von 10 Bogensekunden stimmt die Quelle mit der Position des Schwarzen Lochs überein (Abbildung 14c). Damit kann beispielsweise der etwa eine Bogenminute entfernte Supernova-Überrest Sgr A East als Quelle der Strahlung ausgeschlossen werden.

Gammastrahlung aus dem Galaktischen Zentrum könnte unter anderem durch Paarvernichtung hypothetischer Teilchen der Dunklen Materie entstehen – ein für Astronomen wie Teilchenphysiker besonders faszinierender Aspekt. Allerdings erstreckt sich das Spektrum der Gammastrahlung bis über 10 TeV und erfordert damit ungewöhnlich massereiche Dunkle-Materie-Teilchen. Ganz ausgeschlossen sind solche Teilchen im Rahmen supersymmetrischer Modelle aber nicht.

Die Form des Spektrums schließt eine solche Interpretation indes weitgehend aus: Die in der Paarvernichtung supersymmetrischer Teilchen entstehenden Gammaspektren haben eine charakteristische Krümmung, die in den H.E.S.S.-Daten nicht sichtbar ist. Das beobachtete Potenzspektrum spricht daher für eine astrophysikalische Quelle. Eine Möglichkeit wäre Teilchenbeschleunigung in Plasma-Schockwellen in der Umgebung des Schwarzen Lochs. Dies wäre auch eine natürliche Erklärung für die diffuse Gammastrahlung, die sich über etwa ein Grad entlang der galaktischen Ebene erstreckt (Abbildung 14b) und das gleiche Energiespektrum aufweist wie die zentrale Quelle. Die Strahlungsintensität folgt weitgehend der aus Radiomessungen bekannten Masse dichter Gaswolken in diesem Bereich der Milchstraße und kann durch Wechselwirkung der Teilchen aus dem zentralen Beschleuniger mit diesen Gasteilchen erklärt werden.

Zum ersten Mal kann man damit bei diesen Energien nicht nur einen kosmischen Teilchenbeschleuniger sehen, sondern auch die Spur, welche die Teilchen auf ihrem weiteren Weg durch die Galaxis hinterlassen. Nur Wolken in der Nähe des Zentrums werden beleuchtet, was sich mit einem relativ jungen Alter des Beschleunigers von etwa 10 000 Jahren erklären lässt. In der Tat gibt es verschieden Hinweise darauf, dass das Galaktische Zentrum in dieser Zeit aktiver war als heute, zum Beispiel infolge eines höheren Masseeinfalls in das Schwarze Loch.

Zusammenfassung

Das Universum ist erfüllt mit nichtthermischer, hochenergetischer Gammastrahlung, deren Energiedichte vergleichbar ist mit der des sichtbaren Lichts oder auch der galaktischer Magnetfelder. Die Gammastrahlung ermöglicht es, ungewöhnliche Himmelskörper wie Supernova-Überreste oder Zentren aktiver Galaxien zu studieren, wo wahrscheinlich supermassereiche Schwarze Löcher existieren. Der Nachweis dieser Strahlung ist vom Erdboden aus mit Tscherenkow-Teleskopen möglich. Die Observatorien H.E.S.S. in Namibia und MAGIC auf La Palma arbeiten seit 2004 mit großem Erfolg. Derzeit wird H.E.S.S. mit einem noch größeren Teleskop, das eine Spiegelfläche von 600 m^2 besitzt, erweitert.

Danksagung

Dieser Artikel entstand im Rahmen der Arbeiten an den HEGRA- und H.E.S.S.-Experimenten. Meinen Kollegen in diesen Experimenten, in Heidelberg und anderswo, möchte ich für die langjährige, anregende Zusammenarbeit danken. Spezieller Dank geht an Dr. G. Hermann für seine Kommentare zum Manuskript.

Literatur

[1] R. D. Blandford, D. Eichler, Phys. Rep. **1987**, *154*, 1.
[2] P. Bhattacharjee, G. Sigl, Phys. Rep. **2000**, *327*, 109.
[3] R. A. Ong, Phys. Rep. **1998**, *305*, 93.
[4] T. C. Weekes, Phys. Rep. **1988**, *160*,1; Space Sci. Rev. **1996**, *75*, 1.
[5] F. A. Aharonian et al., Astron. Astrophys. **1999**, *342*, 69; *349*, 11; *349*, 29; *350*, 757.
[6] M. Punch et al., Nature **1992**, *358*, 477; J. Quinn et al., Astrophys. J. Lett. **1996**, *456*, L83.
[7] F. W. Stecker, Astropart. Phys. **1999**, *11*, 83; D. MacMinn, J. R. Primack, Space Sci. Rev. **1996**, *75*, 413.
[8] T. Kifune, Astrophys. J. Lett. **1999**, *518*, L21; R.J. Protheroe, H. Meyer, Phys. Lett. **2000**, B*493*, 1.
[9] H.E.S.S. collaboration, F. Aharonian et al., Astrophys. Journal **2006**, *636*, 777.
[10] H.E.S.S. collaboration, F. Aharonian et al., Nature **2004**, *432*, 75.
[11] H.E.S.S. collaboration, F. Aharonian et al., Science **2005**, *309*, 746.
[12] H.E.S.S. collaboration, F. Aharonian et al., Astron. Astrophys. **2004**, *425*, L13.
[13] H.E.S.S. collaboration, F. Aharonian et al., Nature **2006**, *439*, 695.

Die Autoren

Werner Hofmann, Studium an der Universität Karlsruhe, dort 1977 Promotion, Habilitation in Dortmund, 1982–1988 als Heisenberg-Stipendiat und als Professor an der Universität Berkeley, USA, seit 1988 Direktor am MPI für Kernphysik in Heidelberg.

Christopher van Eldik studierte und promovierte an der Universität Dortmund. Nach einem Postdoc-Aufenthalt am DESY, Hamburg, wechselte er 2005 an das MPI für Kernphysik, wo er in der H.E.S.S.-Gruppe arbeitet.

Anschrift:
Prof. Dr. Werner Hofmann, Max-Planck- Institut für Kernphysik, Saupfercheckweg 1, 69117 Heidelberg. E-Mail: werner.hofmann@mpi-hd.mpg.de

Explosionswolke eines einstigen Sterns

Der etwa 11 000 Lichtjahre entfernte Supernova-Überrest Cassiopeia A ist die zweitjüngste bekannte Wolke eines explodierten Sterns. Die Supernova hätte um das Jahr 1680 am Himmel aufleuchten müssen, erstaunlicherweise gibt es aber keine gesicherte Aufzeichnung darüber. Lediglich eine Beobachtung des Astronomen John Flamsteed am Observatorium von Greenwich vom 16. August 1680 könnte auf dieses Ereignis zurückgehen. Supernova-Überreste sind sehr effektive Teilchenbeschleuniger. Die Falschfarbenaufnahme ist eine Überlagerung der Bilder von drei Weltraumteleskopen: Chandra im Röntgenbereich (blau und grün), Hubble im Optischen (gelb) und Spitzer im mittleren Infrarot (rot). Sterne und das von der Supernova-Explosion mit schweren Elementen angereicherte Gas leuchten besonders im Optischen, während die Emission im Infraroten warmen Staub zeigt. Das kompakte türkise Objekt im Zentrum ist der nur im Röntgenbereich sichtbare Neutronenstern. Die Aufnahme wurde wegen des Seitenformats um 90 Grad im Uhrzeigersinn gedreht (Foto: NASA /JPL-Caltech/O. Krause).

Die Kosmogonie der Schwarzen Löcher

Wolfgang J. Duschl

Vermutlich beherbergt jede Galaxie in ihrem Zentrum ein massereiches Schwarzes Loch. Auf welche Weise diese Objekte entstanden sind, ist nicht gänzlich geklärt. Für ihr Wachstum gibt es jedoch mittlerweile gute Modelle. Seit kurzem zeichnet sich überdies ab, dass Schwarze Löcher eng mit der Entwicklung der Galaxien verbunden sind.

Sehr massereiche Schwarze Löcher galten lange Zeit als Kuriosa, die es nur in den Zentren weniger, besonders aktiver Galaxien gibt. Diese Ansicht hat sich in den letzten zwanzig Jahren gründlich geändert. Der Umschwung kam mit neuen, viel genaueren Beobachtungen der Zentren von Galaxien, die dort eine unerwartet hohe Materiekonzentration in einem sehr kleinen Volumen zeigten. Stoßen Astronomen heute auf eine Galaxie, die kein zentrales Schwarzes Loch aufzuweisen scheint, fragen sie sich eher, was hier „schief gelaufen" sein könnte – entweder bei der Beobachtung oder in der Entwicklung der betreffenden Galaxie. Zentrale Schwarze Löcher gehören zum normalen Inventar von Galaxien [1].

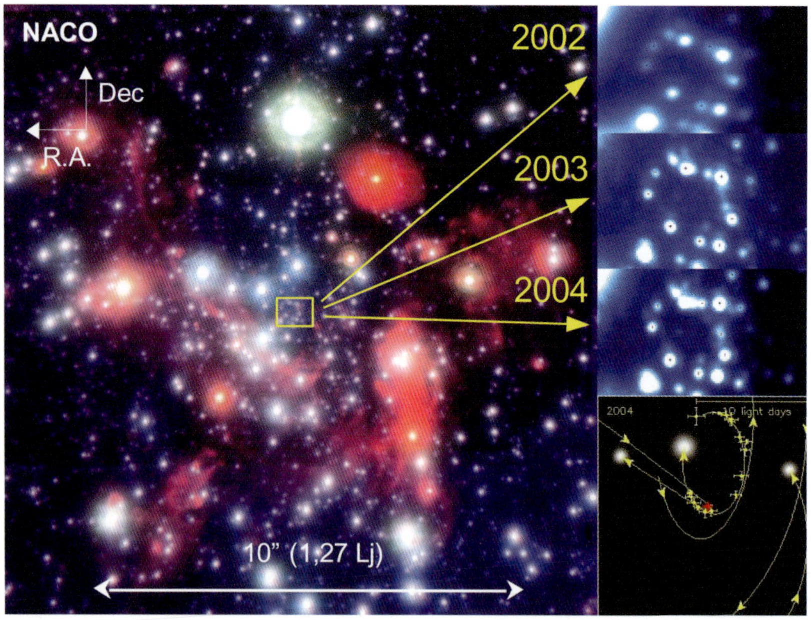

Diese seltsamen Objekte sind eine Konsequenz der Allgemeinen Relativitätstheorie, obwohl Einstein selbst an deren Existenz nie glauben mochte. In seiner einfachsten Form ist ein Schwarzes Loch eine Singularität in den Lösungen der Einsteinschen Feldgleichungen für den statischen, kugelsymmetrischen Vakuumfall. Die von dem deutschen Astrophysiker Karl Schwarzschild gefundene Lösung beschreibt das Gravitationsfeld einer nicht rotierenden Masse. Später wurden weitere Lösungen mit ähnlichen Singularitäten gefunden, beispielsweise die auf den Neuseeländer Roy Kerr zurückgehende für eine rotierende Masse.

Schwarze Löcher sind Raumbereiche, aus deren Innern keine Signale nach außen dringen können. Sie sind von einem so genannten Ereignishorizont umgeben. Der nach Karl Schwarzschild benannte Radius eines Schwarzen Lochs ist unabhängig von der Vorgeschichte oder der chemischen Zusammensetzung des Körpers, der später zum Schwarzen Loch wurde. Er errechnet sich aus

$$R_S = 2GM/c^2.$$

Hierin sind c die Lichtgeschwindigkeit und G die Gravitationskonstante. Gibt man M in Einheiten der Sonnenmasse $M_\odot \approx 2 \cdot 10^{30}$ kg an, so erhält man für R_S in km als Faustformel $R_S = 3\,M$. Der Schwarzschild-Radius der Sonne beträgt also nur 3 km.

Dass es eine so starke Anziehungskraft geben könnte, die selbst Licht zurückhält, hatte schon 1783 der Naturforscher und Reverend John Michell (1724–1793) vermutet [2]. Nach seinen Überlegungen müsste ein Himmelskörper, der die Dichte der Sonne besitzt, aber fünfhundertmal größer ist, eine so starke Gravitation ausüben, dass die Fluchtgeschwindigkeit größer als die Lichtgeschwindigkeit ist. Demnach dürfte Licht von ihm nicht entkommen können. Diese Logik ist aus heutiger Sicht zwar falsch, aber interessanterweise lag Michell mit seinen Zahlen gar nicht weit daneben.

< **Abb. 1** *Links: Gemessene Geschwindigkeiten von Sternen in der Umgebung des Zentrums der Milchstraße. Rechts: Aus mehrjährigen Geschwindigkeitsmessungen abgeleitete Bahnen um das Schwarze Loch.*

Geheimnisvoller Kosmos. Herausgegeben von Thomas Bührke und Roland Wengenmayr · Copyright © 2009 WILEY-VCH Verlag GmbH & Co. KGaA, Weinheim · ISBN: 3-527-40899-1

Die Beobachtung Schwarzer Löcher

Schwarze Löcher senden zwar kein Licht aus, aber mit ihrer Gravitation beeinflussen sie ihre Umgebung ganz erheblich. Das ermöglicht es, sie indirekt nachzuweisen. Auf diese Weise ist es gelungen, das Schwarze Loch im Zentrum der Milchstraße dingfest zu machen und auszumessen [3, 4]. Pionierarbeit auf diesem Gebiet leistete die Gruppe um Reinhard Genzel und Andreas Eckart vom Max-Planck-Institut für Extraterrestrische Physik in Garching.

Sie beobachtete das Zentrum der Milchstraße im infraroten Spektralbereich regelmäßig über Jahre hinweg. Dabei stellte sie fest, dass sich die Sterne in der näheren Umgebung des galaktischen Zentrums bewegten. Offenbar folgten sie Ellipsenbahnen um ein kompaktes Objekt. Aus dem 3. Keplerschen Gesetz ließ sich dann aus den Abständen zum Gravitationszentrum und den Umlaufzeiten die Masse des unsichtbaren Zentralkörpers berechnen (Abbildung 1). Das Ergebnis: Im Zentrum der Milchstraße existiert ein kompaktes Objekt von etwa drei Millionen Sonnenmassen. Für dessen Größe konnten die Garchinger Astronomen eine Obergrenze von einigen Lichtstunden angeben.

Analysen des Radiospektrums der Quelle ergaben, dass diese nicht viel größer als ein paar Schwarzschild-Radien sein kann [5]. Radiobeobachtungen bestätigten dies dann einige Jahre später [6]. Es spricht also alles dafür, dass sich im Zentrum unseres Milchstraßensystems ein Schwarzes Loch befindet. Dessen Schwarzschild-Radius beträgt übrigens nur etwa 40 Lichtsekunden.

Dieses Verfahren funktioniert aber nur in unserer unmittelbaren kosmischen Umgebung. Schon in den nächsten Galaxien sind Einzelsterne im Zentralbereich nicht mehr erkennbar.

Hier müssen wir andere Methoden anwenden, die zwar nicht so genau sind, im Endeffekt aber meist auch auf das Keplersche Gesetz zurückgehen. Sie haben in den letzten Jahren zu der Erkenntnis geführt, dass Schwarze Löcher in den Zentren von Galaxien ganz normal sind. Der Massenbereich liegt zwischen etwa einer Million und etlichen Milliarden Sonnenmassen. Unsere Milchstraße liegt also im unteren Bereich. Wir werden später sehen, dass uns dies vielleicht etwas über die Entwicklungsgeschichte unseres Sternsystems sagen kann.

QUASARE UND AKTIVE GALAXIEN

Astrophysiker haben in den vergangenen Jahrzehnten unterschiedliche Arten von Aktiven Galaxien gefunden. Ihnen allen ist gemeinsam, dass ihre Zentralregionen sehr viel mehr Leuchtkraft entwickeln als die „normalen" oder inaktiven Galaxien, zu denen auch unser Milchstraßensystem zählt. Rund ein Prozent aller Galaxien zählt man zu den aktiven, die man phänomenologisch in diverse Klassen unterteilt. Häufig spricht man auch von aktiven galaktischen Kernen, kurz AGN nach dem englischen Ausdruck Active Galactic Nuclei. Die leuchtkräftigsten Aktiven Galaxien sind Quasare. Der Name setzt sich zusammen aus Quasi Stellar Object, weil diese Objekte anfangs punktförmig, also wie Sterne erschienen. Mit der heute viel besseren räumlichen Auflösung der Teleskope kann man in ihnen oft aber Struktur erkennen. Es ist klar, dass es sich um die leuchtkräftigen Zentralgebiete von Galaxien handelt, in denen sich sehr massereiche Schwarze Löcher befinden. Quasare strahlen hunderte Mal mehr an Energie ab als das gesamte Milchstraßensystem. Diese Objekte waren nicht zu allen Epochen der Evolution des Universums gleich häufig. Im Großen und Ganzen war das Quasar-Phänomen auf das junge Universum beschränkt. Heute gibt es sie kaum noch.

Der Motor im Zentrum einer Galaxie

Ursprünglich war es eine Art kosmisches Energieproblem, das die Astrophysiker auf die Spur der Schwarzen Löcher brachte. Der niederländisch-amerikanische Astronom Marten Schmidt hatte im Jahre 1963 den ersten Quasar identifiziert [7] (siehe „Quasare und Aktive Galaxien" auf dieser Seite). Aus der gewaltigen Entfernung dieses Objekts mit der Bezeichnung 3C273 ergab sich eine ebenso unglaubliche Leuchtkraft. Spektren besagten, dass diese Strahlung nicht durch entsprechend viele Sterne erklärt werden konnte. Es musste dort eine sehr kompakte Energiequelle geben, die viel effektiver als Sterne Energie freisetzen kann.

Yakov Zeldowitsch und Edwin Salpeter [8, 9] hatten als erste die entscheidende Idee: Gravitationsenergie. Wenn Material auf einen Körper zufällt, dann wandelt sich potentielle in kinetische Energie um. Dieser Vorgang ist umso ergiebiger, je kompakter und massereicher der Zentralkörper ist. Schwarze Löcher erfüllen diese Bedingung am besten. Blieb aber die Frage, auf welche Weise die Gravitationsenergie in thermische Energie, sprich Strahlung, umgewandelt wird.

Abb. 2 *Aktive galaktische Kerne, die sich in wechselwirkenden oder verschmelzenden Galaxien befinden* (Foto: Hubble, NASA/ESA).

Abb. 3 *Die wechselwirkenden Galaxien NGC 2207 und IC 2163 (Foto: Hubble, NASA/ESA).*

Bei einem Objekt mit einer (einigermaßen) festen Oberfläche, wie einem Stern, ist das kein Problem. Die Materie prallt auf die Oberfläche und erhitzt die Umgebung, die dann strahlt. Bei Schwarzen Löchern kann dies aber nicht funktionieren, weil die Materie einfach hinter dem Ereignishorizont verschwindet. Die Lösung findet sich in der Drehimpulserhaltung. Der Drehimpuls bewirkt, dass das Material (im Allgemeinen Gas) nicht geradlinig auf das Schwarze Loch zuströmt, sondern auf eine Bahn gezwungen wird, die seinem Drehimpuls entspricht. Es bildet sich also um ein Schwarzes Loch eine Gasscheibe aus.

INTERNET

Wissenswertes zu Schwarzen Löchern
www.mpe.mpg.de/~amueller/astro_sl.html
www.einstein-online.info/de/einsteiger/loecher/
loecher/index.html

Link-Sammlung zu web sites über Schwarze Löcher
www.galacticsurf.com/trounoirGB.htm#GB

Das Zentrum der Milchstraße
www.mpe.mpg.de/ir/GC/index.php

Institut für Theoretische Physik und Astrophysik, Kiel
wjd.astrophysik.uni-kiel.de

Nach dem 3. Keplerschen Gesetz nimmt die Bahngeschwindigkeit eines Teilchens mit wachsendem Abstand vom Zentralkörper ab. Man spricht von differenzieller Rotation. In einer Scheibe „reiben" dadurch benachbarte Bahnen aneinander. Hierbei wird Drehimpuls nach außen transportiert, während das Material auf spiralförmigen Bahnen nach innen strömt. Ein wenig Materie geht bei diesem Prozess zwar verloren, da sie benötigt wird, den abgegebenen Drehimpuls zu größeren Abständen hin zu transportieren, aber das ist vergleichsweise wenig. Unter dem Strich bewegt sich Gas auf das Zentrum zu. Man sagt, der Zentralkörper akkretiert (lat. für aufsammeln) Material. Zum anderen bedeutet Reibung, dass das Gas sich aufheizt. Ein Teil der Energie wird also in der Scheibe freigesetzt und nicht erst nahe am Ereignishorizont. Bei diesem Prozess wandelt sich als Gravitationsenergie in thermische Energie um.

Dieser Prozess ist sehr effektiv. Wenn die Akkretion in ein Schwarzes Loch erfolgt, so können zehn Prozent oder mehr der Ruheenergie des einfallenden Materials in Strahlung umgesetzt werden. Das ermöglicht es, die Rate $\dot{M}$ auszurechnen, mit der Material einfallen muss, um eine bestimmte beobachtete Leuchtkraft L zu erzeugen:

$$L = \eta c^2 \dot{M}.$$

Gibt man L in der Einheit der Strahlungsleistung der Sonne $L_\odot$ und M in den Einheiten $M_\odot$ pro Jahr an, so wird daraus

$$L = 3 \cdot 10^{13} \, \eta \dot{M}.$$

Der Faktor η ist die Effizienz der Energieumwandlung. Wenn ein Quasar eine zentrale Leuchtkraft von $10^{11} \, L_\odot$ aufweist – und das ist noch gar nicht hoch gegriffen –, so muss eine Massenflussrate von der Größenordnung einer Zehntel Sonnenmasse pro Jahr vorliegen, bei noch leuchtkräftigeren Quellen entsprechend mehr. Das ist gleichzeitig die Wachstumsrate des Schwarzen Lochs, denn das Material trägt ja zu dessen Masse bei.

Das Massereservoir Schwarzer Löcher

Es gibt starke Hinweise darauf, dass die Aktivität in den Zentren von Galaxien etwas mit der Entwicklung der Muttergalaxie zu tun hat. Viele besonders aktive galaktische Kerne stecken in Galaxien, die in ihrer jüngsten Vergangenheit eine gravitative Wechselwirkung oder einen Zusammenstoß mit einer anderen Galaxie erlebt haben (Abbildung 2). Diese Galaxien sind durch die wirkenden Gravitationskräfte zum Teil stark verformt. Es gibt Vermutungen, wonach solche Wechselwirkungen in der Regel der Auslöser für eine nachfolgende Aktivitätsperiode des Schwarzen Lochs im Zentrum ist. Besonders heftig fällt solch eine Wechselwirkung aus, wenn zwei Galaxien frontal zusammenstoßen und zu einer neuen, größeren Galaxie verschmelzen.

Wechselwirken oder verschmelzen zwei Galaxien, so beeinflusst dies vor allem die Verteilung des gasförmigen Materials. Einzelne Sterne sind in der Regel so klein und ihre Abstände untereinander so groß, dass es nicht zu echten Zusammenstößen kommt. Die Gravitationskräfte verändern aber sehr wohl ihre Bahnen. Bei dem interstellaren Gas, einem ausgedehnten Medium, dagegen kommt es aber zu Kollisionen, wobei das Material erheblich umverteilt wird (Abbildung 3). Riesige Gasmengen von $10^{10} \, M_\odot$ und mehr gelangen in das neue gemeinsame Zentrum. Die Kräfte der Wechselwirkung verteilen den Drehimpuls des Gases sehr effektiv um. Allerdings nimmt selbst ein solcher Zusammenstoß nicht allen Drehimpuls weg. Modellrechnungen zeigen, dass auf diese Weise eine stark konzentrierte Gasscheibe mit mehreren hundert Lichtjahren Durchmesser entstehen kann [10]. Dies geschieht innerhalb von ein- oder zweihundert Millionen Jahren.

Bei der oben diskutierten Form der Energieumsetzung in der Akkretionsscheibe haben wir die Zeitskala bislang nicht betrachtet. Diese ist aber wichtig. Es hilft nämlich nichts, wenn Gas mit $10^{10} \, M_\odot$ in der Nähe des Schwarzen Loches „herumfliegt", es die letzten paar hundert Lichtjahre aber nicht schnell genug überbrücken kann. Und die Anforderungen sind hoch: Beobachtungen der letzten Jahre belegen nämlich, dass es bereits Quasare gab, als das Universum noch nicht einmal eine Milliarde Jahre alt war. Erstaunlicherweise scheinen diese Objekte in ihren Zentren Schwarze Löcher mit mehr als einer Milliarde Sonnenmassen zu beherbergen. Damit stellt sich die Frage, auf welche Weise diese Objekte in verhältnismäßig kurzer Zeit so massereich werden konnten. In der Akkretionsscheibe muss

ABB. 4 | WACHSTUM DES SCHWARZEN LOCHS

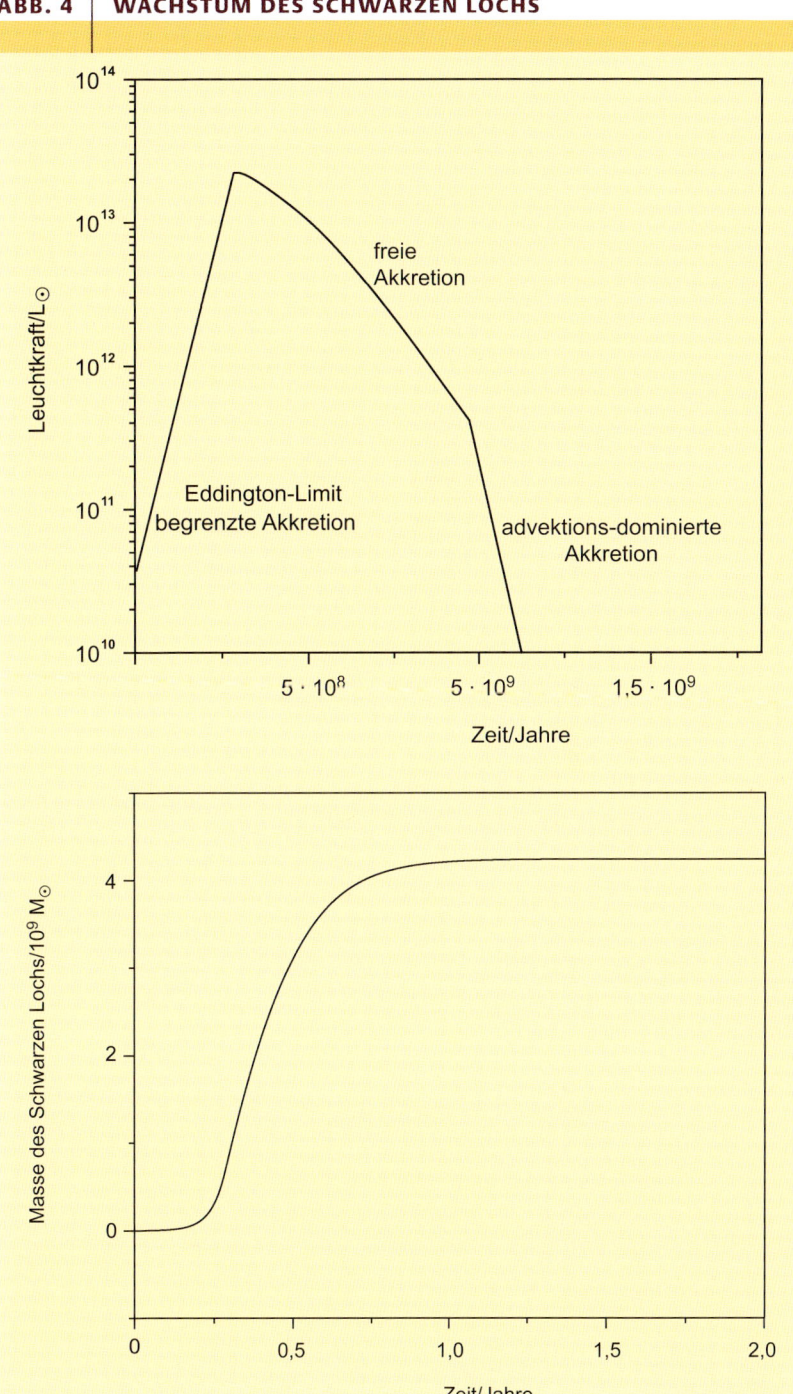

Die Entwicklung der AGN-Leuchtkraft (oben) und der Masse des Schwarzen Lochs aus einer Scheibe von anfänglich 10^{10} Sonnenmassen.

die Massenflussrate so schnell aufgebaut werden, dass in wenigen hundert Millionen Jahren eine Milliarde Sonnenmassen ins Schwarze Loch hineinfallen können.

Entstehung und Wachstum Schwarzer Löcher

Damit sind wir bei der Frage nach der Entstehung der Schwarzen Löcher angekommen. Dass diese mächtigen Gebilde bereits im primordialen Gas kurz nach dem Urknall entstanden sind, ist unwahrscheinlich. In den letzten Jahren haben Theoretiker ein anderes Szenario entwickelt.

ABB. 5 | LEUCHTKRAFTKLASSEN DER AGN

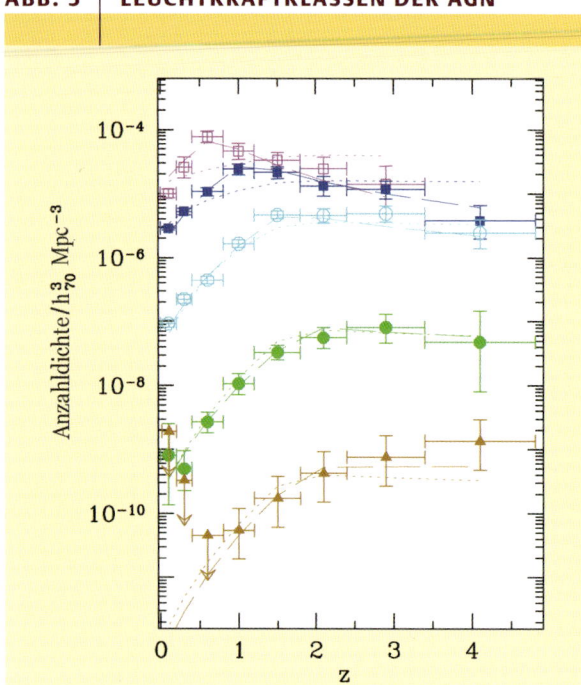

Die Verteilung heller, mittlerer und schwächerer AGN als Funktion der Rotverschiebung z. Das heutige Universum ist bei z = 0, z = 5 entspricht einem Weltalter von 1,4 Milliarden Jahren (nach [14]).

Die „Saatkörner" der massereichen Schwarzen Löcher könnten die „klassischen" stellaren Schwarzen Löcher gewesen sein. Demnach bildete sich aus dem Urgas, das fast ausschließlich aus Wasserstoff und Helium bestand, die erste Sterngeneration. Man vermutet, dass diese Sterne im Schnitt massereicher waren als heute. Bereits nach einigen Millionen Jahren explodierten sie als Supernovae, während ihre Zentralbereiche zu Schwarzen Löchern mit vielleicht zehn Sonnenmassen kollabierten. Da wir bisher recht wenig über diese erste Sterngeneration wissen, ist das im Moment noch Spekulation. Die Frage ist nun, ob das Wachstum anschließend schnell genug ablaufen konnte.

Bisher haben wir uns nur um die Leuchtkraft gekümmert, die wir in Beziehung zum Masseneinfall gesetzt haben. Hierbei haben wir implizit angenommen, dass alles, was auf dem Weg zum Schwarzen Loch leuchtet, dort auch wirklich ankommt und zum Massenwachstum beiträgt. Für einen Physiker ist es allerdings verdächtig, dass die jeweilige momentane Masse des Schwarzen Lochs dabei gar keine Rolle spielen soll. Und diese Skepsis ist durchaus angebracht.

Ein Schwarzes Loch einer bestimmten Masse kann nicht beliebig viel Material zu jedem Zeitpunkt aufnehmen. Es gibt eine Grenze, die der englische Astrophysiker Sir Arthur Eddington für Sterne gefunden hat, die bei Schwarzen Löchern aber ähnlich gilt [11]. Dieses Eddington-Limit (siehe „Die Eddington-Grenze", S. 119) besagt in seiner einfachsten Form, dass die Materiemenge, die ein Schwarzes Loch pro Zeiteinheit aufnehmen kann, proportional zu seiner Masse ist:

$$\dot{M} < 2{,}3 \cdot 10^{-9} \, \eta^{-1} \, M.$$

M ist wieder in $M_\odot$ pro Jahr angegeben. Massereiche Schwarze Löcher können also schneller wachsen als massearme. Der Flaschenhals beim Wachstum Schwarzer Löcher befindet sich also in erster Linie am Anfang, wenn das Objekt noch massearm ist. Das Problem besteht darin, dass das Wachstum überhaupt in Gang kommt.

Mit all den hier besprochenen physikalischen Ingredienzien (und noch einigen anderen mehr, insbesondere thermodynamischen) versucht man mit Hilfe von numerischen Modellrechnungen das Wachstum Schwarzer Löcher zu beschreiben [12]. Und das gelingt bereits recht gut (Abbildung 4).

Zu Beginn bestimmt das Eddington-Limit die Entwicklung. Das Schwarze Loch kann nicht das gesamte Material, das die Scheibe zur Verfügung stellt, aufnehmen. Die hohe beobachtete Leuchtkraft entspricht zwar der hohen Massenflussrate, weil die Energie verteilt über die Scheibe abgegeben wird, und das Material zu diesem Zeitpunkt noch „keine Ahnung" hat, dass es in der Nähe des Schwarzen Lochs mit dem Eddington-Limit in Konflikt kommt. Der Massenzuwachs des Schwarzen Lochs dagegen ist durch das Eddington-Limit begrenzt. Fragt sich also, was passiert mit dem überschüssigen Material? Vermutlich trägt es zu einem Ausstrom aus dem Zentrum bei, wie er in vielen Galaxien beobachtet wird. Ob das damit die Quelle für die eng gebündelten Jets (Abbildung 7) ist, oder ob es weiter aufgefächert abströmt, ist eine andere Frage, die hier nicht weiter verfolgt werden soll.

ABB. 6 | KORRELATION MIT BULGE

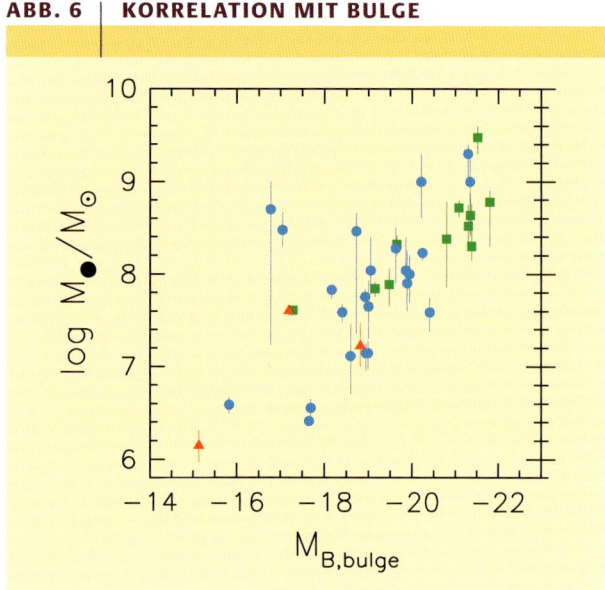

Zwischen der Masse eines Schwarzen Lochs im Zentrum einer Galaxie und der Masse des Bulges dieser Galaxie besteht ein enger Zusammenhang, der bisher erst ansatzweise verstanden ist. Auf der Abszisse ist statt der Masse des Bulges dessen absolute Helligkeit M in Größenklassen angegeben. Sie ist proportional zur Masse (nach J. Kormendy).

Mit dem einströmenden Material wächst das Schwarze Loch, und damit steigt auch die Eddington-Grenze. Es kann immer mehr Material hineinfallen, was zu einem immer höheren Eddington-Limit führt – das Wachstum des Schwarzen Lochs beschleunigt sich also. Dem entgegen läuft aber der Verbrauch des Materiereservoirs. Weniger Materie in der Scheibe bedeutet aber eine abnehmende Massenflussrate. Das geht so weiter, bis die Massenflussrate unter die Eddington-Grenze gefallen ist. Irgendwann ist die Masse des Schwarzen Lochs so stark angestiegen und der Massenfluss so weit abgefallen, dass jetzt plötzlich das gesamte aus der Scheibe kommende Material „durchpasst": Die Eddington-Grenze spielt keine Rolle mehr. Das Wachstum des Schwarzen Lochs ist jetzt nicht mehr durch das Eddington-Limit begrenzt, sondern folgt der freien Akkretion, wobei die Massenflussrate auf Grund der Entleerung des Reservoirs kontinuierlich kleiner wird. Das beschleunigte Wachstum ist beendet, Akkretionsrate und Massenzuwachs werden immer geringer. In dieser Phase entspricht die beobachtete Leuchtkraft der Wachstumsrate des Schwarzen Lochs.

Wenn schließlich die Massenflussrate auf unter rund drei Promille der Eddington-Grenze gefallen ist und das Schwarze Loch kaum noch weiter wächst, dann ändert sich auch die Abstrahlungseigenschaft des Materials der Scheibe. Es kann nicht mehr schnell genug abkühlen und nimmt einen nennenswerten Teil der Energie doch mit hinter den Ereignishorizont (advektions-dominierte Akkretion). Die Leuchtkraft ist jetzt viel geringer als sie der ohnehin schon geringen Wachstumsrate des Schwarzen Lochs entspräche. Abbildung 4 zeigt die Entwicklung der Massenflussrate ins Schwarze Loch und dessen Masse für ein charakteristisches Beispiel, bei dem am Anfang $10^{10}\ M_\odot$ in der Scheibe stecken. Man sieht, wie binnen weniger hundert Millionen Jahre ein Schwarzes Loch von über einer Milliarde Sonnenmassen entsteht. Die Zeit reicht also selbst für die ersten Quasare.

Dieses Modell erklärt sehr schön das Wachstum der Schwarzen Löcher in den Zentren der Galaxien. Doch es gibt ein Problem, das diese Theorie fast zum Einsturz gebracht hätte. Eigentlich erwartet man, dass Schwarze Löcher kleiner Masse schneller ausgewachsen sind als mit großer Masse. Beobachtungen sprechen indes für das gegenteilige Phänomen.

Die antihierarchische Entwicklung Schwarzer Löcher

Schwarze Löcher lassen sich sehr gut im Röntgenbereich studieren, weil das nahe am Ereignishorizont befindliche Gas sehr heiß ist und in diesem Spektralbereich sehr hell leuchtet. Mehrere Forschergruppen, darunter unsere, haben jüngst eine große Zahl aktiver Galaxien, auch aktive galaktische Kerne genannt, (kurz AGN, siehe „Quasare und Aktive Galaxien", S. 115).) untersucht und über ihre Helligkeit Rückschlüsse auf ihre Masse gezogen. Zusätzlich zur Helligkeit wurden auch deren Entfernungen von uns bestimmt. Da man wegen der endlichen Lichtlaufzeit in die

Bei der Akkretion erhitzt sich das Gas auf Grund der Reibung. Je heißer und dichter das Material ist, umso größer ist der Druck. Der versucht, das Material auszudehnen und wirkt daher der Akkretion und der Gravitation entgegen. Bei Überschreiten einer kritischen Temperatur wird der Druck sogar stärker als die Gravitation, und die Massenaufnahme kommt zum Erliegen. Der Akkretionsprozess stellt sich also gerade so ein, dass sich die beiden Kräfte höchstens ausgleichen oder die Gravitation überwiegt. Das Eddington-Limit ist bis jetzt nur für den sphärischen Fall, also für Sterne wirklich gut verstanden. Für flache Gebilde, wie Akkretionsscheiben, ist seine Bedeutung derzeit das Thema intensiver Forschung. In erster Näherung scheinen aber die Unterschiede zwischen den beiden Fällen nicht all zu groß zu sein.

Vergangenheit des Universums schaut, kann man feststellen, wie alt das Universum war, als die beobachteten AGN das heute empfangene Licht aussandten. Dann teilte man die AGNs in Leuchtkraftklassen ein. Für die folgende Argumentation beschränken wir uns auf nur drei Klassen, nämlich helle, mittlere, und schwache AGN. Das entspricht dann

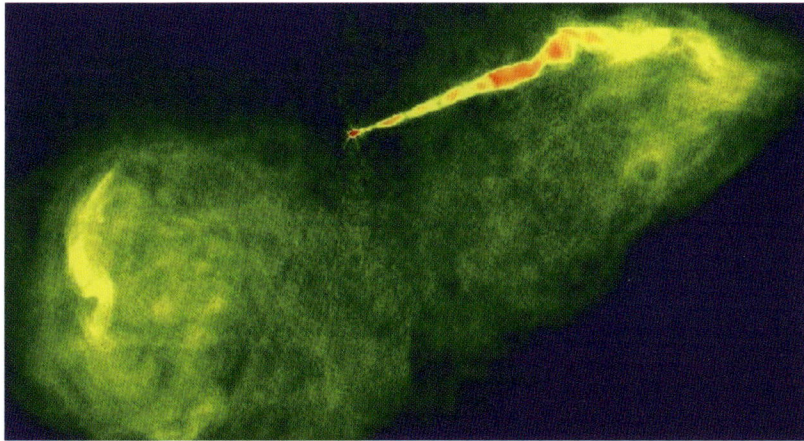

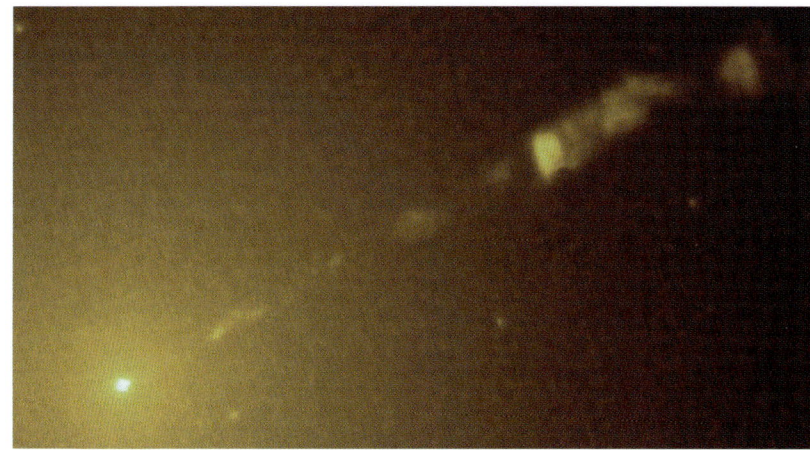

Abb. 7 *Die Galaxie M 87 besitzt im Zentrum ein Schwarzes Loch mit etwa zwei Milliarden Sonnenmassen. Die Aufnahme im Radiobereich (oben) zeigt zwei Jets, die in großen Radioblasen enden. Die mit dem Weltraumteleskop Hubble gewonnene Detailaufnahme lässt den Jet bis nahe an das Zentrum heran verfolgen* (Fotos: VLA, NRAO, NASA/ESA).

Abb. 8 *Das Zentralgebiet von Arp 220 zeigt die Kerne der beiden gerade verschmelzenden Galaxien. Arp 220 könnte sich zu einem lokalen Quasar entwickeln* (Hubble, NASA/ESA).

einer Differenzierung in massereiche, mittlere und weniger massereiche Schwarze Löcher (Abbildung 5).

Überraschenderweise waren die massereichsten Schwarzen Löcher allem Anschein nach als erste da, und je masseärmer die Schwarzen Löcher sind, umso später in der Entwicklung des Universums taucht der Großteil von ihnen auf. Zuerst war man skeptisch und dachte an einen Auswahleffekt: massearme Schwarze Löcher führen zu weniger hellen AGN, die bei großen Entfernungen nicht mehr beobachtbar sind. Aber es wurde schnell klar, dass man nicht einem so trivialen Fehler aufgesessen war.

Aber warum soll ein Schwarzes Loch mit einer Endmasse von beispielsweise 10^8 $M_\odot$ länger für seine Entwicklung benötigen als eines mit 10^{10} $M_\odot$? Und warum sehen wir das massereichere Schwarze Loch nicht, wenn es in einer früheren Ära des Universums in seiner Entwicklung gerade 10^8 $M_\odot$ besaß? Die Beobachtungen lassen sich nur erklären, wenn massereiche Löcher schneller wachsen als massearme. Aber wie kann ein Schwarzes Loch anfangs „wissen", bis zu welcher Masse es wachsen wird?

Wie beschrieben, beruht Akkretion auf Reibung, und diese ist umso effektiver, je mehr Masse sich in der Scheibe befindet. Da die Scheibenmasse – bis auf das, was dem Eddington-Limit zum Opfer fällt – im Wesentlichen zu der des Schwarzen Lochs beiträgt, ist also von Beginn an festgelegt, wo der Prozess enden wird. Tatsächlich entwickeln sich massereiche Schwarze Löcher schneller als massearme. Die Frage, bis zu welcher Größe es anwächst, hängt dann allein von der Masse der umgebenden Scheibe und der Effizienz der inneren Reibung ab. Das gilt nur unter der Annahme, dass keine äußeren Einflüsse, wie Wechselwirkung oder Ver-

schmelzen von Galaxien, stattfinden. In der Statistik der gesamten beobachteten Gruppe von aktiven galaktischen Kernen fallen diese aber offenbar nicht wesentlich ins Gewicht.

Das erklärt auch, warum die Milchstraße ein so vergleichsweise massearmes Schwarzes Loch aufweist. Wenn die Milchstraße in ihrer gesamten Entwicklung nie eine starke Wechselwirkung mit einer anderen Galaxie durchgemacht oder mit einer verschmolzen ist, dann wurde das Materiereservoir in der Scheibe nie im großen Stil aufgefüllt. Das Schwarze Loch musste von dem „leben", was in der Umgebung an Gas vorhanden war, und das reichte offenbar innerhalb von rund zehn Milliarden Jahren nur für einige Millionen Sonnenmassen. Dies müsste dann eine Art von Untergrenze für die Massen Schwarzer Löcher in den Zentren von heutigen Galaxien sein. Tatsächlich deuten die Massenbestimmungen darauf hin, dass es – wenn überhaupt – in galaktischen Zentren im gegenwärtigen Universum nur ganz wenige Schwarze Löcher mit weniger als 10^6 $M_\odot$ gibt.

Eine aufregende Wende im Studium der Schwarzen Löcher gab es im Jahr 1998. Damals wurde eine unerwartete Korrelation zwischen den Massen zentraler Schwarzer Löcher und den Massen der so genannten Bulges der jeweiligen Galaxie publiziert. *Bulge* (zu deutsch etwa Wulst) nennt man den fast kugelförmigen Zentralbereich von Spiralgalaxien. Die Bulges haben typischerweise Durchmesser von wenigen tausend Lichtjahren und werden dynamisch nicht vom zentralen Schwarzen Loch dominiert. Umso überraschender erschien es, dass die Schwarzen Löcher stets etwa 1,5 Promille der Masse des Bulges besitzen (Abbildung 6). Diese Relation gilt für Schwarze Löcher von einigen 10^7 bis einigen 10^9 $M_\odot$. Sie ist ein Indiz dafür, dass die Entwicklungen der Schwarzen Löcher und der Zentralbereich der sie beherbergenden Galaxien eng aneinander gekoppelt sind. Inzwischen hat man auch starke Indizien dafür, dass sich diese Korrelation im Laufe der Geschichte des Universums ändert.

Letzteres ist gar kein so großes Wunder: Bulges wie Schwarze Löcher entwickeln sich im Laufe der Zeit, und damit ist es nur natürlich, dass sich eine Relation zwischen beiden auch entwickelt. Warum es aber einen solchen Zusammenhang überhaupt gibt, ist viel weniger klar. Es gibt zwar schon eine ganze Anzahl von Erklärungsversuchen, aber so recht versteht man diesen Zusammenhang nicht. Da die Masse des Schwarzen Lochs selbst in den massereichsten Fällen viel zu klein ist, um im Bulge durch seine Gravitation „den Takt vorzugeben", muss diese Relation schon in der Entstehung der beiden Komponenten angelegt worden sein.

Im Endeffekt laufen alle Erklärungen darauf hinaus, dass das Schwarze Loch aus Material aus dem Bulge gefüttert wird und zu seiner heutigen Masse gewachsen ist. Wechselwirkungen und Verschmelzungen von Galaxien, die das Massereservoir für das Wachsen des Schwarzen Lochs aufgefüllt haben, haben natürlich auch das weitere Zentralgebiet, also den Bulge beeinflusst. Wenn man annimmt, dass die Eigenschaften der Bulges und des Massenreservoirs durch denselben Prozess – Wechselwirkung mit einer anderen Galaxie – bestimmt wurden, dann kann man sich durchaus vorstellen, dass dies auch zu einer Relation mit der Masse des sich aufbauenden Schwarzen Lochs führt. Aber bis man dies im Detail verstanden hat, kann es noch eine ganze Zeit dauern.

Kosmologie und Schwarze Löcher

Wie bereits angedeutet, gab es im jungen Universum wesentlich mehr Quasare als heute. Damit stellt sich die Frage, warum sich in einer späten Ära des Universums keine neuen gebildet haben. Wenn sich die Bildungsrate der massereichsten Schwarzen Löcher nämlich im Laufe der Lebenszeit des Universums nicht geändert hätte, dann könnten wir zwar erklären, warum diese sehr schnell anwachsen, aber nicht, warum ihre heutige Anzahl wieder so viel kleiner ist. Anders gefragt: Warum gibt es heute keine neuen Quasare, und wo sind die alten hingekommen?

Der zweite Teil der Frage ist einfach zu beantworten: Die Quasare im jungen Universum benötigen massereiche Schwarze Löcher *und* Materialeinfall, damit wir sie sehen können. Wenn aber der weitaus größte Teil des Materials schon im Schwarzen Loch verschwunden ist, dann gibt es nicht mehr viel Materie, die durch Reibung Energie freisetzen könnte. Damit werden Massenflussrate und Leuchtkraft klein. Die sehr massereichen Schwarzen Löcher sollten aber noch da sein, auch wenn sie jetzt nicht mehr durch ihre Leuchtkraft auffallen. Tatsächlich gibt es sie wohl auch heute noch, sind aber wegen ihrer geringen Leuchtkraft schwer beobachtbar. Ein Beispiel ist die Elliptische Galaxie M 87 (Abbildung 7), in deren Zentrum sich ein Schwarzes Loch mit rund zwei Milliarden Sonnenmassen verbirgt. Bleibt die Frage, warum heute keine neuen Schwarzen Löcher mehr entstehen.

Wie bereits erwähnt, ist als Initialzündung für das Wachstum der massereichsten Schwarzen Löcher eine gravitative Wechselwirkung oder gar ein Verschmelzen von Galaxien nötig. Nur so gelangen hinreichend große Gasmengen ins Zentrum. Verschmelzungen sind aber nur bei ausreichend großer Galaxiendichte wahrscheinlich. Dem läuft die Expansion des Universums entgegen, die den mittleren Abstand zwischen den Galaxien seit dem Urknall immer weiter anwachsen ließ. Aus diesem Grunde gab es im jungen Universum viele Zusammenstöße und Beinahe-Kollisionen, während diese Ereignisse heute kaum noch vorkommen. Entsprechend selten stellen sich im heutigen Universum günstige Bedingungen für die Entstehung eines sehr massereichen Schwarzen Lochs ein.

In unserer unmittelbaren kosmischen Umgebung gibt es vielleicht ein oder zwei Fälle. Der heißeste Kandidat ist dabei Arp 220 (Abbildung 8). Hier sieht man einen Zusammenstoß, der mit ziemlicher Sicherheit zu einer Verschmelzung führen wird, und dann vielleicht die Bildung eines lokalen Quasars zur Folge haben wird. Aber ansonsten sind solche Ereignisse ganz selten geworden. Häufiger gibt es schwächere Wechselwirkungen, die dann auch zu entsprechend schwächeren Formen der Aktivität von aktiven galaktischen Kernen führen. Eine genaue Statistik dafür steht aber noch aus.

Zusammenfassung

Astrophysiker gehen heute davon aus, dass jede Galaxie in ihrem Zentrum ein massereiches Schwarzes Loch verbirgt. Die Massen dieser Objekte können zwischen 10^6 und 10^{10} Sonnenmassen betragen. Die ersten Schwarzen Löcher dieser Größe haben sich schon einige hundert Millionen Jahre nach dem Urknall gebildet. Dieses verhältnismäßig rasche Wachstum beginnt man heute langsam zu verstehen. Vieles deutet darauf hin, dass wir es hier mit einer überraschenden Kopplung von Materialeigenschaften und der Entwicklung des Kosmos im Großen zu tun haben. Wechselwirkungen von Galaxien spielen hierbei ebenfalls eine bedeutende Rolle.

Literatur

[1] D. Richstone Nature, **1998**, *395*, A14.
[2] J. Michell, Phil.Trans.Roy.Soc.London, **1784**, *74.1*, 9.
[3] A. Eckart, R. Genzel, Nature, **1996**, *383*, 415.
[4] A. Ghez et al., Astrophys.J., **1998**, *509*, 678.
[5] W. J. Duschl, H. Lesch, Astron.Astrophys. **1994**, *286*, 431.
[6] T. P. Krichbaum et al., Astron. Astrophys. **1998**, *335*, L106.
[7] M. Schmidt, Nature **1963**, *197*, 1040.
[8] Ya. B. Zeldovich, Sov.Phys.-Dokl., **1964**, *9*, 195.
[9] E. E. Salpeter, Astrophys.J., **1964**, *140*, 796.
[10] J. E. Barnes, L. Hernquist L., Astrophys.J., **1996**, *471*, 115.
[11] A. S. Eddington, Zeitschr.Phys., **1921**, *7*, 351.
[12] W. J. Duschl, P.A. Strittmatter, in Vorbereitung, 2008.
[13] J. Magorrian et al., Astron.J., **1998**, *115*, 2285.
[14] G. Hasinger, T. Miyaji, M. Schmidt, Astron. Astrophys. **2005**, *441*, 417.

Der Autor

Wolfgang. Duschl, geb. 1958, studierte Physik und promovierte 1985, anschließend Forschungsstellen unter anderem am MPI für Astrophysik in Garching, Institute of Astronomy in Cambridge (GB), Institut für Theoretische Astrophysik, Heidelberg, und MPI für Radioastronomie, Bonn. Heute forscht und lehrt er an der Universität Kiel und am Steward Observatory der University of Arizona in Tucson, USA, und ist Direktor des Instituts für Theoretische Physik und Astrophysik der Universität Kiel.

Anschrift
Prof. Dr. Wolfgang J. Duschl, Institut für Theoretische Physik und Astrophysik, Universität Kiel, Leibnizstraße 15, 24118 Kiel. wjd@astrophysik.uni-kiel.de

Im Schatten Schwarzer Löcher

ANDREAS DE VRIES

Wie sieht ein Schwarzes Loch aus? Die Frage erscheint paradox, denn schließlich kann man es gar nicht sehen. Theoretische Überlegungen lassen aber die Hoffnung aufkommen, dass Astronomen mit zukünftigen Teleskopen den Schatten des Schwarzen Lochs beobachten können, das Astrophysiker im Zentrum der Milchstraße vermuten.

Die Erforschung Schwarzer Löcher beschränkte sich lange Zeit auf theoretische Überlegungen. Die steigende Leistungsfähigkeit der Teleskope und die Möglichkeit, den Himmel in praktisch allen Wellenlängenbereichen studieren zu können, hat die Lage jedoch verändert: Es gibt heute sehr viele Beobachtungshinweise, die auf die Existenz dieser geheimnisvollen Objekte hindeuten.

Schwarze Löcher lassen sich nur im Rahmen der Allgemeinen Relativitätstheorie verstehen. In ihr wird ein Gravitationsfeld mathematisch durch eine Raumzeit beschrieben. Wenn man die Zeitdimension und eine räumliche Dimension unterdrückt, so kann man sich die Raumzeit in der Umgebung beispielsweise eines Sterns als ein zweidimensionales Gummituch veranschaulichen, in dessen Mitte sich der Körper befindet. Je schwerer er ist, umso stärker sinkt er im Gummituch ein und krümmt es. Ist der Körper klein und massereich genug, so entsteht ein Trichter, dessen Krümmung ab einer bestimmten Stelle ausreicht, materielle Teilchen und sogar Licht gefangen zu halten. Diese Grenze um den Himmelskörper herum nennt man Ereignishorizont, und die Raumzeit repräsentiert dann ein Schwarzes Loch (Abbildung 1).

Man beschreibt solche Objekte im Rahmen so genannter Kerr-Newman-Raumzeiten. Sie sind allein durch die drei Parameter Masse $\mathcal{M}$ (in kg), Drehimpuls J (in kg m²/s) und elektrische Ladung q (in kg$^{1/2}$ m$^{3/2}$/s) vollständig charakterisiert. Weitere Eigenschaften hat ein Schwarzes Loch nicht! Nach diesem „Keine-Haare-Theorem" verliert jede Form von Materie hinter dem Ereignishorizont sämtliche Informationen über andere als diese drei Parameter.

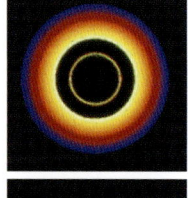
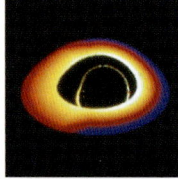
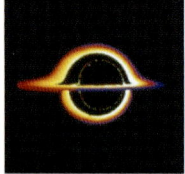

Computersimulationen verdeutlichen, wie wir die heiße Gasscheibe beim Flug über ein Schwarzes Loch wahrnehmen würden. Durch die starke Raumkrümmung werden auch Bereiche sichtbar, die hinter dem Ereignishorizont liegen (Simulationen: Quien, Wehrse, Kindl).

In der Allgemeinen Relativität ist es gebräuchlich, diese drei Grundgrößen der Schwarzen Löcher zu „geometrisieren", das heißt sie in Längeneinheiten umzurechnen:

$$M = G\mathcal{M}/c^2, a = J/c\mathcal{M}, Q = \sqrt{G}q/c,$$

mit der Gravitationskonstanten G und der Lichtgeschwindigkeit c.

Eine Kerr-Newman-Raumzeit ist stationär und asymptotisch flach. Sie repräsentiert also ein zeitunabhängiges Gravitationsfeld im Vakuum, dessen komplette Masse in einer Singularität konzentriert ist, die einen Kreisring mit Radius a in der Äquatorebene um den Mittelpunkt darstellt. In derartigen Singularitäten ist die Raumzeitkrümmung unendlich. Für ein nicht rotierendes Gravitationsfeld ist $a=0$, und die Singularität ist für $M>0$ ein Punkt.

Man unterscheidet je nach dem Wert der drei Parameter folgende Spezialfälle:

Kerr-Raumzeit:	$M>0, a\neq0, Q=0$
Reissner-Nordström-Raumzeit:	$M>0, a=0, Q\neq0$
Schwarzschild-Raumzeit:	$M>0, a=0, Q=0$
Minkowski-Raumzeit:	$M=0, a=0, Q=0$

Eine Kerr-Raumzeit beschreibt also eine rotierende ungeladene Masse im Vakuum, eine Reissner-Nordström-Raumzeit eine statische geladene Masse und die Schwarzschild-Raumzeit eine ungeladene statische Masse. Der Minkowski-Raum schließlich ist der gravitationsfreie flache Raum.

Die Schwarzschild-Raumzeit ist eine der einfachsten nichttrivialen Lösungen der Feldgleichungen. Als erster fand sie der damalige Direktor des Astrophysikalischen Observatoriums Potsdam Karl Schwarzschild im Jahre 1916, nur zwei Monate nach Veröffentlichung der Einsteinschen Feldgleichungen. Die Umstände, unter denen die Lösung entstand, waren tragisch. Schwarzschild befand sich an der russischen Front, als er sich mit der Allgemeinen Relativitätstheorie beschäftigte. Am 22. Dezember 1915 berichtete er in einem Brief an Einstein von der Lösung für das Gravitationsfeld außerhalb eines kugelförmigen Körpers: „Wie Sie sehen, meint es der Krieg freundlich mit mir, indem er mir trotz heftigen Geschützfeuers in der durchaus terrestrischen Entfernung diesen Spaziergang in Ihrem Ideenlande erlaubte," endete sein Brief. Einstein antwortete prompt und freute sich, dass die strenge Lösung so einfach sei. Wenige Wochen später hatte Schwarzschild auch die Raumzeit-Krümmung im Innern einer Kugel berechnet. Dann erkrankte er jedoch an Pemphigus, einer Hautkrankheit, der

Geheimnisvoller Kosmos. Herausgegeben von Thomas Bührke und Roland Wengenmayr · Copyright © 2009 WILEY-VCH Verlag GmbH & Co. KGaA, Weinheim · ISBN: 3-527-40899-1

er 1916 erlag. Die Lösung für ein rotierendes Gravitationsfeld fand erst 1963 der neuseeländische Mathematiker Roy Kerr.

Geometrische Optik

Nach den Gesetzen der geometrischen Optik bewegt sich eine elektromagnetische Welle näherungsweise auf einer Schar von Lichtstrahlen, die überall senkrecht auf den Wellenfronten stehen. Im gravitationsfreien Raum, dem flachen Minkowski-Raum, sind dies Geraden. In einem allgemeinen Gravitationsfeld jedoch sind Lichtstrahlen gekrümmte Kurven. Ursache dafür ist, dass gemäß der Allgemeinen Relativität eine Raumzeit durch die vorhandene Masse verformt wird.

Die Näherung der geometrischen Optik funktioniert allerdings nur, wenn die Wellenlänge klein ist im Vergleich zu dem typischen Krümmungsradius des betrachteten Gebiets der Raumzeit. Für ein Schwarzes Loch beispielsweise ist der Krümmungsradius R gegeben durch den reziproken Wert der typischen Komponente des Riemannschen Krümmungstensors,

$$R = \sqrt{r^3 / R_\mathrm{S}},$$

wobei r den Abstand vom Zentrum des Schwarzen Lochs und R_S den Radius des Ereignishorizonts des Schwarzen Lochs bezeichnen. Für ein vergleichsweise kleines Schwarzes Loch mit zehnfacher Sonnenmasse beträgt der Radius R_S des Ereignishorizonts etwa 15 km. Der Krümmungsradius in der Nähe des Ereignishorizonts liegt also etwa in dem Bereich 15 – 20 km, und er wird um so größer, je weiter das betrachtete Raumgebiet von dem Schwarzen Loch entfernt ist (der Krümmungsradius des flachen Raums ist unendlich, da seine Krümmung verschwindet). Demnach ist für ein solches Schwarzes Loch und für Strahlung in der Nähe des Ereignishorizonts die geometrische Optik bei Radiostrahlung mit Wellenlängen von etwa 100 m bis 1 km keine zulässige Näherung mehr. Aber schon für UKW mit einigen Metern Wellenlänge ist sie brauchbar, und erst recht für noch kürzere Wellen wie Infrarot, Licht oder gar Röntgenstrahlung.

Für das Zentrum der Milchstraße, wo man ein gigantisches Schwarzes Loch mit etwa 2,6 Millionen Sonnenmassen vermutet [8], beträgt der Krümmungsradius etwa 4 Millionen km. Hier ist die geometrische Optik selbst bei großen Beobachtungswellenlängen im Kilometerbereich in der Umgebung des Lochs ausreichend.

Berechnungen der scheinbaren, vom Ort des Beobachters abhängigen Gestalt eines Schwarzen Lochs wurden erstmals 1972 von Bardeen durchgeführt, und zwar für ein extrem schnell rotierendes Schwarzes Loch aus der Sicht eines Beobachters in der Äquatorebene. Später erstellte Luminet Grafiken für ein statisches (nicht rotierendes) Schwarzes Loch. Chandrasekhar fasste Bardeens und Luminets Berechnungen zusammen und verallgemeinerte sie. 1995 berechneten Quien, Wehrse und Kindl vom Institut für

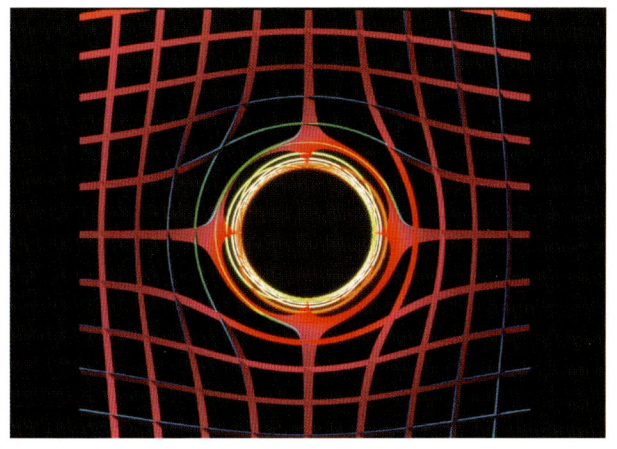

Veranschaulichung der Raumkrümmung in der Umgebung eines Schwarzen Lochs: Ein orthogonales Gitter verformt sich zunehmend in der Nähe des Schwarzschild-Radius (Quien, Wehrse, Kindl).

Theoretische Astrophysik in Heidelberg Bilder einer Gasscheibe in der Äquatorebene eines Schwarzen Lochs, wenn sich der Beobachter vom Nordpol des Systems über den Äquator zum Südpol bewegt (Abbildung auf Seite 128).

Rotation und elektrische Ladung verändern den Schatten

Nehmen wir die Ungenauigkeit der geometrischen Optik in Kauf, so offenbart sich uns die Welt als optische Täuschung. Da die Lichtstrahlen, die einen Beobachter im Unendlichen erreichen, gekrümmt sind, scheinen sie für ihn aus einer ganz anderen Richtung zu kommen. Zur Darstellung des scheinbaren Herkunftsorts in der Projektionsebene des Beobachters verwendet man die Koordinaten x und y (Abbildung 2).

Untersucht man die Lichtstrahlen in einer Kerr-Raumzeit, so entdeckt man, dass es Bahnen mit konstantem Radius (gemessen von der zentralen Singularität) gibt, also geschlossene, periodisch um das Zentrum kreisende Bahnen außerhalb des Ereignishorizonts. (Es sind im Allgemeinen allerdings keine exakten Kreisbahnen, denn die Rotation bricht die Kugelsymmetrie der Raumzeit und Bahnen mit konstanten Radien sind in Wahrheit Ellipsen.)

Kreisende Photonen sind sicherlich ein interessantes Phänomen, aber was haben geschlossene Photonenorbits mit dem Schatten Schwarzer Löcher zu tun? Sie beschreiben den Grenzwert jener innersten Photonenbahnen, die aus dem Unendlichen kommend wieder ins Unendliche entwischen. Unendlich bedeutet hier die asymptotisch flache

INTERNET

Animationen von Schatten Schwarzer Löcher
www.math-it.org/Mathematik/Astronomie/schatten.html

Infos zu Schwarzen Löchern
imagine.gsfc.nasa.gov/docs/science/know_l2/black_holes.html

ABB. 1 | RAUMZEITKRÜMMUNG

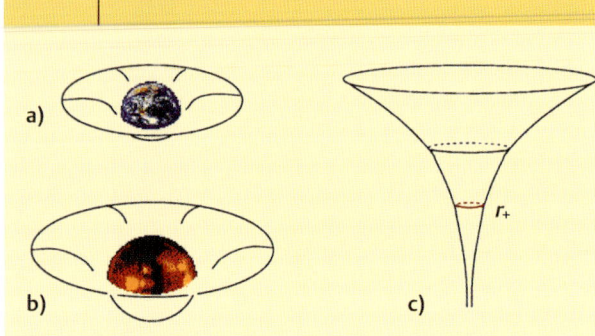

Die Raumzeitkrümmung statischer Massenkörper:
a) die Erde, b) die Sonne, c) ein Schwarzes Loch (nicht maßstabsgetreu).

Region in ausreichend großer Entfernung vom Schwarzen Loch. Schon beim 25-Fachen des Radius des Ereignishorizonts ist der Krümmungsradius nach (1) etwa $R = 125\ R_S$. Man kommt also sehr schnell in asymptotisch flache Regionen.

Für einen Beobachter im Unendlichen, für den sich das Schwarze Loch vor einem hellen Hintergrund in der asymptotisch flachen Region befindet, wirft es einen Schatten, der in der Näherung der geometrischen Optik durch die Menge seiner geschlossenen Photonenbahnen gegeben ist.

Überraschenderweise kann man zur Bestimmung der Bahnen mit konstanten Radien das komplizierte nichtlineare Differentialgleichungssystem auf ein so genanntes Gradientensystem reduzieren. Gradientensysteme sind in der

ABB. 2 | LICHTBAHNEN

Die Koordinaten x und y, die die scheinbare Herkunft eines Lichtstrahls angeben: x bezeichnet den scheinbaren Abstand von der Rotationsachse und y die Projektion der Rotationsachse. Θ ist der Breitengrad des Beobachters im Koordinatensystem der Raumzeit. Im Unterschied zur üblichen geographischen Breite haben der Nordpol die Breite Θ = 0 Grad, der Äquator Θ = 90 Grad und der Südpol Θ = 180 Grad.

mathematischen Physik wohlbekannt. Das System ist sogar vergleichsweise einfach: Es hat als Potentialfunktion ein Polynom fünften Grades in Abhängigkeit vom radialen Abstand eines Photons von der Singularität (siehe „Bifurkationen", S. 126).

Dies vereinfacht die Untersuchung beträchtlich. Geschlossene Photonenbahnen sind nämlich gegeben durch die relativen Extrema der Potentialfunktion F, für die das „Gradientenfeld" $F' = \delta F/\delta r$ verschwindet. In einer Kerr-Newman-Raumzeit fügt es sich, dass für einen geschlossenen Photonenorbit stets auch $F'' = 0$ ist. Punkte r_c, in denen die beiden ersten Ableitungen verschwinden ($F'(r_c) = F''(r_c) = 0$) heißen entartete kritische Punkte der Funktion F. Da Punkte der Funktion F in Wahrheit Radien in der Raumzeit sind, entsprechen umgekehrt die Radien der geschlossenen Photonenbahnen genau den entarteten kritischen Punkten der Potentialfunktion F.

Betrachtet man nun die Koeffizienten der Potentialfunktion als Parameter und ändert sie ein klein wenig, so verändert sich bei einigen Konstellationen das qualitative Verhalten der Funktion dramatisch. So können bei geringer Koeffizientenänderung Maxima und Minima paarweise verschmelzen oder neu entstehen und die Funktion demnach statt beispielsweise vier plötzlich zwei lokale Extrema besitzen.

Solche abrupten Übergänge erfolgen an einer scharfen Grenzmenge im so genannten Kontrollraum, den die Koeffizienten als Koordinaten aufspannen. Diese Grenzmenge heißt Bifurkationsmenge oder Separatrix (siehe „Bifurkationen"). Sie ist die Menge aller entarteten kritischen Punkte.

In unserem Falle ergibt sie eine zweidimensionale, sich selbst durchdringende Fläche, ein Schwalbenschwanz (Abbildung 3), in einem dreidimensionalen Kontrollraum. Damit bildet die Gesamtheit der Funktionen F, deren entartete kritische Punkte r_c Radien geschlossener Photonenbahnen sind, eine Teilmenge der Bifurkationsmenge von F. Es ist die Schnittmenge des Schwalbenschwanzes mit der Kontrollmenge D, die als eine weitere zweidimensionale Fläche denjenigen Bereich im Kontrollraum begrenzt, in dem sich die physikalisch möglichen Parameter befinden können.

Die Schnittmenge lässt sich algebraisch bestimmen, indem man die beiden notwendig erfüllten Gleichungen $F'(r_c) = F''(r_c) = 0$ letztendlich nach den Koordinaten x und y des scheinbaren Herkunftsorts des jeweiligen Photonenstrahls (Abbildung 1) umstellt. Auf diese Weise erhält man Schnittkurven, die allein von x und y sowie den drei Parametern des Schwarzen Lochs (Masse M, Drehimpuls a und Ladung Q) abhängen. Sie sind in Abbildung 4 bei gegebener Masse M für variierende Parameter a und Q dargestellt.

Der Kontrollraum der die Photonenorbits bestimmenden Potentialfunktion ist dreidimensional und damit anschaulich darstellbar. Die genaue Analyse offenbart, wie sich die drei Größen eines Schwarzen Lochs auf den Schattenwurf auswirken. Jede Parameterkonstellation hat ihren eigenen charakteristischen Schatten. Es ist daher prinzipiell möglich, durch Beobachtung der Größe und Form des Schattens Masse, Ladung und Rotation eines Schwarzen Lochs abzuleiten und auf diese Weise zu messen.

Geometrisch hat die Rotation einen wesentlichen Einfluss auf die Gestalt der physikalisch möglichen Menge D der Kontrollparameter: Rotiert die Gravitationsquelle, so ist sie eine Fläche wie in Abbildung 3, während sie für eine statische Masse nur eine Halbgerade ist. Physikalisch ergibt die Schnittmenge des Kontrollraums mit dem Schwalbenschwanz genau die Umrisskurve des Schattens des Schwarzen Lochs; die Halbgerade im statischen Fall hat nur einen einzigen physikalisch relevanten Schnittpunkt. Mathematisch ausdrückt bedeutet dies, dass es aufgrund der Kugelsymmetrie genau einen Radius für einen Photonenorbit gibt, eben eine Kreisbahn. Eine weitere Analyse zeigt zudem, dass vorhandene elektrische Ladung den Schatten eines Schwarzen Lochs stets verkleinert (Abbildung 4).

Ist der Schatten eines Schwarzen Lochs beobachtbar?

Nach einer gängigen These sind viele Schwarze Löcher von einer Scheibe aus Gas und Staub umgeben, aus der sie Materie aufsammeln. Die potentielle Energie der einfallenden Materie wird dabei durch Reibungsverluste in kinetische Energie umgewandelt, die als Strahlung entweicht. Je mehr Materie einfällt, desto heller ist die Quelle. Vor diesem leuchtenden Hintergrund wirft das Schwarze Loch einen Schatten.

Damit dieser Schatten beobachtet werden kann, muss zunächst einmal die Beobachtungswellenlänge klein genug sein, so dass sich die Wellen in guter Näherung auf Strahlen gemäß der geometrischen Optik bewegen. Das ist in der Umgebung des Ereignishorizonts und im gesamten Außenraum des Schwarzen Lochs erfüllt, wenn die Wellenlängen sehr viel kleiner sind als der Schwarzschild-Radius des Schwarzen Lochs. Bei einem Fehler von beispielsweise 1 Promille kann man also den Schatten eines Schwarzen Lochs mit einigen Sonnenmassen $M_\odot$ und einem Schwarzschildradius M von einigen Kilometern bei üblichen Wellenlängen im Radiobereich sehen.

Der mutmaßliche Bereich der Massen astronomischer Schwarzer Löcher reicht von etwa 10 $M_\odot$ bei stellaren Schwarzen Löchern bis 100 Millionen $M_\odot$ in Galaxienkernen. Diese Objekte besitzen Schwarzschild-Radien von etwa 30 bis 300 Millionen Kilometern. Letzteres entspricht circa dem doppelten Abstand Erde-Sonne. Wie groß erscheint nun der Schatten einem entfernten Beobachter?

Ein ungeladenes Schwarzes Loch wirft einen Schatten mit einem Durchmesser D (Abbildung 2). Damit sieht ein Beobachter in der Entfernung d den Schatten mit einem Winkeldurchmesser δ, der durch $D/2d = \tan \delta/2$ gegeben ist. Für sehr große Entfernungen gilt näherungsweise $\tan \delta/2 = \delta/2$, mit δ in Radiant (Bogenmaß), also $\delta = D/d$. Das ergibt die Werte in Tabelle 1.

Das Auflösungsvermögen δ_0 eines Teleskops hängt von der Wellenlänge λ der beobachteten Strahlung und dem Durchmesser D_O des Objektivs ab:

$$\delta_0 = 1{,}22\ \lambda/D_O.$$

ABB. 3 | KONTROLLRAUM

Der Schwalbenschwanz K (weiß) und die Kontrollmenge D (rot) in dem von den drei Koeffizienten c_1, c_2, c_3 aufgespannten Kontrollraum. Hier ist speziell a = M/2 und Q = 0.

ABB. 4 | GESCHLOSSENE PHOTONENBAHNEN

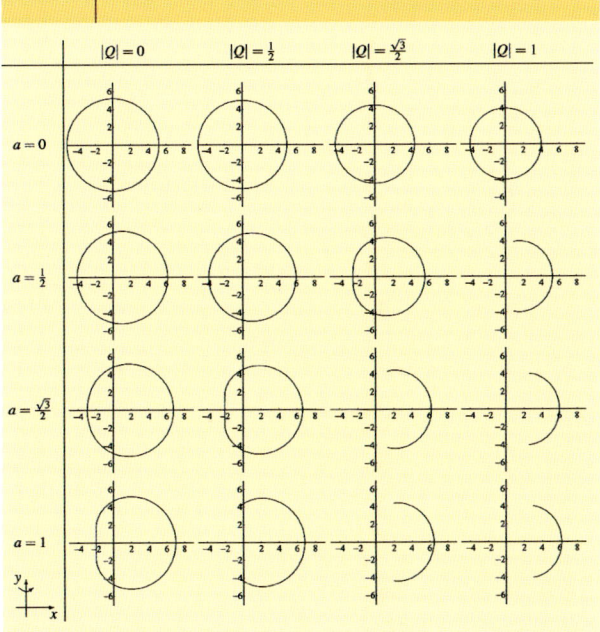

Die scheinbaren Orte der äußeren geschlossenen Photonenbahnen in Kerr-Newman-Raumzeiten verschiedener Ladung Q und Rotation a für einen Beobachter im Unendlichen in der Äquatorebene Θ = π/2 . Die Längen der Graphen sind normiert auf die Masse M.

TAB. 1 | SCHATTENGRÖSSEN

Beispielobjekt	Masse ($M_\odot$)	D (km)	d (Lj)	$\delta = D/d$ ($''$)
Stellares Schwarzes Loch	10	300	10	$6{,}5 \cdot 10^{-7}$
Stellares Schwarzes Loch	10	300	1000	$6{,}5 \cdot 10^{-9}$
Milchstraßenkern	$2{,}5 \cdot 10^6$	$7{,}5 \cdot 10^7$	30 000	$5{,}5 \cdot 10^{-5}$
Galaxienkern	10^9	$3 \cdot 10^{10}$	10^7	$6 \cdot 10^{-5}$

TAB. 2 | AUFLÖSUNGSVERMÖGEN

Apertur D_O	Wellenlänge	Auflösung ($''$)	Teleskopart
2,4 m	550 nm	0,058	„Hubble" im Sichtbaren
2,4 m	1 nm	0,001	„Hubble" im harten Röntgenbereich
100 m	1 µm	0,0025	VLT-Interferometer (ESO)
8000 km	1 cm	$3 \cdot 10^{-4}$	Very Long Baseline Array
400 000 km	1 cm	$6 \cdot 10^{-6}$	Mondinterferometer

Damit erhält man die Werte in Tabelle 2. Ein erdgebundenes optisches Teleskop mit adaptiver Optik hat ein Auflösungsvermögen von etwa 0,05". Ein Sterninterferometer, wie das Very Large Telescope der Europäischen Südsternwarte in Chile, erzielt bereits eine zehnmal bessere Auflösung. Dennoch sind die Schatten der Beispielobjekte aus Tabelle 1 mit erdgebundenen optischen Teleskopen nicht beobachtbar. Ein Vergleich mit Tabelle 2 ergibt, dass der Schatten eines supermassereichen Schwarzen Lochs in einem Galaxienkern durch ein weltraumgestütztes Fernrohr mit einem 2,4-m-Objektiv wie das Hubble-Teleskop aufgelöst werden könnte, wenn man es im Röntgenbereich be-

obachten würde. Im Bereich des sichtbaren Lichts ist die Auflösung zu gering. Die derzeitigen Very Long Baseline Interferometer (VLBI), die einen weltweiten Verbund im Radiobereich bilden, reichen für diese Aufgabe ebenfalls noch nicht aus. Der Kern der Milchstraße benötigt ein erdgestütztes Radiointerferometer im Submillimeterbereich oder ein Weltrauminterferometer, bei dem eine Antenne beispielsweise auf dem Mond steht. Abbildung 5 zeigt die Ergebnisse von Computersimulationen

Nicht alle Schwarzen Löcher sind von einer leuchtenden Gasscheibe umgeben. Irgendwann hat ein solches Objekt seine Umgebung „leergesogen", und der Leuchtprozess

BIFURKATIONEN

Ein Gradientensystem ist eine (möglicherweise vektorwertige) Differentialgleichung für die Funktion $r(\tau)$ der Form

$$\dot{r} = \frac{\partial F}{\partial r}, \tag{1}$$

mit einer *Potentialfunktion F*.

Hier bedeutet $\dot{r} = \frac{\mathrm{d}r}{\mathrm{d}t}$.

Geschlossene Photonenbahnen in Kerr-Raumzeiten genügen solch einem Gradientensystem, für das F ein einfaches Polynom bezüglich r ist und von drei *Kontrollparametern* c_1, c_2 und c_3 abhängt:

$$F(r) = \frac{1}{5}r^5 + \frac{1}{3}c_3 r^3 + \frac{1}{2}c_2 r^2 + c_1 r, \tag{2}$$

also $F(r) = F(r, c_1, c_2, c_3)$. Punkte r_c mit $F^{\mathrm{I}}(r_c) = F^{\mathrm{II}}(r_c) = 0$ heißen *entartete kritische Punkte* der Funktion F. Ein Punkt r der Funktion F entspricht in Wahrheit dem radialen Abstand eines Photons von der Singularität in der Kerr-Raumzeit. Man kann beweisen, dass die konstanten Radien der Photonenorbits stets entartete kritische Punkte der Potentialfunktion sind.

Nun existiert nicht für jede Kombination der drei Kontrollparameter ein entarteter kritischer Punkt. Beispielsweise gibt es für $c_2 = c_3 = 0$ und $c_1 = 1$ gar kein reelles Extremum, denn für die Potentialfunktion

$$F(r) = F(r,0,0,1) = \frac{1}{5}r^5 + r \tag{3}$$

folgt, dass $F^{\mathrm{I}}(r) = r^4 + 1 \geq 1$ für alle reellen Werte von r gilt, das heißt F ist streng monoton wachsend. Allgemein heißen Funktionen, die keine entarteten kritischen Punkte besitzen, *Morse-Funktionen*. Sie sind „stabile" Funktionen in dem Sinn, dass sie bei kleinen Änderungen der Kontrollparameter keine Änderung des qualitativen Verhaltens erfahren: Ein einfaches Beispiel für eine Nicht-Morsefunktion ist unser Potential mit ver-

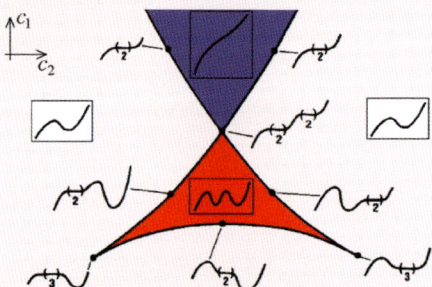

Die Separatrix der Potentialfunktion F für ein festes $c_3 < 0$. Sie trennt die drei möglichen Stabilitätsbereiche: Morse-Funktionen ohne kritischen Punkt (oben), mit zwei (weiße Fläche) und mit vier kritischen Punkten (Mitte). Die eingerahmten Kurven zeigen den typischen Graphen einer Funktion des jeweiligen Stabilitätsbereichs. Jeder Punkt auf der Separatrix repräsentiert eine Nicht-Morse-Funktion, die Zahlen geben den Grad der Entartung des jeweiligen kritischen Punktes an.

schwindenden Kontrollparametern

$$F(r) = F(r;0,0,1) = \frac{1}{5}r^5. \tag{4}$$

Hier ist $F^{\mathrm{I}}(r) = r^4$ und $F^{\mathrm{II}}(r) = 4r^3$, das heißt $r = 0$ ist ein entarteter kritischer Punkt von $F(r;0,0,0)$. Eine kleine Änderung des Kontrollparameters c_1 beispielsweise ergibt

$$F(r;0,0,c_1) = \frac{1}{5}r^5 + c_1 r, \tag{5}$$

und $F^{\mathrm{I}}(r;0,0,c_1) = r^4 + c_1$, $F^{\mathrm{II}}(r;0,0,c_1) = 4r^3$. Für ein kleines positives $c_1 > 0$ gibt es gar keinen kritischen Punkt, für ein negatives c_1 jedoch gibt es gleich zwei kritische Punkte,

$$r = \sqrt[4]{-c_1}:$$

Das ist gemeint mit „Änderung des qualitativen Verhaltens".

Betrachtet man systematisch den *Kontrollraum*, das ist der dreidimensionale Raum der Kontrollparameter c_1, c_2, c_3, so erkennt man zum Beispiel bei festem $c_3 < 0$ für verschiedene Raumbereiche, dass die Paare (c_1, c_2), die F zu einer Nicht-Morse-Funktion machen, eine Kurve ergeben, die *Separatrix* oder *Bifurkationsmenge* (Abbildung links). Die Separatrix trennt also Bereiche des Kontrollraums, die qualitativ verschiedene Potentialfunktionen ergeben. Jeder ihrer Punkte repräsentiert eine Nicht-Morse-Funktion. Lässt man nun auch c_3 variieren, so verallgemeinert sich die Separatrix zu einer Fläche, dem Schwalbenschwanz (Abbildung rechts).

Verändern sich die Kontrollparameter im Laufe der Zeit („Kurven durch den Kontrollraum"), so entstehen bei jeder Überquerung der Separatrix *Bifurkationen*. In der Physik spielen Bifurkationen eine große Rolle bei nichtlinearen Phänomenen, beispielsweise bei der Beschreibung von Phasenübergängen, beim Laser oder bei turbulenter Strömung.

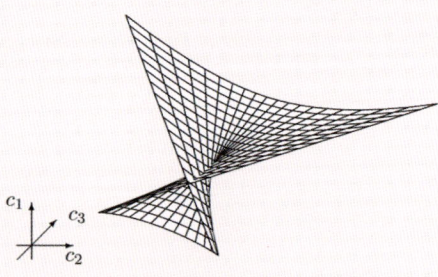

Die Separatrix der Potentialfunktion F im dreidimensionalen Kontrollraum, aufgespannt von c_1, c_2 und c_3.

versiegt allmählich. Man nimmt beispielsweise an, dass in das Schwarze Loch im Zentrum der Milchstraße nur noch wenig Materie einfällt [10].

Auch in diesen Fällen gibt es eine Möglichkeit, den Schatten des Schwarzen Lochs zu sehen. Hier dient die Kosmische Hintergrundstrahlung als „Beleuchtung." Dieses Strahlungsfeld entstand etwa 400 000 Jahre nach dem Urknall, als das Urgas rekombinierte. Diese Strahlung besitzt eine Wellenlänge von etwa 1 mm und erscheint aus allen Richtungen. Ein Interferometer von Mondbahndurchmesser hätte für eine Beobachtungswellenlänge von 1 mm eine Auflösung von 10^{-7} Bogensekunden. Somit wären theoretisch auch Schatten relativ kleiner stellarer Schwarzer Löcher bis im Abstand von etwa zehn Lichtjahren in der Hintergrundstrahlung sichtbar. Zwar dürfte es erhebliche Probleme bereiten, die winzigen Schatten von den anderen Strukturen in der Hintergrundstrahlung zu unterscheiden, jedoch könnte dies durch ihre nachgewiesen hohe Isotropie erleichtert werden.

Zusammenfassung

Schwarze Löcher werden im Rahmen der Allgemeinen Relativitätstheorie als Singularitäten beschrieben. Sie krümmen die Raumzeit in ihrer Umgebung so stark, dass Licht in einem bestimmten Abstand auf Kreis- oder Ellipsenbahnen um die Singularität herumläuft. Insofern werfen Schwarze Löcher vor einem hellen Hintergrund einen Schatten. Mit großen Teleskopen könnten diese zukünftig eventuell nachgewiesen werden und Informationen über die einzigen Eigenschaften Schwarzer Löcher liefern: Masse, Ladung und Rotation.

Literatur

[1] J. M. Bardeen, in: C. De Witt, B.S. De Witt (Hrsg.), Black holes. École d'été de Physique Théorique, Les Houches 1972, S. 215, Gordon and Breach Science Publishers, New York 1973.

[2] S. Chandrasekhar, The Mathematical Theory of Black Holes, S. 350, Oxford University Press, Oxford 1983.

[3] H. Falcke, Sterne und Weltraum, **2001**, *40*(1), 12.

[4] H. Falcke, F. Melia, E. Algol. Astrophys. J. Lett. **2000**, *528*, L13

[5] H. Falcke, K. M. Menten, Sterne und Weltraum, **2003**, *42*, 29.

[6] J. P. Luminet, Astron. Astrophys, **1979**, *75*, 228.

[7] N. Quien, R. Wehrse, C. Kindl, Spektrum der Wissenschaft **1995**, (5), 56.

[8] Sterne und Weltraum, **2001**, *40* (2), 112, R. Schödel, Physik in unserer Zeit **2003**, *34* (1),7.

[9] A. de Vries, Classical and Quantum Gravity, **2000**, *17*, 123.

[10] H. Falcke, K.M. Menten, Sterne und Weltraum **2003**, 42, 29.

ABB. 5 | COMPUTERSIMULATIONEN

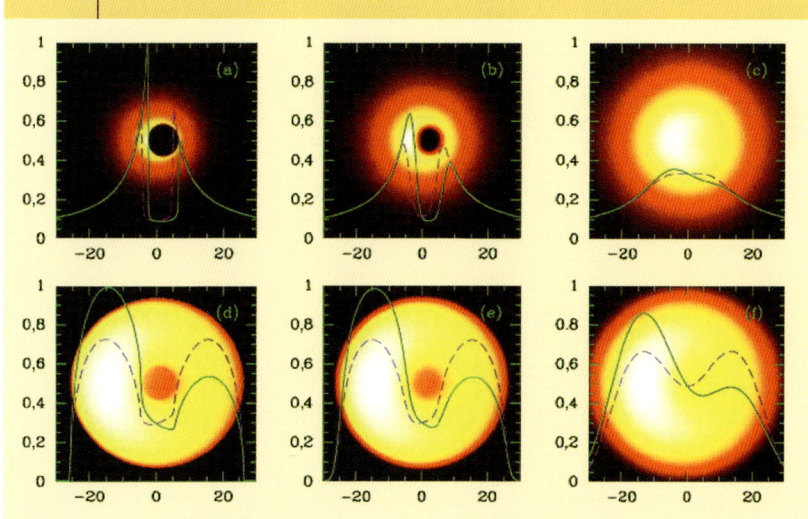

Computersimulierte Bilder des Schwarzen Lochs im Zentrum der Milchstraße. Die obere Reihe (a, b, c) zeigt Resultate für ein schnell rotierendes Schwarzes Loch, die untere Reihe (d, e, f) die Ergebnisse von Modellrechnungen ohne Rotation. Die beiden linken Teilbilder (a, d) stellen die Originalresultate der Computersimulation in höchster Auflösung dar. Die übrigen Bilder zeigen, wie das Schwarze Loch in realen Beobachtungen mit dem VLBI bei verschiedenen Wellenlängen aussehen könnte: b) und e) bei 0,6 mm Wellenlänge, c) und f) bei 1,3 mm Wellenlänge (Simulationen: H. Falcke).

Der Autor

Andreas de Vries, geb. 1964, 1983–1990 Studium der Mathematik und Astronomie an der Ruhr-Universität Bochum, 1994 Promotion, 1995–2000 Anwendungsentwickler bei der WestLB, Düsseldorf, seit 2000 Professor für Wirtschaftsinformatik an der FH Südwestfalen, Hagen.

Anschrift
*Prof. Dr. Andreas de Vries, FB Technische Betriebswirtschaft, FH Südwestfalen,
Haldener Straße 182, 58095 Hagen.
De-vries@fh-swf.de*

Einstein und die Folgen

CLAUS KIEFER

1905 veröffentlicht Albert Einstein fünf Arbeiten über die Relativitätstheorie, Quantentheorie und statistische Physik, die ihn schnell berühmt machen. Die Relativitätstheorie hat immense Auswirkungen auf Kosmologie und Astrophysik. Ein Ende ist nicht absehbar.

1905 legte Albert Einstein mit fünf herausragenden Arbeiten die Fundamente gleich mehrerer Gebiete der modernen Physik. Man bezeichnet deshalb jenes Jahr auch als Einsteins *annus mirabilis*, im Anklang an Isaac Newtons *anni mirabiles* 1664 bis 1666. Newton entwickelte damals in völliger Isolation unter anderem die Grundlage seiner Theorie der universellen Gravitation, die er erst 1687 in den Principia veröffentlichte. Er erkannte in seiner berühmten „Mondrechnung", dass die Kraft der Erde auf den fallenden Apfel die gleiche Kraft ist, die den Mond auf seiner Bahn um die Erde hält. Damit konnte er die vorher getrennten Gebiete der Astronomie und der Mechanik vereinigen. Auch Einstein konnte Zusammenhänge zwischen verschiedenen Bereichen knüpfen. Worum geht es in den fünf Arbeiten, die er zwischen dem 17.3. und dem 27.9.1905 bei den *Annalen der Physik* eingereicht hat? (Siehe auch „Internet").

Die erste Arbeit enthält seine berühmte Lichtquantenhypothese und ist die zweite bedeutende Arbeit zur Quantentheorie nach Max Plancks historischem Beitrag von 1900. Die zweite Arbeit ist Einsteins Dissertation, mit der er an der Universität Zürich promovierte. Sie behandelt ein Verfahren zur Bestimmung der Molekülgröße und der Avogadroschen Zahl. In der dritten Arbeit erklärt Einstein die beobachtete unregelmäßige Bewegung von suspendierten Teilchen in einer ruhenden Flüssigkeit (Brownsche Bewegung) durch die Wärmebewegung der Moleküle, aus denen die Flüssigkeit besteht. Er erkannte, dass die grundlegende Größe nicht die Geschwindigkeit des suspendierten Teilchens, sondern der Mittelwert seines Verschiebungsquadrates ist. Die Ergebnisse dieser Arbeit wurden wenige Jahre später experimentell bestätigt und verhalfen der molekularkinetischen Theorie der Wärme zum Durchbruch.

In den restlichen beiden Arbeiten entwickelte Einstein die Spezielle Relativitätstheorie, die das Relativitätsprinzip mit der Elektrodynamik versöhnte und zu einer neuen Sichtweise von Raum und Zeit führte. Die zweite dieser Arbeiten enthält die wohl berühmteste Formel der Physik,

$E = mc^2$. Einstein hatte sie mit einer Überlegung gefunden, die er selbst wegen der geschickten Anwendung des Relativitätsprinzips in einem Brief als „lustig und bestechend" bezeichnet hat.

Zehn Jahre nach diesem *annus mirabilis* vollendete er die Allgemeine Relativitätstheorie, seine nach eigener Aussage bedeutendste Schöpfung. Hierbei handelt es sich um eine logische Weiterentwicklung der Speziellen Relativitätstheorie durch Einbeziehung der Gravitation.

In [1] sind Einsteins Artikel von 1905 mit Kommentaren abgedruckt, [2] enthält die wichtigsten Arbeiten zur Speziellen und Allgemeinen Relativitätstheorie.

Raum und Zeit

Mit keinem anderen Gebiet der Physik ist Einsteins Name so sehr verknüpft wie mit der Relativitätstheorie [3,4]. Ausgangspunkt für seine Spezielle Relativitätstheorie (SRT) von 1905 war die Beobachtung, dass die Theorie der Elektrodynamik, wie sie durch Maxwells Gleichungen beschrieben wird, ein Bezugssystem auszuzeichnen scheint. In diesem

Abb. 1 *Einstein um 1910/11* (Foto: Archiv der MPG, Berlin).

128

Bezugssystem bewegt sich das Licht mit der Geschwindigkeit $c \approx 3 \cdot 10^8$ m/s. Die Newtonsche Mechanik hingegen genügt dem Relativitätsprinzip: Die physikalischen Gesetze ändern sich nicht, wenn man von einem Inertialsystem auf ein anderes übergeht. Ein Inertialsystem ist ein Bezugssystem, in dem sich kräftefreie Objekte auf Geraden und mit konstanter Geschwindigkeit bewegen.

Einstein bemerkte nun, dass das Relativitätsprinzip auch für die Elektrodynamik gilt, wenn man die Transformationsgleichungen zwischen den Inertialsystemen ändert. Das Licht bewegt sich dann in *jedem* Inertialsystem mit der Geschwindigkeit *c*. Als Folge hiervon gibt es – im Unterschied zur Newtonschen Physik – keinen absoluten Gleichzeitigkeitsbegriff mehr: Zwei Ereignisse, die in einem Inertialsystem gleichzeitig stattfinden, tun dies in einem anderen Inertialsystem im Allgemeinen nicht mehr. Raum und Zeit werden miteinander verwoben, was in den bekannten Effekten der Zeitdilatation, Lorentz-Kontraktion und auch der Energie-Masse-Äquivalenz zum Ausdruck kommt.

Die entstehende vierdimensionale Raumzeit nennt man zu Ehren des Mathematikers Hermann Minkowski (1864–1909), der diesen Begriff in einem Vortrag 1908 in Köln zum ersten Mal vorstellte, den Minkowski-Raum (genauer: Minkowski-Raumzeit). Wegen der Konstanz der Lichtgeschwindigkeit gibt es in diesem Raum noch eine absolute Struktur: den Lichtkegel, der in Bezug auf jedes Ereignis definiert ist. Er trennt die Ereignisse, die zu diesem Ereignis gleichzeitig sind (außerhalb des Kegels liegend) von den Ereignissen in dessen Zukunft und Vergangenheit.

Fachkreise akzeptierten die SRT schnell, was an der begrifflichen Einfachheit der Theorie und ihrer experimentellen Bestätigung liegt. Auch heute noch werden Präzisionstests dieser Theorie durchgeführt, womit man eventuelle Verletzungen der SRT durch fundamentalere Theorien nachweisen möchte. Für diese Tests betrachtet man üblicherweise eine dreiparametrige Schar von so genannten Testtheorien, die Abweichungen von der SRT parametrisieren (die SRT erhält man für eine bestimmte Wahl der drei Parameter).

Es genügen drei Klassen von Experimenten, um diese Parameter zu messen: Die erste Klasse misst, in Anlehnung an das historische Michelson-Morley-Experiment, eine mögliche Abhängigkeit der Lichtgeschwindigkeit von der *Richtung* der Relativgeschwindigkeit zwischen Apparatur und einem (hypothetischen) ausgezeichneten Bezugssystem. Bei der zweiten Klasse prüft man eine mögliche Abhängigkeit vom *Betrag* der Relativgeschwindigkeit, während die dritte Klasse den numerischen Faktor der Zeitdilatation (den γ-Faktor, $\gamma = 1/\sqrt{1 - v^2/c^2}$, v ist die Relativgeschwindigkeit, c die Vakuum-Lichtgeschwindigkeit) testet. Bisher hat man experimentell keine Abweichung von der SRT festgestellt [5,6].

Die SRT ist der geeignete kinematische Rahmen für die klassische und die Quantenphysik. In den Quantenfeldtheorien der starken und elektroschwachen Wechselwirkung, die sich experimentell bestens bewährt haben, ist die SRT von vornherein implementiert. Nur ihre Berücksichti-

gung erlaubt beispielsweise den Beweis des sogenannten Spin-Statistik-Theorems, wonach Fermionen durch die Fermi-Dirac-Statistik, Bosonen aber durch die Bose-Einstein-Statistik beschrieben werden müssen. Insbesondere folgt daraus für Fermionen das für den Atomaufbau zentrale Pauli-Prinzip, wonach sich je zwei Fermionen nicht im gleichen Zustand befinden können.

Die SRT stößt erst dann an ihre Grenzen, wenn die Gravitation berücksichtigt wird [3]. Der Grund liegt im Äquivalenzprinzip: Ein (hinreichend kleines) frei fallendes System ist einem gleichförmig bewegten System im gravitationsfreien Raum äquivalent, also kann die Gravitation lokal wegtransformiert werden. Ein frei fallendes System definiert somit ein (lokales) Inertialsystem, in dem die SRT gilt. Allerdings sind verschiedene frei fallende Systeme im Allgemeinen gegeneinander beschleunigt. Frei fallende Objekte im Erdfeld beispielsweise bewegen sich alle in Richtung Erdmittelpunkt und erfahren dabei eine relative Beschleunigung. Es gibt kein globales Inertialsystem mehr, und die SRT kann keine globale Gültigkeit besitzen.

Als Folge davon ist die vierdimensionale Raumzeit gekrümmt, da man die lokal flachen Inertialsysteme der SRT nicht mehr zu einem flachen Raum zusammenfügen kann. Gravitation ist also eine Manifestation der Geometrie von Raum und Zeit. Beschrieben wird diese Geometrie durch die Einsteinschen Feldgleichungen, die Einstein im November 1915 nach langjähriger Arbeit formulieren konnte. Seine Theorie ist die Allgemeine Relativitätstheorie (ART), gerne (und zutreffender) auch als „Geometrodynamik" bezeichnet. Im Unterschied zur SRT handelt es sich bei der ART um eine Theorie, die eine spezielle Wechselwirkung beschreibt, nämlich die Gravitation.

Die ART gehört zu den erfolgreichsten physikalischen Theorien überhaupt. Das liegt nicht nur an ihrer begrifflichen Einfachheit, sondern auch an der glanzvollen Bestätigung durch das Experiment. Neben den klassischen Tests (Rotverschiebung, Lichtablenkung, Periheldrehung des Merkur) seien hier exemplarisch einige der modernen Tests erwähnt [3]:

- *Gravitationswellen*: Die ART sagt – in Analogie zu elektromagnetischen Wellen – die Existenz von Wellen voraus, die sich mit Lichtgeschwindigkeit fortpflanzen. Durch Beobachtungen von Binärpulsaren (Doppelsternsystemen, bei denen mindestens ein Begleiter ein Pulsar ist) hat man indirekt nachgewiesen, dass diese Systeme Gravitationswellen abstrahlen. Die Abstrahlung führt nämlich zu einer Abnahme der Bahnperiode. Weltweit sind inzwischen einige Detektoren in Betrieb (unter anderem

INTERNET

Faksimiles von zwei historischen Arbeiten Einsteins in den „Annalen der Physik" zum Download
www3.interscience.wiley.com/cgi-bin/jabout/5006612/historic.html

Quantentheorie, Quantengravitation und -kosmologie
www.thp.uni-koeln.de/gravitation

das Interferometer GEO 600 bei Hannover [7]), um Gravitationswellen direkt zu messen und Astronomie mit Gravitationswellen zu betreiben.

• *Gravitationslinsen*: Die Ausbreitung des Lichtes unterliegt dem Einfluss des Gravitationsfeldes. Ein besonders eindrucksvoller Effekt ist die Lichtablenkung eines weit entfernten Objektes (Quasars oder Galaxie) durch einen zwischen Quelle und Beobachter liegenden Galaxienhaufen oder einer Galaxie (Abbildung 2). Mit Gravitationslinsen lässt sich das Universum „ausmessen", und nicht direkt sichtbare Objekte (etwa erdähnliche Planeten, die um andere Sterne kreisen) lassen sich aufspüren [8].

• *Schwarze Löcher*: Die ART sagt die Existenz von kompakten Objekten voraus, deren Gravitationsfeld so stark ist, dass nicht einmal Licht (und somit überhaupt kein Signal) von ihnen entweichen kann. Sie besitzen einen sogenannten Ereignishorizont, der wie eine Einwegmembrane nur Information nach innen lässt, aber nicht nach außen. Bisher hat man sowohl Schwarze Löcher mit stellaren Massen (resultierend aus dem Gravitationskollaps ausgebrannter Sterne) als auch supermassereiche Schwarze Löcher im Zentrum von Galaxien – indirekt – beobachtet. Besonders prominent ist das Schwarze Loch im Zentrum unserer Milchstraße, das eine Masse von etwa drei Millionen Sonnenmassen aufweist.

• *Mitdrehung von Inertialsystemen*: Nach der ART erzwingt eine rotierende Masse eine Mitdrehung von lokalen Inertialsystemen (realisiert etwa durch Kreisel) in ihrer Umgebung. Dieser Effekt sollte in einem der ehrgeizigsten physikalischen Experimente überhaupt gemessen werden, dem im April 2004 gestarteten Satellitenexperiment Gravity Probe B (siehe nächstes Kapitel).

• *Kosmologie*: Die ART ermöglicht es, das Universum als Ganzes (räumlich und in seiner zeitlichen Entwicklung) zu beschreiben. Moderne hochpräzise Messungen wie die Beobachtungen von Supernovae und des Spektrums der kosmischen Hintergrundstrahlung haben es unter anderem erlaubt, das Alter des Universums mit wenigen Prozent Fehler – auf Basis heutiger Modellvorstellungen – auf 13,7 Milliarden Jahre zu fixieren. Des Weiteren hat man festgestellt, dass das Universum im Großen räumlich ungefähr flach ist und eine nichtverschwindende kosmologische Konstante (oder eine „Dunkle Energie" mit ähnlichen Eigenschaften) besitzt, welche gegenwärtig zu einer *beschleunigten* Expansion des Universums führt. Einstein hatte ja die von ihm 1917 eingeführte kosmologische Konstante – einem Bericht George Gamows zufolge – später als größten Schnitzer seines Lebens wieder abgelehnt. Aus der Beobachtung ergeben sich auch deutliche Indizien dafür, dass das Universum in seiner extremen Frühphase beschleunigt expandierte (inflationäre Phase). Diese Inflation erklärt auf zwanglose Weise die Entstehung der Strukturen im Universum.

• *ART im Alltag*: In den Alltag Einzug gehalten haben SRT und ART in der Form von Positionierungssystemen für die Satellitennavigation wie dem amerikanischen GPS. Es besteht aus einer Gruppe von Satelliten mit bekannten Bahnen, von denen von jedem Punkt der Erde aus zu jedem Zeitpunkt mindestens vier Stück über dem Horizont stehen. Gemessen werden die Abstände eines Beobachters zu den Satelliten aus den Laufzeiten elektromagnetischer Signale (Abbildung 3). Würden SRT und ART bei der Auswertung nicht berücksichtigt, ergäben sich innerhalb kurzer Zeit Fehler von mehreren Kilometern, die das GPS nutzlos machen würde.

Die ART wird auch im 21. Jahrhundert ein wichtiger Motor bei der Vergrößerung des physikalischen Wissens sein. Insbesondere im Bereich der Kosmologie und der Untersuchung von Gravitationswellen werden grundlegende neue Erkenntnisse erwartet. So ist 2009 der Start des ESA-Satelliten PLANCK geplant, der die kosmische Hintergrundstrahlung mit sehr hoher Genauigkeit beobachten soll und damit unser Universum präzise „ausmessen" wird. Bei der für 2018 geplanten Satellitenmission LISA sollen im Weltall Gravitationswellen bis hinunter zu einer Frequenz von 10^{-4} Hz gemessen werden.

Die ART ist auch insofern eine vorbildliche physikalische Theorie, als sie ihre eigenen Grenzen benennt. Unter ganz allgemeinen Annahmen (Energiebedingungen, Abwe-

Abb. 2 *Der Galaxienhaufen Abell 2218, aufgenommen mit dem Weltraumteleskop Hubble, wirkt als Gravitationslinse und lässt im Hintergrund stehende Galaxien länglich verzerrt erscheinen* (Foto: NASA/ESA).

senheit von geschlossenen zeitartigen Weltlinien) kann man die sogenannten Singularitätentheoreme der ART beweisen: Danach entwickeln sich insbesondere im Inneren Schwarzer Löcher und am Anfang des Universums („Urknall") Bereiche unendlich hoher Krümmung, was nichts anderes als den Zusammenbruch der Theorie bedeutet. Die allgemeine Meinung ist, dass eine Vereinigung der ART mit der Quantentheorie hier Abhilfe schafft und ein konsistentes Bild in diesen Situationen liefert.

Hiermit sind wir bei einer der wesentlichen noch ungelösten Fragen der Physik angelangt, der Vereinigung von Allgemeiner Relativitätstheorie und Quantentheorie. Einstein arbeitete bis zum Ende seines Lebens an dem Versuch, eine einheitliche Feldtheorie im Rahmen der klassischen Physik aufzustellen. Heute glauben wir, dass dieses Ziel nur durch eine Quantengravitation erreicht werden kann, deren Schaffung auch im 21. Jahrhundert eine zentrale Aufgabe darstellen wird.

Bevor wir uns jedoch dem Problem der Quantengravitation zuwenden, betrachten wir einen erstaunlichen Zusammenhang zwischen Quantentheorie, Thermodynamik und Raumzeit, der den Schlüssel zu einer Theorie der Quantengravitation liefern könnte.

Thermodynamik Schwarzer Löcher

Schwarze Löcher besitzen verblüffende Eigenschaften. So kann man in der Allgemeinen Relativitätstheorie (ART) beweisen, dass sie in ihrem Endzustand im Wesentlichen alle gleich sind: Sie sind allein durch die drei Parameter Masse (M), Drehimpuls (J) und elektrische Ladung (q) eindeutig charakterisiert. Letztere spielt im astrophysikalischen Rahmen keine Rolle. Man hat diese Tatsache in die Aussage „Schwarze Löcher haben keine Haare" gefasst [3, 5], da alle anderen Freiheitsgrade („Haare") entweder beim Kollaps abgestrahlt werden oder hinter dem Ereignishorizont des Loches verschwinden. Bei den abgestrahlten „Haaren" handelt es sich beispielsweise um Gravitationswellen.

Man kann nun weiter zeigen, dass die Oberfläche des Ereignishorizontes (A) nie mit der Zeit abnimmt. Diese Eigenschaften führten zu der Spekulation, dass sich Schwarze Löcher wie thermodynamische Systeme verhalten, die ja durch wenige makroskopische Parameter wie Druck (p) und Volumen (V) gekennzeichnet sind. Insbesondere soll A in direkter Analogie zur Entropie (S) stehen, die für ein abgeschlossenes System ebenfalls nicht abnehmen kann. Tatsächlich bestehen enge Analogien der Mechanik Schwarzer Löcher und den Hauptsätzen der Thermodynamik (Tabelle 1). Die darin noch aufscheinenden Größen κ, Ω und Φ bezeichnen die Oberflächenbeschleunigung des Schwarzen Loches, dessen Winkelgeschwindigkeit und elektrostatisches Potential. Die Oberflächenbeschleunigung lässt sich für ein nichtrotierendes Schwarzes Loch anschaulich interpretieren. Sie ist dann die Kraft, mit der man eine Einheitsmasse aus einem großen Abstand vom Loch – zum Beispiel über eine lange Schnur – direkt oberhalb des Ereignishorizontes halten kann.

Abb. 3 *Grafik des zukünftigen europäischen Navigationssystems Galileo* (Foto: ESA).

Dieser Zusammenhang ist mehr als nur eine formale Analogie. Das wurde klar, nachdem Stephen Hawking 1974 zeigen konnte, dass Schwarze Löcher nicht mehr „schwarz" sind, wenn man die Quantentheorie einbezieht. Vielmehr geben sie thermische Strahlung mit einer Temperatur proportional zu Planckschen Wirkungsquantum $\hbar$ ab [5, 6]. Genauer ist sie durch den Ausdruck

$$T = \frac{\hbar\kappa}{2\pi c k_\mathrm{B}} \tag{1}$$

mit der Oberflächenbeschleunigung κ des Schwarzen Loches verknüpft (k_B ist die Boltzmann-Konstante). Man nennt (1) die Hawking-Temperatur. Wegen des Ersten Hauptsatzes kann man damit dem Loch eine Entropie zuschreiben, die durch den Ausdruck

$$S = \frac{A c^3 k_\mathrm{B}}{4 G \hbar} \tag{2}$$

gegeben ist. Danach ist die Entropie also tatsächlich proportional zur Fläche A des Ereignishorizontes und hängt ansonsten nur von fundamentalen Naturkonstanten ab (G ist die Gravitationskonstante).

Nach dem Äquivalenzprinzip darf ein beschleunigter Beobachter im flachen Raum – also bei Abwesenheit von Gravitation – seine Situation lokal nicht von einem Aufenthalt im Gravitationsfeld eines Schwarzen Loches unterscheiden können. Folglich muss er einen der Hawking-Temperatur analogen Effekt beobachten: Bewegt er sich mit der konstanten Beschleunigung a durch das Vakuum, dann erlebt er dieses nicht als leer, sondern als von Teilchen erfüllt. Es handelt sich um reale Teilchen, deren Ursprung die virtuellen Teilchen des Vakuums sind. Die Existenz der virtuellen Teilchen folgt aus der Unschärferelation. Diese realen Teilchen werden durch eine Temperatur charakterisiert, die

man nach einem ihrer (theoretischen) Entdecker oft als „Unruh-Temperatur" bezeichnet.

Man erhält sie, indem man in (1) κ durch a ersetzt:

$$T = \frac{\hbar a}{2\pi c k_B} \approx 4{,}05 \cdot 10^{-25}\, a\ \text{K}, \quad (3)$$

wobei a in m/s^2 gemessen wird. Der numerische Wert ist klein, könnte aber in Teilchenbeschleunigern groß genug werden, um messbar zu sein.

Seit Ludwig Boltzmann ist man an einer mikroskopischen Begründung für die Entropie interessiert [9]. Lässt sich eine solche auch für die Entropie eines Schwarzen Loches (2) geben? Hierzu gibt es vielversprechende Ansätze, aber noch kein endgültiges Bild. So gelang es im Rahmen der Stringtheorie, die Entropie (2) für Spezialfälle zu reproduzieren, indem man „D-Branen" abzählte: Das sind mikroskopische Zustände in einem Modell der Stringtheorie, deren Namen aus Dirichlet und Mem*brane* zusammengesetzt ist. Eine endgültige Antwort wird von einer Theorie der Quantengravitation erwartet, die wir im nächsten Abschnitt besprechen. Führt man die nur aus den fundamentalen Konstanten $G, c, \hbar$ konstruierte Planck-Länge

$$l_P = \sqrt{\frac{\hbar G}{c^3}} \approx 1{,}62 \cdot 10^{-35}\ \text{m} \quad (4)$$

ein, so lässt sich (2) auch in der Form

$$S = \frac{A k_B}{4 l_P^2} \quad (5)$$

schreiben. Man kann sich dann heuristisch die Oberfläche des Schwarzen Loches aufgeteilt denken in kleine Flächeneinheiten von der Größe l_P^2, denen man jeweils ein Bit an fehlender Information in Form einer 0 oder 1 zuordnen kann (Abbildung 4). Der Entropie entspräche dann die Unkenntnis über die mikroskopischen Zustände auf dieser „Planck-Skala".

Der numerische Wert dieser Entropie wird normalerweise riesig groß. Für ein kugelsymmetrisches Schwarzes Loch der Masse M folgt aus (2) der Ausdruck

$$S \approx 1{,}07 \cdot 10^{77}\ k_B \left(\frac{M}{M_\odot}\right)^2, \quad (6)$$

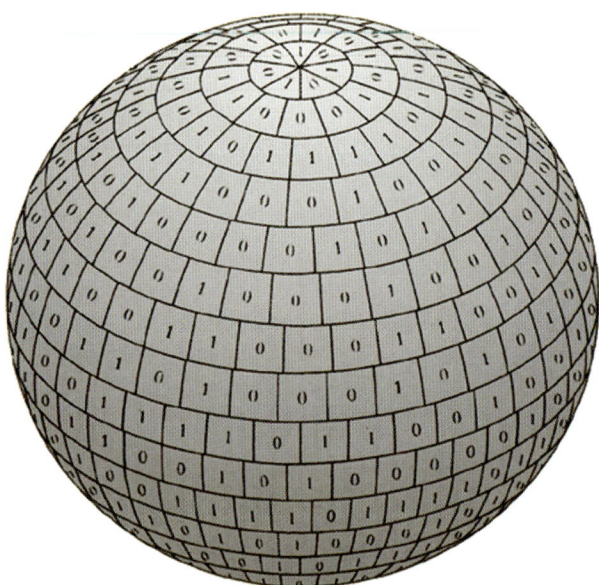

Abb. 4 *Zur Entropie eines Schwarzen Lochs. Einteilung der Oberfläche eines Schwarzen Loches in Flächen von der Größe der Planck-Länge im Quadrat (schematisch). Jede von ihnen enthält eine Ja/Nein-Information. Dies dient der Interpretation der Entropie als unzugänglicher Information* (aus: J. A. Wheeler, Gravitation und Raumzeit, Spektrum, Heidelberg 1991).

wobei $M_\odot \approx 2 \cdot 10^{30}$ kg die Sonnenmasse bedeutet. Die Entropie der Sonne ist grob durch die Anzahl der Nukleonen gegeben, aus denen sie besteht. Dies ergibt einen Wert von etwa $10^{57}\, k_B$. Kollabierte die Sonne zu einem Schwarzen Loch (was sie nicht tun wird), so würde sich dabei die Entropie gemäß (6) um etwa zwanzig Größenordnungen vergrößern. Das Schwarze Loch im Zentrum der Milchstraße besitzt zum Beispiel eine Masse von etwa drei Millionen Sonnenmassen (Abbildung 5). Nach (6) ergibt sich für dieses Loch die gigantische Entropie von etwa $10^{90}\, k_B$! Für den einfachsten Fall eines ungeladenen und nichtrotierenden Schwarzen Loches lautet die Hawking-Temperatur:

$$T = \frac{\hbar c^3}{2\pi k_B G M} \approx 6{,}17 \cdot 10^{-8}\, \frac{M_\odot}{M}\ \text{K}. \quad (7)$$

Durch Abstrahlung verliert das Loch an Masse, wird aber nach (7) dadurch heißer. Dieses Verhalten ist typisch für gravitative Systeme. Daraus folgen eine negative spezifische Wärme und ein negativer Ausdruck für das Quadrat der Energieschwankungen. Das bringt zum Ausdruck, das (zumindest im unbeschränkten Raum) nicht ins thermische Gleichgewicht gelangen kann.

Wenn das Loch stetig an Masse verliert, wird es seinen ursprünglichen Massenvorrat irgendwann aufgebraucht haben. Was passiert danach? Leider wird dann Hawkings Rechnung nicht mehr anwendbar: Um diesen Zustand zu beschreiben, wird eine Theorie der Quantengravitation benötigt. Vermutungen gehen in die Richtung, dass das Loch in einer Explosion verdampft – mit möglicherweise beobachtbaren Konsequenzen. Ein heiß diskutiertes Thema ist die Frage, ob bei dieser Verdampfung eines Schwarzen Lo-

TAB. 1 | ANALOGIEN ZWISCHEN THERMODYNAMISCHEN SYSTEMEN UND SCHWARZEN LÖCHERN

Hauptsatz	Thermodynamik	Schwarze Löcher
Nullter	T konstant auf einem Körper im thermischen Gleichgewicht	κ konstant auf dem Horizont eines Schwarzen Loches
Erster	$dE = TdS - pdV + \mu dN$	$d(Mc^2) = \frac{\kappa c^2}{8\pi G}\,dA + \Omega dJ + \Phi dq$
Zweiter	$dS \geq 0$	$dA \geq 0$
Dritter	$T = 0$ kann nicht erreicht werden	$\kappa = 0$ kann nicht erreicht werden

ches die Information über den Anfangszustand – zum Beispiel den exakten Zustand des Sterns, aus dem das Loch entstanden ist – insgesamt verloren geht oder im Prinzip sogar aus subtilen Quantenkorrelationen wieder gewonnen werden kann [2]. Dazu wäre allerdings die gesamte Strahlung heranzuziehen, die das Loch während seiner Lebenszeit abgibt.

Dieses Thema erregt besonderes Interesse, weil nach den Prinzipien der Quantentheorie die Information – im Sinne der quantenmechanischen Gesamtwahrscheinlichkeit – für ein abgeschlossenes System immer erhalten sein muss. Insbesondere könnte ein reiner Zustand niemals in ein Gemisch übergehen, das durch eine allgemeine Dichtematrix beschrieben wird. Letzteres wäre aber der Fall, wenn ein beliebiger Anfangszustand nach dem Kollaps zu einem Schwarzen Loch und dessen nachfolgender Verdampfung in rein thermische Hawking-Strahlung überginge.

Hawking hat im Juli 2004 in einem Vortrag in Dublin seine ursprüngliche Ansicht zurückgenommen, dass die Information verloren gehe. Tatsächlich würde die Erhaltung der Information folgen, wenn die Wahrscheinlichkeitserhaltung der Quantentheorie auch in der Quantengravitation gälte. Ob dies tatsächlich zutrifft, kann freilich erst nach der Vollendung einer solchen Theorie entschieden werden.

Quantengravitation

Am 19.9.1946 schrieb Wolfgang Pauli an Einstein: „Meine persönliche Überzeugung ist nach wie vor..., daß die klassische Feldtheorie in jeder Form eine völlig ausgepreßte Zitrone ist, aus der unmöglich noch etwas Neues herauskommen kann!" Einstein suchte nämlich in seinen letzten Lebensjahrzehnten nach einer einheitlichen klassischen Feldtheorie, die Gravitation und Elektrodynamik vereinigt. Elementarteilchen sollten sich dann nach seinen Vorstellungen als singularitätsfreie Lösungen von klassischen Feldgleichungen ergeben. Einstein verlangte nach einer klassischen fundamentalen Theorie, weil er die Quantentheorie als unvollständig ablehnte. Er glaubte insbesondere nicht daran, dass die quantenmechanische Wellenfunktion Ψ ein Einzelsystem beschreiben könne (heute weiß man durch zahllose Experimente, dass eine solche Beschreibung sinnvoll ist).

Auch Erwin Schrödinger suchte nach einer vereinheitlichten klassischen Theorie. Er präsentierte seinen Vorschlag in einem aufsehenerregenden Vortrag, den er im Januar 1947 in Dublin hielt. Es war übrigens derselbe Hörsaal, in dem später Hawking seine frühere Meinung zum Informationsverlust widerrief. Doch den Theorien von Einstein und Schrödinger war kein Erfolg beschieden.

Wie Pauli zu verstehen gibt, erscheint es aussichtslos, nach einer rein klassischen fundamentalen Theorie zu suchen. Schließlich werden nicht nur die Elektrodynamik, sondern die schon zu Einsteins Lebzeiten bekannte starke und schwache Wechselwirkung erfolgreich durch Quanten(feld)theorien beschrieben. Von der Gravitation, die universell an alle Energieformen ankoppelt, sollte man erwar-

Abb. 5 *Der Satellit Chandra hat diese Röntgenaufnahme von der Umgebung der Sternkonstellation Sagittarius A* gemacht: Die Röntgenquelle Sgr A* ist das vermutete massereiche Schwarze Loch im Zentrum unserer Galaxie. Die Aufnahme zeigt neben Sgr A* über 2000 weitere Röntgenquellen.* (Aufnahme: NASA)

ten, dass sie ebenfalls einer Quantentheorie genügt. Tatsächlich sprechen noch weitere Gründe für die Suche nach einer Quantengravitation [10]:

- Singularitätentheoreme bezeugen, dass die ART beim Urknall und im Inneren Schwarzer Löcher zusammenbricht. Die historische Erfahrung mit der Quantenmechanik, durch welche die Stabilität der Atome gesichert wurde, legt nahe, dass die Singularitäten der ART in einer Quantentheorie der Gravitation abwesend sind. Tatsächlich deutet sich dies in einigen Zugängen an.

- Quantentheorie und ART kennen einen äußerst unterschiedlichen Zeitbegriff: Während die Zeit in der Quantentheorie absolut ist, ist sie in der ART als Teil der Raumzeit dynamisch und Feldgleichungen unterworfen. Wegen dieses „Zeitproblems" können beide Theorien nicht gleichzeitig exakte Gültigkeit beanspruchen.

- Alle Versuche, eine Theorie zu konstruieren, die ein klassisches Gravitationsfeld an Quantenfelder ankoppelt, sind bisher gescheitert (eine solche Ankopplung existiert nur als Näherung).

Auf welcher Skala erwartet man Quanteneffekte der Gravitation? Schon Planck stellte fest, dass man die fundamen-

talen Konstanten G, c und $\hbar$ bis auf einen numerischen Faktor eindeutig zu einer Länge, einer Zeit und einer Masse zusammenfügen kann. Die Planck-Länge l_P haben wir schon in (4) kennen gelernt. Die Planck-Zeit und die Planck-Masse lauten

$$t_P = \frac{l_P}{c} = \sqrt{\frac{\hbar G}{c^5}} \approx 5{,}40 \cdot 10^{-44}\,\text{s}, \tag{8}$$

$$m_P = \frac{\hbar}{l_P c} = \sqrt{\frac{\hbar c}{G}} \approx 2{,}17 \cdot 10^{-8}\,\text{kg} \approx 1{,}22 \cdot 10^{19}\,\text{GeV}/c^2. \tag{9}$$

Die Planck-Skala ist weit von den Bereichen entfernt, auf denen heutzutage Experimente möglich sind. Dies macht Tests einer Quantengravitation so schwierig. So bräuchte man etwa einen Beschleuniger von galaktischen Ausmaßen, um Teilchen auf Energien bis zur Größenordnung $m_P c^2$ zu bringen. Allerdings ist es denkbar, dass sich Theorien der Quantengravitation in astrophysikalischem Rahmen testen lassen, etwa durch Beobachtung von verdampfenden Schwarzen Löchern oder der Anisotropieverteilung in der kosmischen Hintergrundstrahlung. Heiß diskutierte Kandidaten für eine Quantengravitation sind die Stringtheorie und die kanonische Quantengravitation [11].

Die Anwendung der Quantentheorie auf das Universum als Ganzes führt auf die Quantenkosmologie. Wegen der Wechselwirkung eines Quantensystems mit seiner Umgebung lässt sich dies aus Konsistenzgründen auch gar nicht vermeiden. Schließlich koppelt die Umgebung wieder an deren Umgebung und so fort, bis zum gesamten Universum als dem einzigen wirklich abgeschlossenen System. In der Quantenkosmologie ordnet man üblicherweise dem Universum eine quantenmechanische Wellenfunktion zu. Diese hängt beispielsweise neben den üblichen Materiefreiheitsgraden vom Radius („Skalenfaktor") des Universums ab.

Klassische Eigenschaften entstehen dann für *Teil*systeme durch den Prozess der Dekohärenz: Teilsysteme sind an andere Freiheitsgrade (zum Beispiel schwache Gravitationswellen) gekoppelt, die nicht unter Kontrolle und deshalb für diese „irrelevant" sind. Deren Nichtberücksichtigung führt dann auf das klassische Verhalten – zum Beispiel für den Skalenfaktor des gesamten Universums. Im Rahmen der Quantenkosmologie gibt es keine Bereiche, die a priori klassisch sind.

Quantenkosmologie und Zeitpfeil

In der Quantenkosmologie lassen sich viele begriffliche Probleme der Physik behandeln, so unter anderem der Ursprung der Irreversibilität im Universum [10, 12]. Die in der Natur beobachteten Zeitpfeile wie etwa die durch den Zweiten Hauptsatz der Thermodynamik ausgedrückte Zunahme der Entropie lassen sich im Prinzip auf einen „Urzeitpfeil" zurückführen. Dieser könnte aus einer einfachen Randbedingung in der Quantenkosmologie folgen.

Damit ließe sich auch verstehen, warum unser Universum so speziell ist. Roger Penrose hat schon vor einigen Jahren argumentiert, dass sich die maximal mögliche Entropie für unser beobachtbares Universum ergäbe, wenn dessen Gesamtmasse in einem gigantischen Schwarzen Loch steckte. Nach der Formel (2) führte dies zu einer Entropie von ungefähr $10^{123} k_B$ [12]. Die tatsächliche Gesamtentropie des beobachtbaren Universums (ohne den gravitativen Teil) wird von der Entropie der kosmischen Hintergrundstrahlung dominiert und beträgt – nach heutiger Schätzung – etwa $10^{88} k_B$. Diese Zahl ist im Vergleich zu $10^{123} k_B$ winzig! Nach Einstein folgt dann eine „Wahrscheinlichkeit" für unser Universum von ungefähr $\exp(-10^{123})$.

Das ist eine derart niedrige Zahl, dass rein anthropische Argumente für eine Erklärung nicht ausreichen [12] (siehe auch Kapitel „Maßarbeit im Universum"). Solche Argumente gehen von der empirischen Tatsache aus, dass es Menschen gibt. Die aus der Theorie folgenden Eigenschaften des Universums müssen damit in Einklang sein. Da die Gesamtentropie des Universums von der Größenordnung $10^{88} k_B$ ist, gibt $\exp(-10^{88})$ die Wahrscheinlichkeit dafür an, dass das gesamte Universum durch eine gigantische Fluktuation aus dem Nichts entstanden ist; diese Zahl schließt den Inhalt unseres Gedächtnisses mit ein. So unglaublich winzig diese Zahl ist, so riesig ist sie im Vergleich zur „tatsächlichen" Wahrscheinlichkeit von $\exp(-10^{123})$ nach Penroses Überlegung. Es ist eben viel unwahrscheinlicher, dass das Universum all die Zustände seiner zeitlichen Entwicklung durchläuft, als dass es direkt durch eine Schwankung entsteht. Probleme dieser Art – der Begründung dieser unwahrscheinlichen Anfangsbedingung – stellt sich die Quantenkosmologie.

Die Themen von Einsteins berühmten Arbeiten werden also auch die Physik des 21. Jahrhunderts prägen. Ihre zu erwartende Vereinheitlichung in einer fundamentalen Theorie wird aber entgegen Einsteins Erwartungen eine Quantentheorie sein. Sie wird jedoch den beiden Kriterien genügen, die Einstein als Bedingung an eine Theorie formuliert hat [13]: innere Vollkommenheit und äußere Bewährung.

Zusammenfassung

1905 gilt als Albert Einsteins annus mirabilis. Innerhalb dieses Jahres veröffentlichte er fünf bahnbrechende Arbeiten. Zusammen mit der 1915 publizierten Allgemeinen Relativitätstheorie haben sie die Physik des 20. Jahrhunderts wesentlich geprägt. Dabei spannt sich der Bogen von den Grundlagen der Quantentheorie über Gravitationswellenastronomie und Kosmologie bis hin zur Quantengravitation. Ein bedeutendes Thema sind Schwarze Löcher. Nach der Quantentheorie sind Schwarze Löcher nicht wirklich „schwarz". Sie verhalten sich wie thermodynamische Systeme, besitzen also eine Temperatur und eine Entropie. Folglich strahlen sie Energie ab, verlieren an Masse und können dadurch vergehen. Kommt dabei die Information über den Stern, aus dem das Schwarze Loch ursprünglich entstand, wieder zurück? Nach dem klassischen „Keine-Haare-Theorem" würde man erwarten, dass alle Information verloren geht: Das Loch ist durch seine Masse, seinen Drehimpuls und seine (eventuelle) elektrische Ladung vollständig charakterisiert. Diese und andere Fragen, etwa zur Entropie, wird nur eine Theorie der Quantengravitation endgültig beantworten können. Ihre Konstruktion bleibt auch im 21. Jahrhundert eine der größten Herausforderungen der Physik.

Literatur

[1] J. Stachel (Hrsg.), Einsteins Annus mirabilis, Rowohlt Taschenbuch Verlag, Reinbek 2001.

[2] K. von Meyenn (Hrsg.), Albert Einsteins Relativitätstheorie, Vieweg, Braunschweig 1990.

[3] C. Kiefer, Gravitation, S. Fischer, Frankfurt am Main 2003.

[4] D. Giulini, Spezielle Relativitätstheorie, S. Fischer, Frankfurt am Main 2004.

[5] C. Kiefer, Physik in unserer Zeit **1997**, *28*(1), 22.

[6] S. Hawking und R. Penrose, Raum und Zeit, Rowohlt Taschenbuch Verlag, Reinbek 2000.

[7] P. Aufmuth, A. Rüdiger, Physik in unserer Zeit **2000**, *31*(1), 14.

[8] J. Wambsganß, Physik in unserer Zeit **2000**, *31*(3), 100.

[9] H. D. Zeh, Entropie, S. Fischer, Frankfurt am Main, 2005.

[10] C. Kiefer, Der Quantenkosmos, S. Fischer, Frankfurt am Main 2008; C. Kiefer, Quantum Gravity, zweite Auflage, Oxford University Press, Oxford 2007.

[11] H. Müller, A. Peters, Physik in unserer Zeit **2004**, *35*, 70.

[12] H. D. Zeh, The physical basis of the direction of time, fünfte Auflage, Springer-Verlag, Heidelberg 2007. Siehe auch www.time-direction.de.

[13] A. Einstein, Autobiographisches, in: Albert Einstein als Philosoph und Naturforscher (Hrsg: P. A. Schilpp), Vieweg, Braunschweig 1983.

Der Autor

Claus Kiefer, Studium der Physik und Astronomie an den Universitäten Heidelberg und Wien. Promotion 1988 in Heidelberg. Forschte an den Universitäten Heidelberg (1988–89), Zürich (1989–93), Freiburg (1993–2001). Habilitation 1995. Seit 2001 Professor für Theoretische Physik an der Universität zu Köln.

Anschrift

Prof. Dr. Claus Kiefer, Institut für Theoretische Physik, Universität zu Köln, Zülpicher Straße 77, D-50937 Köln. kiefer@thp.uni-koeln.de

Kosmische Kreisel

DOMENICO GIULINI

Die Allgemeine Relativitätstheorie verabschiedete sich von Newtons Vorstellung vom absoluten Raum als Inertialsystem. Sie ersetzte ihn durch Raumzeiten, in denen Inertialsysteme lokal und dynamisch definiert sind. Eine fundamentale Konsequenz dieses dynamischen Konzepts ist das gravitomagnetische Feld. Im April 2004 startete die Sonde Gravity Probe B, um diesen Effekt im Erdschwerefeld erstmals isoliert zu messen. Die Datenauswertung war Mitte 2008 noch nicht abgeschlossen.

D as für die Newtonsche Mechanik fundamentale kinematische Konzept eines globalen Inertialsystems wird bekanntlich in der Allgemeinen Relativitätstheorie (ART) abgeschafft. An seine Stelle tritt ein dynamisches Konzept von Inertialsystemen, die in Raum und Zeit lokal sind. Eine Konsequenz der ART ist, dass diese Inertialsysteme im Allgemeinen sogar gegenseitig beschleunigt sind.

Besonders interessant ist der Fall, in dem die Inertialsysteme relativ zu einander rotieren, zum Beispiel in der Umgebung kompakter Massen mit Drehimpuls. Nach der ART

erzeugen solche Systeme nämlich ein „gravitomagnetisches Feld", dessen Existenz sich direkt in der Rotation lokaler Inertialsysteme äußert. Ein im Prinzip experimentell beobachtbarer „Fingerabdruck" dieses Effekts ist die Lense-Thirring-Präzession, die ich weiter unten vorstelle.

Astrophysikalische Beobachtungen der letzten Jahre geben starke Indizienbeweise dafür, dass die Voraussage der Existenz gravitomagnetischer Felder durch die ART zutrifft. Ihr direkter Nachweis steht zwar noch aus, ist aber für die nahe Zukunft zu erwarten: Dazu könnte die Sonde Gravity Probe B beitragen (Abbildung 1 und „Internet"). In diesem Beitrag gebe ich einen Abriss der Entwicklung dieses für die ART fundamentalen Aspekts.

Von Newton zu Einstein

In der Newtonschen Mechanik spielt bekanntlich der Begriff der Kraft eine zentrale Rolle. Newtons Hauptwerk, die „Philosophiae Naturalis Principia Mathematica", meist kurz Principia genannt, war einer doppelten Zielsetzung verpflichtet, die Newton am Ende seines ersten Scholiums darlegt: Einerseits sollen aus bekannten Kraftwirkungen die resultierenden Bewegungstypen ermittelt werden, andererseits soll aus beobachteten Bewegungsverläufen auf die wirkenden Kräfte geschlossen werden.

Um dies zu ermöglichen, muss zuerst die Kräfte freie Bewegung charakterisiert werden. Dies geschieht durch die *Lex prima*, also das Trägheitsgesetz. Dieses sagt aus, dass die Kräfte freien Bewegungstypen genau die geradlinig gleichförmigen sind, also die beschleunigungsfreien. Kräfte definierte Newton dann allgemein als Ursachen aller Abweichungen von diesen Bewegungstypen. Dies tat er in der *Lex secunda*:

$$F = m \cdot a.$$

Dieser wohlvertrauten Vorgehensweise haftet aber der Mangel an, dass nicht gleichzeitig dazu gesagt wird, bezüglich welchem räumlichen Bezugssystem die Bewegung denn „geradlinig" und bezüglich welcher Zeitskala sie „gleichförmig" sein soll. Newton setzte dafür metaphysische Konstrukte ein, die er „absoluten Raum" und „wahre Zeit" nennt. Diese sind zwar nicht direkt sinnlich wahrnehmbar, wie Newton zugesteht. Sie werden aber gerade dadurch in Evidenz gesetzt, dass, bezogen auf sie, die Newtonschen Gesetze gelten. Was aber heißt konkret „bezogen", wenn die sinnliche Identifizierbarkeit nicht gegeben ist? Zunächst heißt es eben nicht mehr als die Existenz solcher räumlicher Bezugssysteme und Zeitskalen. Es ist diese Existenzaussage,

INTERNET

Homepage der Gravity-Probe-B-Mission der NASA
einstein.stanford.edu

Lense-Thirring-Präzession
www.physics.uiuc.edu/research/cta/news/sidebands/

Elementare Erklärungen zum Binärpulsar 1913+16 (Cornell University)
astrosun.tn.cornell.edu/courses/astro201/psr1913.htm

Erster entdeckter Doppelpulsar: Infos und Animationen
www.jb.man.ac.uk/news/doublepulsar/

LAGEOS I, II und III
ilrs.gsfc.nasa.gov/satellite_missions/list_of_satellites/lageos.html
www.laeff.esa.es/eng/laeff/activity/lageos3.html

Hinweise auf „frame dragging" durch rotierende Schwarze Löcher
antwrp.gsfc.nasa.gov/apod/ap971107.html

Homepage der Gaia-Mission der ESA
sci.esa.int/science-e/www/area/index.cfm?fareaid=26

die den wesentlichen Inhalt des Trägheitsgesetzes ausmacht. Vollständig muss das *Trägheitsgesetz* also so lauten:

„Es gibt ein räumliches Bezugssystem und eine Zeitskala, so dass bezogen auf sie die Bewegung eines jeden Kräfte freien Körpers geradlinig und gleichförmig verläuft."

Solche Systeme und Zeitskalen heißen nach Ludwig Lange (1863–1936, Chemiker und physikalischer Autodidakt) Inertialsysteme oder Inertialzeitskalen [1]. Es ist klar, dass die Existenz eines Inertialsystems und einer Inertialzeitskala sofort die Existenz unendlich vieler weiterer nach sich zieht. Jedes gegenüber einem Inertialsystem konstant verschobene, konstant verdrehte oder gleichförmig geradlinig bewegte räumliche Koordinatensystem ist wieder ein Inertialsystem; und jede Zeitskala, die sich von einer Inertialzeitskala um eine konstante additive Konstante unterscheidet, ist ebenfalls wieder eine Inertialzeitskala.

Dies ergibt eine 10-parametrige Freiheit: drei räumliche Translationen, drei räumliche Drehungen, drei Geschwindigkeitstransformationen und eine zeitliche Translation. In der klassischen (Newtonschen) Mechanik haben die Geschwindigkeitstransformationen die Gestalt

$$(t, \boldsymbol{x}) \rightarrow (t', \boldsymbol{x}') = (t, \boldsymbol{x} + \boldsymbol{v}t), \tag{1}$$

wobei $\boldsymbol{v} \in \mathbb{R}^3$. Damit bildet die Gesamtheit aller 10-parametrigen Transformationen die „inhomogene Galilei-Gruppe", wobei inhomogen bedeutet, dass sie die Translationen enthält.

In der Mechanik der Speziellen Relativitätstheorie (SRT) sind die Geschwindigkeitstransformationen hingegen durch die komplizierteren Ausdrücke

$$t = \gamma \left(t + \frac{\boldsymbol{v} \cdot \boldsymbol{x}}{c^2} \right),$$
$$\boldsymbol{x} = \boldsymbol{x} + \boldsymbol{v}t + (\gamma \pm 1)(\boldsymbol{x}_{\|} + \boldsymbol{v}t) \tag{2}$$

gegeben, die zusammen mit den unverändert bleibenden Translationen und Rotationen zur „inhomogenen Lorentz-Gruppe" führen . Hier ist $\boldsymbol{x}_{\|}$ die Parallelprojektion von $\boldsymbol{x}$ auf $\boldsymbol{v}$, c die Lichtgeschwindigkeit und

$$\gamma = \sqrt{1 - \frac{v^2}{c^2}}.$$

Die Geschwindigkeiten $\boldsymbol{v}$ sind auf einen Betrag unterhalb c eingeschränkt. Sowohl in der klassischen wie in der speziell-relativistischen Mechanik gilt nun das *Mechanische Relativitätsprinzip*:

„Zwei identische abgeschlossene physikalische Systeme, die sich relativ zueinander in gleichförmig geradliniger Bewegung befinden, sind hinsichtlich der an den Einzelsystemen feststellbaren, rein mechanischen Phänomene ununterscheidbar."

Abb. 1 *Gravity Probe B ist am 20. April 2004 gestartet und umkreist in rund 640 km Höhe auf einer polaren Bahn die Erde. Der Satellit hat vier Gyroskope an Bord, die mit ihren Drehimpulsen ein fast perfektes Raumzeit-Inertialsystem bilden. Dies soll eine Messung des Dragging-Effekts durch die rotierende Erde ermöglichen* (Foto: Stanford University).

Die klassische Mechanik ist also in keiner Weise weniger „relativistisch" als die Mechanik der SRT. Vielmehr unterscheiden beide sich dadurch, welche Transformationen sie als Geschwindigkeitstransformationen benutzen. Das häufig gebräuchliche Attribut „nichtrelativistisch" für die Physik vor 1905 steht eigentlich für „nicht relativistisch im Sinne der Lorentz-Gruppe" und bezieht sich auf die Tatsache, dass das auf der Galilei-Gruppe basierte Relativitätsprinzip der klassischen Mechanik nicht in die Elektrodynamik und andere fundamentale dynamische Theorien fortgesetzt werden kann.

Inertialsysteme

Wie kann man aber ein Inertialsystem finden oder sich konstruktiv verschaffen? Diese keineswegs triviale Frage beantwortete Lange wie folgt: Man nehme drei Kräfte freie Massenpunkte (deren Existenz an dieser Stelle vorausgesetzt wird, zumindest approximativ) und schleudere diese zu einem festen Zeitpunkt ($t = 0$) von einem Raumpunkt ($x = 0$) in drei linear unabhängige Richtungen (die drei Richtungen liegen somit weder auf einer gemeinsamen Geraden noch in einer gemeinsamen Ebene). Jedes Koordinatensystem, aus dessen Sicht sich diese drei Massenpunkte auf Geraden bewegen, ist nun ein Inertialsystem.

Diese zweifelsohne plausibel erscheinende Aussage ist tatsächlich mathematisch weniger trivial als es zunächst den Anschein hat. Denn es ist im Allgemeinen nicht wahr, dass jedes Koordinatensystem, bezüglich dem sich drei zwar Kräfte frei, aber sonst beliebig bewegte Massenpunkte auf Geraden bewegen, bereits ein Inertialsystem sein muss (siehe unten). Hinreichend dafür sind aber die oben angegebenen Bedingungen, dass

1. die Anfangsgeschwindigkeiten linear unabhängig sind und
2. die Massenpunkte zu einem Zeitpunkt am gleichen Ort waren (eine elementare Darstellung findet man in [2]).

NOCH KEIN INERTIALSYSTEM

Muss jedes Koordinatensystem, bezüglich dem sich drei Massenpunkte zwar Kräfte frei, aber sonst beliebig auf Geraden bewegen, bereits ein Inertialsystem sein? Nein, diese Aussage ist nicht allgemein gültig.

Die mathematisch saubere Begründung dieser Antwort ist sehr anspruchsvoll (eine vereinfachte Darstellung findet man in [2]). Man kann sich jedoch plausibel machen, weshalb die Antwort negativ ausfällt: Dazu stelle man sich die drei Massenpunkte auf ihren „Flugbahnen" vor. Dem ersten Massenpunkt kann man nun ein Koordinatensystem so nachführen, dass man ihn im Ursprung des Systems einfängt. Danach kann man den zweiten Massenpunkt durch Rotation um den Ursprung auf die z-Achse bringen. Schließlich verschiebt man das Koordinatensystem entlang seiner z-Achse bis „auf Höhe" des dritten Massenpunkts (Translation); dort genügt dann eine weitere Rotation, um diesen auf die x-Achse zu legen. Nach dieser Operation bewegen sich alle drei Punkte auf der xz-Ebene, deren zwei Dimensionen kein räumliches Inertialsystem aufspannen können.

Die nichttriviale *räumliche* Aussage des Trägheitsgesetzes ist nun, dass sich aus Sicht des so definierten Bezugssystems jeder weitere (vierte, fünfte etc.) Kräfte freie Massenpunkt ebenfalls auf einer Geraden bewegt.

Nun setzen wir voraus, dass wir mit dieser Methode ein Inertialsystem gefunden haben und ferner, dass wir auch die Distanzen zwischen Raumpunkten messen können. Damit können wir eine Inertialzeitskala einfach durch die Distanz definieren, die ein Massenpunkt (zum Beispiel der erste) auf seiner Geraden etwa seit dem Zeitpunkt seines Zusammentreffens mit den anderen beiden Massenpunkten zurücklegt.

Als nichttriviale *zeitliche* Aussage des Trägheitsgesetzes folgt nun, dass sich bezüglich dieser Zeitskala die zurückgelegte Strecke eines jeden weiteren (zweiten, dritten etc.) Kräfte frei bewegten Massenpunktes gleichförmig verhält. Anschaulich bedeutet das, dass in Zeitabschnitten, in denen der erste Massenpunkt gleiche Strecken durchläuft, auch die anderen Massenpunkte jeweils gleiche Strecken durchlaufen.

Sind astronomische Referenzsysteme Inertialsysteme?

Das wirft die Frage auf, inwieweit astronomisch bevorzugte Referenzsysteme tatsächlich auch Inertialsysteme sind. Definiert werden diese meist durch Auswahl bevorzugter Objekte – etwa optische oder Radioquellen – und der Festlegung, dass in dem zu definierenden Referenzsystem diese Objekte eine verschwindende (mittlere) Eigenbewegung senkrecht zur Sichtlinie vom Beobachter zum Objekt besitzen. Sie zeigen also keine globale kinematische Rotationsbewegung.

Auf den größten Skalen implementiert zum Beispiel das seit den 1990er-Jahren gebräuchliche Bezugssystem namens International Celestial Reference Frame (ICRF) 610 extragalaktische Radioquellen. Deren Himmelspositionen können die vernetzten VLBI-Beobachtungsstationen (Very Large Baseline Interferometry) extrem genau lokalisieren. Relativ zum ICRF kann man nun die Orientierung weiterer Bezugssysteme untersuchen, etwa des galaktischen, das durch die Beobachtungen des Satelliten HIPPARCOS (HIgh Precision PARalax COllecting Satellite) neu erstellt wurde. Es ergibt sich eine sehr kleine obere Schranke für den Betrag einer relativen Winkelgeschwindigkeit von nur 0,25 Millibogensekunden pro Jahr, das sind 1/14 400 000 Winkelgrad [3]. Eine Steigerung dieser Genauigkeit um mindestens zwei Größenordnungen ist mit der Hipparcos-Nachfolgemission Gaia durch die ESA geplant.

Der physikalisch wesentliche Punkt ist nun, dass diese astronomisch definierten Bezugssysteme auch in keiner bisher messbaren Weise von Inertialsystemen abweichen. Die moderne Kosmologie liefert hierzu Beobachtungen mit nahezu phantastisch anmutender Genauigkeit [4]. Intensitätsvermessungen der kosmischen Mikrowellen-Hintergrundstrahlung setzen einer globalen Rotation des Kosmos bereits eine obere Schranke von weniger als einer hundertmillionstel Umdrehung (etwa 13 Millibogensekunden) während des ganzen bisherigen Weltalters!

Koinzidenzen dieser Art sind auf der theoretischen Seite im höchsten Maße erklärungsbedürftig. Immerhin wäre es zum Beispiel denkbar, dass die enormen galaktischen und extragalaktischen Massen durch dynamische Einwirkung das lokale Trägheitsverhalten so bestimmen, dass die Kräfte freie Bewegung der mittleren Bewegung dieser Massen folgt. Diese Idee formulierte Ernst Mach (1838–1916) bereits 1883 in seiner berühmten Kritik an den begrifflichen Grundlagen der Newtonschen Mechanik [5]. Einstein erhob diese Möglichkeit später zum Machschen Prinzip [6]. Zu dieser Zeit glaubte Einstein noch fest daran, dass die ART das Machsche Prinzip in seiner strengen Form erfüllen würde: Danach würden die kosmischen Massen und ihre Bewegungszustände das lokale Trägheitsverhalten nicht nur beeinflussen, sondern ganz und gar determinieren. Das hat sich jedoch bald als in dieser Form nicht haltbar erwiesen, wie später noch erläutert wird.

Im Gegensatz zur ART bleibt in der SRT der Begriff des globalen Inertialsystems gültig. Trotzdem ergibt sich dort bereits eine interessante Veränderung gegenüber der Newtonschen Physik. In Letzterer ist es nämlich sinnvoll, eine Menge von *gegenseitig nicht verdrehten* Inertialsystemen zu definieren. Damit meint man, dass je zwei solcher Systeme neben einer Translation durch eine reine Geschwindigkeitstransformation der Form (1) verbunden sind, also *ohne* Drehung. Das ist mathematisch sinnvoll, denn für Galileische Geschwindigkeitstransformationen (hier mit $G(v)$ bezeichnet) gilt das Kompositionsgesetz (∘ bezeichnet die Komposition):

$$G(v_1) \circ G(v_2) = G(v_1 + v_2) \qquad (3)$$

wie man anhand (1) leicht nachprüft. Daraus folgt: Sind zwei Systeme S_1 und S_2 relativ zu einem System S_0 nicht verdreht, so sind sie auch untereinander nicht verdreht. Man bezeichnet das auch als Transitivität der Relation „nicht verdreht".

Bei Lorentzschen Geschwindigkeitstransformationen (mit $L(v)$ bezeichnet) ist ein solcher Schluss falsch, wie man ebenfalls anhand von (2) nachprüft. Vielmehr gilt:

$$L(v_1) \circ L(v_2) = L(v_1 * v_2) \circ R(v_1, v_2) \qquad (4)$$

wo * für die Operation der „relativistischen Geschwindigkeitsaddition" steht und R eine von den beiden Geschwindigkeiten abhängige Rotation bezeichnet: Das ist die Thomas-Rotation, die nur dann die Identität (Einheitstransformation) ist, wenn v_1 und v_2 parallel oder anti-parallel sind. Im Begriffssystem der SRT ist es also im Allgemeinen nicht möglich, eine Menge von mehr als zwei untereinander nicht verdrehten Inertialsystemen zu definieren. Nur relativ zu einem fest gewählten Inertialsystem kann eine Menge anderer Inertialsysteme als nicht verdreht definiert werden [7]. Dieser Effekt ist übrigens auch als Thomas-Präzession

von beschleunigten Teilchen (ohne Gravitationsfeld) bekannt.

Die Allgemeine Relativitätstheorie

In der ART werden Trägheits- und Gravitationskräfte vereinheitlicht beschrieben. Dies führt dazu, dass die Gravitation selbst nicht mehr als Kraft im Newtonschen Sinne anzu sehen ist. Das fundamentale Feld der ART ist die 10-komponentige Metrik $g_{\mu\nu}$ der Raum-Zeit: Diese symmetrische 4×4-Matrix bestimmt die Längen von Zeit- und Ortsdistanzen. Erst dieses Feld, genauer das daraus durch Differentiation bestimmte Zusammenhangsfeld, bestimmt die Trägheitsstruktur und damit, was „Kräfte frei" ist. Die Einsteinschen Feldgleichungen lauten

$$G_{\mu\nu} = \frac{8\pi G}{c^4} T_{\mu\nu}, \qquad (5)$$

FORMALE ANALOGIE ZUR ELEKTRODYNAMIK

Wir betrachten die Einstein-Gleichungen für den Fall schwacher, stationärer Gravitationsfelder. Dann weicht die Metrik der Raumzeit nur wenig von der Minkowski-Metrik

$$\eta_{\mu\nu} = \text{diag}(-1,1,1,1)$$

der SRT ab und es gilt

$$g_{\mu\nu} = \eta_{\mu\nu} + b_{\mu\nu},$$

wobei $b_{\mu\nu}$ als kleine Größe behandelt wird. Wir vernachlässigen nun quadratische und höhere Ordnungen sowohl in $b_{\mu\nu}$ als auch in v/c, wobei v der Betrag der Geschwindigkeit der Materie ist. Dann reduzieren sich die Einsteinschen Feldgleichungen (5) auf ein System von Gleichungen, das *formal* den Maxwell-Gleichungen speziell für stationären Fall der Elektrodynamik gleicht (in der Coulomb-Eichung).

Man beachte, dass dies als rein formale Analogie zu verstehen ist. Sie gilt auch nur in dieser Näherung, denn die ART ist keine Vektortheorie. Dazu führt man eine zum skalaren Potential der Elektrodynamik analoge Größe ϕ ein, wobei

$$(2/c^2)\,\phi = b_{00} = b_{11} = b_{22} = b_{33},$$

und ebenso eine zum Vektorpotential analoge Größe $A = -c\,(b_{01}, b_{02}, b_{02})$. Damit definiert man in weiterer Analogie zum Elektromagnetismus das gravitoelektrische Feld $E = -\nabla\phi$ und das gravitomagnetische Feld $B = \nabla \times A$. Mit ihrer Hilfe erhält die Bewegungsglei-

chung einer Restmasse im Gravitationsfeld formal die gleiche Form wie die einer Punktladung mit $e/m = 1$ in der Elektrodynamik:

$$\dot{v} = E + v \times B. \qquad (11)$$

Die linearisierten Einstein-Gleichungen lauten, ausgedrückt durch die Potentiale ϕ und A, wie folgt:

$$\Delta\phi = 4\pi G\rho,$$
$$\Delta A = \frac{16\pi G}{c^2}\rho v, \qquad (12)$$

wobei ρ die lokale Massendichte und v das (wegen der Stationaritätsbedingung zeitlich konstante) Geschwindigkeitsfeld der Materie ist und $\Delta = \nabla \cdot \nabla$ den Laplace-Operator bezeichnet. Die Gleichungen (12) entsprechen genau den Maxwell-Gleichungen, nur dass dort die Konstanten (in SI-Einheiten) durch $1/\varepsilon_0$ (statt $-4\pi G$) und μ_0 (statt $-16\pi\,G/c^2$) gegeben sind und ρ die Bedeutung der elektrischen Ladungsdichte (statt der Massendichte) annimmt.

Die Präzessionsfrequenz eines Kreisels ergibt sich schließlich analog zur Präzessionsfrequenz $-(ge/2m)B$ des Spinvektors eines elektrisch geladenen Teilchens der Masse m und Ladung e im magnetischen Feld, wenn man dort $e = m$ und den gyromagnetischen Faktor $g = 1$ setzt.

$$\Omega_{\text{Kreisel}} = -\frac{1}{2}B.$$

ABB. 2 | GRAVITOMAGNETISCHES DIPOLFELD

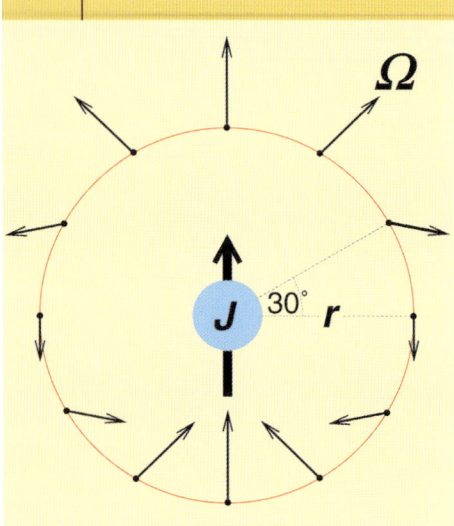

Grafische Wiedergabe des gravitomagnetischen Dipolfeldes $\Omega(x)$, ausgewertet an Punkten im Winkelabstand 30°, die auf einem Kreis vom Radius r um das Zentrum liegen. Im Zentrum sitzt der rotierende Stern, dessen Drehimpuls ein nach oben zeigenden Pfeil (Vektor) symbolisiert. Er erzeugt das Dipolfeld.

G ist die Newtonsche Gravitationskonstante, c die Vakuumlichtgeschwindigkeit.

Dabei ist $G_{\mu\nu}$ eine nichtlineare Kombination aus $g_{\mu\nu}$ und seinen ersten beiden partiellen Ableitungen, während $T_{\mu\nu}$ die zehn Komponenten des Energie-Impuls-Tensors darstellt. Diese sind: Energiedichte (eine Komponente), Impulsdichte oder - dazu proportional - Energiestromdichte (drei Komponenten) und die Impulsstromdichte (sechs Komponenten).

Die Materie wirkt über den Tensor $T_{\mu\nu}$, der sie repräsentiert, auf das Feld $g_{\mu\nu}$ ein, das die Trägheitseigenschaften festlegt. Er determiniert sie aber nicht vollständig, genauso wenig wie eine elektrische Ladungs- und Stromverteilung das elektromagnetische Feld vollständig determiniert. In beiden Fällen bleiben die vom Feld selbst bereitgestellten Freiheitsgrade, die freien Wellen, unberührt. Wir erklären gleich, wie man sich diese über einen Analogieschluss zur Elektrodynamik anschaulicher vorstellen kann. Zunächst sei festgehalten, dass aus diesem Grund eine nur auf die Materiefreiheitsgrade fixierte Formulierung des Machschen Prinzips mit

dem feldtheoretischen Charakter der ART nicht vereinbar ist, weil sie die Freiheitsgrade des Gravitationsfeldes ignoriert. Nur starke Zusatzannahmen erlauben eine Einschränkung auf die Materiefreiheitsgrade.

Rotation lokaler Inertialsysteme

Im Unterschied zur Newtonschen Gravitation erzeugt also nicht nur die Massen- oder Energiedichte ein Gravitationsfeld, sondern jede der zehn Komponenten $T_{\mu\nu}$, dazu gehören insbesondere die Massen- oder Energieströme. Diesen Anteil des Gravitationsfeldes nennt man das gravitomagnetische Feld oder einfach Gravitomagnetismus, in zunächst grober Analogie zu Magnetfeldern, die durch elektrische Ströme erzeugt werden.

Tatsächlich stellt sich eine recht enge formale Analogie heraus (siehe „Formale Analogie zur Elektrodynamik", S. 139). So erzeugt zum Beispiel eine langsam rotierende kugelsymmetrische Massenverteilung mit Drehimpuls J ein gravitomagnetisches Dipolfeld

$$\Omega_{\text{Kreisel}}(x) = \frac{G}{c^2} \frac{3n(n \cdot J) - J}{r^3}, \qquad (6)$$

wobei $r = \sqrt{x \cdot x}$ und $n = x/r$ (Abbildung 2).

Die physikalische Bedeutung von Ω erschließt ein Gedankenexperiment: Dazu stellen wir uns einen Kreisel vor, der außerhalb einer homogen mit Masse belegten Kugelschale im Abstand r von deren geometrischen Zentrum gelagert sei - und zwar frei von Drehmomenten. Trotzdem präzediert dieser Kreisel nun mit der Winkelgeschwindigkeit Ω relativ zu einem „asymptotischen Inertialsystem", das durch einen ebensolchen Kreisel im Unendlichen definiert wird. Man kann diesen Sachverhalt auch operationalistischer ausdrücken, indem man das Inertialsystem im Unendlichen durch das Bezugssystem ersetzt, in dem die mittlere Rotation der entferntesten Objekten, wie Quasare, verschwindet.

Wegen dieses Gravitomagnetismus, den vor allem Energieströme und Impulsströme verursachen, rotieren also die lokalen Inertialsysteme relativ zueinander. Dieser Effekt wurde zuerst 1918 in gemeinsamen Arbeiten von Joseph Lense (1890-1985) und Hans Thirring (1888-1976) aus der ART abgeleitet und wird daher als „Lense-Thirring-Präzession" bezeichnet. Genauer gesagt bezeichnet man damit immer den *rotatorischen* Anteil eines allgemeinen „Frame Dragging" (Abbildung 3). Sinngemäß hat man sich darunter ein Mitschleppen der lokalen Inertialsysteme mit der Strömung von Materie oder von Gravitationswellen vorzustellen. Man beachte, dass der Kreisel nicht etwa aufgrund eines „gravitomagnetischen Drehmoments" präzediert - er ist ja drehmomentfrei gelagert -, sondern es würde vielmehr eines äußeren Drehmomentes bedürfen, um den Kreisel an dieser Präzession zu hindern!

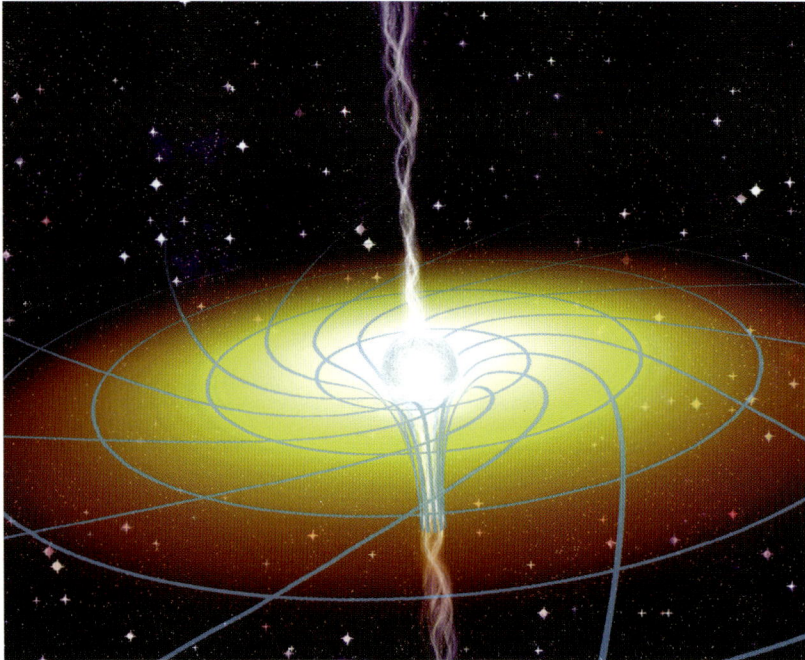

Abb. 3 Frame-Dragging-Effekt in der Umgebung eines rotierenden Schwarzen Lochs, angedeutet durch die rotatorische Verzerrung der Koordinatenlinien. (Grafik: Joe Bergeron. Sky & Telescope

Auswirkungen der Lense-Thirring-Präzession

Vom theoretischen Gesichtspunkt aus gesehen ist der Gravitomagnetismus absolut unverzichtbar. Er gehört zum Gravitationsfeld genauso unzertrennlich wie das Magnetfeld zum (vereinheitlichten) elektromagnetischen Feld. Wie dort ist auch bei der Gravitation die Aufspaltung zwischen „magnetischen" und „elektrischen" Feldanteilen vom Bewegungszustand des Bezugssystems abhängig. So erhält man beispielsweise das Newtonsche Gravitationsgesetz relativ zu einem Inertialsystem, in dem sich die Zentralmasse geradlinig gleichförmig bewegt, nur dann als korrekte Näherung aus der ART, wenn man das gravitomagnetische Feld berücksichtigt [8].

Neben diesen theoretischen Konsistenzgründen gibt es zahlreiche und sehr starke experimentelle Indizien für eine Lense-Thirring-Präzession. Sie sind aber immer von anderen, phänomenologisch gleich wirkenden Effekten überlagert. Eine Beobachtung des reinen Lense-Thirring-Effekts ist bisher noch nicht gelungen; hierfür kommen vor allem drei Ausprägungen in Frage, die ich im Folgenden vorstellen möchte: Die Präzession von Kreiseln, von Bahnebenen und die „Periastronpräzession".

Präzession von Kreiseln

Um ein Gefühl für die Größenordnung dieses Effekts zu bekommen, nehmen wir vereinfachend an, die Erde sei eine exakte Kugel mit homogener Massenverteilung. Aus (6) ergibt sich dann die Präzessionsfrequenz für einen am Nordpol befindlichen Kreisel zu

$$\Omega_{\text{Kreisel}} \text{ (Nordpol)} = \frac{4}{5}\frac{GM}{c^2 R}\,\boldsymbol{\omega} = 5{,}5 \cdot 10^{-10} \cdot \boldsymbol{\omega}, \qquad (7)$$

M und R sind dabei die Masse und der Radius der Erde, $\boldsymbol{\omega}$ ihre Winkelgeschwindigkeit.

Durch die Eigenrotation der Erde sollte also ein am Nordpol aufgehängter Kreisel mit etwa einem Zweimilliardstel Bruchteil der Drehgeschwindigkeit der Erde präzedieren. Dieser winzige Betrag, der etwa 0,6 Millibogensekunden pro Tag entspricht, ist tatsächlich nur noch ein bis zwei Größenordnungen vom heute technologisch Nachweisbaren entfernt. Großflächige Ringlaser wie derjenige in der Fundamentalstation Wettzell können über den Sagnac-Effekt als Laserkreisel verwendet werden, wobei Auflösungen der Erddrehgeschwindigkeit von 10^{-9} bereits projektiert sind.

Auf direkte Weise soll soll die Lense-Thirring-Präzession im Gravity Probe B-Experiment nachgewiesen werden. Bei ihm ist ein satellitengestütztes Kreiselsystem in einer Umlaufbahn etwa 640 km über der Erdoberfläche installiert worden. Die Bahn verläuft über die Pole hinweg und schneidet so die verlängert gedachte Erdachse zweimal. Die polare Ausrichtung der Bahnebene ist deshalb günstig, weil auf ihr die sonst wesentlich größeren Newtonschen Effekte unterdrückt sind. Diese sind durch die nicht exakt kugelsymmetrische Massenverteilung der Erde bedingt, also deren höhere Massenmultipolmomente. Bei nicht-polaren Bahnen führen sie ebenfalls zu einer Präzessionsbewegung, die den hier interessierenden Effekt völlig verwaschen würde.

Durch Mittelung über alle Richtungen von $\boldsymbol{n}$ in (6) entlang der polaren Bahn (wodurch $\boldsymbol{n}(\boldsymbol{n}\cdot\boldsymbol{J})$ durch $\boldsymbol{J}/2$ ersetzt wird) ergibt sich

$$\Omega_{\text{Kreisel}} \text{ (Satellit)} = \frac{1}{5}\frac{GM}{c^2 R}\left(\frac{r}{R + 650 \text{ km}}\right)^3 \boldsymbol{\omega} \approx 10^{-10} \cdot \boldsymbol{\omega}, \quad (8)$$

was etwa 47 Millibogensekunden pro Jahr entspricht. Detaillierte Informationen zu diesem Experiment und seinen theoretischen Voraussetzungen findet man in [9].

Präzession von Bahnebenen

Eine andere Form der Lense-Thirring-Präzession ergibt sich, wenn eine Testmasse (zum Beispiel ein Satellit) einen rotierenden Zentralkörper mit Eigendrehimpuls $\boldsymbol{J}$ auf einer elliptischen Umlaufbahn umläuft. Verläuft die Bahnbewegung in einer Ebene, deren Normale nicht parallel zu $\boldsymbol{J}$ liegt, so präzediert die Normale der Bahnebene um $\boldsymbol{J}$ mit der Winkelgeschwindigkeit

$$\Omega_{\text{Bahn}} = \frac{2G}{c^2}\frac{\boldsymbol{J}}{a^3(1-\varepsilon^2)^{3/2}}. \qquad (9)$$

Dabei ist a die große Halbachse der Ellipse und ε ihre Exzentrität.

An den erdgebundenen Satelliten LAGEOS I und II (für LAser GEOdynamic Satellites), die primär mit der Erforschung der Dynamik der Erdkruste befasst sind und deren Bahnen mit Hilfe von Lasern bis auf Zentimeter genau vermessen werden können, hat man diesen Effekt schon gemessen. Allerdings gelang das bisher nur mit einer unzureichenden Genauigkeit von 10–20 %. Das liegt wiederum an der ungenauen Kenntnis der Multipolmomente der Er-

Abb. 4 *Akkretionsscheibe um ein kompaktes Objekt (Neutronenstern oder schwarzes Loch). Die Innenbereiche werden durch Reibung sehr stark aufgeheizt und strahlen im Röntgenbereich.*

Abb. 5 *Rosettenbewegung um einen Zentralkörper, genauer den gemeinsamen Schwerpunkt des Systems, wie sie die Allgemeine Relativitätstheorie vorhersagt.*

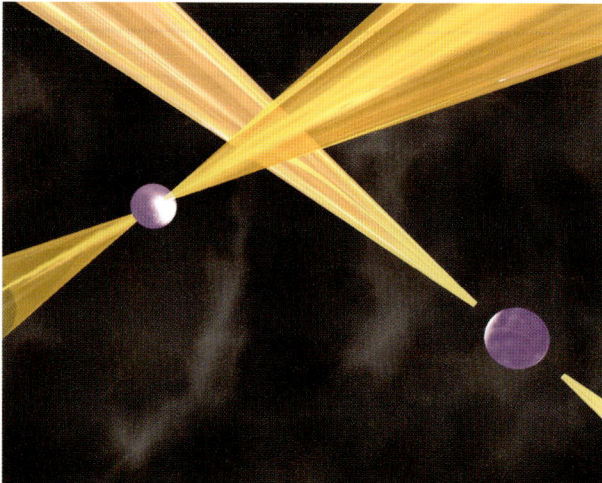

Abb. 6 *Der Doppelpulsar PSR J0737-3039. Wie Leuchttürme senden die beiden Himmelskörper elektromagnetische Wellen in engen Strahlbündeln aus. Diese sind zufällig so im Raum ausgerichtet, dass sie die Erde überstreichen. Deshalb empfängt man hier scheinbar gepulste Strahlung (siehe Internet, S. 136). (Grafik: M. Kramer, Jodrell Bank Observatory, University of Manchester.)*

de. Diese geringe Genauigkeit könnte mit einem dritten Satelliten erheblich gesteigert werden: Dazu müsste man seine Bahngeometrie komplementär zu den der ersten Satelliten wählen, und zwar so, dass sie eine Elimination der Multipolmomente aus den gemessenen Daten erlauben würde. Leider ist es bisher nicht gelungen, dieses Projekt zu realisieren.

Viel versprechender sind natürliche Systeme, in denen das Verhältnis J/a^3 sehr viel größer ist. Das ist insbesondere bei Neutronensternen oder Schwarzen Löchern der Fall. Um diese kreist in Akkretionsscheiben sehr schnell bewegte Materie (Abbildung 4). Durch Reibungseffekte stark aufgeheizt, gibt sie elektromagnetische Strahlung im Röntgenbereich ab. Neuere Beobachtungen an Systemen mit Neutronensternen oder Kandidaten für Schwarze Löcher haben nun quasiperiodische Modulationen im Röntgenspektrum solcher Akkretionsscheiben gezeigt, deren Frequenz gerade zu (9) passt (sie liegen im Bereich von einigen Kilohertz). Eine mögliche Erklärung wäre eine Lense-Thirring-Präzession der Akkretionsscheibe (oder eines innenliegenden Ausschnitts) mit der durch (9) gegebenen Frequenz. Wegen der dadurch periodisch erfolgenden Verdeckungen des Zentralkörpers könnte diese genau zu den beobachteten Modulationen der Röntgen-Intensitäten führen.

Ausgeführt wurden diese Beobachtungen mit dem Satelliten RXTE (Rossi X-ray Timing Explorer), der sogar zeitliche Intensitätsvariationen im Röntgenbereich von bis zu 0,1 Millisekunden auflösen kann. Die Beobachtungen von über 14 binären Neutronensternsystemen (mit unsichtbaren Begleitern) ergeben starke Indizien für dieses Erklärungsmodell. Allerdings kann die Diskussion darüber noch nicht als abgeschlossen betrachtet werden. Von theoretischer Seite ist nämlich seit langem ebenfalls bekannt, dass Viskosi-

tätseffekte im Gegenzug eine stabilisierende Wirkung auf die Lage der Akkretionsscheibe haben. Weitere Indizien gibt es bei Objekten, die als starke Kandidaten für Schwarze Löcher gewertet werden [10].

Periastronpräzession

Nach der ART sind die Bahnen um Zentralkörper keine geschlossenen Ellipsen, sondern rosettenförmig (Abbildung 5). Die Verbindungslinie zwischen Schwerpunkt und schwerpunktsnächstem Bahnpunkt, dem Periastron, ist also nicht raumfest in Bezug zu einem asymptotischen Inertialsystem, wie wir es oben besprochen haben, sondern dreht sich relativ dazu. Dies ist auch ohne gravitomagnetisches Feld bereits der Fall, wie es etwa von der Bahn des Planeten Merkur lange bekannt ist. Hat der Zentralkörper jedoch einen nicht verschwindenden Eigendrehimpuls J, so ergibt das dadurch erzeugte gravitomagnetische Feld einen *zusätzlichen* Beitrag

$$\Omega_{\text{Perizentrum}} = \frac{2G}{c^2} \frac{J - 3n(n \cdot J)}{a^3 (1 - \varepsilon^2)^{3/2}}, \qquad (10)$$

wobei n der Einheitsvektor in Richtung des Bahndrehimpulses des umlaufenden Körpers ist.

Für halbwegs gleichgerichtete n und J ergibt sich also eine „Periastron-Regression": Das gravitomagnetische Feld *schwächt* den progressiv wirkenden Beitrag des „elektrischen" Anteils des Gravitationsfeldes. Dies ist sehr eindrücklich am Doppelpulsar PSR B1913+16 nachzuvollziehen, für dessen Entdeckung Russel A. Hulse und Joseph H. Taylor Jr. 1993 den Nobelpreis für Physik bekamen [8].

Die ART ergibt für dieses System eine Periastronprogression von $4{,}2°$ pro Jahr, was sehr genau mit dem experimentell gemessenen Wert übereinstimmt. Das entspricht dem 35 000-Fachen der Perihelprogression des Planeten Merkur! Ohne Berücksichtigung des gravitomagnetischen Anteils würde man theoretisch einen Wert erhalten, der um den Faktor 2,5 zu hoch liegt. In diesem, zugegebenermaßen etwas indirekten Sinne, ist die durch das gravitomagnetische Feld bedingte Periastronbewegung bereits nachgewiesen.

Noch extremere Verhältnisse scheinen beim im April 2003 entdeckten, ersten echten Doppelpulsar PSR J0737-3039 vorzuliegen: In ihm senden tatsächlich beide Komponenten Pulse aus (Abbildung 6). Er besitzt eine gemessene Periastronprogression von sogar 16,9° pro Jahr (siehe Internet, [11,12]). In diesem knapp 2000 Lichtjahre entfernten System umkreisen sich die beiden Pulsare einmal alle 2,4 Stunden.

Die beiden Körper selbst rotieren mit Perioden von 2,8 s beziehungsweise 23 ms [13]. Auf die Beobachtungen der nächsten Zeit an diesem Doppelpulsar darf man besonders gespannt sein, da sie weitere strenge Tests der Allgemeinen Relativitätstheorie liefern werden.

Zusammenfassung

Newton formulierte sein Trägheitsgesetz unter der Annahme eines globalen, absolut gültigen Inertialsystems. Dieses starre System ersetzte die Allgemeine Relativitätstheorie (ART) durch ein dynamisches Konzept lokaler, Raumzeit abhängiger Inertialsysteme. Diese Dynamisierung vormals rein kinematisch gedachter Strukturen wird durch das gravitomagnetische Feld vermittelt. Die Existenz dieses Felds verändert somit Newtonsche Vorstellungen tiefgreifend. Im Rahmen der ART ist das gravitomagnetische Feld unabdingbar. Experimentell wird seine Existenz bereits durch starke Indizienbeweise gestützt, am direkten Nachweis wird gearbeitet.

Danksagung

Ich danke Gerhard Schäfer von der Universität Jena für wertvolle Hinweise.

Literatur

[1] L. Lange, Berichte über die Verhandlungen der königlich sächsischen Gesellschaft der Wissenschaften zu Leipzig, mathematisch-physikalische Classe **1885**, *37*, 333.

[2] D. Giulini, Philosophia Naturalis **2002**, *39*, 343.

[3] J. Kovalevsky et al., Astr. and Astroph. **1997**, *323*, 620.

[4] A. Kogut et al., Phys. Rev. D **1997**, *55*, 1901.

[5] E. Mach, Die Mechanik in ihrer Entwicklung. Wissenschaftliche Buchgesellschaft, Darmstadt 1988 (Nachdruck der 9. Auflage von 1933).

[6] A. Einstein, Ann. d. Physik (Leipzig) **1918**, *55*, 241.

[7] S. A. Klioner und M. Soffel, Astr. and Astroph. **1998**, *334*, 1123.

[8] K. Nordtvedt, Int. J. Theo. Phys. **1988**, *27*, 1395; Physik in unserer Zeit, **1991**, *22* (1), 29.

[9] C. Lämmerzahl, C. W. F. Everitt und F. W. Hehl (Editoren), Gyros, Clocks, Interferometers...: Testing Relativistic Gravity in Space, Springer Verlag, Berlin 2001.

[10] W. Cui et al., Astroph. J. **1998**, *492*, L53.

[11] M. Burgay et al., Nature **2003**, *426*, 531.

[12] A. G. Lyne et al., Sciencexpress 10.1126/ Science.1094645.

[13] D. R. Lorimer et al., arxiv.org/pdf/astro-ph/0404274.

Der Autor

Domenico Giulini, geb. 1959 in Heidelberg, studiert Physik in Heidelberg und Cambridge (England), promoviert dort 1990 (PhD). Assistent am Institut für theoretische Physik der Universität Freiburg, habilitiert dort 1996. Aufenthalte an der École Normale Supérieure in Paris, Pennsylvania-State University (College Park) und der Universität Zürich. Forscht auf den Gebieten der mathematischen Allgemeinen Relativitätstheorie und der Quantengravitation.

Anschrift

Dr. Domenico Giulini, Physikalisches Institut, Universität Freiburg, Hermann-Herder-Straße 3, 79104 Freiburg. Giulini@physik.uni-freiburg.de

Dunkle Materie

Die dunkle Seite des Kosmos

Matthias Bartelmann

Das Standardmodell der Kosmologie konfrontiert uns mit der Tatsache, dass die „normale" baryonische Materie nur etwa 4 % der insgesamt im Universum vorhandenen Materie beiträgt. Rund 27 % stellt dagegen die Dunkle Materie. Deren Eigenschaften ließen sich mittlerweile ermitteln, aber ihre Natur liegt nach wie vor im Dunkeln.

Die Kosmologie hat sich in den letzten zwei Jahrzehnten stark gewandelt. Moderne Teleskope, die mittlerweile den gesamten Bereich elektromagnetischer Strahlung abdecken, haben sie von einer überwiegend theoretischen zu einer durch Experimente und Beobachtungen überprüfbaren Wissenschaft avancieren lassen. Die relevanten kosmologischen Parameter, wie die Hubble-Konstante oder die mittlere Materiedichte, sind heute mit einer Genauigkeit bekannt, von der Kosmologen vor zwanzig Jahren nur träumen konnten.

Doch die immer genauer werdenden Messergebnisse konfrontieren uns mit einem Weltmodell, das noch viele offene Fragen bereit hält. Nach dem derzeitigen Standardmodell macht die uns bekannte baryonische Materie nur knapp 4 % der insgesamt im Universum vorhandenen Materie aus. Den Löwenanteil mit fast 70 % stellt die Ende der 1990er Jahre entdeckte Dunkle Energie, rund 27 % gehen auf das Konto der Dunklen Materie.

Während die Kosmologen über die Natur der Dunklen Energie so gut wie nichts wissen, haben sie die Eigenschaften der Dunklen Materie mittlerweile gut erkundet. Erste Hinweise auf ihre Existenz gehen auf die 1930er Jahre zurück, doch die entscheidenden Beobachtungen stammen aus den 1970er Jahren, als man das Rotationsverhalten von Spiralgalaxien untersuchte. Mittlerweile gibt es weitere starke Hinweise auf die Existenz und die Eigenschaften der Dunklen Materie aus der Beobachtung von Galaxienhaufen. Darüber hinaus fordert die Theorie von der Entstehung der Galaxien im frühen Kosmos die Existenz von „Dunklen Kondensationskeimen". Im Folgenden stelle ich einige der wichtigsten Ergebnisse vor.

Galaxien rotieren zu schnell

Galaxien treten in unterschiedlichen Formen auf. Manche haben eine ausgeprägte Spiralstruktur, bei anderen setzen Spiralarme an zentralen Balken an, es gibt solche mit ganz amorpher, ellipsoider Gestalt, und auch vollkommen irre-

guläre Ansammlungen von Sternen kommen vor. Diese Beschreibung bezieht sich auf die Morphologie der sichtbaren Sternverteilungen.

Spektralanalysen des Sternlichts in Spiralgalaxien zeigen, dass es jedoch noch weitere unsichtbare Materie geben muss. Sie belegen, dass die Geschwindigkeiten, mit der die Sterne um das Zentrum laufen, mit wachsendem Radius anfangs zunehmen, dann jedoch mit Geschwindigkeiten zwischen 100 und 200 km/s nahezu konstant bleiben (Abbildung 1). Die Pionierarbeiten auf diesem Gebiet leistete zu Beginn der 1970er Jahre eine Astronomengruppe um Vera Rubin und Kent Ford von der Carnegie Institution in Washington.

Aus den Rotationskurven lässt sich schließen, dass die Gesamtmasse dieser Galaxien linear mit dem Radius wächst und ihre Massendichte quadratisch mit dem Abstand abfällt [1]. Dieser Befund steht jedoch im klaren Widerspruch zur Beobachtung. Demnach ist nämlich die leuchtende Materie erheblich stärker zum Zentrum konzentriert und ihre Dichte sinkt in vielen Galaxien exponentiell oder annähernd exponentiell mit wachsendem Abstand vom Zentrum. Bei zunehmendem Radius leuchtet demnach ein immer kleinerer Teil der Galaxienmasse.

Natürlich kann die Massendichte nicht beliebig weit mit dem Quadrat des Radius abfallen, weil sonst die Gesamtmasse unendlich würde. Das ist hier unerheblich, weil die Dichte der Galaxie ohnehin bei endlichen Radien unter den Wert der mittleren kosmischen Materiedichte sinkt. Spätestens dort wären die Ausläufer einer Galaxie nicht mehr von ihrer Umgebung zu unterscheiden.

Wir wissen nicht, bis zu welchen Radien die Umlaufgeschwindigkeiten der Sterne um das Zentrum der Spiralgalaxien etwa konstant bleiben. Beobachtet man Galaxien im Radiobereich bei 21 cm Wellenlänge, so werden Wolken aus neutralem Wasserstoffgas sichtbar. Auch ihre Geschwindigkeiten lassen sich messen. Diese bestätigen den flachen Verlauf der Rotationskurven bis zu den größten beobachtbaren Radien. Sie liegen weit jenseits des Bereichs, in dem Sterne vorkommen (Abbildung 2).

Ähnliche Verhältnisse herrschen in elliptischen Galaxien. In ihnen bewegen sich die Sterne nicht in ausgeprägten Scheiben wie in den Spiralgalaxien, sondern eher

Fast alle Spiralgalaxien, wie die hier gezeigte IC 342, > rotieren so schnell, dass man die Existenz Dunkler Materie fordern muss. IC 342 ist 11 Millionen Lichtjahre entfernt (Foto: WIYN, NOAO, AURA, NSF).

Gebeimnisvoller Kosmos. Herausgegeben von Thomas Bührke und Roland Wengenmayr · Copyright © 2009 WILEY-VCH Verlag GmbH & Co. KGaA, Weinheim · ISBN: 3-527-40899-1

ABB. 1 | ROTATIONSKURVE

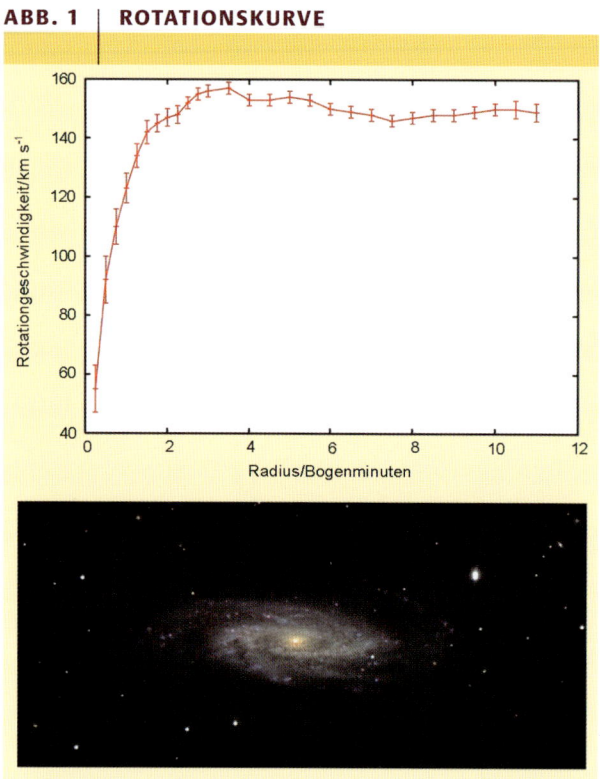

Rotationskurven von Spiralgalaxien verlaufen nach einem steilen Anstieg flach und zeigen damit, dass die Massendichte viel langsamer abfällt, als es die Verteilung der Sterne andeutet. Gezeigt ist hier NGC 3198.

zufällig, ähnlich wie Moleküle eines Gases. Aber die Dispersion, die ihre Geschwindigkeitsverteilung charakterisiert, nimmt mit wachsendem Abstand vom Zentrum schnell zu, bis sie ein fast konstantes Niveau um 200 km/s erreicht. Ihre Leuchtkraft nimmt aber ähnlich schnell mit dem Radius ab wie bei Spiralgalaxien.

Die flach verlaufenden Rotationskurven verlangen die Existenz von großen Mengen an unsichtbarer, Dunkler Materie, die sich einzig über ihre Gravitation bemerkbar macht. Die Auswertungen zahlreicher Beobachtungen führen zu dem Schluss, dass in Spiral- und elliptischen Galaxien 5- bis 25-mal mehr Materie vorhanden ist, als in der sichtbaren Materie, also in den Sternen und im interstellaren Medium.

Die räumliche Verteilung der Dunklen Materie in Galaxien kann man zwar nicht direkt nachweisen. Genaue Analysen der Rotationskurven sprechen aber dafür, dass die Dunkle Materie weit ausgedehnte sphärische oder ellipsoidische Wolken bildet, in denen sich die Galaxien befinden.

Galaxien in Haufen sind zu schnell

Ähnliche Beobachtungen kann man in Galaxienhaufen anstellen. Sie bestehen aus einigen hundert bis tausend Galaxien, die sich in Abständen von bis zu einigen Millionen Lichtjahren um ein gemeinsames Zentrum bewegen (Abbildung 3). Sie erreichen dabei Geschwindigkeiten von bis zu etwa 1000 km/s. Nimmt man nun an, dass sich die Hau-

fen im mechanischen Gleichgewicht befinden, so kann man auf sie (analog wie bei einem idealen Gas) den Virialsatz anwenden. Solche Untersuchungen führen auf Gesamtmassen von typischerweise 10^{14} und 10^{15} Sonnenmassen.

Die in den Galaxienhaufen leuchtende Materie ist hingegen um ein Vielfaches geringer. Sie besteht nicht nur aus den Sternen in den Galaxien, sondern zu einem großen Teil aus heißem, intergalaktischem Gas, das wegen seiner Temperaturen um 10^7 bis 10^8 Kelvin thermische Röntgenstrahlung emittiert (Abbildung 4). Nimmt man beide Formen leuchtender Materie (Sterne und diffuses Gas) zusammen, so ergibt sich etwa ein Zehntel der Gesamtmasse, die aus der Kinematik der Galaxien abgeleitet wird. Anders gesagt: die Dunkle Materie stellt etwa 90 % der insgesamt vorhandenen Materie.

Auf dieses Phänomen stieß schon 1933 der in der Schweiz geborene, am California Institute of Technology in Pasadena forschende Astronom Fritz Zwicky. Er schrieb damals: „Falls sich dies bewahrheiten sollte, würde sich als das überraschende Resultat ergeben, dass Dunkle Materie in sehr viel größerer Dichte vorhanden ist als leuchtende Materie." Zwicky war damit der Erste, der die Existenz Dunkler Materie vermutete. Er verfolgte diese Frage jedoch nicht weiter.

Wir wissen zwar nicht, ob Gebilde von der Größe der Galaxienhaufen in mechanischem Gleichgewicht sein können. Aber andere Methoden der Massenbestimmung ergeben sehr ähnliche Ergebnisse. Eine der beeindruckendsten liefert der Gravitationslinseneffekt. Er beruht darauf, dass Massen Licht ablenken, was Einstein aufgrund seiner Allgemeinen Relativitätstheorie von 1915 vorhergesagt hatte. Dies führt dazu, dass Materieansammlungen ganz ähnlich wie gewöhnliche Sammellinsen wirken und Licht fokussieren können. Zu den optischen Eigenschaften der Gravitationslinsen gehört ein starker Astigmatismus, der kräftige Bildverzerrungen und Mehrfachbilder hervorrufen kann.

Inzwischen sind jeweils über hundert Galaxien und Galaxienhaufen bekannt, die als starke Gravitationslinsen wirken. Mehrfachbilder, die durch den Gravitationslinseneffekt in Galaxien erzeugt werden, erlauben Bestimmungen der gesamten Galaxienmasse und bestätigen, dass die Massendichte etwa mit dem Quadrat der Entfernung vom Zentrum abfällt. Galaxienhaufen, die als Gravitationslinsen wirken, können die Bilder von Hintergrundgalaxien so stark verzerren, dass sie als dünne, langgestreckte, mehr oder weniger bogenförmige Gebilde erscheinen (Abbildung 5).

Aus der Lage dieser Bilder in den Galaxienhaufen und deren Morphologie lassen sich ebenfalls Rückschlüsse auf die Gesamtmasse der Galaxienhaufen und ihre Verteilung ziehen. Entscheidend hierbei ist, dass der Gravitationslinseneffekt durch die Gravitation der insgesamt im Galaxienhaufen vorhandenen Materie, also auch der Dunklen, hervorgerufen wird. Der aus den Beobachtungen solcher Gravitationslinsen abgeleitete Massenanteil der Dunklen Materie stimmt sehr gut mit den Ergebnissen der anderen Methoden überein. Weniger spektakuläre, dafür aber weit häufigere Gravitationslinsenereignisse verursachen schwache, kohärente Verzerrungsmuster. Sie entstehen, wenn das Licht sehr weit entfernter Galaxien durch die äußeren Bereiche von Galaxienhaufen läuft, bevor es zu uns gelangt. Aus der Untersuchung dieses schwachen Gravitationslinseneffekts lassen sich regelrechte Karten Dunkler Materie rekonstruieren.

Auch in Galaxienhaufen dominiert also ganz offenbar die Dunkle Materie. Größere, gravitativ gebundene Strukturen gibt es im Universum nicht. Wir haben jedoch indirekte Methoden, um den Anteil der leuchtenden Materie an der gesamten Materiedichte des Kosmos zu bestimmen. Eine Methode beruht auf der Theorie von der Fusion leichter Elemente im frühen Universum, die andere auf der Entstehung charakteristischer Strukturen im kosmischen Mikrowellenhintergrund.

Frühe Nukleosynthese

Nach der Urknalltheorie entstand das Universum in einem heißen, dichten Anfangszustand und kühlte sich in der anschließenden Expansionsphase ab. Anfänglich war die Materie so heiß, dass wenige Arten leichter Elemente entstehen konnten. Das konnte nur in einer sehr frühen Phase geschehen, in der die Ausdehnungsgeschwindigkeit noch allein durch die Strahlungsdichte bestimmt war. Die Strahlungsdichte legte also fest, wie lange die Kernfusionsvorgänge höchstens gedauert haben konnten. Während dieser vorgegebenen Zeit bestimmte die Dichte der Nukleonen, wie viele Fusionsvorgänge ablaufen konnten. Ein einziger Parameter, nämlich das Verhältnis der Anzahldichte der Nukleonen zu derjenigen der Photonen, charakterisiert das Ergebnis der frühen Fusionsprozesse vollständig [2].

Da beide Anzahldichten indirekt proportional zum Volumen abnehmen, bleibt ihr Verhältnis im Lauf der kosmischen Entwicklung konstant. Die heutige Anzahldichte der Photonen lässt sich aus der Temperatur der kosmischen Hintergrundstrahlung ablesen, weil sie ein perfektes Planck-Spektrum aufweist.

Die heutige Anzahldichte der Nukleonen lässt sich abschätzen, indem man den theoretisch erwarteten Fusionsverlauf mit den gemessenen Häufigkeiten leichter Elemente vergleicht. Zunächst entstand durch Fusion von Protonen und Neutronen Deuterium, daraus dann Helium-3, Tritium und Helium-4, in sehr geringen Mengen Lithium-7 und in verschwindenden Spuren Beryllium-8. Schwerere Elemente konnten praktisch nicht erzeugt werden. Mit fortschreitender Fusion wurde mehr Helium-4 produziert, aber Deuterium verbrannt.

Besonders die heute gemessene Deuteriumhäufigkeit wird dazu benutzt, um abzuschätzen, wie die Fusion verlaufen ist. Daraus ergibt sich auf dem indirekten Weg über die heutige Anzahldichte der Photonen diejenige der Nukleonen – sprich, der baryonischen Materie im Universum. Diese stellt sich als erstaunlich klein heraus. In Einheiten der sogenannten kritischen Dichte, die erforderlich ist, um das Universum räumlich flach zu ziehen, beträgt die Baryonen-

Abb. 2 *Außer dem kleinen, im sichtbaren Licht beobachtbaren Kern im Zentrum enthält die Galaxie NGC 2915 neutrales Wasserstoffgas (blau dargestellt), das wesentlich weiter ausgedehnt ist als der Bereich der Sterne. Bei den etwa gleichmäßig über das Bild verteilten Himmelskörpern handelt es sich überwiegend um Vordergrundsterne unserer Milchstraße.*

dichte gerade 4 % (siehe „Die kritische Dichte", unten). Wiederum nur ein kleiner Teil davon tritt als leuchtende Materie in Sternen in Erscheinung.

Sollten sich jedoch die Massenbestimmungen in Galaxienhaufen als typisch für das umgebende Universum herausstellen, dann wäre die gesamte Materiedichte um das Zehnfache größer und läge damit bei etwa 40 % der kritischen Dichte. Dieser Wert ist mit der beschriebenen Theorie der primordialen Nukleosynthese nicht vereinbar. Ge-

DIE KRITISCHE DICHTE

Die Beschreibung des Universums im Rahmen der Allgemeinen Relativitätstheorie erfolgt mit Friedmann-Lemaître-Modellen. Hierin wird eine homogene Verteilung der Materie angenommen. Deren Dichte bestimmt die Krümmung (Geometrie) des Raumes und seine zeitliche Entwicklung.

Bei einer kritischen Dichte besitzt der Raum eine „flache", euklidische Geometrie. Dann ist das Gravitationspotential gerade so groß, dass die Expansion sich verlangsamt und einem Grenzwert entgegenstrebt. Liegt die mittlere Materiedichte über dem kritischen Wert, ist das Universum geschlossen und besitzt eine positive Krümmung. Die Expansion kommt in ferner Zukunft zum Stillstand und kehrt sich in einen Kollaps um. Liegt die mittlere Materiedichte unter dem kritischen Wert, so ist der Raum offen, besitzt eine negative Krümmung und wird ewig expandieren.

Die kritische Dichte hat einen Wert von etwa $5 \cdot 10^{-30}$ g/cm^3, was drei Wasserstoffatomen pro Kubikzentimeter entspricht.

Abb. 3 *Der Coma-Galaxienhaufen ist mehr als 300 Mio. Lichtjahre entfernt und enthält über tausend Galaxien. Diese steuern jedoch nur einen kleinen Teil zur insgesamt vorhandenen Materie bei* (Foto: Hubble Heritage Team/NASA/ESA).

hen wir davon aus, dass Letztere stimmt, dann muss der überwiegende Teil der in den Galaxienhaufen vorhandenen Materie nichtbaryonischer Natur sein. Sie existierte zwar bereits in der Anfangsphase des Universums, nahm aber an den Fusionsreaktionen nicht teil.

Weitere Informationen über die Dunkle Materie erhalten wir aus der Analyse der kosmischen Hintergrundstrahlung, auch Mikrowellenhintergrund genannt.

Strukturen im kosmischen Mikrowellenhintergrund

Der kosmische Mikrowellenhintergrund (Cosmic Microwave Background, CMB) entstand etwa 380 000 Jahre nach dem Urknall. In dieser Ära wurde die Materie neutral und für die Strahlung weitgehend durchsichtig. Diese Wärmestrahlung kühlte sich seither im selben Maß ab, in dem das Universum sich ausdehnte. Sieht man von einer Dipolanisotropie ab, die durch die Bewegung der Erde relativ zum CMB erzeugt wird, ist ihre Intensität beinahe vollständig richtungsunabhängig. Zudem besitzt der CMB wie erwähnt ein perfektes Planck-Spektrum, aus dem sich eine Temperatur von 2,726 K ableiten lässt. Jeder Kubikzentimeter des Universums enthält mehr als 400 Photonen des CMB.

Dennoch sind im CMB Temperaturschwankungen mit Amplituden von einigen zehn Mikrokelvin sichtbar (Abbildung 6). Sie wurden ihm durch Dichteschwankungen der Materie aufgeprägt, aus denen sich später die Galaxien und Galaxienhaufen bildeten. Diese Inhomogenitäten haben drei verschiedene physikalische Ursachen, von denen uns eine hier besonders interessiert: die Ausbildung von Schallwellen.

Der CMB wurde wie gesagt etwa 380 000 Jahre nach dem Urknall freigesetzt, als sich das Universum bis auf etwa 3000 K abgekühlt hatte, so dass sich stabile Atome bilden konnten. Zu dieser Zeit dominierte bereits die Materie- statt der Strahlungsdichte das Ausdehnungsverhalten des Universums. Das kosmische Medium bestand aus einer Mischung aus Dunkler Materie, Photonen und einem Plasma aus Protonen, Kernen leichter Elemente und Elektronen. Die Photonen und die geladenen Teilchen waren durch Thomson-Streuung eng aneinander gekoppelt. Gebiete leicht erhöhter Dichte zogen sich aufgrund ihrer Schwerkraft zusammen und komprimierten dabei das Plasma-Photon-Gemisch, dessen Druck sich erhöhte. Bei einem kritischen Wert kehrte sich die Kompression in eine Expansion um. Die leicht erhöhte Gravitation der überdichten Gebie-

Abb. 4 *Röntgenemission des heißen intergalaktischen Gases im Coma-Galaxienhaufen.*

Abb. 5 *Der Galaxienhaufen Abell 2218 wirkt als Gravitationslinse. Er verzerrt die Bilder von weit hinter ihm liegenden Galaxien zu ringförmigen Bögen. Aus der Analyse solcher Aufnahmen lässt sich die Gesamtmasse von Galaxienhaufen bestimmen* (Foto: ACS NASA Science Team und ESA).

te erzeugte daher Schallwellen, die dem CMB charakteristische Dichteschwankungen aufprägten. Sie lassen sich heute in Gestalt bestimmter Temperaturschwankungen beobachten.

Die Gesamtdichte der kosmischen Materie bestimmte die Kompression aufgrund der Schwerkraft. Der Druck und damit auch die Temperatur sowie die Dichte des kosmischen Plasmas wirkten ihr entgegen und kennzeichneten die Expansion dieser akustischen Schwingungen. Beide Dichten können daher aus den Strukturen im CMB abgelesen werden. Das Ergebnis ist eindrucksvoll: Es bestätigt genau die Baryonendichte, die aus der primordialen Nukleosynthese abgeleitet wurde. Es ist erstaunlich insofern, als es eine Dichte der gesamten kosmischen Materie liefert, die nur knapp 30 % der kritischen Dichte beträgt [3].

Die Schlussfolgerung ist ebenso naheliegend wie dramatisch: Die Gesamtdichte der Materie im Universum ist gering, und gewöhnliches, baryonisches Material trägt nur etwa $4/30 \approx 13$ % bei. Der Rest ist Dunkle Materie. Woraus besteht sie?

Eine unbekannte Materieform...

Wieder liefert der CMB einen wertvollen Hinweis. Man kann sich aufgrund der heutigen kosmischen Strukturen leicht überlegen, welche Amplitude die Temperaturschwankungen im CMB eigentlich haben sollten, wenn sie die Keimzellen der späteren Galaxien und Galaxienhaufen waren. Lineare Störungstheorie reicht dazu aus. Sie ergibt, dass die Amplitude kosmischer Strukturen seit der Freisetzung des CMB etwa im selben Maß gewachsen sein muss, mit dem sich das Universum seither ausgedehnt hat.

Da der CMB bei einer Temperatur von etwa 3000 K entstand, heute aber eine Temperatur von etwa 3 K hat, muss das beobachtbare Universum seitdem um etwa das Tausendfache größer geworden sein. Demnach müsste auch die Amplitude kosmischer Strukturen um etwa das Tausendfache angewachsen sein. Dem entsprächen Temperaturschwankungen im CMB im Millikelvin-Bereich. In Wirklichkeit betragen die Amplituden aber nur etwa ein Hundertstel dessen.

Dieser eklatante Widerspruch zwischen Theorie und Beobachtung ist schon seit längerem bekannt. Bereits 1982 schlug Jim Peebles von der Universität Princeton aufgrund der erfolglosen Suche nach Strukturen im CMB auf Millikelvin-Niveau vor, dass die Dunkle Materie aus Teilchen bestehen könnte, die nicht elektromagnetisch wechselwirken [4]. Dann hätten sie die Struktur des CMB nur über ihre Gravitationswirkung beeinflusst, aber nicht durch direkte elektromagnetische Wechselwirkung. Somit würde sich die Dunkle Materie nicht direkt in den Temperaturisotropien offenbaren.

Peebles zeigte, dass dann im CMB Strukturen mit relativen Amplituden um 10^{-5} mit den heutigen kosmischen Strukturen verträglich wären. Genau auf diesem Niveau wurden sie 1992 mit dem Satelliten COBE (Cosmic Background Explorer) entdeckt. Hierfür erhielten John Mather und George Smoot 2006 den Nobelpreis für Physik. Die geringe Amplitude der Temperaturschwankungen im CMB liefert uns damit den deutlichsten Hinweis darauf, dass die Dunkle Materie höchstwahrscheinlich aus Teilchen besteht, die vermutlich nur schwach, aber sicher nicht elektromagnetisch wechselwirken können.

Nach der heutigen kosmologischen Standardtheorie verdichteten sich die Teilchen der Dunklen Materie im frühen Universum zu großen Wolken. Diese machen sich wie beschrieben im CMB nicht direkt bemerkbar, dienten aber als

Gravitationsfallen für die normale baryonische Materie. Diese sammelte sich in den Zentren der Dunkle-Materie-Wolken und konnte sich dann weiter zu Galaxien und Galaxienhaufen verdichten. Die Dunkle Materie bildete also gewissermaßen die Kondensationskeime für die normale Materie.

... und was wir über sie wissen

Die Kosmologen sind sich heute weitgehend darin einig, dass die Dunkle Materie aus nichtbaryonischen Elementarteilchen besteht. Die nächstliegenden Sorten schwach wechselwirkender Elementarteilchen sind die Neutrinos. Können sie die Dunkle Materie sein?

Diese Hypothese können wir heute ausschließen, weil die Masse der Neutrinos sehr klein sein muss. Hieraus folgt, dass diese Teilchen sich nach wie vor mit Geschwindigkeiten bewegen, die der Lichtgeschwindigkeit zumindest vergleichbar sind. Das bedeutet, dass es großer Massen bedarf, um sie gravitativ zu binden. Aus Strukturen kleiner Massen strömen sie beinahe ungehindert heraus.

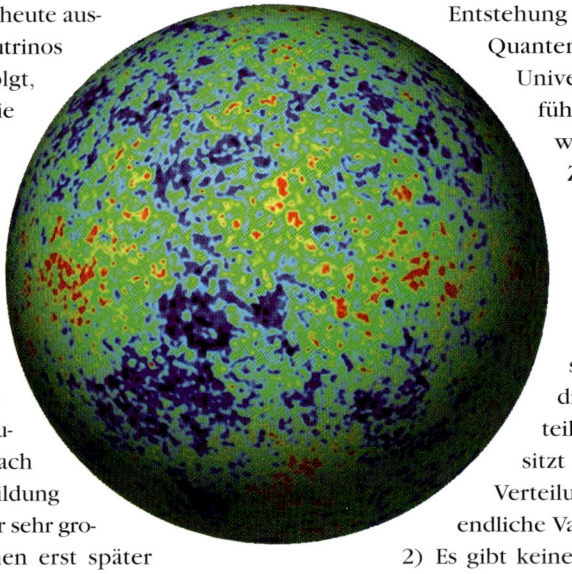

Ein Universum, in dem die Dunkle Materie aus Neutrinos zusammengesetzt wäre, sähe demnach ganz anders aus als unseres aus (Abbildung 7 links). Anfänglich hätten sich nur sehr große Strukturen gebildet, aus denen erst später durch Fragmentation kleinere entstanden sein könnten. Galaxienhaufen und noch größere Strukturen entstünden dann erheblich früher als die Galaxien. Das steht in krassem Gegensatz zum Ablauf der Strukturbildung, den wir in unserem Universum verwirklicht sehen. Während es Galaxien schon erstaunlich früh im Universum gab, sind die Galaxienhaufen immer noch in heftiger Entwicklung begriffen. Offenbar entstanden die vergleichsweise kleinen Galaxien wesentlich vor den Galaxienhaufen, was mit Neutrinos schlicht unmöglich wäre.

Peebles hatte daher aus gutem Grund Teilchen mit so hoher Ruhemasse vorgeschlagen, dass sie sich nichtrelativistisch bewegen müssen und daher den beobachteten Ablauf der kosmischen Strukturbildung nicht stören können (Abbildung 7 rechts). Für sie bürgerte sich die Bezeichnung kalte Dunkle Materie (Cold Dark Matter, CDM) ein; kalt eben deswegen, weil sich ihre Teilchen langsam bewegen müssen.

Eine Reihe von Computersimulationen von Marc Davis, George Efstathiou, Carlos Frenk und Simon White, später auch Gang of Four genannt, brachte Mitte der 1980er Jahre weitere Gewissheit: Die beobachteten kosmischen Strukturen stimmten tatsächlich mit dem theoretisch zu erwartenden Ablauf der Strukturbildung in einem Universum aus kalter, Dunkler Materie überein [5, 6].

Abb. 6 *Mit dem NASA-Satelliten Wilkinson MAP konnten die Temperaturschwankungen im kosmischen Mikrowellenhintergrund sehr genau vermessen werden. Daraus lassen sich zahlreiche kosmologische Parameter sehr genau bestimmen* (Foto: NASA).

Wie kalt ist kalt?

Faszinierenderweise lassen sich der Verlauf der kosmischen Strukturbildung und die Hierarchie der kosmischen Strukturen präzise vorhersagen, wenn man die Annahme kalter Dunkler Materie mit zwei weiteren einleuchtenden Annahmen verbindet:

1) Die Dichteschwankungen im frühen Universum besaßen ein Gaußsches Zufallsfeld. Die Wahrscheinlichkeitsverteilung der räumlichen Dichteschwankungen wäre demnach eine Gauß-Funktion mit dem Mittelwert Null, weil die Dichteschwankungen im Mittel verschwinden müssen. Naheliegend ist diese Annahme deswegen, weil als wahrscheinlichste Ursache für die Entstehung der kosmischen Strukturen Quantenfluktuationen im sehr frühen Universum angesehen werden. Sie führen wegen des zentralen Grenzwertsatzes direkt auf Gaußsche Zufallsfelder. Dies lässt sich auf folgende Weise verstehen: Wenn viele unabhängige Zufallsereignisse (in diesem Fall die Quantenfluktuationen) zu einer Zufallsvariablen (in diesem Fall der Dichte) beitragen, die alle aus derselben Elternverteilung gezogen werden, dann besitzt die Zufallsvariable eine Gauß-Verteilung, sofern die Elternverteilung endliche Varianz hatte.

2) Es gibt keinen Grund, im Ablauf der frühen kosmischen Strukturentwicklung einen bestimmten Zeitpunkt oder eine bestimmte Zeitskala auszuzeichnen.

Wenn beide Annahmen zutreffen, dann lässt sich genau vorhersagen, in welchem zeitlichen Verlauf sich kosmische Strukturen welcher Art gebildet haben müssen. Insbesondere folgt daraus eine strenge Hierarchie, derzufolge die kleinsten Strukturen zuerst entstanden sein müssen und zunehmend größere Strukturen zu späteren Zeiten.

Wäre die Dunkle Materie nicht kalt, sondern „warm", so gäbe es eine Mindestmasse für kosmische Strukturen. Sie wäre gerade dadurch bestimmt, dass sie die Teilchen der Dunklen Materie binden können müsste, obwohl sie sich mit endlicher Geschwindigkeit bewegen.

Nach allem, was wir bisher wissen, gibt es eine solche Mindestmasse nicht. Bis hinunter zu den kleinsten beobachtbaren Skalen verhalten sich die kosmischen Strukturen so, wie es das einfachste Modell kalter Dunkler Materie vorhersagt. Die Frage, wie kalt die Dunkle Materie sein muss, können wir nur mit „sehr kalt", also sehr massereich, beantworten. Es gibt bisher kein Anzeichen einer endlichen Temperatur, also einer endlichen Geschwindigkeit.

Was wir über die Dunkle Materie wissen, lässt sich einfach zusammenfassen: Sie besteht offenbar nicht aus Baryonen, die nur aus irgendwelchen Gründen nicht leuchten,

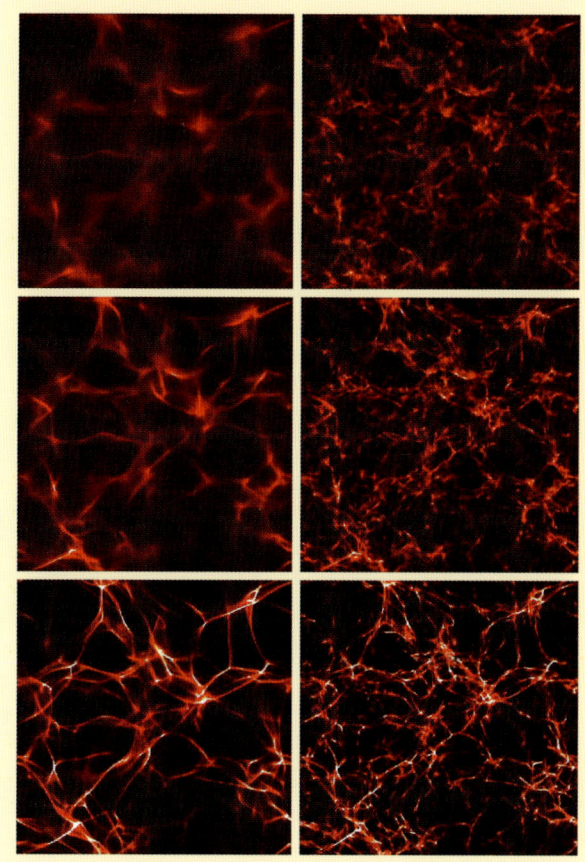

Abb. 7 *Die beiden Spalten zeigen die Entwicklung kosmischer Strukturen in einem Universum, in dem Neutrinos die Dunkle Materie dominieren (links), und in einem Universum mit kalter Dunkler Materie (rechts). Aus kalter Dunkler Materie können sich wesentlich kleinere Strukturen bilden.*

Zusammenfassung

Auf die Existenz von Dunkler Materie wurden Astronomen aufmerksam, weil ohne sie die Geschwindigkeiten der Sterne in Galaxien und die der Galaxien in Galaxienhaufen viel zu hoch wären, als dass diese Objekte stabil bleiben könnten. Der Gravitationslinseneffekt erlaubt es, dass wir unsichtbare Materie und deren räumliche Verteilung indirekt kartieren können. Wäre die Dunkle Materie ebenso baryonisch wie die, aus der wir bestehen, hätten die Temperaturschwankungen im kosmischen Mikrowellenhintergrund eine Amplitude im Millistatt im Mikrokelvin-Bereich. Die Häufigkeiten leichter Elemente im Universum zeigen, dass die Baryonendichte nur etwa 4 % der kritischen Dichte beitragen kann, während die Strukturen im Mikrowellenhintergrund auf eine Gesamtdichte der Materie von etwa 30 % schließen lassen. Aus diesen Befunden schließen wir, dass der dominierende Teil der Materie im Universum dunkel ist, nicht aus Baryonen besteht und vermutlich nur schwach wechselwirkt, jedenfalls aber nicht elektromagnetisch.

Literatur

[1] Y. Sofue, V. Rubin, Annu. Rev. Astron. Asrophys. **2001**, *39*, 137.
[2] G. Steigman, Annu. Rev. Nucl. Part. Sci. **2007**, *57*, 463.
[3] E. Komatsu et al. im Druck, arXiv:0803.0547.
[4] P. J. E. Peebles, Astrophys. J. Lett. **1982**, *263*, L1.
[5] M. Davis et al., Astrophys. J. **1985**, *292*, 371.
[6] S. D. M. White et al., Astrophys. J. **1987**, *313*, 505.
[7] M. Bartelmann, Sterne und Weltraum **2007**, (8), 38 und (9), 36.

Der Autor

Matthias Bartelmann promovierte 1992 an der Universität München. Anschließend arbeitete er als wissenschaftlicher Mitarbeiter am Max-Planck-Institut für Astrophysik, unterbrochen von einem Postdoc-Aufenthalt am Harvard-Smithsonian Center for Astrophysics in Cambridge, USA. Von 1998-2003 leitete er die deutsche Beteiligung am Planck-Satellitenprojekt. Seit 2003 ist er Professor und Direktor am Institut für Theoretische Astrophysik der Universität Heidelberg.

Anschrift

Prof. Dr. Matthias Bartelmann, Institut für Theoretische Astrophysik, Universität Heidelberg, Albert-Überle-Straße 2, D-69120 Heidelberg. mbartelmann@ita.uni-heidelberg.de

sondern sie kann nicht leuchten, weil sie nicht elektromagnetisch wechselwirken kann. Wäre das nicht so, dann wären die Temperaturschwankungen im CMB erheblich größer, als sie beobachtet werden. Die Vermutung liegt nahe, dass die Dunkle Materie aus schwach wechselwirkenden Elementarteilchen besteht. Wenn das so ist, müssen diese Teilchen eine große Ruhemasse besitzen, weil es andernfalls eine kleinste Masse kosmischer Strukturen gäbe, für die wir bisher keine Anzeichen sehen.

Physiker machen in unterschiedlicher Weise Jagd auf die Teilchen der Dunklen Materie. So zum Beispiel in Untergrundlaboratorien, wo man deren (extrem geringe) Wechselwirkung mit Materie nachweisen will. Möglicherweise lassen sich die Teilchen auch indirekt an großen Beschleunigern wie dem neuen Large Hadron Collider am europäischen Forschungslaboratorium CERN in Genf nachweisen. Mit etwas Glück steht uns die Entdeckung dank neuer experimenteller Entwicklungen unmittelbar bevor.

Kosmologie
Die Dunkle Energie

GERHARD BÖRNER

Das derzeitige kosmologische Weltmodell sieht ein Universum mit einfacher euklidischer Geometrie ohne Raumkrümmung vor. Überraschend ist aber, dass der Raum heute beschleunigt expandiert. Treibende Kraft ist eine Dunkle Energie, deren Natur völlig unbekannt ist.

Von manchen Dingen wissen wir viel, von anderen wenig. Beim Universum ist es gegenwärtig nicht klar, ob wir viel oder wenig wissen. Einerseits schließen die Kosmologen aus neuesten Beobachtungen, dass sie es mit einem verhältnismäßig einfachen Universum zu tun haben, das ständig weiter expandiert und in dem die Gesetze der euklidischen Geometrie gelten. Doch diese einfache geometrische Struktur muss mit einer komplizierten Zusammensetzung der kosmischen Materie und einer geheimnisvollen Energiekomponente erkauft werden.

Derzeitiges Fazit: Normale baryonische Materie, aus der die chemischen Elemente, die Planeten, die Sonne, und auch wir selbst bestehen, macht nur etwa 4 bis 5 % des Ganzen aus. Rund 95 % sind von anderer, unbekannter Art. Dies ist zum einen die Dunkle Materie, die etwa 25 % zur Gesamtbilanz beiträgt. Sie emittiert und absorbiert keine Strahlung, sondern macht sich nur durch ihre Schwerkraft in Galaxien und Galaxienhaufen bemerkbar. Man vermutet, dass sie aus bislang unbekannten nichtbaryonischen Teilchen besteht. Zum anderen gibt es eine Energie, die gleichmäßig verteilt den Raum erfüllt. Sie allein stellt etwa 70 % des gesamten kosmischen „Substrats". Durch Laborexperimente ist sie nicht fassbar, sondern sie wird allein durch das Gesamtverhalten des Universums erkennbar. Dunkle Energie, Kosmologische Konstante, Quintessenz sind Namen, die für diese rätselhafte Komponente verwendet werden. Fast sieht es so aus, als wäre der Äther, jenes rätselhafte Substrat aus der Physik des 19. Jahrhunderts, zurückgekehrt.

Wie kommen diese neuen Resultate zustande, die einerseits das kosmologische Modell schon recht präzise festlegen, andererseits wegen der Dunklen Materie und Energie aber so große Rätsel aufgeben? Welche neuen Fragen ergeben sich daraus? Im Folgenden werde ich zunächst das heutige Weltmodell erläutern und anschließend die Beobachtungen schildern, die zum heutigen Kenntnisstand geführt haben.

Das kosmologische Standardmodell

Unser Bild vom Kosmos beruht auf einigen wichtigen astronomischen Beobachtungen und auf Lösungen der Einsteinschen Gravitationstheorie, der Allgemeinen Relativitätstheorie.

In den 1920er-Jahren entdeckte der amerikanische Astronom Edwin P. Hubble, dass sich alle fernen Galaxien von uns wegbewegen. Dies bedeutet, dass der Kosmos sich mit der Zeit verändert. Was heute auseinander fliegt, muss früher näher beisammen gewesen sein. Der dichtere Frühzustand des Universums muss auch extrem heiß gewesen sein, denn die Strahlung, die im Kosmos vorhanden ist, war zu früheren Zeiten ebenfalls komprimiert und heißer als heute. Sie ist heute noch als Kosmischer Mikrowellenhintergrund (Cosmic Microwave Background, CMB) am gesamten Himmel nachweisbar. Das Maximum dieses Strahlungsfeldes liegt im Mikrowellenbereich, was einer Temperatur von etwa 2,7 K entspricht. Arno Penzias und Robert Wilson von der Bell Telephone Gesellschaft entdeckten 1964 die CMB und erhielten dafür den Physik-Nobelpreis. Das Spektrum der CMB hat genau den Verlauf einer Planck-Kurve (siehe nächstes Kapitel). Ihre gemessene Temperatur von $2,728 \pm 0,002$ K ist das Paradebeispiel für eine kosmologische Präzisionsmessung.

Diese beiden fundamentalen Beobachtungen der Galaxienflucht und der CMB führen nahezu zwangsläufig zu dem Schluss, dass die kosmische Entwicklung in einem heißen, dichten Frühzustand begonnen hat. In dessen Gluthitze konnte es noch keine Galaxien und Sterne geben, alles war anfangs in einem Gemisch aus Strahlung und Materie aufgelöst. Dieses heiße Urknallmodell ist zum Stan-

152

Geheimnisvoller Kosmos. Herausgegeben von Thomas Bührke und Roland Wengenmayr · Copyright © 2009 WILEY-VCH Verlag GmbH & Co. KGaA, Weinheim · ISBN: 3-527-40899-1

Die kosmische Hintergrundstrahlung erfüllt das gesamte Universum und ist deshalb am gesamten Himmel nachweisbar. Diese sphärische Darstellung basiert auf Daten des Satelliten WMAP (NASA/WMAP Science Team).

dardmodell der Kosmologie geworden. Seine mathematische Darstellung besteht aus einfachen Lösungen der Einsteinschen Gravitationstheorie. Diese fanden bereits in den 1920er-Jahren der russische Mathematiker Alexander Friedmann und der belgische Mathematiker Abbé Georges Lemaître. In diesen Friedmann-Lemaître-Modellen (FL-Modelle) beschreibt man die Expansion des Universums als das Auseinanderfließen einer idealisierten, gleichmäßig verteilten Materie mit homogener Dichte $\rho(t)$ und homogenem Druck $p(t)$ („Friedmann-Lemaître-Modelle", S. 154) [1].

Flüssigkeitsteilchen, die in diesem Bild die Galaxien repräsentieren, schwimmen in der sich ausdehnenden kosmischen Materie. Ihr Abstand untereinander vergrößert sich mit der Zeit, proportional zu einer Funktion der Zeit, dem so genannten Expansionsfaktor $R(t)$. Die Expansion kann ohne Ende immer weiter gehen, oder sie erreicht ein Maximum und kehrt sich danach in eine Kontraktion um (Abbildung 1). Die Expansionsrate zur heutigen Zeit t_0 ist die Hubble-Konstante (physikalische Größen zum heutigen Zeitpunkt tragen den Index 0):

$$H_0 = \frac{1}{R}\frac{dR}{dt}\bigg|_{t=t_0}.$$

Wegen der Expansion des Raumes werden elektromagnetische Wellen beim Durchqueren des Universums „gedehnt". Man nennt dies kosmologische Rotverschiebung. In den FL-Modellen erfolgt die Lichtausbreitung so, dass das zum Zeitpunkt t_e ausgesandte Signal beim Empfänger zur Zeit t_0 eine Rotverschiebung z erfahren hat, mit

$$1 + z = \frac{R_0}{R(t_e)}.$$

Hierin ist $(1 + z)$ das Verhältnis zwischen empfangener und ausgesandter Wellenlänge.

Entscheidend für das zeitliche Verhalten der Expansion des Raumes ist die Energiedichte von Materie, Strahlung und anderer eventuell vorhandener Komponenten. Die Dichten dieser Komponenten werden häufig in Einheiten der so genannten kritischen Dichte ρ_c angegeben. Ist die gesamte mittlere Dichte kleiner als ρ_c, so wird der Raum sich unendlich lange ausdehnen, ist sie größer als ρ_c, so kommt die Expansion zukünftig zum Stillstand und kehrt sich in eine Kontraktion um. Die kritische Dichte ergibt sich aus

$$\rho_c = \frac{3H_0^2}{8\pi G}$$

mit der Newtonschen Gravitationskonstante G. Die Dichte der einzelnen Komponenten normiert man nun auf ρ_c und kommt so auf den dimensionslosen Dichteparameter

$$\Omega \equiv \rho/\rho_c.$$

Zur Gesamtdichte tragen nicht nur die vorhandenen Massen bei, sondern auch jede andere Form von Energie. Diese verschiedenen Komponenten addieren sich, wobei jede Komponente als Bruchteil der kritischen Dichte angegeben wird. Nach heutigem Wissen sind dies die normale baryonische Materie Ω_B, die nichtbaryonische Dunkle Materie Ω_{DM}, ihre Summe Ω_m und die Dunkle Energie Ω_Λ.

Zu einer festen Zeit t beschreiben die FL-Modelle einen dreidimensionalen Raum mit konstanter Gaußscher Krümmung K/R^2, wobei es nur drei unterschiedliche Raumtypen $K = 0, \pm 1$

INTERNET

WMAP-Mission
map.gsfc.nasa.gov

Planck-Mission der ESA
sci.esa.int/home/planck

Kosmische Hintergrundstrahlung (CMB)
www.astro.ubc.ca/people/scott/cmb.html
background.uchicago.edu

ABB. 1 | DER EXPANSIONSFAKTOR

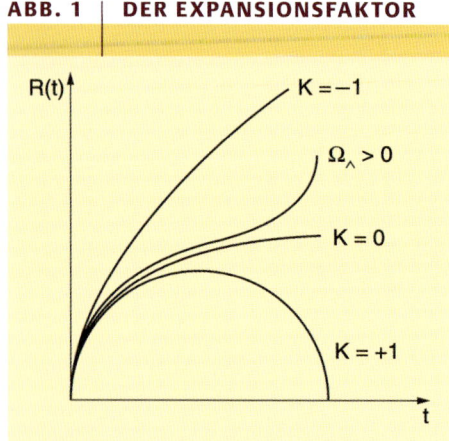

Der Expansionsfaktor R(t) hängt in seinem zeitlichen Verhalten von den vorhandenen Materie- und Energiedichten ab. Die derzeitigen Messungen sprechen für ein Modell mit einer positiven kosmologischen Konstante, wie in der Kurve $\Omega_\Lambda > 0$ angedeutet.

gibt. Zur jetzigen Epoche gilt $K/R_0^2 = H_0^2(\Omega - 1)$. In einem Universum mit kritischer Dichte ($\Omega = 1$) ist also die Raumkrümmung gleich Null, und es gilt die euklidische Geometrie.

Ausgehend vom jetzigen Zustand lässt sich mit Hilfe der FL-Modelle die Geschichte des Kosmos theoretisch rekonstruieren. Es werden natürlich wegen der Homogenität der Modelle nur zeitliche Veränderungen erfasst. Effekte wie die Entstehung von Galaxien und Galaxienhaufen, die Inhomogenitäten darstellen, bleiben unberücksichtigt. Daher können die FL-Modelle nur angenähert gültig sein, beschreiben die kosmische Expansion aber im Rahmen der derzeitigen Messgenauigkeit in ausreichender Form.

Aus den Lösungen der FL-Gleichungen lässt sich entnehmen (Abbildung 1), dass $R(t)$ vor einer endlichen Zeit gleich Null war. Bei Annäherung an diesen Zeitpunkt – beim Rückgang in die Vergangenheit – wachsen Dichte und Ausdehnungsrate über alle Grenzen. Man kann deshalb die Entwicklung bei $R(t) = 0$ oder gar darüber hinaus nicht weiter theoretisch zurückverfolgen, weil die Begriffe und Gesetze der Theorie ihren Sinn verlieren. Diese Anfangssingularität kennzeichnet den Beginn der Welt. Alles, was wir jetzt beobachten, ist vor etwa 14 Milliarden Jahren in einer Urexplosion entstanden, die von unendlicher Dichte, Temperatur und unendlich großem Anfangsschwung war.

Die Zeit nach diesem Urknall und die zeitliche Abfolge physikalisch verschiedener Phasen können wir versuchen, mit der uns bekannten Physik zu beschreiben. Zur quantitativen Festlegung eines bestimmten kosmologischen Standardmodells benötigt man außer der Hubble-Konstanten H_0 nur noch zwei weitere Parameter. Geeignet sind etwa der Dichteparameter Ω_0 und das Weltalter t_0. Diese drei, zumindest im Prinzip beobachtbaren Parameter legen das Weltmodell eindeutig fest [2,3,4].

Die Ausdehnung des Weltalls

Als Hubble die „Fluchtbewegung" der Galaxien entdeckte, stellte er zwischen der spektral gemessenen Rotverschiebung z und der auf andere Weise ermittelten Entfernung d eine lineare Beziehung auf

$$z = H_0\, d.$$

Diese gilt jedoch nur für nicht zu weit entfernte Galaxien oder entsprechend für kleine Rotverschiebungen. Für $z > 1$ muss dagegen das volle kosmologische Modell betrachtet werden, in dem die Expansionsrate nichtlinear ist (Abbildung 1). Um die kosmische Expansion auch für große Entfernungen zu ermitteln, muss man genau wie Hubble es getan hat, Entfernungen und Rotverschiebungen ferner Galaxien bestimmen. Dies ist heute eine der wichtigsten und gleichzeitig schwierigsten Aufgaben der Astrophysik.

Der Bau des Weltraumteleskops Hubble war ganz entscheidend von dieser Aufgabe bestimmt. Mit ihm wollte man Hubbles Methode auf Galaxien bis in etwa 70 Millionen Lichtjahre Entfernung ausdehnen. Als Standardkerzen dienten hier so genannte Cepheiden-Sterne. Das sind Sterne mit variabler Helligkeit. Wie man schon früh herausfand, gibt es eine relativ feste Relation zwischen der absoluten Maximalhelligkeit eines Cepheiden und der Periode seiner Helligkeitsschwankung.

Durch Eichung an nahen Sternen dieses Typs mit bekannter Entfernung ergibt sich somit die Möglichkeit, bei entfernten Cepheiden aus der Messung der Schwankungsperiode ihre Entfernung zu ermitteln.

Mit Hubble bestimmte man auf diese Weise die Entfernung von Mitgliedern des Virgo-Galaxienhaufens. In den Randbereichen dieses aus Tausenden von Galaxien bestehenden Haufens befindet sich auch unsere Milchstraße. Leider stellte sich heraus, dass der Virgo-Haufen ein relativ komplex strukturiertes Gebilde ist, dessen Massenschwerpunkt entsprechend schwierig zu bestimmen ist. Die einzelnen Galaxien besitzen darin relativ große Eigenbewegungen, die durch lokale Gravitationsfelder verursacht werden. Diese regellose Bewegung der Mitglieder im Haufen überlagert sich der allgemeinen Bewegung aufgrund der Expansion, so dass sich letztere nicht so genau bestimmen ließ wie erhofft. Der abschließende Wert für die Hubble-Konstante ist 80 ± 22 km s^{-1} Mpc^{-1}. Die Ausdehnungsrate steigt also pro Megaparsec (Mpc) um etwa 80 km s^{-1}, wobei 1 Mpc $3,26 \cdot 10^6$ Lichtjahre entspricht.

FRIEDMANN-LEMAÎTRE-MODELLE

In den Friedmann-Lemaître-Modellen wird die kosmische Expansion modelliert wie das gleichmäßige Auseinanderfließen einer Flüssigkeit mit homogener Dichte $\rho(t)$ und Druck $p(t)$. Alle Größen hängen nur von der Zeit ab. Der Abstand zweier Teilchen verändert sich proportional zu einem Expansionsfaktor $R(t)$, dessen Dynamik durch ein System gewöhnlicher Differentialgleichungen bestimmt ist (Friedmann-Lemaître-Gleichungen):

$$\frac{\dot{R}^2}{R^2} = \frac{8\pi G}{3}\rho - \frac{K}{R^2} + \frac{\Lambda}{3};$$

$$\frac{d}{dt}(\rho R^3) + p\frac{d}{dt}(R^3) = 0;$$

$$\ddot{R} = \frac{-4\pi}{3}(\rho + 3p)GR + \frac{1}{3}\Lambda R;$$

K/R^2 ist die Gaußsche Krümmung der Raumzeit. Durch geeignete Wahl der Einheiten kann man stets erreichen, dass $K = \pm 1$ oder 0. Λ ist die kosmologische Konstante.

Dichteparameter werden definiert durch

$$\Omega_m = \frac{8\pi G}{3H^2}\rho \quad \text{und} \quad \Omega_\Lambda = \frac{\Lambda}{3H^2}.$$

Im Text schreiben wir Ω_m und Ω_Λ für die Größen der jetzigen Zeit; $\Omega_m(t)$, $\Omega_\Lambda(t)$ falls wir andere kosmische Epochen betrachten.

Für $\rho = -p$ folgt aus den FL-Gleichungen:

$$\frac{d}{dt}\rho = 0.$$

Will man die Hubble-Konstante genauer bestimmen, muss man zu größeren Entfernungen vorstoßen. Denn mit zunehmender Entfernung wächst die Expansionsgeschwindigkeit, und der relative Anteil der lokalen Eigenbewegungen macht sich immer weniger bemerkbar. Diese Möglichkeit bieten gewaltige Sternexplosionen, so genannte Supernovae vom Typ Ia.

Nach heutiger Vorstellung ereignen sich solche Explosionen in Doppelsternsystemen. Eine Komponente ist ein Weißer Zwerg, ein kompakter Stern mit dem Radius der Erde und der Masse der Sonne. Ein solcher Himmelskörper hat eine lange Entwicklungszeit hinter sich und seinen Wasserstoffvorrat verbraucht, so dass er im Wesentlichen aus Kohlenstoff und Sauerstoff besteht. Von einem nahen Begleitstern strömt Gas zum Weißen Zwerg hinüber und sammelt sich auf der Oberfläche an. Erreicht der Stern eine kritische Masse (die Chandrasekhar-Grenze), so kommt es zu einer thermonuklearen Explosion, was als Supernova sichtbar wird.

Die Leuchtkraft dieser Supernova steigt rasch an, erreicht innerhalb weniger Tage ein Maximum und fällt dann wieder ab. In der Explosion wird radioaktives Nickel (^{56}Ni) erzeugt, dessen Zerfall über Kobalt (^{56}Co) in Eisen (^{56}Fe) die Energie für die Leuchterscheinung liefert. Die optische Leuchtkraft der Supernova Ia sollte – nach der Theorie – aus der Thermalisierung der Gammastrahlungs-Photonen und Positronen stammen, die in der Zerfallsreihe entstehen.

Supernovae Ia sind sehr hell und lassen sich bis in große Distanzen weit jenseits des Virgo-Haufens beobachten. Hätten sie alle eine einheitliche Leuchtkraft im Maximum, so wären sie ideale Standardkerzen. Dies ist aber nur angenähert der Fall. Eine gewisse Variationsbreite ist auch zu erwarten, denn die Leuchtkraft hängt von der Menge des entstandenen ^{56}Ni ab, die von den genauen Bedingungen im Stern bei einer Explosion bestimmt wird.

Supernovae Ia besitzen aber eine sehr hilfreiche Eigenschaft. Wie sich in den Beobachtungen zeigte, ist die Form der Supernova-Lichtkurve, speziell der Abfall der Helligkeit, eng korreliert mit der Leuchtkraft im Maximum. Schnell abklingende Supernovae leuchten im Maximum schwächer und langsame heller. Man kann diese Beziehung empirisch quantitativ festlegen und dadurch die Leuchtkraft im Maximum genauer definieren. Damit werden Supernovae Ia zu einem präzisen Indikator für kosmische Entfernungen.

In den letzten Jahren ist es gelungen, zahlreiche dieser Supernovae systematisch bis in sehr große Entfernungen aufzuspüren und den raschen Anstieg ihrer Helligkeit, wie auch den typischen Abfall nach dem Maximum zu vermessen. Dies erforderte die Zusammenarbeit vieler Beobachtungsstationen weltweit, damit jede Supernova sofort nach ihrer Entdeckung mit einem großen Teleskop genau beobachtet werden kann. Zwei große Beobachtergruppen leisteten hier unabhängig voneinander Pionierarbeit [5, 6].

Die aus Spektren ermittelten Rotverschiebungen z trägt man im sogenannten Hubble-Diagramm gegen die mit Hilfe der Supernovae gemessenen Entfernungen auf (Abbil-

dung 2). Für Werte $z < 0,5$ ergibt sich eine gute Übereinstimmung mit der linearen Hubble-Beziehung. Sie ergibt für die Hubble-Konstanten $H_0 = 70 \pm 10$ km s^{-1} Mpc^{-1}.

Der Fehler ist im Wesentlichen auf die Unsicherheiten der Eichung mittels einiger weniger Supernovae zurückzuführen, für die auch Entfernungsbestimmungen durch Cepheiden vorliegen. Die astronomischen Einheiten, in denen H_0 angegeben wird, entsprechen einer inversen Zeit. $1/H_0$ ist also eine charakteristische Expansionszeit, die sich hieraus zu 14 Milliarden Jahren mit einer Unsicherheit von etwa 10 % ergibt. Sie entspräche dem Weltalter, wenn die Expansion von Anbeginn an linear verlaufen wäre.

Beschleunigte Expansion

Die Daten in Abbildung 2 für Supernovae mit $z > 0,5$ weichen von der linearen Hubble-Beziehung ab. Hier kommt das kosmologische Modell insgesamt zum Tragen, in dem die Beziehung zwischen Rotverschiebung z und Entfernung d eine nichtlineare Funktion ist, die auch von den Massen- und Energiedichten Ω_m, Ω_Λ und Ω_{DM} abhängen.

Bei hohen Rotverschiebungen scheinen die Supernovae sich in größeren Entfernungen zu befinden, als nach

ABB. 2 | HUBBLE-DIAGRAMM

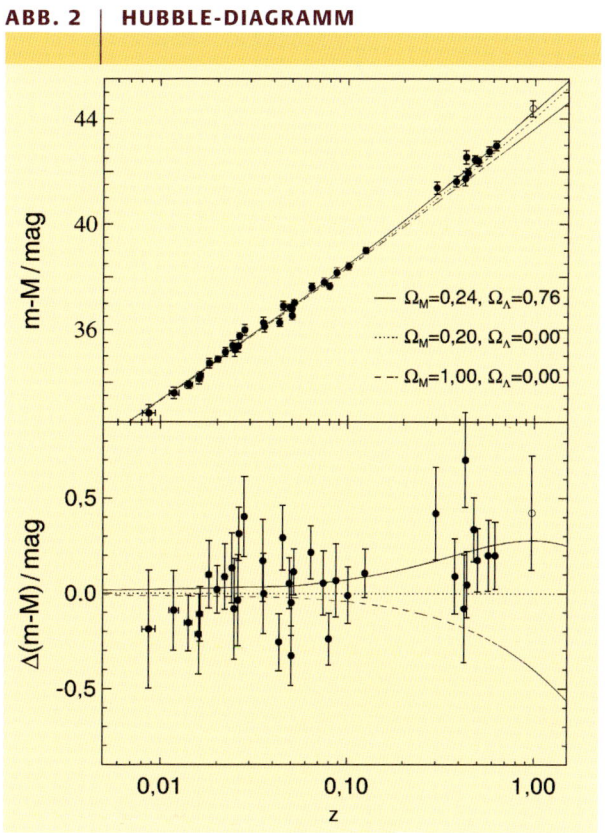

Das Hubble-Diagramm für Supernovae Typ Ia. Das logarithmische Entfernungsmodul (m-M) und die Rotverschiebung z sind für die Supernovae eng korreliert, wenn Korrekturen zur Leuchtkraft aus der Lichtkurve vorgenommen werden (mag: Größenklassen). Bei kleinen Rotverschiebungen ist die Beziehung nahezu linear, insgesamt passt ein kosmologisches Modell mit $\Omega_\Lambda > 0$ am besten zu den Daten.

der Hubble-Beziehung zu erwarten wäre. Dies bedeutet, dass sich die Entfernung zwischen diesen Objekten und unserer Position schneller vergrößert hat, als es der Bewegung mit gleichmäßiger Geschwindigkeit entspräche: Die Ausdehnung des Kosmos verläuft beschleunigt. Dies steht im Gegensatz zu einer langsamen Abbremsung, die man erwarten würde, wenn allein die verschiedenen, bewegten materiellen Objekte sich gegenseitig mit der Schwerkraft anziehen würden.

Die Größe Ω_Λ für die Dunkle Energie kann im kosmologischen Modell eine Beschleunigung der Expansion bewirken, falls $2\Omega_\Lambda - \Omega_m > 0$ (Abbildung 1). Die beste Anpassung an die Daten erreicht man mit den Werten $\Omega_m = 0,3$ und $\Omega_\Lambda = 0,7$. Dabei sind jeweils die Werte zum jetzigen Zeitpunkt t_0 gemeint. Mit diesen Messungen ist die Existenz einer zusätzlichen, dominierenden Komponente des kosmischen Substrats impliziert. Diese Energiedichte verdünnt sich nicht im expandierenden Kosmos, wie die Materiedichte ρ umgekehrt proportional zum Volumen, sondern sie bleibt konstant.

Bislang haben wir Λ als konstante Größe betrachtet, aber auch eine langsame zeitliche Veränderung, wie sie etwa die Energie eines skalaren Feldes aufweisen könnte, wäre möglich. Bereits Einstein hatte 1916 eine Kosmologische Konstante Λ in seine Feldgleichungen eingeführt, um ein statisches Universum als Lösung zu erhalten. Das erschien durchaus angebracht, da zu dieser Zeit niemand an ein expandierendes oder kollabierendes Universum dachte. Erst nach der Herleitung der nichtstatischen Lösungen durch Alexander Friedmann und Hubbles Beobachtungen Ende der 1920er-Jahre wollte Einstein die Kosmologische Konstante aus den Gleichungen verbannen und bezeichnete sie nach George Gamow als „größten Schnitzer".

Leider sind die Beobachtungen der Supernovae Ia noch nicht so hieb- und stichfest, wie sie die Kosmologen gerne hätten. Die Messungen bestimmen die Differenz $(\Omega_\Lambda - \Omega_m)$ sehr präzise und auch der Schluss auf ein positives Ω_Λ kann mit relativ hoher statistischer Signifikanz erfolgen. Um ein bestimmtes Weltmodell herauszulesen, müssen die Daten aber noch wesentlich präziser werden. Insbesondere muss die lokale Eichung der Supernovae verbessert werden. Außerdem ist die Frage, ob die fernen Supernovae wirklich genau das gleiche physikalische Verhalten zeigen, wie die zur Eichung verwendeten nahen, nicht abschließend geklärt. Darüber hinaus müssen viele Einzelaspekte wie Entwicklungseffekte, Rötungseffekte durch Staub und anderes bei der Analyse der Messdaten berücksichtigt werden.

Deshalb sind auch weitere Projekte zur Beobachtung möglichst vieler Supernovae Ia im Gang. Sie beschäftigen eine wachsende Zahl von Astronomen, die hoffen, durch die gesteigerte Präzision der Messungen mehr über die Natur der Dunklen Energie herauszufinden.

Die Kosmologen müssen sich glücklicherweise nicht ausschließlich auf diese Messungen stützen, sondern sie haben ein zweites, reiches Feld an kosmischen Daten abzuernten – die Beobachtungen der kosmischen Hintergrundstrahlung.

Die kosmische Hintergrundstrahlung

Die kosmische Hintergrundstrahlung (CMB) hat sich seit dem Urknall beständig abgekühlt. In der Frühzeit des Universums waren in diesem Strahlungsfeld genügend viele energiereiche Photonen vorhanden, um alle Wasserstoffatome im ionisierten Zustand zu halten. Dies war der Fall, bis die mittlere Strahlungstemperatur etwa 3000 K erreicht hatte. Zu dieser Zeit, etwa 400 000 Jahre nach dem Urknall, entstanden in der kosmischen Materie erste Strukturen. Diese Ära entspricht einer Rotverschiebung von $z = 1100$. Das heißt damals betrug der Wert des kosmischen Skalenfaktors $R(t)$ nur $1/1100$ des heutigen.

Bei Temperaturen unterhalb von 3000 K begannen die Elektronen, sich mit den Atomkernen zu Wasserstoff und Helium zu verbinden. In dieser Epoche der so genannten Rekombination wurde das Universum durchsichtig, die Strahlung konnte sich ungehindert ausbreiten. Aus dieser Ära stammt das heute beobachtete Strahlungsfeld des CMB, dessen Temperatur durch die Expansion um den Faktor 1100 von damals 3000 K auf heute 2,7 K gesunken ist. Die Form des Planck-Spektrums blieb aber erhalten.

Akustische Schwingungen im frühen Universum

Der CMB enthält eine Fülle von Informationen über die kosmischen Parameter, die es nun gilt herauszulesen [5]. Nach heutigen Theorien konnte die Dunkle Materie, die keine elektromagnetische Wechselwirkung eingeht, bereits vor der Rekombinationszeit erste, schwach ausgeprägte Massenkonzentrationen bilden. Das eng verkoppelte Plasma aus Photonen und Baryonen folgte diesen Kondensationen wegen der Gravitation. Doch der Tendenz der Baryonen zur Zusammenballung stand der Druck der Photonen entgegen, der diese Plasmawolken wieder auseinandertrieb. Im Widerstreit der Kräfte begannen sie zu schwingen – ganz analog zu Schallwellen.

Die größte schwingende Plasmawolke war gerade bis zur Rekombinationszeit einmal von einer Schallwelle durchlaufen worden. Noch größere Wolken konnten noch keinen Gegendruck aufbauen, sondern folgten einfach der Schwerkraft und zogen sich langsam zusammen. Kleinere Wolken oszillierten mit höherer Frequenz. Alle Schwingungen waren in Phase, perfekt synchronisiert durch den Urknall. Bei der Kontraktion und Verdichtung wurde das Photonengas heißer, bei der Verdünnung kühlte es sich ab.

Zur Rekombinationszeit verließen die Photonen die Plasmawolken. Die Temperaturschwankungen sollten sich noch heute als heißere und kühlere Bereiche im CMB zeigen. Der Nachweis gelang 1992 mit dem NASA-Satelliten COBE (Cosmic Background Explorer). Er zeigte in der CMB Schwankungen in Form kalter und weniger kalter Flecken mit relativen Amplituden von $\Delta T/T = 10^{-5}$ (mit der mittleren Temperatur $T = 2,7$ K).

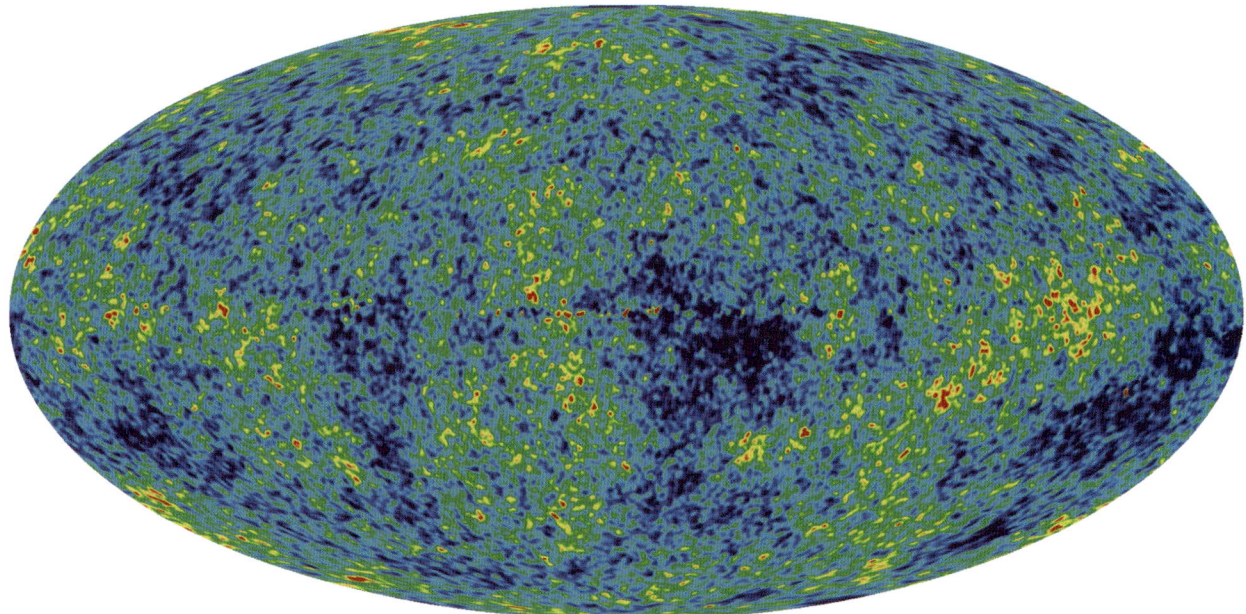

Abb. 3 *Himmelskarte der Kosmischen Hintergrundstrahlung, gewonnen mit WMAP nach fünf Jahren Beobachtungszeit. Die Daten aus allen Spektralbereichen wurden überlagert. Die kleinsten Flecken entsprechen etwa der Größe von Galaxienhaufen. (NASA/WMAP Science Team).*

Die Instrumente von COBE besaßen aber eine geringe Winkelauflösung von sieben Grad. Zum Vergleich: Beim Blick auf die Erde wäre für COBE ganz Bayern gerade ein Messpunkt gewesen. Die Intensitätsschwankungen, die man als Keime für die Entstehung von Galaxienhaufen und Galaxien erwartet, zeigen sich aber erst auf Skalen von deutlich unter einem Grad. Der 2001 gestartete amerikanische Satellit WMAP (Wilkinson Microwave Anisotropy Probe) brachte hier einen großen Fortschritt. Die Anfang 2003 veröffentlichte Karte des gesamten Mikrowellenhimmels besaß einer Winkelauflösung von etwa 15 Bogenminuten im Wellenlängenbereich zwischen 3 mm und 1,5 cm (Abbildung 3). Im Frühjahr 2008 wurden die über fünf Jahre hinweg gewonnenen Daten veröffentlicht [10–13].

Die Multipolanalyse der gemittelten quadratischen Temperaturschwankungen zeigt eine Abfolge von wohldefinierten Maxima (Abbildung 4) [7, 8, 10]. Die genaue Analyse erlaubt eine sehr präzise Festlegung der kosmischen Parameter. Dabei findet man für die Gesamtdichte

$$\Omega_{\text{tot}} = 1{,}000 \pm 0{,}002.$$

Das entspricht einem Weltmodell mit kritischer Dichte, das heißt einem euklidischen dreidimensionalen Raum. Für die baryonische Dichte ergab sich

$$\Omega_{\text{B}} = 0{,}0441 \pm 0{,}003,$$

für die Dichte der Dunklen Materie

$$\Omega_{\text{DM}} = 0{,}214 \pm 0{,}027.$$

In die Berechnung der Größen geht der Wert der Hubble-Konstante quadratisch ein; hier wurde der heute gültige Wert $H_0 = 72$ km s^{-1} Mpc^{-1} gewählt. Damit bleibt eine Lücke in der Bilanz zur totalen Dichte von

$$\Omega_{\text{tot}} - \Omega_{\text{B}} - \Omega_{\text{DM}} = 0{,}742 = \Omega_{\Lambda}.$$

Das heißt, dass die Dunkle Energie der dominierende Beitrag zur gesamten Materie- und Energiedichte im Universum ist (Abbildung 5).

ABB. 4 | TEMPERATURSCHWANKUNGEN

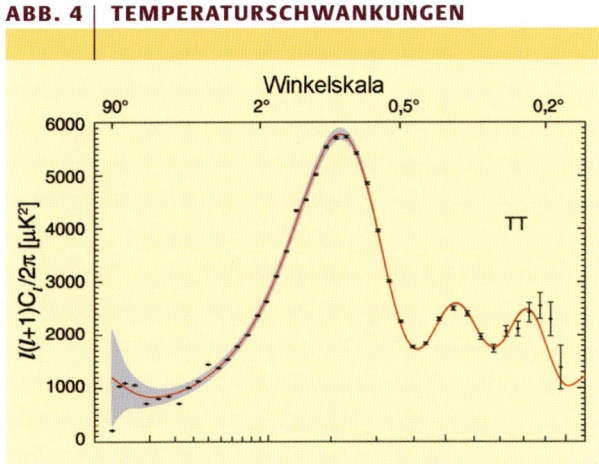

Die Multipolentwicklung der Inhomogenitäten $(\Delta T)^2$ in der CMB ergibt eine Abfolge von Maxima (obere Hälfte). Die Form der Kurve verrät im Detail die Eigenschaften des kosmologischen Modells. Das erste ausgeprägte Maximum führt auf $\Omega_{\text{tot}} = 1$ und damit auf eine Dunkle Energie von etwa $\Omega_{\Lambda} = 0{,}74$.

ABB. 5 | DUNKLE MATERIE UND ENERGIE

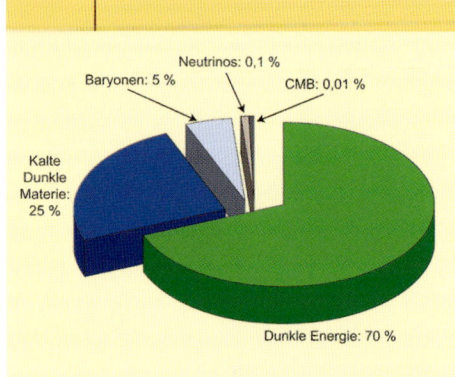

Die merkwürdige Zusammensetzung der kosmischen Substanz wird hier noch einmal verdeutlicht. Nur etwa 5% davon sind bekannt, dunkle Materie (25%) und dunkle Energie (70%) sind noch unbekannt.

Das bemerkenswerte Fazit lautet daher: Wir kennen nur 5% der kosmischen Substanz. Wie kann man die Lücke in der Dichtebilanz von $\Omega = 0{,}7$ erklären? In den FL-Modellen geht dies formal ohne große Änderungen, indem man einfach eine Kosmologische Konstante mit einem Beitrag zur Dichte von $\Omega_\Lambda = 0{,}7$ einführt. Dies führt auf eine beschleunigte Expansion ($R(t) > 0$) zur gegenwärtigen Epoche t_0. Allerdings stellt sich dann die Frage nach der Natur dieser Größe. Die Beobachtungen machen darüber gegenwärtig noch keine Aussagen.

Obwohl nach Einstein Materie (multipliziert mit c^2) gleich Energie ist, verhalten sich Materie und Dunkle Energie völlig verschieden bei der Expansion. Die Materiedichte ρ_m sinkt wie R^{-3}, während die einer kosmologischen Konstanten entsprechende Energiedichte ρ_Λ konstant bleibt (allgemein bleibt ρ konstant für eine Zustandsgleichung $p = -\rho$, siehe „Friedmann-Lemaître-Modelle"). Physikalisch gesehen wirkt die Dunkle Energie wie eine Spannung, die bei Volumenvergrößerung Arbeit leistet, also zu einem Energiegewinn führt.

Quintessenz

Eine *ad hoc* eingeführte Konstante erscheint vielen Kosmologen als unzureichend. Eine Größe, die nur auf andere Systeme wirkt, aber selbst keinen Einwirkungen unterliegt, widerspricht auch dem Geist der Einsteinschen Theorie. Ein Ansatz, den viele Kosmologen verfolgen, besteht darin, diese Größe als Feldenergie zu betrachten. Ein homogenes, das heißt räumlich konstantes, skalares Feld φ etwa hat eine Energiedichte

$$\rho_\varphi \equiv \tfrac{1}{2}\dot{\varphi}^2 + V(\varphi).$$

$V(\varphi)$ ist die potentielle Energie und $\tfrac{1}{2}\dot{\varphi}^2$ die kinetische Energie dieses Feldes. Mit Hilfe des Energie-Impuls-Tensors lässt sich formal ein zugehöriger Druck definieren

$$p_\varphi \equiv \tfrac{1}{2}\dot{\varphi}^2 - V(\varphi).$$

Falls das Feld zeitlich nur wenig variiert ($\dot{\varphi}^2 \ll 1$), so gilt $p_\varphi = -\rho_\varphi$. In den Bewegungsgleichungen (siehe „Friedmann-Lemaître-Modelle") wird dann R proportional zu $V(\varphi)$, also positiv (beschleunigte Expansion) für positives $V(\varphi)$. Die Bewegungsgleichung für das Feld φ muss nur mit geeigneten Parametern eingerichtet werden, um zur jetzigen Epoche einen Term $V(\varphi)$ von der richtigen Größenordnung zu garantieren. (Nebenbei bemerkt, wenn $V(\varphi)$ bei $\varphi = \varphi_0$ ein Minimum hat ($V'(\varphi) = 0$), dann wird $\varphi(t)$ sich auf Grund der Bewegungsgleichung nach φ_0 entwickeln und bei diesem Wert bleiben. $V(\varphi)$ muss dann nur entsprechend festgesetzt werden.)

In den letzten Jahren wurde eine ganze Reihe solcher Ad-hoc-Modelle durchexerziert. Auch der schöne Name Quintessenz (bei Aristoteles hieß so der Äther, das fünfte Element) wurde für die geheimnisvolle Substanz gefunden. Ihr wird ganz allgemein eine Zustandsgleichung $p = w\rho$ zugeschrieben, wobei der Parameter $w = -1$ der Kosmologischen Konstanten entspricht.

Meines Erachtens sind diese Modelle indes nicht viel mehr als unterschiedliche Parametrisierungen unseres Nichtwissens. Mit derartigen Modellen versuchen die Kosmologen zwei Fragen zu beantworten: Warum dominiert die Dunkle Energie gerade jetzt die Expansion, und warum hat sie den von den Astronomen gemessenen Wert? Die Energie des Feldes ist $2\,V(\varphi) = (3H_0^2/8\pi G)\,\Omega_\Lambda$, und das Potential $V(\varphi)$ wird so konstruiert, dass φ sich langsam dem heutigen Wert φ_0 annähert, dabei aber bis nahe der jetzigen Epoche eine geringere Energiedichte behält als die Materie ($\rho < \rho_m$). Bleibt natürlich die Frage, woher das Potential $V(\varphi)$ kommt.

Warum nicht Vakuumenergie?

Die Quantentheorie könnte eine ganz natürlich scheinende Deutung der Dunklen Energie als Energie des Vakuums liefern. Der leere Raum ist, quantentheoretisch betrachtet, ein komplexes Gebilde, durchzogen von einem Geflecht aus fluktuierenden Feldern, die zwar nicht beobachtet werden können, die aber zu einer Energie des Grundzustandes beitragen.

Die Theoretiker können einige dieser Beiträge ganz gut abschätzen, erhalten aber einen Wert, der um etwa 108 Größenordnungen den Wert übertrifft, den die astronomischen Beobachtungen nahe legen. Andere Beiträge, die (noch) nicht berechnet werden können, würden vielleicht diesen Wert ausbalancieren, aber dieser Ausgleich müsste dann mit unvorstellbarer Präzision bis auf 108 Stellen nach dem Komma erfolgen. Es ist ein ungelöstes Rätsel der Quantenphysik, wie das zugehen könnte.

Dieser Sachverhalt weist auf ein anderes tiefes Problem hin: Offensichtlich können die Vakuumenergien der verschiedenen Quantenfeldtheorien nicht gravitativ wirksam sein, wie es eigentlich nach dem Konzept der Einsteinschen Theorie sein sollte. Die Energiedichten sind typischerweise um den Faktor 10^{108} zu hoch. Ein Universum, in dem beispielsweise die Vakuumenergie der elektroschwachen Theorie wirken würde, wäre so stark gekrümmt, dass wir nicht einmal den Mond sehen könnten. Dieses grundsätzliche Problem betrifft natürlich die Verbindung von Quantentheorie und Gravitation. Es ist bemerkenswert, dass die Astronomen hier einen Beitrag zu den Grundlagen der Physik leisten.

Kosmologie und Teilchenphysik

Die Schwierigkeiten mit der Interpretation der Dunklen Energie sind natürlich eng mit dem kosmologischen Modell verknüpft, durch welche die astronomischen Beobachtungen ihre Deutung erhalten. Liegt es da nicht nahe, auch auf dieser Seite zu suchen, also Abänderungen der kosmologischen Modelle zu betrachten? Im Prinzip ja, allerdings wurden bis jetzt keine wirklich gangbaren Alternativen vorgeschlagen. So wäre es sicher interessant, Verbindungen aufzuzeigen zwischen Modellen der String-Theorie mit ihren sechs mikroskopisch klein eingerollten Raumdimensionen und der Existenz einer Kosmologischen Konstanten in der vierdimensionalen Raumzeit. Die Versuche in dieser Richtung waren bis jetzt aber noch nicht von Erfolg gekrönt.

Im einfachen kosmologischen Modell erhält die zeitliche Entwicklung des Universums eine Drei-Phasen-Struktur. In der Frühphase dominierte die Strahlung die Expansion, darauf folgte eine materiedominierte Epoche, und heute bestimmt die Dunkle Energie die Dynamik. Bleibt ihr Wert konstant, so wird die kosmische Expansion sich immer weiter beschleunigen und stets weitergehen (Abbildung 1). Es wird eine Endzeit geben, in der alle Objekte im Kosmos so weit auseinandergerissen werden, dass keine Kommunikation mehr zwischen ihnen besteht. Englische Autoren nennen diese zukünftige Ära Big Rip. Jedes Elementarteilchen oder Schwarze Loch existiert dann alleine für sich innerhalb seines Horizonts.

Die Verknüpfung mit dem Konzept der Feldenergie bietet aber auch die interessante Möglichkeit, dass in der Zukunft überraschende Wendungen durch das zeitliche Verhalten des Feldes in der kosmischen Entwicklung auftreten. Experimente im Labor können keine Erkenntnisse bringen, denn auf diesen Skalen spielt die Dunkle Energie keine Rolle. So gibt es beispielsweise den Casimir-Effekt nach dem sich zwei parallele, elektrisch leitende Platten anziehen. Dies beruht auf den Energieunterschieden der Nullpunktschwingungen elektromagnetischer Felder, die durch Randbedingungen zustande kommen [9]. Die Dunkle Energie muss aber von anderer Art sein, denn die Energiedichte der elektromagnetischen Vakuumenergie würde den Raum viel stärker krümmen, als es tatsächlich der Fall ist.

Allein das Expansionsverhalten des Universums, das sich mit genaueren Messungen des Hubble-Diagramms von Supernovae Ia weiter in die Vergangenheit verfolgen lässt, kann Aufklärung über die Natur dieser Größe bringen. Derzeit ist der Parameter w eingeschränkt auf $w < -0{,}78$. Die Kosmologische Konstante hätte den Wert $w = -1$, aber jeder davon verschiedene Wert würde einen Hinweis auf eine zeitlich veränderliche Feldenergie geben. Das geplante SNAP-Weltraumteleskop (SuperNova/Acceleration Probe), mit dem man gezielt nach Supernovae suchen will, könnte neue interessante Daten dazu erbringen. Ab 2009 soll das Weltraumteleskop Planck der Europäischen Weltraumbehörde die CMB mit noch höherer Genauigkeit vermessen.

Interessant ist zudem, dass die CMB teilweise polarisiert ist. Mit dem Satelliten WMAP ist es gelungen, eine signifikante Korrelation der Polarisation mit der Temperaturschwankung nachzuweisen (Abbildung 4 unten). Daraus lässt sich auf den Zustand des Gases schließen, als die ersten Sterne entstanden. Sie emittierten intensive UV-Strahlung und ionisierten das Urgas. Die derzeitigen Daten lassen darauf schließen, dass dies bei Rotverschiebungen zwischen $z = 11$ und 30 stattfand. Dies entspricht etwa 40 bis 500 Millionen Jahre nach dem Urknall.

Momentan können wir nur rätseln und staunen, wie die Physik auf den größten Skalen des Universums offenbar eng zusammenhängt mit den Prozessen, die auf den kleinsten Skalen etwa der Vakuumenergie der Elementarteilchen wirksam sind. Die Astronomen beginnen den Bauplan der Welt in großen wie in kleinen Dimensionen zu lesen.

Zusammenfassung

Beobachtungen der Ausdehnung des Weltalls und der Temperaturschwankungen der kosmischen Hintergrundstrahlung führen zu einer präzisen Bestimmung aller kosmischen Parameter. Das überraschende Ergebnis ist, dass die kosmische Expansion gegenwärtig beschleunigt verläuft, angetrieben von einer rätselhaften Dunklen Energie. Diese macht etwa 70 % der gesamten Materie und Energiekomponenten im Kosmos aus und wirkt wie eine abstoßende Gravitation. Man vermutet, dass diese Größe mit der Vakuumenergie der Quantenfeldtheorie zusammenhängt. Theoretische Deutungsversuche sind aber bisher nicht sehr erfolgreich.

Literatur

[1] G. Börner, Physik in unserer Zeit **2002**, *33* (3), 114.
[2] G. Börner, Kosmologie, Fischer Verlag, Frankfurt 2002.
[3] B. Greene, Das elegante Universum, Berlin 2001.
[4] G. Börner, The Early Universe – Facts and Fiction, 4. Aufl., Springer Verlag, Heidelberg 2003.
[5] A.G. Riess et al., Astron. J. **1998**, *116*, 1009.
[6] S. Perlmutter et al., Nature **1998**, *391*, 51.
[7] D.N. Spergel et al., Astrophys. J. Suppl. **2003**, *148*, 175.
[8] A. Kogut et al., Astrophys. J. Suppl. **2003**, *148*, 161.
[9] G. Lambrecht, Physik in unserer Zeit **2005**, *36* (2), 85.
[10] C.L. Bennett et al., Astrophys. J. Suppl. **2003**, *148*, 1.
[11] G. Hinshaw et al., einger. Ap. J. Suppl. arxiv.org/abs/0803.0732.
[12] E. Komatsu et al., einger. Ap. J. Suppl. arxiv.org/abs/0803.0547.
[13] M. Nolta et al., einger. Ap. J. Suppl. arxiv.org/abs/0803.0593.

Der Autor

Gerhard Börner ist Professor für Physik an der Universität München und Mitarbeiter am Max-Planck-Institut für Astrophysik. Sein Forschungsgebiet ist die Kosmologie speziell die Bildung der Strukturen in der kosmischen Materie. Er ist Autor von Fach- und Sachbüchern zur Kosmologie.

Anschrift
Prof. Dr. Gerhard Börner, Max-Planck-Institut für Astrophysik, Postfach 1317, 85741 Garching. grb@mpa-garching.mpg.de.

Kosmische Hintergrundstrahlung
Echo des Urknalls

Gerhard Börner

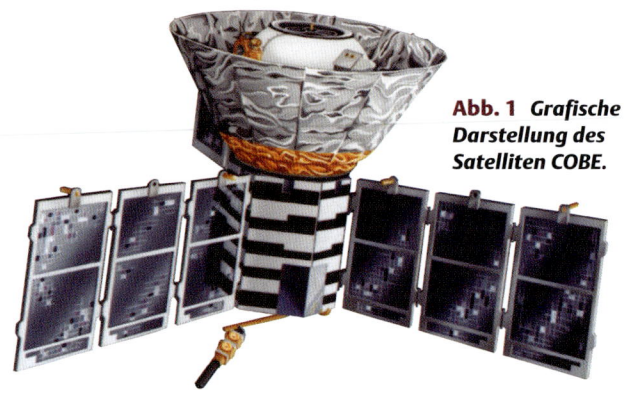

2006 erhielten John C. Mather vom Goddard Space Flight Center der NASA und George F. Smoot von der University of California, Berkeley, den Physik-Nobelpreis. Die Königlich Schwedische Akademie ehrte damit ihre Entdeckung des Planck-Spekrums der Kosmischen Hintergrundstrahlung und deren Anisotropie.

Als im November 1989 der NASA-Satellit COBE (Cosmic Background Explorer, Abbildung 1) in seine Umlaufbahn gebracht wurde, erhofften sich viele Kosmologen die Klärung wichtiger Fragen: War die kosmische Mikrowellenstrahlung wirklich eine Wärmestrahlung mit einer Temperatur von etwa drei Kelvin, hat das Spektrum die Form einer Planck-Kurve, wie man sie von Schwarzen Körpern her kennt? Dies war eine Grundannahme des Urknallmodells, in dem diese Strahlung als Relikt einer heißen Frühphase des Kosmos interpretiert wird. Welche Abweichungen würde man finden?

ABB. 2 | PLANCK-SPEKTRUM

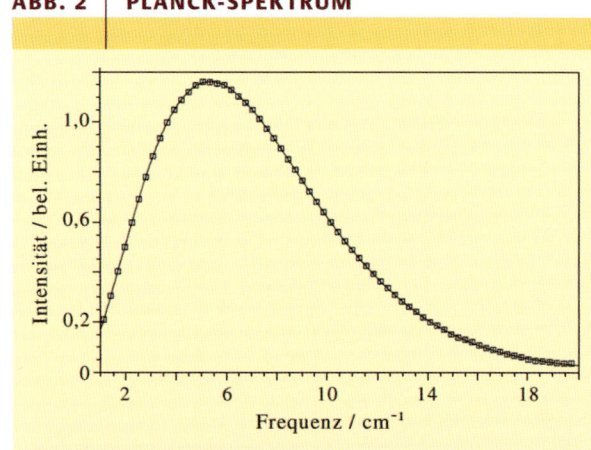

Das Spektrum der Kosmischen Hintergrundstrahlung ist eine Planck-Kurve mit einer Temperatur von 2,728 K.

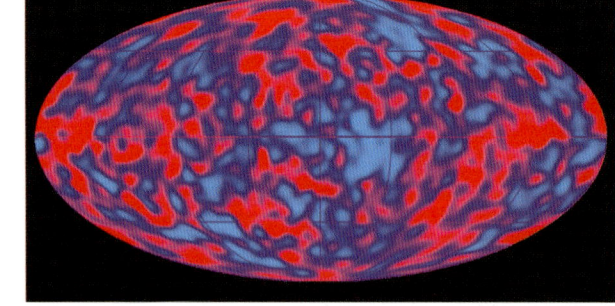

Abb. 3 Die aus den COBE-Daten erstellte Himmelskarte zeigt Temperaturvariationen im Bereich von einigen Hunderttausendstel Kelvin (Foto: NASA).

Weiter rätselte man, ob es endlich gelingen würde, kleine Unregelmäßigkeiten in dem Strahlungsfeld zu finden. Diese sollten sich in geringfügig unterschiedlichen Temperaturen in verschiedenen Richtungen äußern. Diese vermuteten Anisotropien sollten gewissermaßen das Abbild der Materiekondensationen sein, aus denen sich im Laufe der Zeit Sterne und Galaxien entwickelten.

Anfang 1992 lieferte COBE dann die Antworten [1]: Das Spektrum der Strahlung wies die Plancksche Form auf (Abbildung 2), und innerhalb der Messgenauigkeit konnte das Team um John Mather in den Daten ihres Bolometer FIRAS keine Abweichungen von einer Schwarzkörper-Funktion feststellen. Die Temperatur der Wärmestrahlung konnte so mit hoher Präzision zu 2,728 + 0,002 K bestimmt werden. Das Universum enthält also eine ideale Wärmestrahlung, die zwar jetzt eine niedrige Temperatur aufweist, aber aus einer Frühphase mit hoher Temperatur und einem idealen Gleichgewicht von Strahlung und Materie stammt.

Dieses Ergebnis entspricht völlig der Vorstellung einer gleichförmigen, nahezu strukturlosen Urexplosion. Die COBE-Messungen bestätigten also erneut die Theorie eines heißen Urknalls, an dessen Gültigkeit nun kein Kosmologe mehr zweifeln konnte.

Wegen der Expansion des Kosmos muss diese Strahlung in der Vergangenheit heißer und komprimierter gewesen sein als heute. Die kosmische Entwicklung begann in einem heißen, dichten Frühzustand, in dem Alles in einem Gemisch aus Strahlung und Materie aufgelöst war. Nach dieser Vorstellung stammt die heute empfangene Hintergrundstrahlung aus der Zeit, als das Urplasma „durchsichtig" wurde. Dies geschah, als sich die ersten Atome bildeten und die Strahlung sich ungehindert ausbreiten konnte. Damals, etwa 400 000 Jahre nach dem Urknall, betrug die Temperatur der Strahlung circa 3000 K. Durch die kosmische Expansion hat sie sich bis heute aber auf 3 K abgekühlt. Die Resultate von John Mather und seiner Gruppe haben alle diese Vorstellungen glänzend bestätigt.

Darüber hinaus gelang dem Team unter der Leitung von George Smoot mit einem Radiometer an Bord des COBE die Aufsehen erregende Entdeckung, dass tatsächlich die Temperatur der kosmischen Mikrowellenstrahlung in verschiedenen Richtungen leicht unterschiedlich ist. Den Astronomen war es gelungen, kleine Temperaturschwankungen von $3 \cdot 10^{-5}$ K, also nur einem Hunderttausendstel der mittleren Strahlungstemperatur, aufzuspüren (Abbildung 3). Bereiche von etwa zehn Grad Ausdehnung am Himmel mit geringfügig unterschiedlichen Temperaturen überzogen als

Gebeimnisvoller Kosmos. Herausgegeben von Thomas Bührke und Roland Wengenmayr · Copyright © 2009 WILEY-VCH Verlag GmbH & Co. KGaA, Weinheim · ISBN: 3-527-40899-1

heißere oder kühlere Flecken den Himmel im Bereich der Mikrowellenstrahlung. Die Kosmologen atmeten erleichtert auf, denn damit war endlich eine Bestätigung der grundlegenden Annahme der kosmischen Strukturbildung gefunden worden.

Die Tatsache, dass die leuchtende Materie in Form von Galaxien organisiert ist, steht in gewissem Gegensatz zu den kosmologischen Modellen, in denen die Materie als gleichmäßig verteilt idealisiert ist. Beide Gesichtspunkte lassen sich vereinbaren, wenn man die Bildung der Galaxien als Entwicklungsprozess betrachtet, in dem die heute beobachteten Strukturen ihren Ursprung in anfänglich sehr kleinen Schwankungen der Materie- und Strahlungsverteilung hatten.

Die zunächst nur schwach ausgeprägten Inhomogenitäten in der kosmischen Ursuppe traten auf Grund ihrer eigenen Schwerkraft im Laufe der Zeit immer deutlicher hervor, bis sie sich von der allgemeinen Expansion abtrennten und schließlich zu Galaxien und Galaxienhaufen zusammenballten. Die Unregelmäßigkeiten in der Strahlungsverteilung, die das COBE-Team entdeckt hatte, bewiesen, dass diese einleuchtende Idee das Geschehen richtig beschreibt: Erstmals hatte man die Spuren der ersten Kondensationen gesehen.

Darüber hinaus belegten die geringen Amplituden von wenigen Hunderttausendstel, dass der Kosmos bis zu Abweichungen dieser Größenordnung gleichförmig ist. Diese Amplituden sind allerdings zu gering, um wirklich zur Entstehung von Galaxien zu führen. Theoretische Überlegungen zeigen, dass sie im Laufe der kosmischen Entwicklung auf eine maximal mögliche Verstärkung des Dichtekontrastes im Prozentbereich führen können. Nach den Vorstellungen der Forscher sollte deshalb ein Untergrund aus Dunkler Materie existieren. Diese besteht aus Teilchen, die nur über die Schwerkraft, aber nicht direkt durch Streueffekte mit der Hintergrundstrahlung wechselwirken. Die Dunkle Materie ist wegen dieser geringen Wechselwirkung im Bild der Kosmischen Hintergrundstrahlung nicht sichtbar, gibt aber die Schwerkraftzentren vor, in denen sich auch die normale, leuchtende Materie ansammelte.

Das COBE-Bild der fleckigen Struktur des Mikrowellenhimmels erschien nach der Veröffentlichung der Resultate in allen Medien. Als „Fingerabdruck Gottes" wurde es überschwänglich tituliert. Die umtriebige Art von George Smoot und seine Freude an öffentlichen Auftritten führten wohl dazu, dass in der Öffentlichkeit eigentlich nur dieses Resultat wahrgenommen wurde, während das genauso wichtige Ergebnis der Spektrumsmessung durch John Mather in den Hintergrund geriet.

Es baute sich einiges an Feindseligkeit zwischen den ehemaligen Kollegen auf. George Smoot wurde eine übertriebene Selbstdarstellung vorgeworfen, weswegen er aus vielen Folgeprojekten hinausgedrängt wurde. Mittlerweile haben sich die Gemüter etwas beruhigt, der neue Satellit WMAP vermisst die Strahlungsanisotropien mit größerer Auflösung, und aus der Analyse der „Himmelsflecken" las-

DIE PREISTRÄGER

George F. Smoot, geboren 1945 in Yukon, Florida, promovierte am Massachusetts Institute of Technology in Cambridge, USA, im Bereich Elementarteilchenphysik. 1970 wechselte er an die University of California in Berkeley, wo er die Kosmische Hintergrundstrahlung mit unterschiedlichen Instrumenten beobachtete. Er wurde Mitinitiator des COBE-Satelliten und Principal Investigator des Differential Microwave Radiometer auf diesem Satelliten (Foto: LBL).

John C. Mather, geboren 1946, promovierte an der University of California in Berkeley und wechselte zum Goddard Space Flight Center der NASA. Dort schrieb er 1974 ein Proposal für den Bau des Satelliten COBE, dessen Projektwissenschaftler er später wurde. Außerdem war er Principal Investigator des Far Infrared Absolute Spectrophotometer (FIRAS) auf COBE. Heute ist er als Projektwissenschaftler am James Webb Space Telescope, dem Nachfolger des Weltraumteleskops Hubble, beteiligt (Foto: NASA).

sen sich die Eigenschaften unseres Kosmos ablesen mit allen exotischen Zutaten, wie Dunkle Materie und Dunkle Energie [2].

Der diesjährige Physik-Nobelpreis betont die Wertschätzung, die Kosmologie und Astrophysik im Rahmen der gesamten Physik genießen. Überdies ist es bereits der zweite Physik-Nobelpreis im Zusammenhang mit der Kosmischen Hintergrundstrahlung. Schon 1978 hatte das schwedische Komitee Arno Penzias und Robert Wilson für die Entdeckung dieses Strahlungsfeldes im Jahre 1964 geehrt.

Zusammenfassung
John C. Mather und George F. Smoot erhielten den Physik-Nobelpreis 2006. Das Nobel-Komitee würdigte damit ihre Untersuchungen der Kosmischen Hintergrundstrahlung mit dem Satelliten COBE. Mit ihm fanden sie Anisotropien in diesem Strahlungsfeld, und sie konnten das Spektrum als Planck-Kurve eindeutig identifizieren. Damit haben sie einen weiteren bedeutenden Beleg für die Urknalltheorie geliefert.

Der Autor

Gerhard Börner ist Professor für Physik an der Universität München und Mitarbeiter am Max-Planck-Institut für Astrophysik in Garching, wo er sich mit Kosmologie befasst.

Anschrift
Prof. Dr. Gerhard Börner, Max-Planck-Institut für Astrophysik, Postfach 1317, 85741 Garching. grb@mpa-garching.mpg.de.

Internet
http://nobelprize.org/nobel_prizes/physics/laureates/2006
http://lambda.gsfc.nasa.gov/product/cobe

Literatur
[1] G.F. Smoot et al., Astrophys. J. Lett. **1992**, *396*, L1.
[2] G. Börner Physik in unserer Zeit **2005**, *36* (4), 168.

Die Rolle der Naturkonstanten
Maßarbeit im Universum

HEINZ OBERHUMMER

Die Grenze der modernen Physik zu Wissenschaftsbereichen jenseits der Physik ist nirgendwo so unmittelbar wie bei den Argumenten und Überlegungen zur Feinabstimmung des Universums für die Existenz von Leben. Diese führen auf eine Diskussion um das anthropische Prinzip.

Abb. 1 *Galaxien wie NGC 6872 beinhalten bis zu mehrere hundert Milliarden Sterne (ESO).*

Alle heutigen Weltmodelle haben das so genannte Kosmologische Prinzip zur Grundlage. Es schließt Theorien unseres Universums aus, in denen die Position der Erde im Kosmos in irgendeiner Weise ausgezeichnet ist. Zum Beispiel verwirft es alle Theorien, in denen die Erde das Zentrum des Universums ist. Das Kosmologische Prinzip begann mit der kopernikanischen Revolution und führte zu der wissenschaftlichen Lehrmeinung, dass die Menschheit in jeder Hinsicht eine gänzlich unscheinbare Position in einem riesigen Kosmos einnimmt, der selbst ohne Nutzen und Sinn für sie selbst ist.

In letzter Zeit hat das Pendel jedoch begonnen, sich wieder in die andere Richtung zu bewegen. Naturwissenschafter und Philosophen überdenken die Fragen, ob unsere Existenz wirklich so ganz nebensächlich ist und ob das Kosmologische Prinzip nicht zu einseitig ist. Vielleicht könnte die Kosmologie von der Hinzunahme eines zweiten Prinzips profitieren, das unsere Existenz in Betracht zieht, ohne dass die Menschheit dabei etwas Spezielles darstellt. Dieses anthropische kosmologische Prinzip [1] versucht Hinweise im Universum zu finden, die für die Existenz von Leben im Universum wesentlich sind. Ein Beispiel hierfür ist die später noch diskutierte Feinabstimmungen der grundlegenden Kräfte im Universum.

Das anthropische Prinzip

Die meisten Naturwissenschaftler hegen die Anschauung, dass die fundamentalen Naturgesetze einen objektiven Ursprung besitzen und nicht Zufälligkeiten oder gar menschliche Konstrukte sind. Auf der anderen Seite sind manche der numerischen Feinabstimmungen und Koinzidenzen viel zu ausgeklügelt, als dass sie noch mit unserem Sinn für „Natürlichkeit" in Einklang gebracht werden können. Das anthropische kosmologische Prinzip beschäftigt sich mit den Koinzidenzen, die für unsere Existenz relevant sind.

Das anthropische Prinzip kursiert vornehmlich in den verwandten Formen des schwachen und starken anthropischen Prinzips. In seiner schwachen Form besagt es, dass die Naturgesetze und die Evolution unseres Universums mit unserer Existenz verträglich sein müssen. In dieser Form ist das anthropische Prinzip fast eine Tautologie und eine triviale Feststellung. Viele Naturwissenschafter sind damit bereits zufrieden. Eine solche Ansicht vertritt beispielsweise der Nobelpreisträger Steven Weinberg. Er sieht sich „nicht beeindruckt von den vermuteten Fällen der Feinabstimmung des Kosmos."

Andere aber fragen sich, ob hinter der Feinabstimmung nicht doch mehr steckt. In seiner starken Form wird das anthropische Prinzip dazu verwendet, um zu erklären, warum die Naturgesetze gerade so sind, dass sie unsere Existenz erlauben. Solche Überlegungen stellt beispielsweise Sir Martin Rees an, Großbritanniens „Astronomer Royal" [2]. Er meint, dass die Feinabstimmung „etwas Überraschendes ist, etwas das nicht leicht verständlich ist. Ich glaube, da gibt es etwas, das erklärt werden muss."

Die schwache und starke Form des anthropischen Prinzips werden bei verschiedenen Autoren oft auch unterschiedlich definiert und verwendet. Diese unterschiedlichen Aspekte lassen sich am besten an einem einfachen Beispiel veranschaulichen. Stellen Sie sich vor, Sie würden entführt. Der Kidnapper bietet Ihnen nun an, Sie wieder frei zu lassen, wenn es Ihnen gelingt, aus sechs Stapeln von Spielkarten jeweils ein Herz-Ass zu ziehen. Falls sie jedoch andere Kombinationen ziehen, werden sie sofort vom Entführer umgebracht. Tatsächlich ziehen sie jedoch wirklich sechs Herz-Asse und gehen frei.

Sie könnten sich nun mit der Erklärung zufrieden geben, dass es doch klar ist, dass sie die sechs richtigen Karten gezogen haben, sonst wären sie ja jetzt tot und könnten über den glücklichen Ausgang keine Überlegungen mehr anstellen. Solche Überlegungen würden der schwachen Form des anthropischen Prinzips entsprechen. Sie könnten sich aber auch weiter fragen, warum gerade die sechs Herz-Asse die richtigen Karten für ihr Überleben waren, oder ob der Entführer sie auch bei einer anderen Kombination am Leben gelassen hätte. Oder sie könnten sich fragen, ob nicht in den meisten Fällen die Entführungen dieses Kidnappers tödlich ausgehen würden. Oder waren die Karten vielleicht gar gezinkt und bestanden nur aus Herz-Assen. Solche Überlegungen entsprechen der starken Form des anthropischen Prinzips.

Auf das Universum übertragen heißt das: Für sechs verschiedene grundlegende physikalische Parameter (entsprechend den Kartenstapeln) erlauben nur bestimmte, fein abgestimmte Werte (Herz-Asse) eine Entwicklung des Universums in Richtung Leben. Wir können uns nun fragen, warum gerade diese Werte in unserem Universum vorliegen. Das kann zu verschiedenen Schlüssen führen:

- Es existiert Leben im Universum, also müssen die Parameter das auch ermöglichen.
- Leben ist extrem unwahrscheinlich und daher etwas Besonderes.
- Das Universum wurde genau so geschaffen, dass es Leben ermöglicht.

Die Feinabstimmung der Werte von wenigen physikalischen Parametern sind von entscheidender Bedeutung für die Existenz von Leben. Im Folgenden werden wir einige dieser physikalischen Parameter in Bezug auf ihre anthropische Bedeutung untersuchen. Diese Parameter beziehen sich auf die grundlegenden Kräfte im Universum, bestimmen die Dichte des Universums und legen die Eigenschaften der Raumzeit fest.

Aufbau und Struktur des Universums

Die Sterne sind im Universum nicht gleichmäßig verteilt, sondern bilden Galaxien (Abbildung 1), die durch die Gravitation der gesamten Materie zusammengehalten werden. Die Milchstraße, in der sich unser Sonnensystem befindet, umfasst mindestens hundert Milliarden Sterne. Galaxien bilden wieder Galaxienhaufen, in denen sich bis zu mehrere tausend Galaxien zusammenfinden können (Abbildung 2). Der Raum zwischen den Sternen ist jedoch nicht leer: In ihm befinden sich ausgedehnte Staub- und Gaswolken, die interstellaren Wolken (Abbildung 3).

Bis vor etwa 20 Jahren gingen die Astronomen davon aus, dass alle Materie im Universum aus den bekannten baryonischen Grundbausteinen besteht. Mittlerweile gibt es jedoch eine große Zahl astronomischer Beobachtungen, die darauf hindeuten, dass die baryonische Materie nur wenige Prozent der gesamten Materie und Energie im Universum ausmacht. Woraus der Löwenanteil besteht, ist unbekannt. Diese uns unbekannte Materie, die sich ausschließlich durch ihre Schwerkraftwirkung bemerkbar macht, wird als Dunkle Materie bezeichnet. Sie könnte aus exotischen Teilchen bestehen. Ein Kandidat dafür sind so genannte supersymmetrische Teilchen, für die es in modernen Elementarteilchentheorien und in Experimenten zumindest schon Hinweise gibt.

Überraschenderweise kam kürzlich noch eine weitere Größe hinzu, die der Schwerkraft entgegen wirkt und die Expansion des Universums somit nicht abbremst, wie Materie mit ihrer Gravitation, sondern beschleunigt. Den Grund für diese Beschleunigung sehen die Kosmologen in einer Dunklen Energie. Ihre Energiedichte muss etwa doppelt so groß sein wie die der gesamten Materie. Es gibt

DIE FEINABSTIMMUNG PHYSIKALISCHER GRÖSSEN IST ENTSCHEIDEND FÜR DIE EXISTENZ VON LEBEN.

jedoch bisher keine überzeugende Theorie, woraus sie besteht und wodurch sie entstehen könnte.

Die Dunkle Energie kann auch durch eine von Null verschiedene Kosmologische Konstante beschrieben werden. Einstein hatte diese ursprünglich eingeführt, um ein statisches Universum zu beschreiben, also ein Universum, das sich weder ausdehnt noch zusammenschrumpft. Als dann die Expansion des Universum entdeckt wurde und die Kosmologische Konstante nicht mehr notwendig war, bezeichnete Albert Einstein die Einführung dieser Konstante als die „größte Eselei seines Lebens."

Eine kurze Geschichte des Universums

Nach der heutigen Kosmologie entstand das Universum vor 14 Milliarden Jahren in einem heißen Urknall. Das Universum war in den ersten Bruchteilen der ersten Sekunde so heiß, dass es zunächst nur aus Fundamentalteilchen bestand. Das Universum kühlte sich durch seine Ausdehnung rasch ab, so dass sich zunächst die Quarks zu den Protonen und Neutronen vereinigten. Etwa drei Minuten nach dem Urknall fusionierten dann Protonen und Neutronen hauptsächlich weiter zu Heliumkernen.

Die ersten Sterne haben sich innerhalb weniger hundert Millionen Jahre nach dem Urknall aus diesem primordialen Gas gebildet. Die erste Sterngeneration bestand demnach fast ausschließlich aus Wasserstoff und Helium. Durch Kernreaktionen im Innern der Sterne wurden aber weitere chemische Elemente gebildet, darunter für das Leben so existentielle Stoffe wie Kohlenstoff und Sauerstoff. Das Leben besteht also im buchstäblichen Sinne des Wortes aus Sternenstaub. Am Ende ihres Lebens blähen sich die Sterne zu Roten Riesen auf. Auch unsere Sonne wird sich in etwa fünf Milliarden Jahren so entwickeln. Wenn der Energievorrat eines Roten Riesen zu Ende geht, stößt er die äußere Hüllen ab und wird als Planetarischer Nebel sichtbar (Abbildung 4). Sehr massereiche Sterne explodieren jedoch als Supernova. Dadurch werden die interstellaren Wolken immer mehr mit den in den Sternen erzeugten chemischen Elementen angereichert (Abbildung 5). Am Ende bleibt nur noch das Zentrum des ausgebrannten Sterns über: ein Weißer Zwerg, ein Neutronenstern oder ein Schwarzes Loch.

Im Innern der interstellaren Wolken bilden sich stets neue Sterne und Planeten. Auch unser Sonnensystem entstand in einer solchen Wolke vor etwa 4,6 Milliarden Jahren. Die in früheren Generationen von Sternen erzeugten Elemente dienten dem auf Kohlenstoff basierenden Leben als Bausteine. Bereits etwa eine halbe Milliarde Jahre nach der Entstehung der Erde gab es erste primitive Lebensformen. Es dauerte jedoch noch einmal etwa drei bis vier Milliarden Jahre, bis das Leben von den ersten primitiven Organismen die heutige Komplexität der Pflanzen, Tiere und des Menschen erreichen konnte.

Feinabstimmung der grundlegenden Kräfte und Massen

Es gibt vier grundlegende Kräfte in unserem Universum: die Gravitation, die elektromagnetische Kraft, die schwache und starke Kernkraft. Wir wollen uns nun mit der Fragestellung beschäftigen, inwieweit die Stärke dieser Kräfte für die Existenz von Leben extrem fein abgestimmt sind.

Die erste Untersuchung dieser Art betrifft die Feinabstimmung der starken Kernkraft, beziehungsweise der mit ihr zusammenhängenden starken Wechselwirkung [3]. Wie bereits dargestellt, werden die für das Leben notwendigen Elemente in Sternen erzeugt. Im Heliumbrennen der Roten Riesen ist die grundlegende Kernreaktion der Tripel-Alpha-Prozess. In ihm vereinigen sich zunächst zwei Alphateilchen (Heliumkerne) zu einem Berylliumkern, der nur eine Lebensdauer von 10^{-16} s hat, bevor er wieder in zwei Alphateilchen zerfällt. In dieser kurzen Zeit muss ein Berylliumkern ein weiteres Alphateilchen einfangen um einen Kohlenstoffkern erzeugen zu können (Abbildung 6). Ein Teil des im Tripel-Alpha-Prozess entstehenden Kohlenstoffs wird dann im Heliumbrennen durch den Einfang eines weiteren Alphateilchens zum Sauerstoff weiter verbrannt.

Der englische Astrophysiker Sir Fred Hoyle machte 1952 die Beobachtung, dass die Rate der Kohlenstoffbildung nicht ausreicht, um die Herkunft des im Universum vorhandenen Kohlenstoffs zu erklären. Dies führte ihn zu der bemerkenswerten Vorhersage, dass der Tripel-Alpha-Prozess über eine Resonanz im Kohlenstoffkern verlaufen muss. Diese hypothetische Resonanz sollte die Reaktionsrate des Tripel-Alpha-Prozesses um viele Größenordnungen erhöhen. Tatsächlich wurde eine solche Resonanz dann auch experi-

Abb. 2 *Galaxien sammeln sich auf Grund der Schwerkraft zu Galaxienhaufen zusammen. Hier zu sehen der Haufen Abell 2218. Die sichelförmigen Strukturen sind durch den Gravitationslinseneffekt verzerrte Bilder von Hintergrundgalaxien (NASA).*

mentell nachgewiesen. Dies ist wahrscheinlich der einzige Fall, bei dem aus der Existenz von Leben im Universum der Ausgang eines Laborexperiments vorhergesagt wurde. Schon daraus geht die Besonderheit und Bedeutung der Tripel-Alpha-Reaktion in Bezug auf die Existenz von Leben im Universum hervor. Der spätere Nobelpreisträger William Fowler war von Hoyles Voraussage derart beeindruckt, dass er sich entschloss, auf dem Forschungsgebiet der Vereinigung von Kern- und Astrophysik, der nuklearen Astrophysik, zu arbeiten. Neue experimentelle Daten und die Möglichkeit aufwändiger Computersimulationen bewegten mich dazu, den Tripel-Alpha-Prozess genauer zu analysieren. Die konkrete Frage, die wir uns stellten, war: Wie sensitiv ist die Erzeugung von Kohlen- und Sauerstoff und damit die Existenz von Leben auf Kohlenstoffbasis auf Veränderungen der Stärke und Reichweite von grundlegenden Kräften im Universum? Oder allgemeiner ausgedrückt: Wie fein muss die Abstimmung dieser Kräfte im Universum sein um Leben zu ermöglichen? Die Methodik in unseren Untersuchungen besteht in der Verwendung und Kombination eines Kernstruktur- und eines Sternentwicklungsmodells.

Das mikroskopische Kernstrukturmodell liefert die Parameter zur Bestimmung der Reaktionsrate für den Tripel-Alpha-Prozess. Mikroskopisch deshalb, weil darin von der grundlegenden Wechselwirkungen in Atomkernen, nämlich dem Potential zwischen zwei Nukleonen, ausgegangen wird. Mit diesem Modell konnte die Reaktionsrate für den Tripel-Alpha-Prozess auf Grund der oben erwähnten Resonanz im Kohlenstoffkern für verschiedene Stärken und Reichweiten des Nukleon-Nukleon-Potentials berechnet

werden. In einem modernen Sternentwicklungsprogramm werden dann die Prozesse im Stern im Computer simuliert und die erzeugten Häufigkeiten der für das Leben so entscheidenden Elemente Kohlen- und Sauerstoff im Computer berechnet. Die Zusammensetzung der interstellaren Materie ist eine Mischung der von Sternen mit verschiedener Masse ausgestoßenen Elementhäufigkeiten. Derzeit ist immer noch unklar, welche Sterntypen mehr zur Anreicherung der interstellaren Materie mit Kohlen- oder Sauerstoff beitragen. Daher haben wir Sternmodellrechnungen für einen jeweils typischen Stern großer, mittlerer und geringer Masse (20, 5 und 1,3 Sonnenmassen) durchgeführt.

Das Ergebnis der Rechnungen für die Entstehung von Kohlenstoff durch den Tripel-Alpha-Prozess in Roten Riesen war verblüffend (Abbildung 7). Bereits minimale Variationen von etwa 0,5 % der Stärke und Reichweite der Kernkraft führen zu einer 30- bis 1000-fachen Erniedrigung der Häufigkeit von Kohlenstoff oder Sauerstoff [3, 4]. Damit wäre Leben auf Kohlenstoffbasis extrem unwahrscheinlich. Nur Kohlenstoff hat nämlich die notwendigen Eigenschaften zur Bildung der komplexen und sich selbst organisierenden Moleküle, die für das Leben notwendig sind. Auch das Vorkommen von Sauerstoff und damit des für das Leben unabdingbaren Wassers würde um das Hundert- bis Tausendfache sinken.

Ein weiterer Effekt ist die Notwendigkeit von Kohlendioxid (CO_2) als Thermostat zur Temperaturregelung von lebensfreundlichen Planeten [4]. Sowohl ohne Kohlenstoff als auch ohne Sauerstoff würde kein Kohlendioxid existieren, wodurch die Temperatur eines Planeten derart außer Kontrolle geraten würde, dass Wasser kaum noch in flüssiger Form existieren könnte. Dies wäre ebenfalls fatal für die Entstehung und Entwicklung von kohlenstoffbasiertem Leben. Diese Feinabstimmung ist wirklich erstaunlich: Sowohl bei Erhöhung als auch Verringerung der starken Kernkraft um 0,5 % wird Leben extrem unwahrscheinlich, wenn nicht sogar gänzlich unmöglich.

Eine andere Überlegung zur Feinabstimmung für Leben betrifft die Massendifferenz zwischen Proton und Neutron, die durch die unterschiedlichen elektrischen Ladungen dieser beiden Teilchen entsteht [5]. Das ungeladene Neutron ist nur um etwa 1% schwerer als das positiv geladene Proton. Wäre das Neutron jedoch nur um mehr als zwei Prozent *schwerer* als das Proton, würde das in den Sternen gebildete durch Kernfusion erzeugte Deuteron, das aus einem Proton und Neutron besteht, unter diesen Bedingungen wieder in seine Bestandteile zerfallen. Damit wäre die uns bekannte Kernfusion zweier Protonen zum Deuteron in Sternen nicht möglich. Langlebige Sterne wie unsere Sonne könnten dann nicht existieren.

Wäre jedoch das Neutron um etwa ein Prozent *leichter* als das Proton, würde das Wasserstoffatom instabil und sich durch den Einfang eines Elektrons

Abb. 3 *Staubwolken im Adler-Nebel. In ihrem Innern entstehen neue Sterne.*

aus der Atomhülle in ein stabiles Neutron verwandeln. In diesem Fall könnte kein Wasserstoff im Universum existieren, was in weiterer Folge wiederum Leben auf Kohlenstoffbasis im Universum unmöglich machen würde.

Interessanterweise bestimmen die genannten anthropischen Feinabstimmungen auch die Werte der grundlegenden Parameter des Standardmodells der Elementarteilchenphysik und sogar einer möglichen endgültigen „Theorie für Alles" auf wenige Prozent [5, 6]. Es gibt nämlich im Standardmodell nur fünf offene, grundlegende Parameter, zu denen auch die Massen des up- und down-Quark zählen. Diese Quarkmassen werden aber durch die oben diskutierten, anthropisch erlaubten Werte für den Tripel-Alpha-Prozess und die Massendifferenz von Proton und Neutron auf wenige Prozent eingeschränkt. Durch diese Einschränkung der Quarkmassen lässt sich sogar der Wertebereich für den Massenparameter des experimentell noch nicht nachgewiesenen Higgs-Teilchens festlegen. Zwar ist es nicht möglich, den Absolutwert vorherzusagen. Aber die Rechnungen zeigen, dass für den Massenbereich ebenfalls nur ein kleines Fenster in der Prozentgegend möglich ist [5].

Feinabstimmung der Dichte des Universums

Die vorhandene Dichte der Materie im Universum ist eine Folge der winzigen Asymmetrie zwischen Materie und Antimaterie. Nach dem Urknall gab es in unserem Universum nur einen minimalen Anteil von einem Milliardstel mehr Materie als Antimaterie. Die restliche Materie und Antimaterie sind innerhalb der ersten Sekunde nach dem Urknall bereits zerstrahlt. Diese Annihilationsphase ist die Ursache für die Kosmische Hintergrundstrahlung. Sie wurde erst 300 000 Jahre später frei und erfüllt heute noch das Universum. Wären Materie und Antimaterie gleich häufig gewesen, wären alle Teilchen und Antiteilchen bereits innerhalb der ersten Sekunde nach dem Urknall zerstrahlt. In diesem Fall gäbe es im Universum nur elektromagnetische Strahlung, keine Materie und damit auch kein Leben. Das Leben in unserem Universum ist also eine Folge des minimalen Überschusses der Materie, die nicht schon gleich nach dem Urknall mit der vorhandenen Antimaterie zerstrahlt ist.

Bis jetzt hat man keinen Hinweis auf Gebiete mit Antimaterie zumindest in den von uns beobachtbaren Teil des Universums gefunden. Wahrscheinlich ist der Überschuss der Materie über die Antimaterie eine Folge der winzigen Asymmetrie zwischen Materie und Antimaterie im Universum, die man auch in der Elementarteilchenphysik beim Zerfall der K-Mesonen experimentell nachgewiesen hat und die die Bezeichnung CP-Verletzung trägt.

Der Wert der mittleren Dichte des Universums setzt sich aus normaler Materie und der Dunklen Materie zusammen und ist eine entscheidende Größe in Bezug auf anthropische Überlegungen

[2]. Die durchschnittliche Dichte des Universums ρ wird durch die dimensionslose, kosmologische Zahl $\Omega = \rho/\rho_c$ in Einheiten der kritischen Dichte ρ_c angegeben. Die kritische Dichte ist jener Wert, bei dem das Universum gerade nicht durch die Gravitationsanziehung nach seiner Ausdehnungsphase wieder in sich zusammenfällt.

Wäre Ω nur etwas größer als eins, würde die Ausdehnung des Universums zu stark abgebremst. Das Universum würde wieder in sich zusammenstürzen, bevor sich Leben entwickeln könnte. Es braucht nämlich einige Milliarden Jahre, bis eine genügende Menge der für das Leben notwendigen Elemente erzeugt wird, und dann etwa noch einige weitere Milliarden Jahre, bis sich Leben vom primitiven Einzeller bis zu einer technischen Zivilisation entwickeln kann. Wäre Ω hingegen nur etwas kleiner als eins, könnten sich wegen der rasch zunehmenden Verdünnung im Universum keine Sterne und Planeten bilden. Vielmehr würde dann das gesamte Universum aus einer Wolke aus voneinander separierten Fundamentalteilchen bestehen. Theoretische Überlegungen zeigen, dass sich der Wert für Ω eine Sekunde nach dem Urknall um nicht mehr als den winzigen Wert von 10^{-15} von eins unterschieden haben darf, um ein Universum zu ermöglichen, das nicht wieder längst in sich zusammengestürzt ist oder sich aber zu schnell ausgedehnt hätte.

Die großräumigen Dichteschwankungen in unterschiedlichen Bereichen des Universums werden durch die Größe $Q = \Delta\rho/\rho$ beschrieben, wobei $\Delta\rho$ die Fluktuationen der Dichte ρ im Universum sind. Diese Dichteschwankungen Q betrugen im primordialen Gas etwa 10^{-5}. Die auf

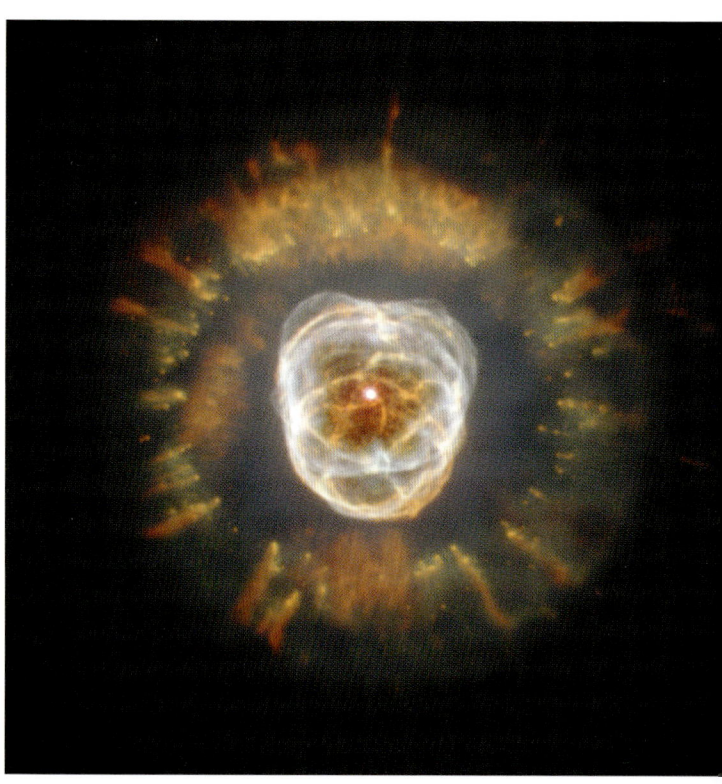

Abb. 4 *Planetarische Nebel wie der Eskimo-Nebel enthalten sehr viele schwere Elemente (NASA).*

Grund von Dichteschwankungen existierenden geringfügigen Verdichtungen in der Urwolke waren bereits die Keimzellen der ersten Sterne und Galaxien.

Für die Stärke der Dichteschwankungen existieren ebenfalls anthropische Überlegungen [2, 7]. Wäre Q kleiner als 10^{-6}, hätte sich das primordiale Gas nicht zu Strukturen wie Planeten, Sternen, Galaxien und Galaxienhaufen verdichten können. Wäre Q größer als 10^{-2} gewesen, würden sich Gebiete, die wesentlich größer als Galaxien sind, rasch zu gigantischen Schwarzen Löchern vereinigen. Selbst wenn in diesem Fall Galaxien entstehen könnten, wären diese so dicht mit Sternen erfüllt, dass Planeten durch andere vorbeiziehende Sterne aus den Bahnen um ihr Zentralgestirn geschleudert würden.

Eigenschaften der Raumzeit

Eine wesentliche Eigenschaft des Raums ist die bereits erwähnte Dunkle Energie, die auch durch die Kosmologische Konstante Λ beschrieben werden kann. Sie könnte mit der Vakuumenergie identisch sein. Der für sie quantenmechanisch berechnete Wert der im Universum beobachteten Kosmologischen Konstante ist zwar ungleich Null, aber sage und schreibe um einen Faktor 10^{120} zu groß, verglichen mit der beobachteten Ausdehnung des Universums. Das ist wohl der ärgste Fehlschlag einer theoretischen Vorhersage im Bereich der gesamten Naturwissenschaft.

Diese gigantische Diskrepanz zwischen Theorie und Beobachtung ist völlig unverstanden. Es ist auch unklar, durch welchen Mechanismus der theoretische Wert der Kosmologischen Konstante um einen solchen Faktor reduziert wer-

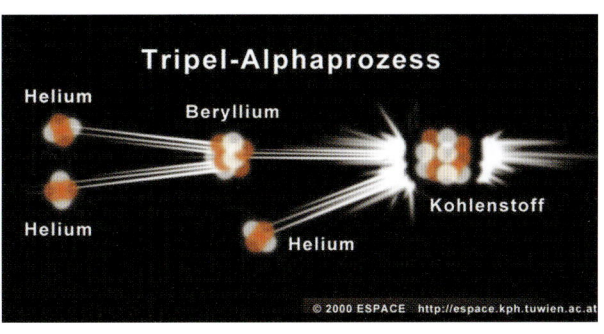

den könnte. Wäre die Kosmologische Konstante Λ um etwas mehr als etwa einen Faktor Tausend größer als er nach heutigen Beobachtungen maximal sein kann, so würde sich das Universum so schnell ausdehnen und das interstellare Medium sich so rasch verdünnen, dass sich keine Sterne und Planeten bilden könnten [8]. Der Wert der berechneten Kosmologischen Konstante muss also durch irgendeinen uns unbekannten Mechanismus fast zum Verschwinden gebracht werden. Ansonsten würde es kein Leben im Universum geben.

Noch radikalere Abweichungen von unserer Standardphysik betreffen unterschiedliche Raumzeitgefüge. Eine Eigenschaft des Raumzeitkontinuums in unserem Universum ist, dass es drei Raumdimensionen und eine Zeitdimension gibt. Andere mögliche Universen, die nicht drei Raumdimensionen und eine Zeitdimension haben, wären zumindest für Leben in unserem Sinn nicht geeignet. Man kann zum Beispiel zeigen, dass nur in drei Raumdimensionen die Planetenbahnen stabil sein können und dass mehr als nur eine Zeitdimension die Kausalität zerstören würde.

Multiversum

Anfang der 1980er Jahre entwickelten Kosmologen das Modell der inflationären Expansion. Es sollte einige Unzulänglichkeiten der „klassischen" Urknalltheorie erklären. Sie besagt, dass sich das Universum zu Beginn innerhalb eines Bruchteils der ersten Sekunde nach dem Urknall exponentiell aufgebläht hat. Kosmologen haben in letzter Zeit festgestellt, dass im Modell der Inflation auch ein Ensemble von unterschiedlichen Universen erzeugt werden kann, das man als Multiversum bezeichnet. Im Modell der selbstreproduzierenden ewigen Inflation können nicht nur verschiedene Universen mit unterschiedlichen Parametern existieren, sondern solche Bereiche auch in alle Ewigkeit immer wieder neu gebildet werden [9]. Die inflationären Bereiche dehnen sich nämlich schneller aus als die neu entstandenen thermalisierten Bereiche, die jeweils weitere, eigene Universen darstellen. Dadurch nimmt die Ausdehnung der inflationären Bereiche stets zu, und es können aus den inflationären Bereichen immer weitere Uni-

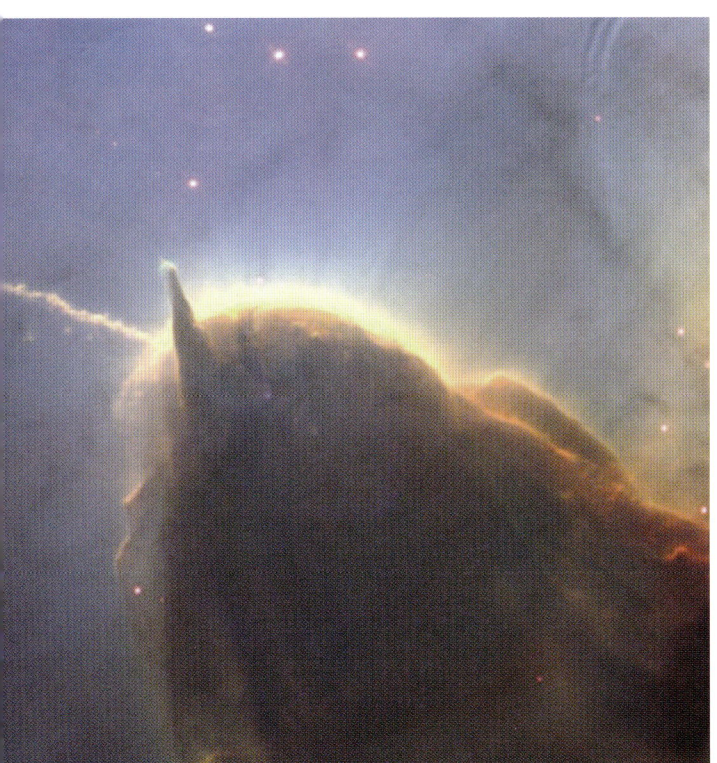

Abb. 6 *Im Tripel-Alpha-Prozess wird in Roten Riesen Kohlenstoff erzeugt. Dabei vereinigen sich zunächst zwei Heliumkerne zu einem Berylliumkern. Während der extrem kurzen Lebensdauer des Berylliumkerns muss ein dritter Heliumkern eingefangen werden, um einen Kohlenstoffkern zu bilden (ESPACE).*

Abb. 5 *Teil des Trifid-Nebels. In Wolken wie diesen können Sterne entstehen und vergehen. Dabei werden die interstellaren Wolken durch die in den Sternen erzeugten chemischen Elemente immer mehr angereichert (NASA).*

ABB. 7 | VARIATIONEN

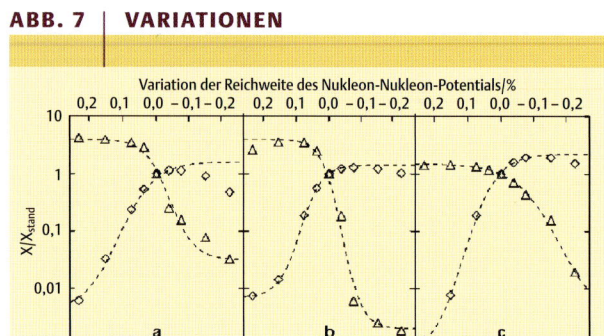

Die Änderung der Kohlenstoff- (△) und Sauerstoffhäufigkeiten (◊) X bei Variation der Stärke (obere Ordinate) und der Reichweite (untere Ordinate) des Nukleon-Nukleon-Potentials. Die Häufigkeitsänderungen für Sterne mit 20, 5 und 1,3 Sonnenmassen sind jeweils im linken, mittleren und rechten Teil der Abbildung dargestellt. Die Größe X_c bezeichnet die Standardwerte der Häufigkeiten ohne Variationen. Die strichlierten Kurven zeigen den allgemeinen Trend der Kohlenstoff- und Sauerstoffhäufigkeiten.

versen entstehen (Abbildung 8). Dadurch werden in alle Ewigkeit immer neue und damit unendlich viele Universen gebildet.

Im Fall eines Multiversums mit vielen unterschiedlichen Universen mit unterschiedlichen physikalischen, grundlegenden Parametern bietet unser Universum offensichtlich die Voraussetzung für Leben, während die meisten anderen Universen höchstwahrscheinlich steril in Bezug auf Leben sind. Das Konzept eines Multiversums ist höchst spekulativ und wird es möglicherweise auch bleiben, da die anderen Universen prinzipiell von uns nie beobachtet werden können. Diese Hypothese beinhaltet aber zumindest eine plausible Basis für anthropische Überlegungen. Denn so ergibt sich auf ganz natürlich Weise, dass unser Universum die richtige Feinabstimmung hat, um Leben hervorbringen zu können. Die überwiegende Zahl der anderen Universen wird nicht so beschaffen sein.

Früher wurden Physiker, die anthropische Fragestellungen untersuchten, oft misstrauisch von Kollegen betrachtet, weil nicht klar war, wo und wann solche veränderten physikalischen Parameter überhaupt realisiert sein könnten. In den letzten Jahren hat sich das jedoch unter anderem durch das Multiversum-Konzept geändert, und anthropische Überlegungen erhalten dadurch auch größere Anerkennung.

ABB. 8 | EWIGE INFLATION

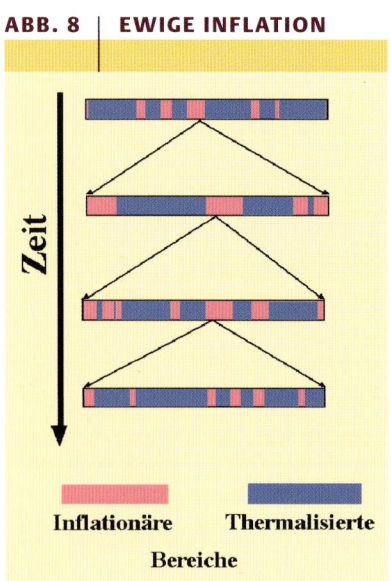

Die Entstehung von immer neuen Universen durch die ewige Inflation. Unser eigenes Universum entspricht einem einzigem der blauen Gebiete.

Konsequenzen jenseits der Physik

Anthropische Fragestellungen reichen naturgemäß bis hart an die Grenzen der Physik heran und öffnen damit das Fenster auch zu anderen Wissenschaftsdisziplinen wie den Geisteswissenschaften. Es gibt eine umfangreiche Literatur, in der anthropische Überlegungen und Auswirkungen auf andere Wissenschaftsdisziplinen behandelt und diskutiert wird. Vor allem in der Philosophie, aber auch in der Theologie sind anthropische Fragestellungen immer mehr im Zentrum des Interesses [10]. Die umfangreichen Untersuchungen und Abhandlungen des anthropischen Prinzips in anderen Wissenschaftsdisziplinen jenseits der Physik konnten in diesem Beitrag jedoch nicht behandelt werden.

Zusammenfassung

Es existieren in der modernen Physik mehrere eindrucksvolle Beispiele der Feinabstimmung des Kosmos für die Existenz von Leben. Diese sehr unwahrscheinliche Feinabstimmungen ließe sich durch die Existenz von unendlich vielen Universen (Multiversum) erklären. Darüber hinaus haben physikalische Untersuchungen der Feinabstimmung des Universums Konsequenzen für eine endgültige „Theorie für Alles" und sind zu einer wahren Fundgrube für Wissenschaftsdisziplinen sowohl in als auch jenseits der Physik geworden.

Der Autor dankt P. Gruber, T. Rauscher und H. Schlattl für ihre Durchsicht des Manuskripts.

Literatur

[1] J. Barrow, F. Tipler, The Anthropic Cosmological Principle, Clarendon Press, Oxford, 1986.
[2] M. Rees, Just Six Numbers, Phoenix Press, London, 2001.
[3] H. Oberhummer, A. Csótó, H. Schlattl, Science 2000, 289, 88.
[4] P. D. Ward, D. Brownlee, Unsere einsame Erde, Springer-Verlag, Berlin, 2001.
[5] C. Hogan, Rev. Mod. Phys. 2000, 72, 1149.
[6] H. Oberhummer, A. Csótó, H. Schlattl, Nucl. Phys. A 2001, 689, 269c.
[7] M. Tegmark, M. Rees, Astrophys. J. 1998, 499, 526.
[8] S. Weinberg, Phys. Rev. Lett. 1987, 59, 2607.
[9] A. H. Guth, arXiv.org/abs/astro-ph/0101507.

Der Autor

Heinz Oberhummer, geb. 1941, Studium der Physik und Promotion an der Univ. Graz, seit 1988 Professor an der TU Wien, Leiter der Arbeitsgruppe Nukleare Astrophysik; Gastforscher und Gastprofessor an zahlreichen Universitäten.

Anschrift: *Prof. Dr. Heinz Oberhummer, Atominstitut der Österreichischen Universitäten, Technische Universität Wien, Wiedner Hauptstr. 8-10, A-1040 Wien, Österreich. ohu@kph.tuwien.ac.at*

Kosmischer Crash

Die etwa 60 Millionen Lichtjahre entfernte Antennengalaxie ist eine der uns am nächsten gelegenen wechselwirkenden Galaxien. Dieser kosmische Crash von zwei Spiralgalaxien lässt sich daher besonders detailliert studieren. Während die Sterne diesen Vorgang unbeschadet überstehen, wird das interstellare Medium in Schockfronten verdichtet und verwirbelt. Hierbei entstehen unzählige neue Sterne. Die meisten bilden sich in großen Gruppen, die bis zu mehrere zehntausend Sterne umfassen können. Sie regen den umgebenden Wasser-stoff zu Emission an (pinkfarben). Die orange erscheinenden Sterne gehören zur älteren Generation, die bereits vor dem Zusammenstoß existierten.

Antimaterie – Spiegelbild oder Zerrbild

Alban Kellerbauer

Im Urknall entstanden anfangs gleiche Mengen von Materie und Antimaterie, doch heute dominiert gewöhnliche Materie das beobachtbare Universum. Die Ursache für diese Asymmetrie gehört zu den großen, ungelösten Rätseln der Physik. Experimente mit kalten Atomen aus Antimaterie könnten eine Antwort liefern. An ihrer Erzeugung im Labor arbeiten derzeit mehrere Forscherteams.

Vor über zehn Jahren gelang es der Gruppe von Walter Oelert erstmals, am Europäischen Kernforschungszentrum CERN in Genf Antiwasserstoff zu erzeugen. Seitdem arbeiten mehrere Teams daran, dieses einfachste Antimaterie-Atom möglichst effizient im Labor herzustellen. Den beiden Genfer Experimenten Athena (Abbildung 1) und Atrap, die ich später näher vorstelle, gelang das 2002 bis 2004 sehr erfolgreich. Allerdings fehlt bisher noch die Möglichkeit, die relativ heißen Antiwasserstoffatome nach ihrer Entstehung so weit abzukühlen und abzubremsen, dass sie für weitere Experimente speicherbar sind. Die Herstellung solch kalten Antiwasserstoffs ist nun das nächste Ziel der an diesen Experimenten beteiligten Physiker. Sobald Antiwasserstoff im Labor „handhabbar" geworden ist, lässt sich mit ihm eine der großen, ungelösten Fragen der Physik angehen: Warum gibt es in unserem Universum heute so gut wie keine Antimaterie?

Um diese Frage tiefer zu verstehen, schauen wir uns die Eigenschaften von Antimaterie näher an. Schon in den 1950er-Jahren beschrieb Wolfgang Pauli, wie sich Teilchen und Antiteilchen zueinander verhalten müssten [1]. Danach ergibt sich ein Antiteilchen, wenn man die mathematischen Operatoren C (Charge conjugation, Ladungsumkehr), P (Parität, Umkehr der Raumrichtungen) und T (Umkehr der Zeitkoordinate) in beliebiger Reihenfolge anwendet. Des Weiteren sind alle Gesetze der Physik invariant bezüglich der kombinierten CPT-Transformation. Demnach hätten Teilchen und deren Antiteilchen - höchstens von einem Vorzeichen abgesehen - exakt die gleichen grundlegenden Eigenschaften wie Masse, Ladung und Halbwertszeit. Dieses CPT-Theorem ist heute fester Bestandteil des Standardmo-

Wolfgang Pauli (1900 –1958), Nobelpreis für Physik 1945.

dells der Teilchenphysik. Abbildung 2 zeigt, wie die nacheinander ausgeführten Operationen Ladungsumkehr, Parität und Zeitumkehr ein Elektron in sein Antiteilchen, ein Positron, überführen.

Auch in unserer täglichen Erlebniswelt ist Antimaterie bei Weitem nicht so exotisch, wie sie auf den ersten Blick erscheinen mag. So entsteht zum Beispiel beim Betazerfall von neutronenarmen Atomkernen jeweils ein Positron. Solche Nuklide können künstlich hergestellt werden, kommen aber auch natürlich vor. Antiteilchen entstehen auch, wenn kosmische Strahlung, also hochenergetische Protonen und Atomkerne von fernen Sternen, auf die Erdatmosphäre trifft und dort mit Gasatomen wechselwirkt. Die dabei erzeugten Teilchenschauer bestehen aus elektromagnetischer Strahlung und Millionen oder sogar Milliarden von subatomaren Teilchen, viele davon aus Antimaterie.

Seltsames Ungleichgewicht

Nach unserem heutigen Verständnis von der Entstehung des Universums sind im Urknall, der vor etwa 13,7 Milliarden Jahren stattgefunden hat, neben Raum und Zeit auch die Elementarteilchen entstanden, die das Weltall bevölkern. Eine wichtige Untergruppe innerhalb der Teilchenarten stellen die Baryonen dar. Das sind Materieteilchen, die ausschließlich aus Quarks bestehen. Ihre aus Antiquarks zusammengesetzten Gegenstücke sind die Antibaryonen. Überraschenderweise ist im für uns beobachtbaren Teil des Universums heute nur noch gewöhnliche baryonische Materie in nennenswertem Umfang vorhanden [2]. Experimentelle Untersuchungen haben gezeigt, dass Antiprotonen zwar in durchaus messbaren Zahlen auf die Erdatmosphäre auftreffen. Das Verhältnis von Teilchen zu Antiteilchen beträgt etwa 10 000:1. Aus der Energieverteilung dieser Antiprotonen kann man jedoch schließen, dass es sich um sekundäre Teilchen handelt, die im interstellaren Medium unserer Milchstraße aus primärer kosmischer Strahlung entstehen. Davon unterscheiden muss man die Suche nach Kernen von Anti-Atomen. Diese können nicht aus primärer kosmischer Strahlung entstanden sein, sondern müssen einem Nukleosyntheseprozess (beispielsweise im Innern einer Antimaterie-Sonne) entstammen. Im Jahre 1998 flog das AMS-01-Experiment an Bord der Weltraumfähre Discovery zehn Tage lang in 400 Kilometern Höhe um die Erde und

Gebeimnisvoller Kosmos. Herausgegeben von Thomas Bührke und Roland Wengenmayr · Copyright © 2009 WILEY-VCH Verlag GmbH & Co. KGaA, Weinheim · ISBN: 3-527-40899-1

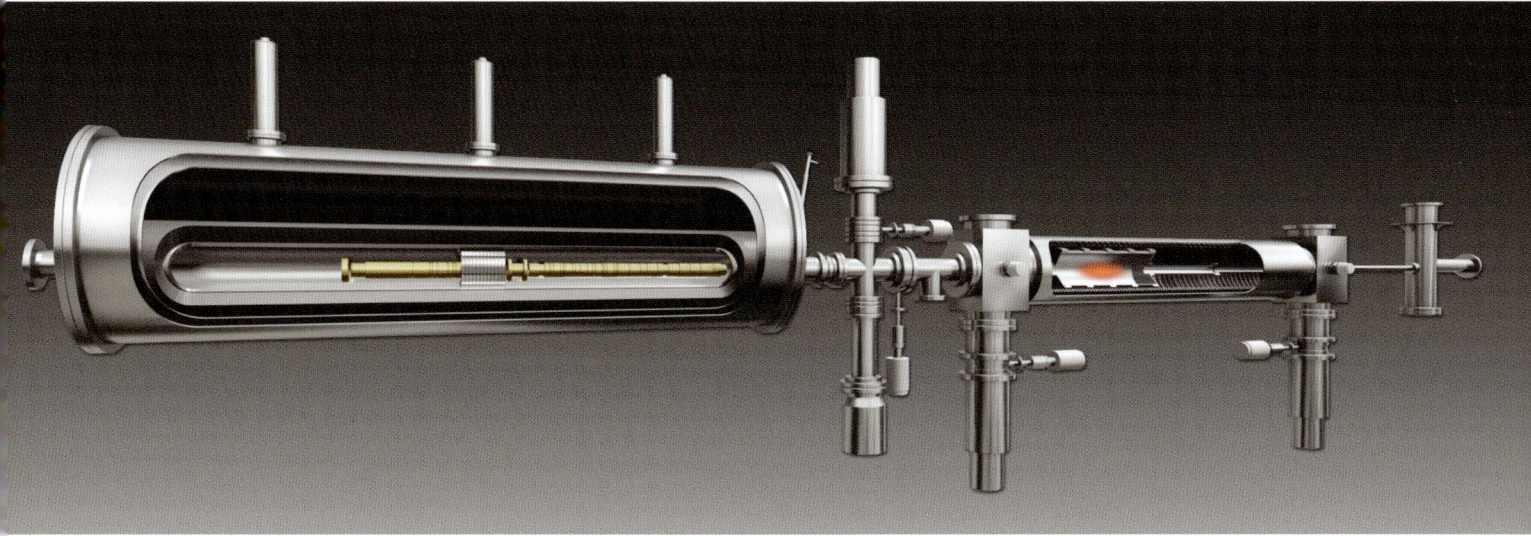

Abb. 1 *Antiwasserstoff-Experiment Athena. In dem aufgeschnittenen Gehäuse des supraleitenden Magneten links sind Penning-Falle und Detektor zu sehen. Rechts die Positronenquelle mit einer Wolke Positronen (rot) im Akkumulator. Insgesamt ist die Anlage etwa 7,50 m lang.*

registrierte schwere Atomkerne. Es wies mehrere Millionen Heliumkerne nach, aber keinen einzigen Antiheliumkern [3].

Für diese Beobachtung gibt es lediglich zwei Erklärungsansätze: Entweder es ist schon beim Urknall mehr Materie als Antimaterie entstanden, oder aber das Ungleichgewicht hat sich im Laufe der Expansion und Abkühlung des Universums herausgebildet. Die erste Möglichkeit wird wegen des Singularitätscharakters des Urknalls für nicht wahrscheinlich gehalten. Schauen wir uns also die Zweite genauer an.

Etwa 380 000 Jahre nach dem Urknall hatte sich das Universum ausreichend ausgedehnt und abgekühlt, um die Bildung von atomarem Wasserstoff zuzulassen. Doch schon zuvor hatte sich der größte Teil der ursprünglich erzeugten Teilchen und deren Antiteilchen wieder vernichtet, unter Aussendung von Lichtquanten. Nehmen wir nun an, dass die experimentell beobachtete Mikrowellen-Hintergrundstrahlung ausschließlich von diesem Vorgang herrührt. Dann können wir folgenden Asymmetrieparameter definieren:

$$\eta = \frac{n(B) - n(\bar{B})}{n(\gamma)},$$

$n(B)$ und $n(\bar{B})$ stellen die Dichten von Baryonen und Antibaryonen dar, $n(\gamma)$ die Photonendichte der Hintergrundstrahlung. Aus der Anzahl der Galaxien im beobachtbaren Universum und seiner Größe ergibt sich eine Baryonendichte von rund $4 \cdot 10^{-2}$ m^{-3}. Die Antibaryonendichte $n(\bar{B})$ ist verschwindend gering und hat für die Berechnung von η keine Bedeutung. Aus der Temperatur der Hintergrundstrahlung kann man eine Photonendichte von circa $4 \cdot 10^{8}$ m^{-3} errechnen. Damit ergibt sich ein Asymmetrieparameter im Bereich von 10^{-10}.

Wir können also annehmen, dass von jeweils 10 Milliarden im Urknall entstandenen Baryonen sich alle bis auf

eines mit einem Antiteilchen-Partner vernichtet haben. Aus dem restlichen winzigen Bruchteil haben sich die etwa 100 Milliarden beobachtbaren Galaxien und letztlich unser Sonnensystem herausgebildet. Es liegt nahe, die Gründe für diese folgenschwere Asymmetrie in einer Abweichung von der perfekten Entsprechung zwischen Materie und Antimaterie zu suchen.

Schon 1967 hat der russische Physiker und spätere Friedensnobelpreisträger Andrei Sacharow eine mögliche Erklärung für die Entstehung einer Baryonen-Asymmetrie aufgestellt [4]. Als notwendige Bedingungen müssten danach sowohl die C- und die CP-Symmetrie als auch die Erhaltung der Baryonenzahl verletzt sein. Außerdem muss es während der frühen Entstehungsgeschichte des Universums eine Epoche thermischen Ungleichgewichts gegeben haben. Im Laufe der Jahre ist eine große Zahl von mehr oder minder exotischen Modellen entwickelt worden, die ein Zusammentreffen dieser Voraussetzungen im frühen Universum produziert. Zwar ist in den 1960er-Jahren beim Zerfall der exotischen Kaonen – Teilchen, die ein „seltsames" Quark enthalten – tatsächlich eine CP-Verletzung beobachtet worden. Die Verletzung ist aber so schwach, dass die beste-

Andrei Sacharow (1921–1989), Friedensnobelpreis 1975.

ABB. 2 | CPT-THEOREM

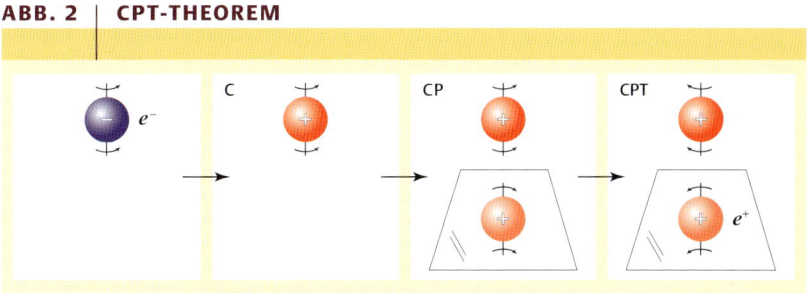

Von links nach rechts: Die Operationen Ladungsumkehr, Parität und Zeitumkehr überführen ein Elektron in ein Positron.

ABB. 3 | VERGLEICH TEILCHEN MIT ANTITEILCHEN

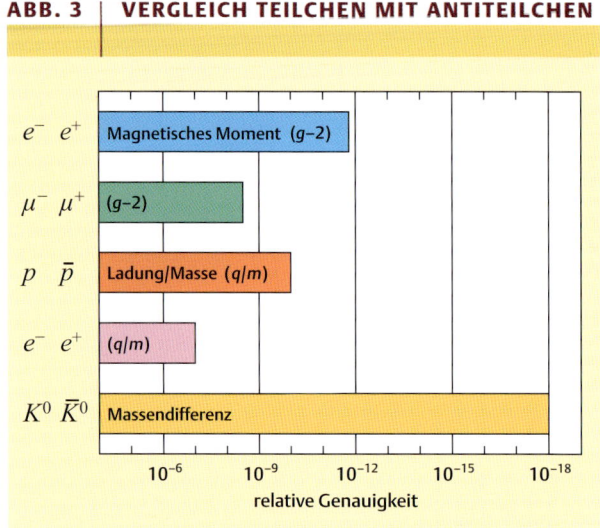

Die bis heute genauesten experimentellen Vergleiche der Eigenschaften von Elektronen, Myonen, Positronen und neutralen Kaonen mit ihren jeweiligen Antiteilchen, mit Angabe der relativen Genauigkeiten.

henden Modelle die beobachtete Baryonen-Asymmetrie nicht erklären können. Vor einigen Jahren ist jedoch erkannt worden, dass sich ein Baryonen-Überschuss auch lediglich aus einer Verletzung der CPT-Symmetrie und einer Nichterhaltung der Baryonenzahl ergeben könnte, und zwar zudem ohne die zusätzliche Bedingung des thermischen Ungleichgewichts [5]. Dieser Ansatz geht natürlich über die heutige Physik weit hinaus.

Die CPT-Symmetrie ergibt sich zwingend von selbst aus der Quantenfeldtheorie, der theoretischen Beschreibung der Elementarteilchen und deren Wechselwirkungen. Dazu müssen jedoch bestimmte Voraussetzungen erfüllt sein. Zu diesen Bedingungen zählen unter anderem eine flache Raum-Zeit-Struktur und die Punktförmigkeit von Elementarteilchen. Im Lichte jüngerer Entwicklungen in der theoretischen Teilchenphysik, wie der String-Theorie, werden solche bislang als selbstverständlich angesehenen Voraussetzungen aber zunehmend hinterfragt. Elementarteilchen können demnach als Vibrationen eines Fadens (String) beschrieben werden, aus deren Frequenz und Amplitude sich die Masse der Teilchen ergibt. Auf unvorstellbar kleinen Längenskalen könnten zudem zusätzliche räumliche Dimensionen existieren.

Solche Ab-initio-Ansätze können allerdings bislang keine Aussage über die Stärke einer möglichen CPT-Verletzung treffen. Sie können auch nicht vorhersagen, in welchen der grundlegenden Eigenschaften eines Teilchens sie sich ausdrücken würde. Die Gruppe um den theoretischen Physiker Alan Kostelecky hat eine Erweiterung zum Standardmodell (Standardmodell-Erweiterung, SME) entwickelt, die eine explizite, das heißt künstlich eingefügte, CPT-Verletzung enthält [6]. Auch in diesem Modell ist die Stärke der Verletzung zwar ein beliebiger Parameter. Es erlaubt jedoch in gewissen Grenzen eine Aussage darüber, in welchen

Eigenschaften die Asymmetrie bevorzugt zu Tage treten könnte.

Antimaterie-Studien

Auf der Suche nach einer Ursache für die Baryonen-Asymmetrie sind bereits einige sehr präzise Vergleiche zwischen einzelnen Eigenschaften von Teilchen und deren Antiteilchen durchgeführt worden. Abbildung 3 gibt einen Überblick über die bis heute erfolgten Messungen und deren relative Genauigkeiten. Daraus ist ersichtlich, dass sich die Messungen durchaus schon im Bereich einer möglichen Abweichung von etwa 10^{-10} bewegen. In die Ergebnisse gehen allerdings zum Teil auch theoretische Modelle ein, so dass es sich bei diesen Ungenauigkeiten nicht ausschließlich um experimentelle Obergrenzen für eine Abweichung handelt. Es muss auch betont werden, dass die Abwesenheit einer CPT-Verletzung in einer Eigenschaft eines Teilchens, zum Beispiel der Masse, keine Rückschlüsse auf die anderen Eigenschaften erlaubt.

Daher bleiben ähnliche hochpräzise Vergleichsmessungen weiterhin von großem Interesse, insbesondere wenn sie die bisher experimentell erreichte Genauigkeit noch steigern. Eine vielversprechende Vergleichsgröße ist die Frequenz des atomaren 1S-2S-Übergangs im (Anti-)Wasserstoff. Wegen seiner relativ langen mittleren Lebensdauer von 122 Millisekunden und der damit verbundenen sehr schmalen Linienbreite eignet sich der metastabile 2S-Zustand besonders gut für hochpräzise Messungen. Die Gruppe um Theodor Hänsch hat mit der Methode der Zwei-Photonen-Spektroskopie diesen Übergang am Wasserstoff mit einer relativen Ungenauigkeit von $2 \cdot 10^{-14}$ vermessen.

Diese Präzision macht die aus der Übergangsfrequenz berechnete Rydberg-Konstante zur am genauesten bekannten fundamentalen physikalischen Größe überhaupt. Es liegt nahe, dieses Experiment auch am Antiwasserstoffatom durchzuführen, sobald es im Labor dafür präpariert werden kann. Ein so hochpräziser Vergleich der atomaren Spektren von Wasserstoff und Antiwasserstoff könnte vielleicht einen Hinweis auf fundamentale Unterschiede zwischen Materie und Antimaterie ergeben.

Ein anderer Themenbereich, dem in den letzten Jahren verstärkt theoretische Arbeiten gewidmet wurden, ist die Wirkung der Schwerkraft auf Antimaterie. Die Schwerkraft ist die einzige der vier fundamentalen Wechselwirkungen, die sich bislang einer Vereinheitlichung zu einer „Weltformel" mit den anderen Kräften widersetzt. Es gibt Versuche, den bei den anderen Kräften erfolgreichen Formalismus einer Quantenfeldtheorie auch auf die Gravitation zu übertragen. Quantenfeldtheorien führen die Wechselwirkung zwischen Teilchen auf den Austausch virtueller Teilchen zurück. Bei der elektromagnetischen Wechselwirkung zum Beispiel sind das virtuelle Photonen.

In Quantengravitationstheorien übernimmt diesen Part das – hypothetische – Graviton. Da bisher ausschließlich eine anziehende Schwerkraft beobachtet wurde, schließen Theoretiker daraus, dass es sich beim Graviton um ein Austauschteilchen mit Spin 2 (Gravitensor) handeln muss. Dieses wäre in seiner Wirkung der Newtonschen Formulierung der Schwerkraft äquivalent, nach der die Gravitationswechselwirkung zwischen zwei Massen mit dem Quadrat ihrer Entfernung voneinander abnimmt.

Aber auch Austauschteilchen mit Spin 0 (Graviskalar) oder Spin 1 (Gravivektor) sind denkbar. Das skalare und tensorielle Graviton würden eine identische Wirkung auf Teilchen aus Antimaterie und aus Materie entfalten. Ein vektorielles Graviton würde dagegen auf Antimaterie eine abstoßende Kraft ausüben. Antimaterie fiele also in einem solchen Gravitationsfeld gleichsam „nach oben". Allerdings hätten solche nichtnewtonschen Anteile der Schwerkraft auch Auswirkungen auf normale Materie, allen voran eine Abweichung von ihrer quadratischen Abstandsabhängigkeit. Bis heute ergab jedoch kein Experiment – von hochempfindlichen Gravitationswaagen bis hin zu einer präzisen Vermessung von Planetenbahnen – auf den ihnen zugänglichen Längenskalen Hinweise auf eine solche Abweichung. Es gibt auch physikalische Argumente, warum zumindest ein starker vektorieller Anteil an der Schwerkraft nicht zu erwarten ist.

Es ist aber möglich, dass die Gravitation kleinere nichttensorielle Anteile hat – also auch eine geringe Menge an Gravitonen mit Spin 1 an der Wechselwirkung beteiligt sind. Solche Effekte wären aufgrund der entgegengesetzten Masse-„Ladung" von Antiteilchen in einem Antimaterie-Experiment besonders leicht beobachtbar.

Nun treten subatomare Antiteilchen sogar natürlich auf und sind im Labor leicht herstellbar. Warum sind dann Messungen zur Antimaterie-Gravitation nicht schon längst durchgeführt worden?

Die Antwort liegt in der relativen Schwäche der Schwerkraft verglichen mit den anderen fundamentalen Kräften. So ist zum Beispiel die Kopplungskonstante der elektromagnetischen Wechselwirkung um etwa 37 Größenordnungen größer als diejenige der Gravitation. Da die verfügbaren subatomaren Antiteilchen alle eine elektrische Ladung haben, hatten die in jedem Laborexperiment unvermeidlichen elektrischen und magnetischen Streufelder bislang stets eine erheblich stärkere Wirkung auf die Teilchen als die zu beobachtende Schwerkraft. Präzisionsexperimente waren also völlig undenkbar.

Anti-Atome im Labor

Erst neutrale Systeme wie das Antiwasserstoffatom, die sich aus mehreren geladenen Antiteilchen zusammensetzen, eröffnen die Möglichkeit, Gravitationsexperimente mit Antimaterie durchzuführen. Zur Bildung solcher gebundener Atome kann es kommen, wenn die einzelnen Bestandteile des Systems bei niedriger Energie wechselwirken. Beim Antiwasserstoff „rekombiniert" dabei ein Antiproton mit einem Antielektron (Positron). Während Positronen natürlich vorkommen, stellt die Herstellung von niederenergetischen Antiprotonen eine große Herausforderung dar. Derzeit gibt es weltweit nur eine „Antimateriefabrik", und zwar den

Antiprotonenverzögerer AD (Antiproton Decelerator) am CERN.

Am Vorgängerlabor des AD, dem Niederenergie-Antiprotonen-Ring Lear (Low-Energy Antiproton Ring), glückte 1995 zum ersten Mal die Herstellung von Antiwasserstoffatomen. Am PS210-Experiment unter der Leitung von Walter Oelert wurde ein Antiprotonenstrahl mit einem Strahl aus Atomclustern des Edelgases Xenon gekreuzt. Durch die Wechselwirkung der energiereichen Antiprotonen mit den Xenon-Kernen entstanden Positron-Elektron-Paare. In einigen wenigen Fällen bewegten sich ein Antiproton und ein Positron mit geringer Relativgeschwindigkeit parallel, so dass ein Antiwasserstoffatom entstehen konnte. Im Laufe mehrerer Tage konnte Oelerts Gruppe so insgesamt elf Antiwasserstoffatome herstellen [7]. Allerdings bewegten sich diese Antiatome mit 90 % der Lichtgeschwindigkeit. Deshalb waren sie für Messungen, die über den Nachweis ihrer kurzen Existenz hinausgingen, unbrauchbar.

Diese Beschränkung ist nun am AD überwunden worden. Dort wird etwa vierzigmal pro Stunde ein dickes Metalltarget mit 10^{13} Protonen beschossen, die zuvor auf eine Energie von 26 GeV beschleunigt wurden. Durch Wechselwirkung mit den Atomkernen des Targets entstehen neben anderen subatomaren Teilchen Paare von Protonen und Antiprotonen. Dabei werden jeweils etwa eine Million Protonen zur Herstellung eines einzigen Antiproton-Proton-Paares benötigt. Die Antiprotonen werden durch einen Massenfilter ausgewählt und in einen Speicherring mit einem Umfang von 190 m eingeschossen.

Dieser Ring soll nun die Energie der Antiprotonen um einen Faktor 700 verringern und dabei möglichst wenige von ihnen verlieren. Der AD verwendet für die Verzögerung die gleiche Technik, wie sie normalerweise in Teilchenbeschleunigern zum Einsatz kommt, allerdings mit umgekehrt gepolten Potentialen. Das Herzstück der Apparatur ist eine Hochfrequenz-Kavität, an der an einer Reihe von Spalten in der Strahlführung eine Wechselspannung anliegt. Sie ist so gesteuert, dass die durchfliegenden negativen Teilchen immer ein negatives Potential spüren und so in jeder Spalte abgebremst werden.

Am Ende eines etwa 90 s währenden Verzögerungszyklus' haben die Antiprotonen eine Energie von etwa 5 MeV erreicht. Jetzt können sie zu einem der Experimente ausgeschossen werden, die im Inneren des Rings installiert sind. Zwei dieser Experimente haben sich die Produktion von kaltem Antiwasserstoff auf die Fahnen geschrieben: Die konkurrierenden Gruppen Atrap unter der Leitung von Gerald Gabrielse und Athena, zunächst unter der Leitung von Rolf Landua, später von Alberto Rotondi.

Abbildung 1 zeigt einen Überblick über die gesamte Apparatur des Athena-Experiments. Beiden Experimenten gemein ist ihr Kernstück, eine Penning-Falle zum Einschluss der geladenen Teilchen (Abbildung 4) [8]. Auch Positronen werden von beiden Gruppen auf die gleiche Weise erzeugt. In einer intensiven radioaktiven Quelle zerfällt das Nuklid Natrium-22 durch Betazerfall. Sie emittiert stetig Positronen

ABB. 4 | PENNING-FALLE

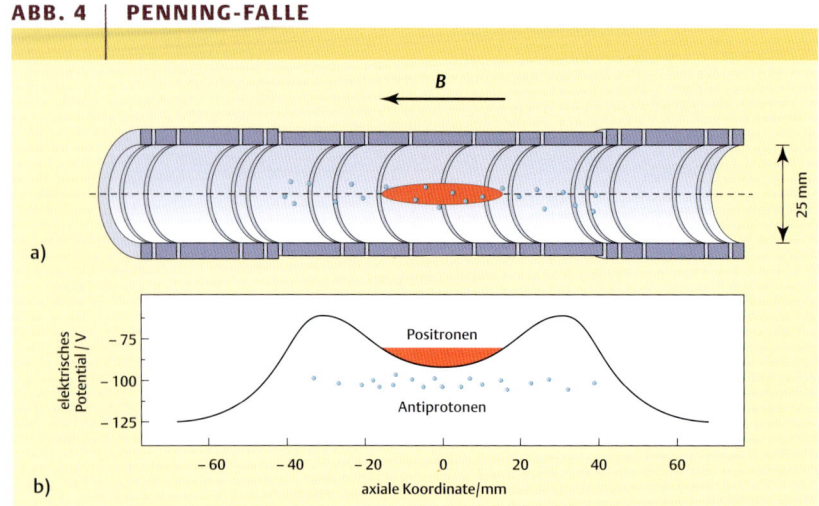

a)

b)

Speichern geladener Teilchen: a) Schnittbild einer zylindrischen Penning-Falle. Durch statische elektrische und magnetische Felder werden geladene Teilchen in allen Raumrichtungen eingeschlossen. b) Ein geschachteltes elektrisches Potential erlaubt es, sowohl negative als auch positive Teilchen gleichzeitig in der Penning-Falle einzuschließen.

mit hoher Energie. Diese werden in einem Moderator abgebremst und in einer großen Penning-Falle gesammelt, während die Antiprotonen noch im Ring umlaufen.

Selbst nach dem intensiven Verzögerungsprogramm im AD-Ring haben die Antiprotonen noch eine zu hohe Energie, um in einer Penning-Falle eingefangen zu werden. Daher ist am Eingang zur Falle eine dünne Metallfolie angebracht, die die Bewegungsenergie der Antiprotonen nochmals um einen Faktor 1000 reduziert. Leider ist dieser letzte Abbremsschritt sehr verlustreich: Von etwa 10^7 ausgeschossenen Antiprotonen bleiben nur noch etwa 10^4 übrig. Diese können nun aber sehr effizient in der Penning-Falle eingeschlossen und gespeichert werden. Die Atrap-Gruppe hat es sogar geschafft, im Laufe etwa einer Stunde mehr als 30 Antiprotonenpulse vom AD ohne nennenswerte Verluste in die gleiche Falle zu laden.

Rekombination

Abbildung 4 illustriert, wie geladene Teilchen in einer Penning-Falle beliebig lange gespeichert werden können. Wie kann man nun die entgegengesetzt geladenen Antiprotonen und Positronen in einer solchen Falle zusammenbringen? Die Lösung liegt in einer raffinierten Anordnung der elektrischen Potentiale, die Gerald Gabrielse 1988 entwickelt hat [9]. Dazu wird ein geschachteltes Potential in Form des Buchstabens „M" erzeugt (Abbildung 4b). Dieses hält die positiv geladenen Positronen im zentralen Wall gefangen, während die negativ geladenen Antiprotonen von den seitlichen Wänden des Potentials eingeschlossen werden.

Zunächst müssen nun die Positronen abgekühlt werden. Dazu nutzen wir eine interessante Eigenschaft der Penning-Falle: Die leichten Positronen folgen in deren starkem Magnetfeld Kreisbahnen mit einer sehr hohen Rotations-

frequenz im Bereich von 100 GHz. Das beschleunigt sie kräftig, und sie strahlen einen Teil ihrer Bewegungsenergie als elektromagnetische Strahlung ab. So kühlen sie in weniger als einer Sekunde auf das Temperaturniveau der Falle ab, die durch flüssiges Helium auf etwa 4 K gehalten wird.

Wenn die kalten Positronen im geschachtelten Potential vorbereitet sind, werden nun die heißen Antiprotonen in die Falle eingeschossen. Sie reflektieren zwischen den äußeren Potentialwänden hin und her und laufen dabei jedes Mal durch die Positronenwolke. Stöße mit den kalten Positronen kühlen die Antiprotonen auf die Fallentemperatur ab. Nach etwa einer Zehntelsekunde hat ein Großteil der Teilchen dieselbe Temperatur erreicht und die Rekombination kann einsetzen. Mit dieser Technik gelang 2002 zunächst Athena und kurz darauf auch Atrap erstmals die Produktion von kaltem Antiwasserstoff [10, 11].

Wie gewonnen, so zerronnen

Das magnetische und das elektrische Feld der Penning-Falle wirken nur auf elektrisch geladene Teilchen. Sobald sich ein neutrales Antiwasserstoffatom bildet, bewegt es sich ab diesem Zeitpunkt völlig unbeeinflusst von den Feldern auf einer geraden Flugbahn weiter. Zwangsläufig trifft es nach einigen Mikrosekunden auf eine der Fallenelektroden auf. Der Verlust des eben erst entstandenen Antiwasserstoffs mag bedauerlich sein. Er ist aber für den Nachweis wichtig, dass in den beiden AD-Experimenten wirklich gebundene Anti-Atome entstanden sind.

Wenn ein Antiwasserstoffatom auf ein gewöhnliches Atom an der Elektrodenoberfläche trifft, setzt ein Prozess ein, dessen Signatur unverwechselbar ist. Zunächst annihiliert das Positron des Antiwasserstoffatoms mit einem Elektron aus der Hülle eines Atoms der Fallenelektrode. Das nun wieder nackte Antiproton trifft kurz danach auf einen

ABB. 5 | ANTIWASSERSTOFF-DETEKTOR

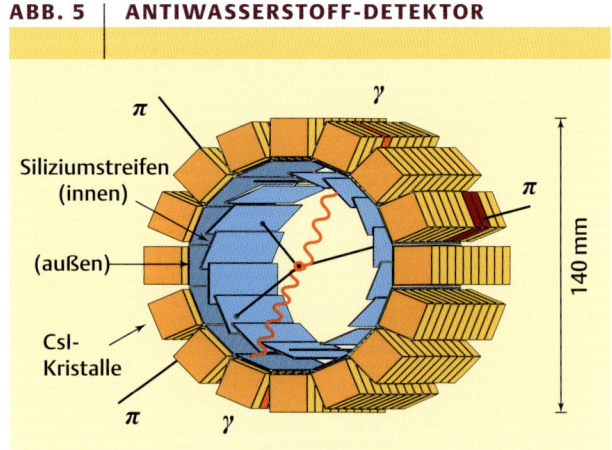

Der Detektor von Athena umschließt die (hier nicht gezeigte) Penning-Falle. Mehr als 8000 Siliziumstreifen-Detektoren (blau) registrieren geladene Pionen. Die 192 Cäsiumiodid-Szintillatoren (gelb) messen die Energie von Photonen.

Atomkern des Elektrodenmaterials und annihiliert mit einem Neutron oder Proton. Beim Nachweis des charakteristischen Signals dieser doppelten Annihilation hatte die Athena-Gruppe dank ihres raffinierteren Detektors die Nase vorn. Trotz seiner Komplexität hätte er in einem Schuhkarton Platz (Abbildung 5). Die Stärke der Nachweismethode liegt in der Möglichkeit, alle Detektordaten räumlich und zeitlich zu korrelieren und zu einem Gesamtbild zusammenzufügen.

Zwar lässt sich nur ein kleiner Anteil aller Ereignisse komplett rekonstruieren. Detaillierte Simulationen erlauben es aber, aus den beobachteten Parametern mit hoher Genauigkeit auf die Anzahl der tatsächlich erzeugten Antiwasserstoffatome rückzuschließen. Daraus ergibt sich, dass Athena zwischen 2002 und 2003 aus ungefähr 8 Millionen Antiprotonen insgesamt etwa 1,25 Millionen Antiwasserstoffatome erzeugt hat.

Viele Wege zum gleichen Ziel

Man kann leicht einsehen, dass die Bildung eines gebundenen Systems aus zwei aufeinander prallenden Teilchen nicht gleichzeitig Energie und Impuls erhalten kann. Deshalb braucht die Rekombination von (Anti-)Wasserstoff immer noch einen dritten Reaktionspartner. Dieser kann ein Photon sein, das vom Atom ausgesandt wird. Oder er ist ein weiteres Positron, das durch einen Stoß den nötigen Impuls aufnimmt und danach den Wechselwirkungsbereich des neu gebildeten Atoms wieder verlässt. Der erste Prozess heißt Strahlungs-Rekombination (Abbildung 6a), der zweite Dreikörper-Rekombination (Abbildung 6b).

Welcher dieser beiden Rekombinations-Mechanismen vorrangig für die beobachtete Erzeugung des Antiwasserstoffs verantwortlich ist, ist nicht nur eine akademische Frage. Die beiden Prozesse stellen nämlich Anti-Atome mit sehr unterschiedlichen Eigenschaften her. Das kann für die weitere Verwendung in Präzisionsmessungen von großer Bedeutung sein. Theoretisch entstehen bei der Strahlungs-Rekombination vornehmlich Anti-Atome, die sich in niedrig angeregten Zuständen oder im Grundzustand befinden, während bei der Dreikörper-Rekombination in erster Linie höher angeregte Zustände bevölkert werden. Außerdem zeigen die Produktionsraten der beiden Mechanismen unterschiedliche Abhängigkeiten von der Temperatur und Dichte der beteiligten Positronen. Die Experimente mit Athena konnten bislang nicht abschließend klären, welcher der beiden Rekombinationsprozesse bei ihnen dominiert. Die meisten Argumente sprechen bisher jedoch dafür, dass der Antiwasserstoff in erster Linie durch Dreikörperstöße entsteht.

Ein Käfig für kalte Atome

Die bisherigen Antiwasserstoff-Experimente waren speziell für die Herstellung von kaltem Antiwasserstoff und dessen destruktiven Nachweis konzipiert. Sobald Anti-Atome entstanden, verließen sie die Ionenfalle und waren für weitere Messungen verloren. Der nächste logische Schritt auf dem

Weg zu Präzisionsmessungen ist die Suche nach einer Möglichkeit, den entstandenen Antiwasserstoff zu speichern und eine ausreichende Zahl von Atomen anzusammeln. Ideal wäre die in der Atomphysik äußerst erfolgreiche Methode des Laserkühlens, bei der Atomen durch die gerichtete Absorption von Photonen ein bremsender Impuls übertragen wird. Leider macht die extrem kurze Wellenlänge des 1S-2P-

ABB. 6 | REKOMBINATION VON ANTIWASSERSTOFF

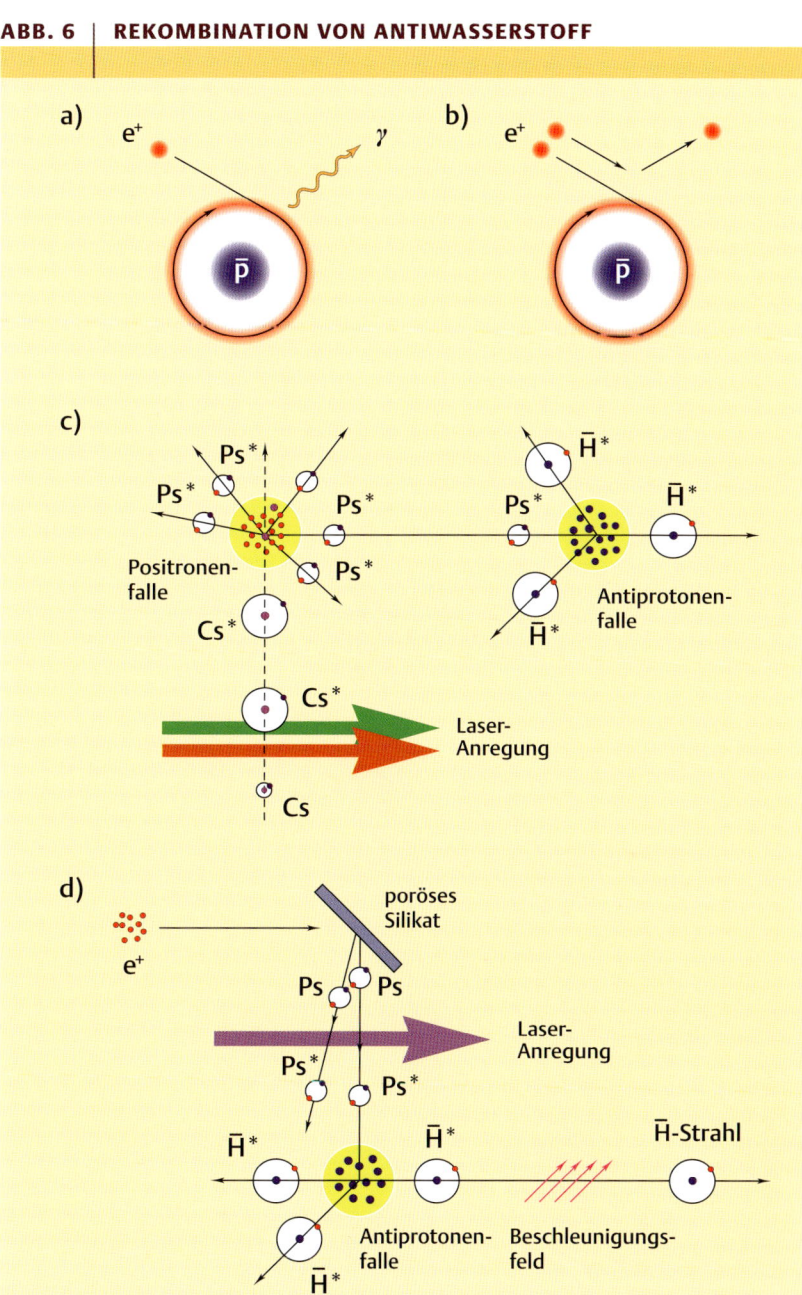

Prozesse zur Bildung von Antiwasserstoff H̄: a) Bei der Strahlungs-Rekombination ist ein Photon als Partner beteiligt, b) bei der Dreikörper-Rekombination ein weiteres Positron. c) Mehrstufiger resonanter Ladungsaustausch von Cäsium-Atomen mit Positronen und Antiprotonen, d) Erzeugung von Rydberg-Positronium in einer porösen Oberfläche und anschließender resonanter Ladungsaustausch mit Antiprotonen.

ABB. 7 | SPEICHER FÜR ANTIWASSERSTOFF

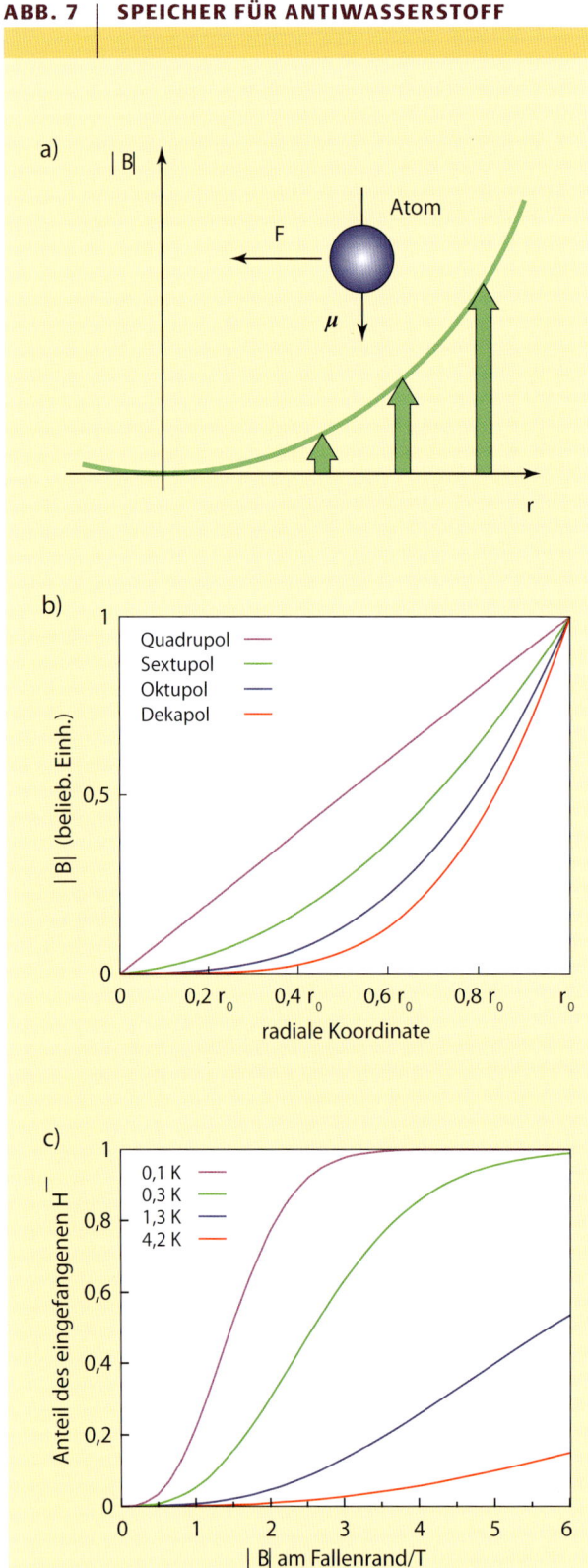

Magnetische Multipolfalle: a) Kraft auf das magnetische Moment eines Atoms im inhomogenen Magnetfeld, b) Betrag des Magnetfeldes für radiale magnetische Multipolfallen unterschiedlicher Ordnung, c) Anteil der eingeschlossenen Atome als Funktion ihrer Temperatur.

Übergangs in (Anti-)Wasserstoff von 121,6 nm einen Strich durch diese Rechnung. Dafür stehen noch keine ausreichend leistungsfähigen Dauerstrichlaser zur Verfügung.

Stattdessen lässt sich ein anderer Effekt nutzen: Statische elektrische oder magnetische Felder haben zwar keine Wirkung auf neutrale Teilchen, ihre Gradienten üben jedoch Kräfte auf das elektrische oder das magnetische Moment von Atomen aus. Das Potential eines Atoms mit dem magnetischen Moment μ in einem Magnetfeld B beträgt

$$U = -\mu B,$$

so dass Atome je nach Ausrichtung des magnetischen Moments eine Kraft hin zum Minimum oder zum Maximum des Magnetfeldes erfahren (Abbildung 7a). Für unsere experimentellen Zwecke suchen wir eine Magnetfeldkonfiguration, die in radialer Richtung gesehen ein Minimum auf der Fallenachse hat. Das bieten uns radiale Multipolfallen, die einen Magnetfeldverlauf der Form

$$B(r) = k_s r^{(s-1)}$$

aufweisen. Dabei steht s für die Ordnung des Multipols (Quadrupol: $s = 2$, Sextupol: $s = 3$ usw.), k_s ist eine von s abhängige Konstante. Abbildung 7b zeigt diesen Verlauf für die ersten vier Ordnungen. Dabei ist k_s jeweils so gewählt, dass das Magnetfeld an den Fallenelektroden den gleichen Betrag hat.

Die Bedingungen für den Einschluss der geladenen Teilchen, also der Positronen und Antiprotonen, und des entstandenen neutralen Antiwasserstoffs kann man nun gleichzeitig erreichen. Dazu überlagert man ein solches Multipolfeld dem Solenoidmagneten, der für das homogene Magnetfeld der Penning-Falle sorgt. Allerdings schafft eine solche Multipolfalle auch ein neues Problem: Sie zerstört die zylindrische Symmetrie der Penning-Falle, was die Stabilität der Positronenwolke gefährdet. Diese bildet wegen ihrer hohen Dichte und Teilchenzahl ein Plasma, das mit hoher Geschwindigkeit um die eigene Achse rotiert. Abbildung 7b zeigt, dass Magnetfelder höherer Ordnung in der Nähe der Fallenmitte sanfter ansteigen, was einen geringen Einfluss auf die Positronen erwarten lässt. Tatsächlich haben Messungen ergeben, dass eine Quadrupolfalle die Plasmastabilität vollständig zerstört, während eine Sextupolfalle ein Elektronenplasma mehrere Minuten lang ohne Verluste speichern kann [12].

In der Näherung eines idealen Gases kann man berechnen, welchen Anteil der erzeugten Anti-Atome eine magnetische Multipolfalle in Abhängigkeit von ihrer Temperatur einfangen kann. Abbildung 7c zeigt diese Größe für verschiedene Temperaturen. In ihr ist noch nicht berücksichtigt, dass höchstens die Hälfte aller Anti-Atome eine Kraft hin zum Zentrum der Falle erfahren. Nach jüngsten Berechnungen liegt dieser Anteil sogar deutlich unter 50 %. Aus supraleitenden Spulen kann man heute Multipolmagneten mit Feldstärken von etwa 1 T herstellen. Dies entspricht bei einem Solenoidalfeld von 6 T einer Fallentiefe von etwa 0,1 T. Damit kann man bei einer Erzeugungstemperatur von 4 K eine Einfangeffizienz im Promillebereich erwarten.

Allerdings haben Messungen von Atrap und Athena gezeigt, dass die Antiwasserstoff-Atome mit viel höherer Temperatur erzeugt werden, als es die auf 4 K gekühlte Falle erwarten ließ. Vermutlich setzt die Rekombination schon ein, bevor die Antiprotonen von den Positronen vollständig auf die Fallentemperatur von 4 K abgekühlt sind. Die Antiprotonen haben eine fast zweitausend Mal größere Masse als die Positronen und bestimmen deshalb die Temperatur der erzeugten Anti-Atome.

Neben der Technik der verschachtelten Potentiale hat Atrap auch noch eine weitere Methode zur Antiwasserstofferzeugung entwickelt, die dieses Problem umgeht. Sie basiert auf dem mehrfachen resonanten Ladungsaustausch zwischen Cäsiumatomen, Positronen und schließlich Antiprotonen (Abbildung 6c) [13]. Da bei dieser Technik die Antiprotonen schon vor der Rekombination auf die Fallentemperatur abgekühlt werden, können wir erwarten, dass Antiwasserstoff mit dieser niedrigen Temperatur entsteht. Leider ist diese Methode noch sehr ineffizient, so dass insgesamt erst einige wenige Anti-Atome auf diese Weise erzeugt werden konnten.

Perspektiven für die Zukunft

Im Jahr 2005 mussten die CERN-Beschleuniger eine Zwangspause einlegen, da sämtliche Kapazitäten für die Fertigstellung des neuen Teilchenbeschleunigers LHC benötigt wurden, der im Herbst 2008 in Betrieb gegangen ist. So hatten auch die Teams der AD-Experimente Gelegenheit, über zukünftige Strategien nachzudenken. Zwei Nachfolgegruppen der Athena- und der Atrap-Kollaboration wollen mit verschiedenen Techniken versuchen, Antiwasserstoff in einer magnetischen Falle einzuschließen. Falls dies gelingt, ist ihr Fernziel die Laserspektroskopie am 1S-2S-Übergang des Antiwasserstoffs.

Einen gänzlich anderen Weg schlägt die neu gebildete Aegis-Kollaboration ein. Anstatt Antiwasserstoff zu speichern, will sie einen Strahl aus Antiwasserstoff-Atomen herstellen und mit ihm direkt Experimente durchführen. Dazu wählt sie eine Produktionsmethode, die als Zwischenschritt hoch angeregtes Positronium erzeugt. Positronium ist das wasserstoffähnliche gebundene System aus einem Elektron und einem Positron. Aufgrund seiner starken Anregung hat es eine große Angriffsfläche. Dadurch erhöht sich die Wahrscheinlichkeit, dass bei der Wechselwirkung des Positroniums mit einer Wolke kalter Antiprotonen durch Ladungsaustausch Antiwasserstoff entsteht. Dieser befindet sich wegen der Energieerhaltung ebenfalls in hochangeregten Zuständen (Abbildung 6d). Solche Rydberg-Zustände reagieren sehr empfindlich auf elektrische Feldgradienten, dadurch kann so erzeugter Antiwasserstoff präzise abgebremst oder beschleunigt werden.

Mit dieser Technik will die Aegis-Gruppe einen kollimierten Strahl aus Antiwasserstoff erzeugen. Ihr Ziel ist die Untersuchung der Antimaterie-Gravitation. Der einfachste Ansatz zu einer Bestimmung der Gravitationskonstante mit Anti-Atomen ist die Beobachtung eines horizontalen Teilchenstrahls über eine gewisse Flugstrecke. Simulationen haben ergeben, dass schon das einfache Ausmessen der Fallhöhe eines Antimateriestrahls über eine 2 m lange Strecke eine auf 10 % genaue Messung der Gravitationskonstante für Antimaterie erlauben würde. Es sind noch andere Techniken mit Antiwasserstoffstrahlen in Diskussion, die sich die Welleneigenschaft von Teilchen zunutze machen und die einen noch viel genaueren Wert liefern könnten.

Zusammenfassung

Obwohl im Urknall gleiche Mengen von Antimaterie und Materie entstanden sind, überwiegt letztere heute im beobachtbaren Universum. Die Ursache für diese Asymmetrie gehört zu den ungelösten Rätseln der Physik. Der Grund könnte darin liegen, dass Antimaterie kein absolut perfektes Spiegelbild der Materie ist. Um Antimaterie daraufhin zu untersuchen, muss sie im Labor zur Verfügung stehen. Die Erzeugung von Antiwasserstoff-Atomen im Labor gelingt seit 1995 erfolgreich am CERN. Doch bislang waren sie zu heiß, um sie zwischenspeichern und mit ihnen weiter experimentieren zu können. Dieses Ziel verfolgen derzeit mehrere Gruppen am CERN.

Literatur

[1] W. Pauli (Hrsg.), Niels Bohr and the development of physics, New York, McGraw-Hill 1955.

[2] E. W. Kolb, M. S. Turner, The Early Universe, Addison-Wesley 1990.

[3] M. Aguilar, Phys. Rep. **2002**, *366*, 354.

[4] A. D. Sakharov, Sov. Phys. JETP **1967**, *5*, 24.

[5] O. Bertolami et al., Phys. Lett. B **1997**, *395*, 178.

[6] R. Bluhm et al., Phys. Rev. D **1998**, *57*, 3932.

[7] G. Baur et al., Phys. Lett. B **1996**, *368*, 251.

[8] L. S. Brown, G. Gabrielse, Rev. Mod. Phys. **1986**, *58*, 233.

[9] G. Gabrielse et al., Phys. Lett. A **1988**, *129*, 38.

[10] M. Amoretti et al., Nature **2002**, *419*, 456.

[11] G. Gabrielse et al., Phys. Rev. Lett. **2002**, *89*, 213401.

[12] M. Amoretti et al., Phys. Lett. A **2006**, *360*, 141.

[13] C. H. Storry et al., Phys. Rev. Lett. **2004**, *93*, 263401.

Der Autor

Alban Kellerbauer, Studium der Physik in Stuttgart und an der McGill-Universität in Montréal (Kanada). Promotion 2002 in Heidelberg. Danach zunächst Postdoc am Experiment Isolde (CERN), dann 2003-2005 CERN-Fellow am Athena-Experiment. Seit 2006 Leiter der Emmy-Noether-Forschungsgruppe „Präzisionsexperimente mit gespeicherten Ionen und Antimaterie" am Max-Planck-Institut für Kernphysik in Heidelberg.

Anschrift

Dr. Alban Kellerbauer, Max-Planck-Institut für Kernphysik, Postfach 103980, D-69029 Heidelberg. a.kellerbauer@mpi-hd.mpg.de

Auf der Spur des künstlichen Urknalls

VOLKER ECKARDT | NORBERT SCHMITZ | PETER SEYBOTH

Schießt ein Beschleuniger schwere Atomkerne mit hoher Energie aufeinander, dann könnte sich die Kernmaterie in quasi-freie Quarks und Gluonen auflösen. Nach heutigen Vorstellungen bestand der Kosmos kurz nach dem Urknall aus einem solchen Quark-Gluon-Plasma. Am CERN und am Brookhaven National Laboratory ist es sehr wahrscheinlich schon künstlich erzeugt worden. Eine Spurensuche.

Seit Mitte der 1980er-Jahre führen große internationale Kollaborationen von Teilchen- und Kernphysikern am Super-Proton-Synchrotron (SPS) des CERN in Genf Experimente zur hochenergetischen Schwer-Ionen-Physik durch, seit 2000 auch am Relativistic Heavy Ion Collider (RHIC) des Brookhaven National Laboratory (BNL) auf Long Island (USA). In ihnen werden schwere Atomkerne (Ionen) auf die zurzeit höchsten mit Teilchenbeschleunigern erreichbaren Energien beschleunigt und treffen dann mit fast Lichtgeschwindigkeit aufeinander.

In einer solchen heftigen Kollision zweier Kerne entsteht für kurze Zeit, etwa 10^{-23} s, innerhalb eines kleinen Volumens von der ungefähren Größe eines schweren Atomkerns (Radius etwa 10 fm) sehr heiße, hoch verdichtete Materie. Sie wird anschaulich „Feuerball" genannt und ist in unserer normalen Umwelt nicht anzutreffen. Die Experimentatoren haben das Ziel, Kernmaterie unter diesen extremen Bedingungen von Temperatur (T) und Dichte (ρ) zu erforschen. Dabei wollen sie vor allem einen neuen, bisher nicht beobachtbaren Materiezustand entdecken und näher untersuchen: das Quark-Gluon-Plasma. Zudem möchten sie auch die Dynamik und den räumlich-zeitlichen Ablauf von hochenergetischen Kern-Kern-Kollisionen kennen lernen.

An zweien dieser Experimente, dem NA49-Experiment am SPS und dem STAR-Experiment am RHIC, sind die Autoren dieses Artikels beteiligt. NA49 steht dabei für Experiment Nr. 49 in der „North Area" des SPS, STAR bedeutet Solenoidal Tracker At Rhic.

Was ist ein Quark-Gluon-Plasma?

Bekanntlich bestehen Atomkerne (Kernmaterie) aus Nukleonen, also aus Protonen (p) und Neutronen (n), die zusammen mit den Hyperonen (Λ, Σ, Ξ, Ω) die Klasse der Baryonen darstellen. Diese bilden gemeinsam mit den Mesonen, zum Beispiel dem Pion (π) und dem Kaon (K), die große Teilchenfamilie der Hadronen. Hadronen ihrerseits sind keine Elementarteilchen im strengen Sinne. Sie bestehen aus punktförmigen Quarks (q), Anti-Quarks ($\bar{q}$) und Gluonen (g), die zusammen Partonen genannt werden.

„Farbkräfte" halten die Quarks und Antiquarks in einem Hadron zusammen. Diese Kräfte werden von den Gluonen („Leimteilchen") übertragen. Nach der Quantenchromodynamik (QCD), der Quantenfeldtheorie der starken Wechselwirkung von Quarks und Gluonen, sind diese Kräfte so

ABB. 1 | ÜBERGANG ZUM QUARK-GLUON-PLASMA

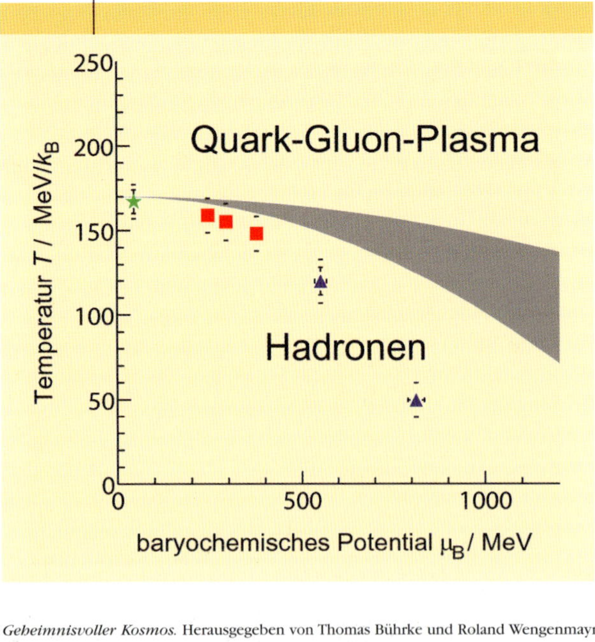

< *Phasendiagramm des Übergangs von hadronischer Materie zum Quark-Gluon-Plasma, graue Fläche: Unsicherheit aus den QCD-Gitterrechnungen. Experimentelle Resultate: ★ RHIC, ■ SPS, ▲ AGS und SIS [5]. SIS: Schwerionen-Synchrotron, GSI Darmstadt.*

> **Abb. 2** *Zentrale Kollision zweier Goldkerne im STAR-Detektor am RHIC bei $\sqrt{s_{NN}}$ = 200 GeV. Das Computerbild zeigt die rekonstruierten Spuren der dabei erzeugten Teilchen, projiziert auf die Ebene senkrecht zur Strahlrichtung. Die zwölf dunklen Radien markieren spurenunempfindliche Bereiche des Detektors.*

Geheimnisvoller Kosmos. Herausgegeben von Thomas Bührke und Roland Wengenmayr · Copyright © 2009 WILEY-VCH Verlag GmbH & Co. KGaA, Weinheim · ISBN: 3-527-40899-1

beschaffen, dass einzelne freie, ungebundene Quarks und Antiquarks normalerweise nicht auftreten können. Diese Einkerkerung der Quarks und Antiquarks in einem Hadron, zum Beispiel einem Nukleon, bezeichnet man als Quarkeinschluss (Confinement). Tabelle 1 gibt eine Übersicht über die fundamentalen Teilchen des heutigen Standardmodells der Teilchenphysik, zu denen auch die sechs Quarkarten und die Gluonen gehören.

Die Situation ändert sich, wenn ein genügend großes System von Hadronen, zum Beispiel Kernmaterie, in einer energiereichen Kollision zweier Kerne hinreichend stark erhitzt und komprimiert wird. Nach der QCD sollte dann beim Erreichen einer kritischen Temperatur T_c und Energiedichte ε_c ein Phasenübergang von hadronischer zu partonischer Materie stattfinden, vergleichbar dem Phasenübergang von fest zu flüssig. Dabei wird der Einschluss der Quarks und Antiquarks aufgehoben (Deconfinement). Die Nukleonen verlieren ihre individuelle Stabilität, sie lösen sich auf, „schmelzen" sozusagen. So entsteht ein heißes, dichtes Plasma aus quasi freien, miteinander wechselwir-

kenden Quarks und Antiquarks und Gluonen, das Quark-Gluon-Plasma (QGP) [1].

Auf der Erde kommt unter natürlichen Bedingungen ein solcher QGP-Zustand der Materie nicht vor. Nach der modernen Kosmologie befand sich jedoch das ganze Universum unmittelbar nach dem Urknall für einige Mikrosekunden in diesem Zustand, als es noch sehr klein, heiß und dicht war. Deshalb ist es auch für die Kosmologie interessant, dieses heiße QGP im Labor zu erforschen.

Im Innern von Neutronensternen (z. B. Pulsaren) herrschen nach theoretischen Überlegungen extrem hohe Materiedichten (Mehrfaches der Dichte normaler Kernmaterie, die ca. $2,5 \cdot 10^{14}$ g/cm^3 beträgt) bei niedrigen Temperaturen. Unter diesen Bedingungen, die man allerdings in Experimenten nicht herstellen kann, erwartet man ebenfalls Deconfinement in Quark-Gluon-Materie [2].

Abbildung 1 stellt den experimentellen Weg zum QGP in einem Phasendiagramm dar: Es zeigt, wie hoch Temperatur T und Dichte der Baryonen mindestens sein müssen, um dieses Ziel zu erreichen. Dabei ist das „baryochemische

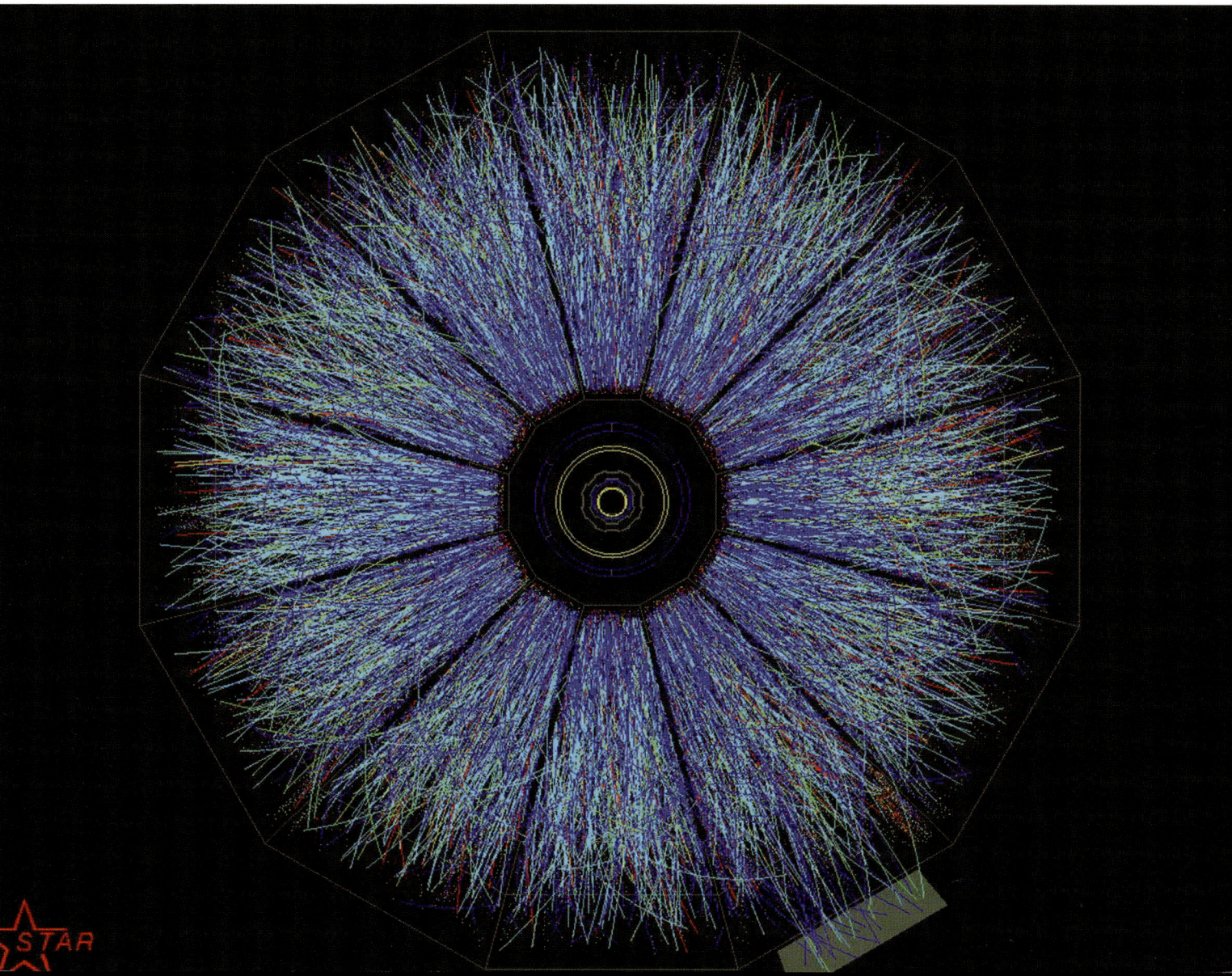

TAB. 1 | DIE FUNDAMENTALEN TEILCHEN

	3 Generationen		
	1	**2**	**3**
Quarks	u	c	t
	d	s	b
Leptonen	ν_e	ν_μ	ν_τ
	e	μ	τ
	γ	g	W	Z

Oben: Die Materieteilchen: 6 Quarks (paarweise zusammengefasst zu 3 Generationen) und 6 Leptonen (ebenfalls in 3 Generationen). Zu jedem aufgeführten Teilchen gibt es ein Antiteilchen. Unterste Zeile: Die Wechselwirkungsteilchen, zum Beispiel das Photon γ und das Gluon g, übertragen die Kräfte zwischen den Materieteilchen.

Potential" μ_B ein Maß für die netto-baryonische Dichte ρ, die als Anzahl der Baryonen minus Anzahl der Antibaryonen pro Volumeneinheit definiert ist: Je größer μ_B ist, umso größer ist auch ρ. Die Phasengrenze ist als dunkle Fläche eingezeichnet, deren Breite die heute noch bestehende Unsicherheit der QCD-Rechnungen angibt. Unterhalb der Grenze liegt bei kleinem μ_B und kleinem T das Gebiet der hadronischen Materie, insbesondere bei $T \approx 0$ das der Kernmaterie, oberhalb bei großem μ_B und/oder großem T das Gebiet der partonischen Materie (QGP). Für nicht zu große μ_B konnten aus QCD-Gitterrechnungen [1] Vorhersagen über die Phasengrenze gewonnen werden: Für den einfachsten Fall $\mu_B = 0$ ergaben sich die kritischen Werte $\varepsilon_c \approx$ 1 GeV/fm^3 und $T_c \approx$ 170 MeV/k_B = 2,0 · 10^{12} K (k_B: Boltzmann-Konstante). Die Energiedichte normaler Kernmaterie beträgt dagegen nur $\varepsilon_K = 0,16$ GeV/ fm^3.

Wie läuft nun – qualitativ beschrieben – eine hochenergetische Kollision zweier Kerne im Einzelnen ab? Von besonderem Interesse für die Bildung eines QGPs sind Zusammenstöße zweier gleicher Kerne, so genannte symmetrische Stöße oder A+A-Stöße, mit einem kleinen Stoßparameter $b \ll R$. Dabei ist R der Kernradius. Der Abstand b der beiden Kernmittelpunkte beschreibt sozusagen den Überlapp beim Stoß – je kleiner b, desto größer der Überlapp, der Stoß wird also zentraler. Später werden wir das noch genauer diskutieren. Bei $b \approx 0$ stoßen die beiden Kerne frontal zusammen und überlappen sich praktisch vollständig, so dass die Kollision besonders heftig ist und der entstehende Feuerball maximale Größe erreicht.

Sind Energiedichte und Volumen des Feuerballs am Anfang hinreichend groß, so sollte er nach den Vorhersagen der QCD ein heißes, dichtes QGP darstellen. In ihm finden zahlreiche verschiedenartige Reaktionen der Partonen miteinander statt. Dabei entstehen auch Quarkarten, die ursprünglich in den kollidierenden Kernen nicht vorhanden waren. Falls der QGP-Zustand des Feuerballs lange genug existiert, stellt sich ein thermisches und chemisches Gleichgewicht ein. Während dieser Äquilibration oder Thermalisierung teilt sich die vorhandene Energie gemäß den Gesetzen der Thermodynamik auf die einzelnen kinetischen („thermischen") und partonischen („chemischen") Freiheitsgrade auf. Zum Beispiel stellt sich durch Prozesse wie

$$u + \bar{u} \rightarrow s + \bar{s}$$

schnell ein Gleichgewicht zwischen ursprünglich vorhandenen u- und d-Quarks und den neu im QGP erzeugten s-Quarks ein.

Der QGP-Feuerball steht wegen partonischer Streuprozesse unter einem inneren Druck und dehnt sich aus. Dabei kühlt er sich ab und durchläuft den umgekehrten Phasenübergang: Die Partonen „frieren" (hadronisieren) in zahlreiche Hadronen aus. Der Feuerball ist dann zunächst ein Hadronengas, das sich weiter ausdehnt und abkühlt. Nach Unterschreiten der „chemischen Ausfriertemperatur" T_{ch} ändert sich seine „chemische" Zusammensetzung nicht mehr und die Anteile der einzelnen Hadronenarten bleiben stabil. Beim Erreichen der niedrigeren „thermischen Ausfriertemperatur" T_{th} löst sich schließlich das Hadronengas in eine Vielzahl neu erzeugter, frei auseinander fliegender Teilchen auf: hauptsächlich Mesonen, aber auch Baryonen und Antibaryonen.

Bei den Energien, die der RHIC erreicht, entstehen so bei einer zentralen Kollision zwischen Kernen von Goldatomen im Mittel mehrere tausend Teilchen. Große Teilchendetektoren können diese nachweisen und vermessen sie. Die Masse und die kinetische Energie der Teilchen stammen aus der ursprünglichen Energie der kollidierenden Kerne. Abbildung 2 zeigt als Beispiel die vom STAR-Detektor am RHIC gemessenen Spuren einer zentralen Au+Au-Kollision.

Die schwierige Aufgabe eines Experiments besteht nun darin, durch die physikalische Analyse möglichst vieler gemessener Kollisionsereignisse die verschiedenen theoretisch-phänomenologischen Modelle zu überprüfen. Dabei versucht man zum Beispiel, aus dem beobachteten Endzustand zurück auf den Anfangszustand des bei der Kollision entstandenen Feuerballs zu schließen: Entstand dabei ein Quark-Gluon-Plasma? Falls ja, stellte sich in ihm ein thermischer und chemischer Gleichgewichtszustand ein? Solche Fragen interessieren die beteiligten Physiker genau so wie etwa die Frage nach der weiteren Entwicklung des Plasmas in Raum und Zeit.

Experimente am SPS des CERN

Im Anschluss an frühere Experimente mit leichten Kernen wie ^{16}O oder ^{32}S wurden ab 1994 am SPS Blei-Blei-(Pb+Pb)-Kollisionen, also Stöße schwerer Kerne, in sieben verschiedenen Experimenten untersucht. In diesen „Fixed-Target-Experimenten" zielte ein Strahl von Blei-Kernen (^{208}Pb) auf eine stationäre Bleifolie als Target, also auf ruhende Bleikerne. Die maximale Strahlenergie E_{str} pro Nukleon betrug 158 GeV, also für den gesamten Kern 32,9 TeV. E_{str} setzt sich aus der kinetischen Energie und der Ruheenergie eines Strahlnukleons zusammen:

$$E_{str} = T_{str} + m_N c^2,$$

bei einer Nukleonmasse von $m_N = 0,94$ GeV/c^2. Dies entspricht einer Schwerpunktsenergie

$$\sqrt{s_{NN}} = \sqrt{2 m_N c^2 (E_{str} + m_N c^2)}, \tag{1}$$

pro kollidierendem Nukleonenpaar. Für $E_{str} = 158$ GeV ergibt das

$$\sqrt{s_{\mathrm{NN}}} = 17,3 \text{ GeV}.$$

Übrigens erhält man für den Grenzfall $T_{\mathrm{str}} = 0$, also für zwei ruhende Nukleonen, aus (1) wie erwartet

$$\sqrt{s_{\mathrm{NN}}} = 2 m_{\mathrm{N}} c^2.$$

Zusätzlich wurden auch Daten bei einigen niedrigeren Strahlenergien im Bereich zwischen 20 und 80 GeV genommen, $\sqrt{s_{\mathrm{NN}}}$ liegt damit zwischen 6,3 und 12,3 GeV. Damit wollte man untersuchen, ob die gemessene Energieabhängigkeit verschiedener physikalischer Größen eventuell von einem glatten, monotonen Verlauf abweicht. Das wäre nämlich eine mögliche Signatur für einen QCD-Phasenübergang, sprich für die Bildung eines Quark-Gluon-Plasmas.

Aus der großen Fülle von Ergebnissen, die von Pb+Pb-Experimenten gewonnen werden konnten, wollen wir hier nun einige besonders wichtige vorstellen. Dabei werden wir nicht genauer auf den apparativen Aufbau der einzelnen Experimente eingehen.

Anomale J/ψ-Unterdrückung

Die Quantenchromodynamik sagt einen Effekt voraus, der als Signatur für ein Quark-Gluon-Plasma experimentell beobachtbar sein sollte: die anomale J/ψ-Unterdrückung [3]. Sie entsteht in einem dichten QGP, weil dort Abschirmungen die Reichweite der QCD-Farbkräfte verkürzen. In der Folge sollten Bindungszustände $(c\bar{c})$ aus Charm-Quarks, zu denen das J/ψ-Meson zählt, sich im QGP auflösen („schmelzen") oder gar nicht erst entstehen. Falls der Feuerball eine QGP-Phase durchläuft, sollte dieser Effekt also zu einer messbaren Abschwächung der Erzeugung von J/ψ-Mesonen führen. Allerdings kann das J/ψ auch in normaler Kernmaterie durch Stöße mit den Nukleonen beseitigt werden, die so genannte nukleare Absorption. Die Größe dieser normalen J/ψ-Unterdrückung ist bekannt, und eine über sie hinaus gehende anomale J/ψ-Unterdrückung ist als QGP-Signatur anzusehen.

Tatsächlich konnte die NA50-Kollaboration in zentralen Pb+Pb-Kollisionen eine anomale J/ψ-Unterdrückung beobachten [4]. Abbildung 3 stellt das Verhältnis von gemessener zu erwarteter J/ψ-Erzeugungsrate in Abhängigkeit von der anfänglichen Energiedichte ε im Feuerball dar, wobei ε mit wachsender Zentralität der Kollision zunimmt. Für nichtzentrale Stöße ($\varepsilon < 2{,}3 \text{ GeV/fm}^3$) können die Messungen mit normaler J/ψ-Unterdrückung durch nukleare Absorption erklärt werden. Für größere ε-Werte zeigt die Abbildung ein zusätzliches J/ψ-Defizit: Diese anomale Unterdrückung gibt möglicherweise einen Hinweis auf die Bildung eines Quark-Gluon-Plasmas.

Mehr seltsame Hadronen erzeugt

Eine weitere wichtige QGP-Signatur ist die vermehrte Erzeugung von Hadronen mit der Eigenschaft der Seltsamkeit (Strangeness). Das sind Hadronen, die ein oder mehrere s-Quarks enthalten. Das s-Quark ist wesentlich leichter als

das Kaon, das leichteste seltsame Hadron. Deshalb ist es energetisch leichter, in einem QGP s-Quarks zu erzeugen, die dann mit anderen Quarks zu seltsamen Hadronen ausfrieren, als direkt seltsame Hadronen in einem Hadronengas. In einem QGP stellt sich das chemische Gleichgewicht, das wir schon diskutiert haben, also viel schneller ein als in einem Hadronengas.

Aus diesem Grund können seltsame Hadronen, zum Beispiel $K^+ = (u\bar{s})$, in A+A-Kollisionen häufiger entstehen als in einer einfachen Überlagerung von Proton-Proton-Stößen, die im Folgenden als p+p-Stöße bezeichnet werden. Diese vergleichsweise höhere Produktion ist eine weitere Signatur dafür, dass die Kollision eine QGP-Phase mit schneller Erzeugung von Seltsamkeit durchlaufen hat.

Eine solche erhöhte Erzeugung seltsamer Hadronen konnte in der Tat in mehreren A+A-Experimenten beobachtet werden. Abbildung 4 zeigt links als Beispiel, wie sich mit der Kollisionsenergie $\sqrt{s_{\mathrm{NN}}}$ die Zahl der pro Kollisionsereignis erzeugten positiven Kaonen $(u\bar{s})$ im Verhältnis zu der Zahl der entstehenden positiven Pionen $(u\bar{d})$ entwickelt – und zwar als Verhältnis $\langle K^+ \rangle / \langle \pi^+ \rangle$ der so genannten mittleren Multiplizitäten [5]. Der Vergleich mit Messwerten aus p+p-Reaktionen (offene Symbole) zeigt bei den A+A-Reaktionen (gefüllte, farbige Symbole) erstens eine relative Verstärkung der Kaonen-Erzeugung und zweitens eine stark nichtmonotone Energieabhängigkeit des K/π-Verhältnisses. Es hat ein ausgeprägtes Maximum bei $E_{\mathrm{str}} \approx$

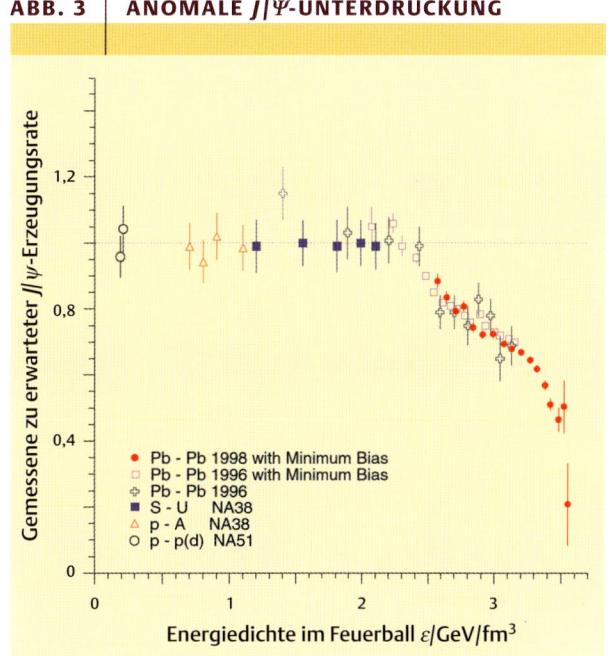

ABB. 3 | ANOMALE J/Ψ-UNTERDRÜCKUNG

Gemessene zu erwarteter J/ψ-Erzeugungsrate

Energiedichte im Feuerball ε/GeV/fm^3

- Pb - Pb 1998 with Minimum Bias
- Pb - Pb 1996 with Minimum Bias
- Pb - Pb 1996
- S - U   NA38
- p - A   NA38
- p - p(d) NA51

Am SPS gemessene Erzeugungsrate für J/ψ-Mesonen im Verhältnis zu derjenigen, die aus nuklearer Absorption erwartet wird. ε ist die anfängliche Energiedichte im Feuerball. Oberhalb $\varepsilon \approx 2{,}3 \text{ GeV/fm}^3$ beginnt die anomale J/ψ-Unterdrückung (Abfall nach rechts) [4]. Legende: A steht allgemein für Atomkern, p(d) für Proton oder Deuteron.

30 GeV. Beide Beobachtungen weisen auf eine QGP-Bildung hin, die schon bei relativ niedrigen SPS-Energien einsetzt.

Dieses Ergebnis wird durch Messungen der effektiven Temperatur *T* der Kaonen gestützt (Abbildung 4 rechts). *T* ergibt sich aus der Transversalimpuls-Verteilung der Kaonen, auf die wir später noch genauer eingehen. Die effektive Temperatur steigt mit zunehmender Energie zunächst steil an und durchläuft in der Mitte im Energiebereich, der dem SPS zugänglich ist, ein energieunabhängiges Plateau. Die Experimente am RHIC (grüne Symbole) konnten zeigen, dass *T* bei höheren Energien wieder weiter anwächst. Übrigens ähnelt dieser Temperaturverlauf zum Beispiel demjenigen beim Phasenübergang von Eis zu Wasser. Beim Kollisionsexperiment tragen zur effektiven Temperatur zwei kinetische Effekte bei: Erstens bewegen sich die Teilchen (hier Kaonen) im Gas thermisch, also ungeordnet, zweitens sorgt die Expansion des Feuerballs für eine geordnete kollektive Bewegung.

Nicht nur bei Kaonen, sondern auch für seltsame Baryonen konnte eine signifikante Erhöhung der relativen Erzeugungsrate in A+A-Reaktionen beobachtet werden [6] – ein weiterer, starker Hinweis auf die Entstehung eines Quark-Gluon-Plasmas im Labor.

Einige weitere Ergebnisse

Für das Studium von A+A-Kollisionen ist es zweckmäßig, die Bewegungen in eine longitudinale Komponente entlang der Strahlrichtung und in eine transversale Komponente senkrecht dazu zu zerlegen: Das gilt für die Ausdehnung des Feuerballs und den Impuls eines einzelnen erzeugten Hadrons. Die transversalen Komponenten sind besonders interessant, da sie ausschließlich durch die Kollision selbst zustande kommen und daher Auskunft über diese geben. Die longitudinalen Komponenten können hingegen auch Impulsanteile aus der ursprünglichen Bewegung der Strahlteilchen enthalten.

Im Folgenden gebrauchen wir den in der Beschleunigerphysik üblichen Begriff „Rapidität" als Maß für die longitudinale Geschwindigkeit. Bei den Raumkoordinaten steht die *z*-Achse für die Strahlrichtung, die *x*- und *y*-Achsen spannen die dazu senkrechte transversale Ebene auf.

Wie wir in den vorhergehenden Abschnitten gesehen haben, ist die anfängliche Energiedichte *ε* des Feuerballs eine zentrale Größe. Sie ist nicht direkt messbar. Mit einer von James Bjorken entwickelten Formel lässt sie sich jedoch aus der gemessenen Transversalenergie bei „Mittelrapidität" ermitteln. Diese ergibt für zentrale Pb+Pb-Stöße bei E_{str} = 158 GeV am SPS eine Energiedichte *ε*, die zwischen ungefähr 3 und 4 GeV/fm^3 liegt. Das ist ungefähr das 20-fache der Energiedichte in normaler Kernmaterie und ergibt eine Anfangstemperatur von $T \approx 240$ MeV/k_B. Beide Werte liegen deutlich oberhalb der berechneten kritischen Werte ε_c und T_c. Das ist ebenfalls ein Hinweis, dass schon bei SPS-Energien die Phasengrenze zum QGP überschritten wird.

ABB. 4 | ERHÖHTE PRODUKTION SELTSAMER HADRONEN

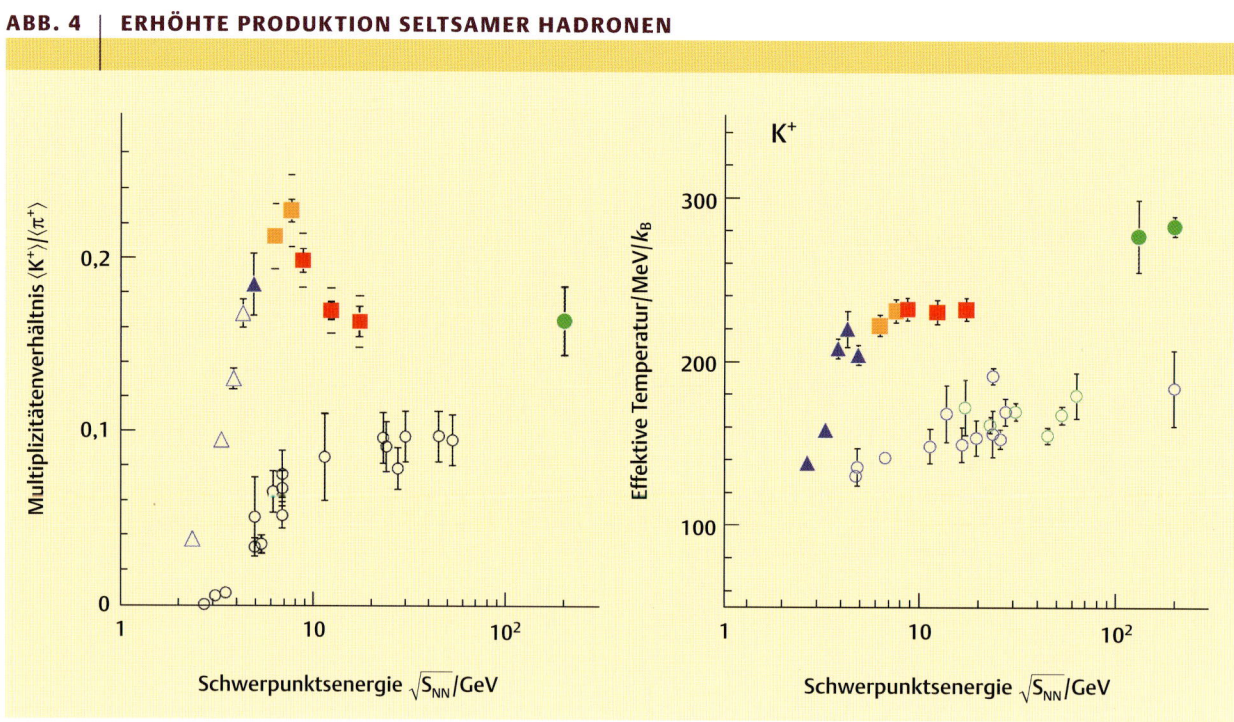

Energie-Abhängigkeit zweier Größen, gemessen in zentralen Au+Au-Stößen (▲ und △: Alternating Gradient Synchrotron (AGS) des BNL, ●: RHIC) und Pb+Pb-Stößen (■ und ■: NA49). Zum Vergleich: Messdaten von p+p-Reaktionen (offene Kreise). Links: Verhältnis der mittleren Multiplizitäten positiv geladener Kaonen und Pionen; rechts: effektive Temperatur positiv geladener Kaonen [5].

Thermodynamisch-statistische Modelle konnten die Multiplizitäten der verschiedenen Hadronenarten, die bei den zentralen Pb+Pb-Reaktionen am SPS gemessen wurden, gut wiedergeben [1,7]. Die Modelle fußen auf der Annahme eines thermisch-chemischen Gleichgewichts. Für das baryochemische Potential μ_B und die chemische Ausfriertemperatur T_{ch} als anpassbare Parameter ergaben sich bei $E_{str} = 158$ GeV die Werte $\mu_B \approx 247$ MeV und $T_{ch} \approx 158$ MeV/k_B. Abbildung 1 zeigt diese und die Werte bei zwei niedrigeren SPS-Energien als rote Quadrate [7].

Die Auswertung der gemessenen Transversalimpulsverteilungen dN/dp_t und der gemessenen Korrelationen unter den erzeugten Hadronen ergab schließlich auch ein detailliertes Bild von der raumzeitlichen Entwicklung des Feuerballs und seiner Expansionsdynamik: In der Kollision entsteht zunächst ein QGP, mit der Expansion wird dann daraus ein Hadronengas, und aus diesem frieren schließlich freie Hadronen aus. Für die thermische Ausfriertemperatur ergaben die Messungen $T_{th} \approx 120$ MeV/k_B.

Experimente am RHIC des BNL

Am Relativistic Heavy Ion Collider des BNL lassen sich wesentlich höhere Schwerpunktsenergien als am SPS erzielen. Damit hofft man, noch weiter ins QGP-Gebiet des Phasendiagramms (Abbildung 1) vorzudringen. Die Lebensdauer der QGP-Phase würde sich dann erhöhen, und ein vollständiges thermisch-chemisches Gleichgewicht leichter einstellen. Dabei sollten einige QGP-Signaturen klarer hervortreten. Außerdem erwartet man das deutliche Auftreten harter partonischer Streuprozesse in der Anfangsphase des Feuerballs, für die die SPS-Energie nicht ausreicht.

Im Unterschied zur Fixed-Target-Anordnung am SPS werden in einem Collider (Speicherring) zwei Teilchenstrahlen gegeneinander geschossen. Die Schwerpunktsenergie pro kollidierendem Nukleonenpaar ist bei gleicher Energie der beiden Strahlen gegeben durch die einfache Beziehung

$$\sqrt{s_{NN}} = 2E_{str}, \qquad (2)$$

die sofort einsichtig ist, da in dieser Situation Laborsystem und Schwerpunktsystem identisch sind. $\sqrt{s_{NN}}$ steigt also linear mit der Strahlenergie E_{str} pro Nukleon an, während es in einem Fixed-Target-Experiment nach (1) nur ungefähr proportional zu $\sqrt{E_{str}}$ anwächst.

Im RHIC [8] laufen in zwei kreisförmigen Vakuumröhren mit 3,8 km Umfang zwei Strahlen von Gold-Kernen (^{197}Au) einander entgegengesetzt um, jeder Strahl ist in 56 Teilchenbündel mit etwa 10^9 Ionen pro Bündel unterteilt. Sie werden auf maximal $E_{str} = 100$ GeV beschleunigt und in sechs Kreuzungspunkten (Wechselwirkungszonen) gegeneinander gelenkt. Bei jeder Begegnung zweier Bündel finden zahlreiche Au+Au-Kollisionen statt, die meisten Au-Kerne laufen jedoch unbeeinflusst weiter. Die maximale Kollisionsenergie des RHIC beträgt nach (2) also

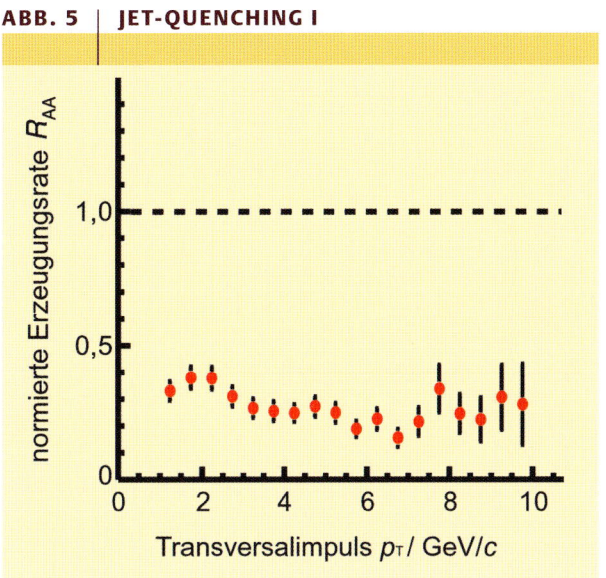

ABB. 5 | JET-QUENCHING I

Jet-Unterdrückung in PHENIX [9]: Bei höheren π^0-Transversalimpulsen p_t liegt die normierte Erzeugungsrate von π^0 bei zentralen Au+Au-Stößen (rote Punkte) um den Faktor vier unterhalb derjenigen, die bei einer Überlagerung von inelastischen p+p-Stößen zu erwarten wäre (durch gestrichelte Linie angedeutet).

$$\sqrt{s_{NN}} = 200 \text{ GeV},$$

das ist etwa zwölfmal mehr als am SPS.

Um vier der sechs Wechselwirkungszonen des RHIC sind insgesamt vier komplexe, leistungsfähige Teilchendetektoren aufgebaut [8]: die beiden großen Detektoren PHENIX und STAR und die beiden (inzwischen abgebauten) kleineren BRAHMS und PHOBOS. Insgesamt sind an den RHIC-Experimenten über tausend Physiker in vier internationalen Kollaborationen beteiligt. Wir wollen nun einige besonders bedeutsame Ergebnisse aus den Experimenten am Brookhaven National Laboratory vorstellen.

Entdeckung des Jet-Quenchings

Bei den hohen Energien des RHIC können in der Frühphase einer Kollision die in den einlaufenden Nukleonen enthaltenen, punktförmigen Partonen hart aneinander gestreut werden. Den Ort dieses Ereignisses verlassen die beiden Stoßpartner dann oft unter großem Winkel zur Strahlrichtung, also mit großem Transversalimpuls p_t. Wegen der Impulserhaltung schlagen die beiden hochenergetischen Partonen einander entgegengesetzte Richtungen ein.

In p+p-Kollisionen verwandeln sich die energiereichen Partonen in zwei entgegengesetzte, enge Bündel von Hadronen, Jets genannt. Das ist der „Normalfall" in der Beschleunigerphysik. In einer A+A-Kollision mit schwereren Kernen findet die harte Parton-Parton-Streuung jedoch in einem dichten Medium, vermutlich einem QGP statt. In Letzterem können die gestreuten Partonen besonders viel Energie verlieren. Dieser Effekt sollte die Anzahl von Hadronen mit hoher Energie (hohem p_t) reduzieren und die

ABB. 6 | JET-QUENCHING II

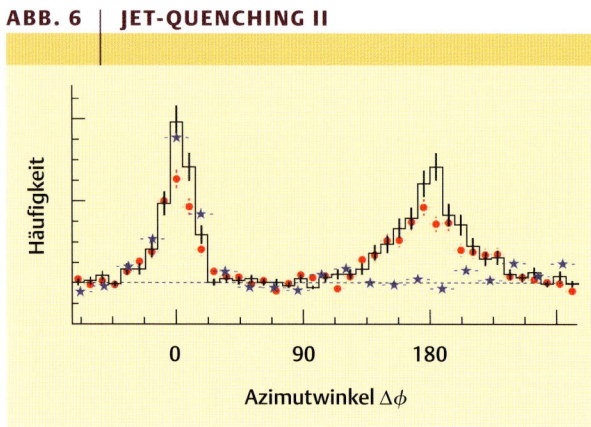

Jet-Unterdrückung in STAR [10]: Häufigkeitsverteilung geladener Teilchen im jeweiligen Winkel Δφ um die Strahlrichtung relativ zum Teilchen mit dem höchsten p_t. Die Teilchenanhäufungen bei 0° und 180° stellen Jets dar. Während in p+p-Stößen (–) und d+Au-Stößen (●) zwei Jets in entgegengesetzter Richtung auftreten, verschwindet in Au+Au-Stößen (★) der eine Jet bei 180°.

hadronischen Jets unterdrücken. Er heißt deshalb Jet-Quenching [1].

Tatsächlich beobachteten alle vier RHIC-Detektoren eine Reduktion von Hadronen mit hohem p_t. Die Messpunkte in Abbildung 5 zeigen als Beispiel das PHENIX-Resultat für neutrale Pionen (π^0), die bei zentralen Au+Au-Kollisionen mit der Schwerpunktsenergie von 200 GeV entstanden sind [9]. In der Abbildung ist mit R_{AA} die gemessene π^0-Erzeugungsrate normiert auf eine Erzeugungsrate dargestellt, die bei einer Überlagerung von inelastischen p+p-Reaktionen – also im Normalfall – zu erwarten wäre. Gäbe es bei A+A-Kollisionen kein Jet-Quenching, dann würde man als Messresultat $R_{AA} \approx 1$ erwarten (gestrichelte Linie). Tatsächlich liegt R_{AA} bei p_t oberhalb von 3 GeV/c, also bei höheren Partonenergien, um einen Faktor 4 darunter. Das ist ein

deutlicher Hinweis auf eine Unterdrückung der hadronischen Jets.

Die Jet-Unterdrückung lässt sich auch direkt beobachten. Aus geometrischen Gründen findet die Parton-Parton-Streuung häufig in der Nähe der Oberfläche des QGPs statt. In diesem Fall kann nur das eine Parton das Plasma auf kurzem Wege verlassen. Das andere, entgegengesetzt fliegende Parton muss dagegen das ganze Plasma durchqueren. Dort verliert es einen Großteil seiner Energie und kann daher nicht mehr als Jet beobachtet werden. Diese Unterdrückung des zweiten Jets wurde erstmals in zentralen Au+Au-Kollisionen von STAR beobachtet [10]. Abbildung 6 zeigt für p+p-Stöße (schwarze Balken) zwei Teilchenanhäufungen bei 0° und 180° Azimutwinkel (Winkel um die Strahlrichtung), die zwei Jets in entgegengesetzten Richtungen darstellen. Bei zentralen Au+Au-Stößen (violette Sterne) fehlen dagegen die 180°-Jets völlig, wie der flache Verlauf unter dem rechten Peak aus schwarzen Balken zeigt. Das ist ein klarer Hinweis auf starkes Jet-Quenching. Bei den inzwischen im Experiment erreichbaren noch höheren Werten von p_t – also bei sehr hohen Jet-Energien – wird auch in Au+Au-Stößen der entgegengesetzte Jet in abgeschwächter Form wieder sichtbar [11], wie für Jet-Quenching erwartet.

Um diese Interpretation der Messungen zu bestätigen und eine andere Deutungsmöglichkeit auszuschließen, haben die RHIC-Kollaborationen als *experimentum crucis* auch Kollisionen von Deuteronen (d), bestehend aus zwei Nukleonen, mit Au-Kernen gemessen. Wegen der Kleinheit des Deuterons kann in d+Au-Kollisionen kein QGP entstehen und somit kein Jet-Quenching stattfinden. Und tatsächlich werden beide Jets beobachtet, wie Abbildung 6 zeigt (rote Punkte).

Anisotroper kollektiver Fluss

In nicht-zentralen (peripheren) A+A-Kollisionen mit einem Stoßparameter $b > 0$ überlappen sich die beiden Kerne nur teilweise. Abbildung 7 skizziert diese Situation links, dargestellt in der transversalen Ebene (x,y), die senkrecht zur Strahlrichtung z steht. Als Reaktionsebene wird die (x,z)-Ebene bezeichnet, die durch die Verbindungslinie der beiden Kernmittelpunkte bei der Kollision und die Strahlrichtung aufgespannt wird. Die Kernmittelpunkte stehen bei diesem Schnappschuss genau „nebeneinander", gesehen in Strahlrichtung.

Der Feuerball entspricht also am Anfang der Kollision dem linsenförmigen Überlappungsgebiet, das in der Abbildung links angedeutet ist. In diesem Anfangszustand entstehen im Feuerball Druckgradienten, die entlang der kleinsten Linsenausdehnung am größten sind. Sie bewirken daher eine nichtisotrope Ausdehnung des Feuerballs, also einen anisotropen kollektiven Materiefluss. Deshalb sind die Impulse der gemessenen Teilchen im Mittel in der Reaktionsebene größer als senkrecht dazu. Dies führt zu einer anisotropen Teilchenverteilung dN/dϕ in ϕ, dem Azimutwinkel um die Strahlrichtung. $\phi = 0$ liegt dabei in der Reaktionsebene, entlang der x-Richtung in Abbildung 7.

ABB. 7 | NICHTZENTRALE A+A-KOLLISION

Nicht-zentrale A+A-Kollision mit Stoßparameter $b > 0$ in der transversalen Ebene senkrecht zur Strahlrichtung z. Links: Die Ortsraum-Darstellung zeigt braun das Überlappungsgebiet der beiden Kerne mit Radius R. Rechts: Im Impulsraum ist ϕ der Azimutwinkel eines Teilchens mit Transversalimpuls $p_t = (p_x, p_y)$ um z.

Zur quantitativen Beschreibung des anisotropen Flusses wird an eine gemessene ϕ-Verteilung eine Fourier-Entwicklung

$$\frac{\mathrm{d}N}{\mathrm{d}\phi} = \frac{N_0}{2\pi} \left(1 + 2v_1 \cos\phi + 2v_2 \cos 2\phi + ...\right) \qquad (3)$$

angepasst, meist bis zur 2. Ordnung.

Der Entwicklungskoeffizient v_1 wird als gerichteter Fluss bezeichnet, der Koeffizient v_2 als elliptischer Fluss. Die Flüsse wurden von mehreren Experimenten am AGS, SPS und RHIC für verschiedene Teilchensorten gemessen, als Funktionen der einzelnen Teilchen- und Ereignisvariablen wie Transversalimpuls, Rapidität, Zentralität des Stoßes und Energie. Sie enthalten wichtige Informationen über den Grad der Thermalisierung des Feuerballs und die Zustandsgleichung, also die Beziehung zwischen Druck und Dichte im Feuerball.

Abbildung 8 zeigt als Beispiel eine Zusammenstellung [12] von gemessenen v_2-Werten aus Au+Au- und Pb+Pb-Kollisionen in Abhängigkeit von $\sqrt{s_{NN}}$. Dabei ist v_2 positiv, was nach (3) bedeutet, dass der Teilchenfluss bevorzugt in der Reaktionsebene erfolgt. Außerdem steigt v_2 monoton mit der Kollisionsenergie an und ist am RHIC ungefähr doppelt so groß wie am SPS.

Vorhersagen für elliptischen Fluss wurden unter anderem von hydrodynamischen Modellen [1] gemacht, die ein volles thermisches Gleichgewicht annehmen. Allerdings sind bei SPS-Energien die gemessenen v_2-Werte kleiner als die vorhergesagten: Das weist darauf hin, dass dort die Thermalisierung noch nicht vollständig zu sein scheint. Am RHIC erreichen die v_2-Werte dagegen die von den Hydromodellen vorhergesagten Grenzwerte. Sie deuten also auf eine vollständige Thermalisierung bei RHIC-Energien hin.

Einige weitere Ergebnisse

Bei RHIC ergab die Abschätzung mit der Bjorken-Formel eine anfängliche Energiedichte ε im Feuerball zwischen 5 und 10 GeV/fm³. Das ist also weit oberhalb der kritischen Dichte ε_c, die ja in der Größenordnung von 1 GeV/fm³ liegt.

Am RHIC wurden in zentralen Au+Au-Reaktionen bei $\sqrt{s_{NN}} = 200$ GeV auch die mittleren Hadronenmultiplizitäten gemessen. Wie am SPS wurde daraus mit thermodynamisch-statistischen Modellen das baryochemische Potential und die chemische Ausfriertemperatur zu $\mu_B \approx 30$ MeV und $T_{ch} \approx 170$ MeV/k_B bestimmt (Abbildung 1). μ_B und damit die netto-baryonische Dichte ρ ist bei RHIC also wesentlich kleiner als am SPS. Eine Erklärung liefert die größere Anzahl von Mesonen, die beim RHIC entstehen.

Der RHIC erreicht – wie schon der höchste SPS-Wert – ein T_{ch}, das in Abbildung 1 in unmittelbarer Nähe der von der QCD vorausgesagten Parton-Hadron-Phasengrenze liegt, also $T_{ch} \approx T_c$. Weil sich unterhalb der chemischen Ausfriertemperatur die chemische Zusammensetzung des Feuerballs nicht mehr ändern kann, ist sie also schon an dieser Phasengrenze festgelegt. Hieraus folgt, dass am RHIC – und auch bei der höchsten SPS-Energie – die ursprüngliche Tem-

ABB. 8 | **ELLIPTISCHER FLUSS**

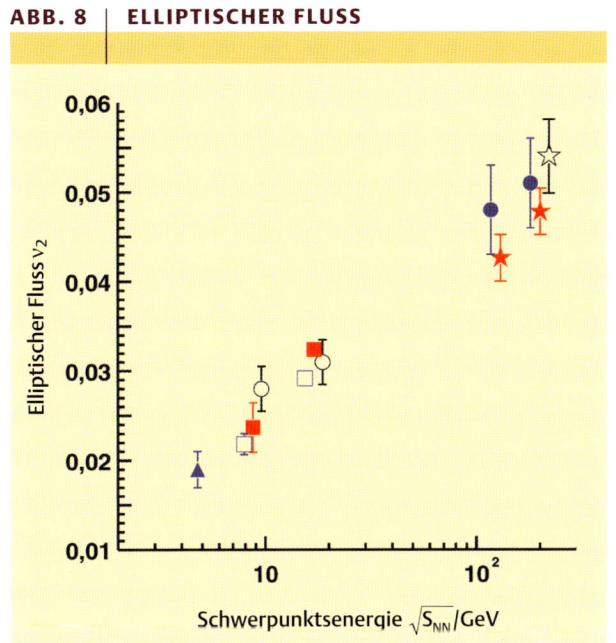

Energieabhängigkeit des elliptischen Flusses v_2 in nichtzentralen Au+Au- und Pb+Pb-Kollisionen aus verschiedenen Experimenten am AGS, SPS und RHIC [12].

peratur des sich ausdehnenden Feuerballs deutlich größer als T_c sein muss.

Fazit und Ausblick

Die hier vorgestellten Beispiele und weitere experimentelle Ergebnisse deuten darauf hin, dass es am RHIC und wahrscheinlich schon am SPS gelungen ist, in Schwer-Ionen-Kollisionen die Phasengrenze zwischen hadronischer und partonischer Materie zu überschreiten. Dabei entstand ein Quark-Gluon-Plasma – ein neuer, bisher unzugänglicher Materiezustand. Diesen sagt die QCD-Theorie, die ein Teil des Standardmodells ist, voraus. Alle experimentellen Ergebnisse lassen sich mit der QGP-Hypothese verstehen. Zur Zeit gibt es keine alternative Theorie, die ebenfalls alle Beobachtungen gleichzeitig erklären könnte.

Die herausragenden und unerwarteten Ergebnisse aus den RHIC-Experimenten sind das starke Jet-Quenching und der starke kollektive Fluss, den hydrodynamische Modelle des Feuerballs gut beschreiben können. Beide Beobachtungen legen nahe, dass das QGP sich wenig oberhalb der Phasengrenze nicht – wie ursprünglich erwartet – wie ein dünnes Gas mit relativ großer mittlerer freier Weglänge l für

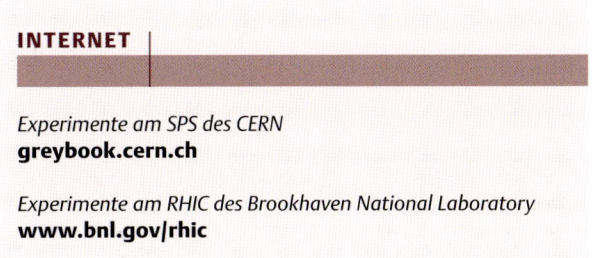

INTERNET |

Experimente am SPS des CERN
greybook.cern.ch

Experimente am RHIC des Brookhaven National Laboratory
www.bnl.gov/rhic

die Partonen verhält. Es hat eher die Eigenschaft einer dichten, opaken Flüssigkeit mit kleinem l, weshalb die Partonen häufiger miteinander wechselwirken. Erst noch weiter oberhalb der kritischen Temperatur T_c würde nach diesem Modell das QGP gasartige Eigenschaften zeigen.

Es braucht noch weitere Forschung, um die QGP-Hypothese zu untermauern und die Eigenschaften dieses ungewöhnlichen, extremen Materiezustandes näher zu untersuchen. Deshalb werden die Experimente am RHIC fortgesetzt, zum Beispiel mit anderen Kernen und bei niedrigeren Energien. Außerdem soll im Jahre 2009 am Large Hadron Collider (LHC) des CERN ein umfangreiches Forschungsprogramm mit kollidierenden Bleistrahlen beginnen. Dabei wird die Schwerpunktsenergie $\sqrt{s_{\mathrm{NN}}}$ mit 5,5 TeV 28-mal höher liegen als am RHIC. Für diese Experimente wird der Detektor ALICE gebaut. Auch die großen LHC-Detektoren ATLAS [13] und CMS sollen Schwer-Ionen-Kollisionen messen.

Zusammenfassung

Mit großen Teilchenbeschleunigern in Europa und USA versucht man, in energiereichen Kollisionen schwerer Atomkerne für kurze Zeit auf kleinstem Raum ein Quark-Gluon-Plasma herzustellen. Dies ist ein neuer, vorher nicht beobachtbarer Materiezustand. In ihm haben sich die Bausteine der Atomkerne, die Protonen und Neutronen, in quasi-freie Quarks und Gluonen aufgelöst. Nach dem modernen kosmologischen Modell befand sich unser Universum einige Mikrosekunden nach dem Urknall in diesem Zustand, als es noch sehr klein, heiß und dicht war. Die Ergebnisse der bisherigen Beschleunigerexperimente am CERN und am Brookhaven National Laboratory weisen tatsächlich auf die Existenz dieses ungewöhnlichen Materiezustandes hin, den die Quantenchromodynamik vorhersagt.

Literatur

[1] R. C. Hwa, X. N. Wang (Hrsg.), Quark-Gluon-Plasma 3, World Scientific, Singapore, 2004.

[2] N. K. Glendenning, Phys. Rep. **2001**, *342*, 393.

[3] C. Gerschel, J. Hüfner, Ann. Rev. Nucl. Part. Sci. **1999**, *49*, 255.

[4] M. C. Abreu et al. (NA50), Phys. Lett. B **2000**, *477*, 28; **2001**, *521*, 195.

[5] C. Alt et al. (NA49), J. Phys. G **2004**, *30*, S 119; Phys. Rev. C **2008**, *77*, 024903.

[6] F. Antinori et al. (WA97), J. Phys. G **2001**, *27*, 375.

[7] F. Becattini et al., Phys. Rev. C **2004**, *69*, 024905.

[8] M. Harrison et al. (Hrsg.), Nucl. Instr. Meth. A **2003**, *499*.

[9] S. S. Adler et al. (PHENIX), Phys. Rev. Lett. **2003**, *91*, 072301; 072303.

[10] J. Adams et al. (STAR), Phys. Rev. Lett. **2003**, *91*, 072304.

[11] J. Adams et al. (STAR), Phys. Rev. Lett. **2006**, *97*, 162301.

[12] C. Alt et al. (NA49), Phys. Rev. C **2003**, *68*, 034903.

[13] H. Oberlack und P. Schacht, Physik in unserer Zeit **2001**, *32*(4), 164.

Die Autoren

Volker Eckardt, geb. 1939, Studium und Promotion 1972 in Hamburg, seitdem am MPI für Physik in München. Bis 1995 technischer Koordinator für das CERN-Experiment NA49 und bis 2004 in leitender Position im STAR-Experiment am Brookhaven National Laboratory (USA).

Norbert Schmitz, geb. 1933, Studium in Göttingen und Berkeley, Promotion 1961 und Habilitation 1965 in München, 1967/68 Forschungsaufenthalt am CERN, ab 1971 bis zur Emeritierung 2001 Direktor am MPI für Physik (München), seit 1973 Honorarprofessor an der TU München. Mitarbeit an zahlreichen Experimenten in der Elementarteilchenphysik.

Peter Seyboth, geb. 1939, Studium in München, Promotion 1968, danach am Stanford Linear Accelerator, ab 1972 wissenschaftlicher Mitarbeiter am MPI für Physik in München, unterbrochen von Forschungsaufenthalten am CERN. Sprecher der CERN-Experimente NA35 und NA49.

Anschriften:
Dr. Volker Eckardt, Prof. Dr. Norbert Schmitz, Dr. Peter Seyboth, Max-Planck-Institut für Physik, Föhringer Ring 6, D-80805 München.
voe@mppmu.mpg.de, nschmitz@mppmu.mpg.de, pxs@mppmu.mpg.de

Galaxienschwarm
Der Galaxienhaufen Abell S0740 enthält neben einer riesigen elliptischen und einer Spiralgalaxie zahlreiche kleine Gala-xien. Sie steuern jedoch nur einen kleinen Teil zur insgesamt vorhandenen Materie bei (Foto: Hubble Heritage Team/NASA/ESA).

Abb. 1 *Das Very Large Telescope auf dem Cerro Paranal in Nordchile. Erkennbar die vier Großteleskope sowie in einer Fotomontage drei von vier verfahrbaren 1,8-m-Teleskopen. Weiße Linien kennzeichnen die unterirdisch verlaufenden Lichtstrahlen, das Sternchen den Fokus.*

Das Very Large Telescope Interferometer der ESO

Das Sterninterferometer auf dem Paranal

ANDREAS GLINDEMANN

Die Europäische Südsternwarte (ESO) betreibt in Chile seit 2001 das größte Sterninterferometer der Erde: das Very Large Telescope Interferometer. Bis zu drei Großteleskope oder drei 1,8-m-Teleskope können gleichzeitig interferometrisch gekoppelt werden. Im Endausbau wird das VLTI das Auflösungsvermögen eines 200-Meter-Teleskops besitzen.

In der Astronomie will man ferne Objekte möglichst detailliert beobachten. Ernst Abbe und George B. Airy ermittelten Mitte des 19. Jahrhunderts mit Hilfe der Beugungstheorie das maximale Winkelauflösungsvermögen eines Teleskops. Demnach ist die kleinste, von einem Teleskop noch auflösbare Struktur durch die Größe der Beugungsscheibe, auch Airy-Scheibe genannt, definiert. Ihre Größe ist umgekehrt proportional zum Spiegeldurchmesser und proportional zur Wellenlänge.

Als im 20. Jahrhundert die Teleskope immer größere Spiegel mit Durchmessern von 2,5 bis 8 Metern erhielten, wurde die atmosphärische Turbulenz der begrenzende Faktor für die Bildqualität. Im nahen Infraroten beispielsweise ist das Auflösungsvermögen auch an sehr guten Standorten mit Teleskopen von einigen Metern Durchmesser nicht besser als das eines 80-cm-Teleskops. Ursache hierfür sind Luftmassen mit unterschiedlichen Temperaturen, die sich in einem dynamischen Prozess vermischen. Dies führt dazu, dass die vom Stern kommende, näherungsweise ebene Welle auf dem Weg zum Teleskop erheblich deformiert

188

wird. Dadurch ist die Auflösung generell auf bestenfalls eine halbe bis eine Bogensekunde begrenzt.

Im Laufe der letzten 15 Jahre gelang es, Korrektursysteme mit adaptiver Optik zu bauen, mit denen sich die Turbulenzeffekte während der Aufnahme korrigieren lassen. Auf diese Weise erreicht man die theoretische Beugungsgrenze zumindest innerhalb eines Teiles des gesamten Bildfeldes. Eine weitere Steigerung ist nur mit noch größeren Spiegeln möglich – oder mit Sterninterferometern.

Vom Mount Wilson zum Cerro Paranal

Bei der astronomischen Interferometrie wird ein Himmelskörper gleichzeitig mit zwei oder mehr Teleskopen beobachtet und das Licht in einem gemeinsamen Fokus zusammengeführt. Wenn die beiden Lichtwege bis auf wenige Wellenlängen ausgeglichen werden, treten im Fokus Interferenzstreifen auf. Sie enthalten die Information über die Form des Körpers.

Vor 90 Jahren betrieb Albert Michelson auf dem Mt. Wilson nahe Los Angeles zum ersten Mal ein Sterninterferometer [1]. Er setzte jedoch nicht zwei Teleskope ein, sondern montierte vor dem Spiegel eines Teleskops eine Art Doppelperiskop, dessen zwei Strahlengänge er zusammenführte. Aus den Interferenzstreifen konnte Michelson den Durchmesser des Sterns Beteigeuze, einem Roten Riesen im Sternbild Orion, und von mehreren anderen Sternen bestimmen. Durch Auswertung der Interferenzstreifen für verschiedene Abstände der Einzelteleskope, die so genannten Basislinien, lässt sich schließlich sogar ein Bild errechnen, dessen Auflösungsvermögen durch die längste Basislinie bestimmt wird.

Weitergehende Versuche mit Basislinien jenseits von 6 m und unabhängigen Einzelteleskopen musste Michelson jedoch aufgeben, da die technischen Anforderungen an die Stabilität und an die Genauigkeit des Weglängenausgleichs für die damalige Zeit zu groß waren. Dies gelang erst in den siebziger Jahren. 1972 baute Antoine Labeyrie in Südfrankreich nahe Nizza ein Sterninterferometer mit zwei 25-cm-Teleskopen und zeigte damit, dass auch mit unabhängigen Teleskopen und einer Basislinie von 12 m das Sternlicht zur Interferenz gebracht werden kann [2]. Durch die relativ kleinen Spiegel (optisch: Aperturen) konnte das Interferometer bei der Empfindlichkeit zwar nicht mit den Großteleskopen seiner Zeit mithalten, aber das Winkelauflösungsvermögen war allen anderen Teleskopen weit überlegen.

Die Empfindlichkeit war jedoch der entscheidende Punkt. Die dafür nötigen Großteleskope waren allerdings für ein kleines Observatorium nicht zu realisieren. Daher hat die ESO bei der Planung für das Very Large Telescope (VLT) Anfang der 1990er Jahre diese Idee aufgegriffen und konsequent umgesetzt [3]. Von Beginn an wurden die mit 8-m-Spiegeln versehenen Teleskope auf dem Cerro Paranal in Chile mit den technischen Spezifikationen für eine interferometrische Kombination der Bilder konzipiert. Dies bedeutet beispielsweise, dass die Vibrationen der 500 t

ABB. 2 | STRAHLENGANG

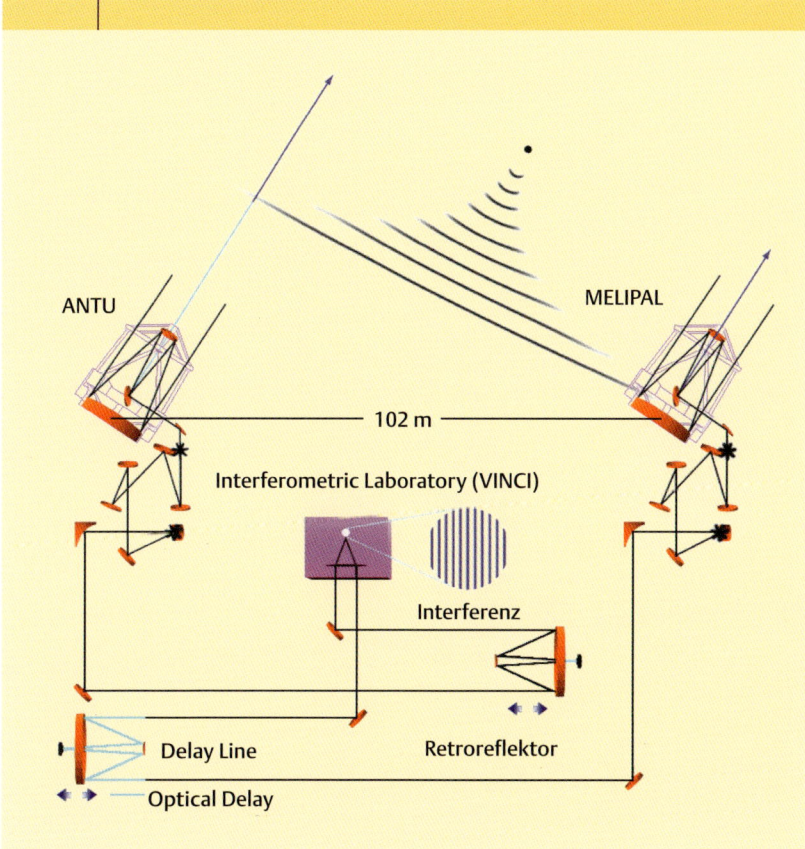

Der Strahlengang im VLTI. Das Licht gelangt von den Teleskopen in einen unterirdischen Tunnel, wo es über Retroreflektoren der Delay Lines in die Kamera mündet. Am linken Teleskop trifft das Licht etwas verzögert gegenüber dem rechten Teleskop ein. Diesen zusätzlichen Lichtweg gleicht der Retroreflektor der linken Delay Line aus (durch hellblauen Strahlengang angedeutet).

Abb. 3 *Die Schienen und Retroreflektoren im Delay-Line-Tunnel. Die Retroreflektoren (einer im Vordergrund, einer weit im Hintergrund) sind auf Stahlschienen verfahrbar. Die vier Öffnungen, zwei Eintritts- und zwei Austrittsöffnungen, erlauben es, zwei verschiedene Sterne gleichzeitig zu beobachten. Einer der Sterne kann dann als Referenzstern zur aktiven Stabilisierung der Interferenzstreifen dienen.*

ABB. 4 | **X-KOPPLER**

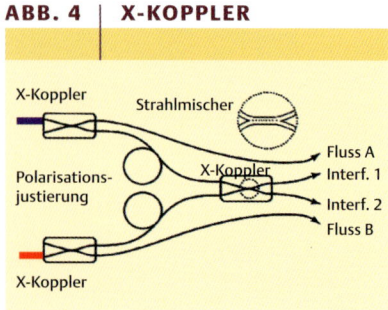

X-Koppler

Strahlmischer

Polarisations-justierung

X-Koppler

X-Koppler

Fluss A
Interf. 1
Interf. 2
Fluss B

Das Konzept der Strahlvereinigung in VINCI mithilfe von Glasfasern. In jedem der drei X-Koppler werden die Glasfasern leicht anpoliert und dann in Kontakt gebracht. Das Licht aus jedem Eingang wird dann auf beide Ausgänge aufgeteilt wie in einem Strahlteiler aus Glas. Die interferometrische Überlagerung erfolgt im rechten X-Koppler. Die beiden linken Koppler dienen dazu, zusätzlich die Intensitäten aus jedem Teleskop getrennt aufzuzeichnen.

Das Licht einer zu untersuchenden Lichtquelle wird durch einen Strahlteiler aufgeteilt und in die beiden Arme eines Interferometers geleitet. In einem der beiden Arme kann die optische Weglänge variiert werden. Die von einem weiteren Strahlteiler wieder zusammengeführten Lichtstrahlen zeigen Interferenzerscheinungen, aus denen sich das Spektrum der Lichtquelle berechnen lässt. Wenn die optischen Weglängen in den beiden Armen identisch sind, ist die Interferenz konstruktiv, der Lichtstrahl hat maximale Intensität. Beträgt die Weglängendifferenz genau die Hälfte der Wellenlänge, ist die Interferenz destruktiv, und die überlagerten Lichtstrahlen löschen sich vollständig aus.

Vergrößert man die Weglänge in einem Interferometerarm stetig, so wiederholt sich dieser Wechsel zwischen konstruktiver und destruktiver Interferenz. Trägt man die Intensität als Funktion der Weglängendifferenz auf, erhält man ein Interferenzstreifenmuster. Den Streifen an der Position für die Weglängendifferenz Null nennt man Weißlichtstreifen, weil hier ein heller Streifen für alle Wellenlängen auftritt. Erst wenn die Weglängendifferenz größer wird als die Kohärenzlänge, gibt es keine Interferenzerscheinungen mehr. In einem Sterninterferometer fehlt der erste Strahlteiler, und die beiden Interferometerarme werden von zwei

INTERNET

Interferometrie bei der ESO
www.eso.org/projects/vlti

Optische Sterninterferometer mit vielen Links
olbin.jpl.nasa.gov

wiegenden Struktur über Intervalle von 50 ms auf 50 nm begrenzt werden müssen.

Das Ziel des Very Large Telescope Interferometers (VLTI) ist es, astronomische Beobachtungen mit bis zu acht Teleskopen zu ermöglichen. Hierbei werden neben den vier 8-m-Teleskopen weitere vier Teleskope mit 1,8-m-Spiegeln eingesetzt (Abbildung 1). Nachdem die vier 8-m-Teleskope zwischen Mai 1999 und September 2000 nach und nach den Betrieb aufnahmen, laufen seit 2001 die ersten erfolgreichen Versuche mit dem Interferometer.

Grundlagen der Sterninterferometrie

Ein Sterninterferometer funktioniert wie ein Fourier-Spektrometer, wie es auch in Laboratorien benutzt wird.

Teleskopen gespeist, die auf denselben Stern gerichtet sind (Abbildung 2).

Da die Erdatmosphäre Teile des elektromagnetischen Spektrums absorbiert, kommen nur ausgewählte Bereiche für die astronomische Beobachtung in Frage. Häufig genutzt wird das nahe Infrarot um 2,2 μm Wellenlänge. In diesem Bereich lassen sich mit einem Michelson-Fourier-Spektrometer durch die Variation der Weglängendifferenz ungefähr zehn Interferenzstreifen beobachten, bevor der Kontrast langsam verschwindet. Dann ist die Weglängendifferenz größer als die Kohärenzlänge von $\lambda^2/\Delta\lambda = 24$ μm, die ein Maß für die zeitliche Kohärenz ist. Sie ist unabhängig von der Basislinie und dem Sterndurchmesser und wird im Wesentlichen durch die Breite des Frequenzbands, in dem man arbeitet, bestimmt.

Bei der Beobachtung eines Sterns mit dem Sterninterferometer kommt zur zeitlichen Kohärenz noch ein weiterer Effekt hinzu, der für diese Beobachtungstechnik entscheidend ist. Sterne sind keine punktförmigen Objekte, sondern riesige Sonnen in großer Entfernung. Sie haben von der Erde aus gesehen eine sehr kleine aber messbare Winkelgröße im Bereich einiger tausendstel Bogensekunden. Da Sterne thermische Strahler sind, emittiert jeder Punkt auf der Oberfläche statistisch unabhängig von seinem Nachbarn. Sterne sind daher inkohärente Lichtquellen. Als Folge davon überlagern sich im Sterninterferometer die Interferenzstreifenmuster beziehungsweise die Intensitätsverteilungen von jedem Punkt auf der Sternoberfläche. Wegen der Winkelausdehnung des Sterns sind die Streifenmuster um Bruchteile eines Mikrometers gegeneinander verschoben. Die resultierende Interferenzerscheinung besteht somit aus der Summe der individuellen Streifenmuster und ist im Kontrast reduziert.

Der mathematische Zusammenhang zwischen Sterndurchmesser, Basislinie und Kontrast der Interferenzstreifen wird vom Van-Cittert-Zernike-Theorem beschrieben (siehe „Räumliche Kohärenz", nächste Seite). Mit dem Sterninterferometer misst man das Produkt aus zeitlichem und räumlichem Kohärenzgrad der Lichterregung in der Ebene, in der die Teleskope stehen.

Der räumliche Kohärenzgrad wird von der Form und Größe des Sterns bestimmt. Sie ist eine Funktion der Basislinie und wird auch Visibility-Funktion genannt. Der mit einer bestimmten Basislinie gemessene Kontrast der Interferenzstreifen liefert genau einen Punkt des Funktionsverlaufs. Aus diesem Messpunkt lässt sich der Durchmesser des Sterns in der Orientierung parallel zur Basislinie berechnen. Um ein zweidimensionales Bild eines Himmelskörpers zu erhalten, benötigt man daher mehrere Basislinien in unterschiedlicher Orientierung und Länge. Die Visibility-Funktion kann in ihrem Verlauf genauer bestimmt werden, indem man die Teleskoppositionen ändert und dadurch verschiedene Basislinien nutzt. Dann ist es auch möglich, durch eine Fourier-Transformation Bilder zu erzeugen, in denen die ursprünglichen Streifenmuster durch die Vielzahl der Basislinien nahezu verschwunden sind.

Die Basislinien stellen im Rahmen der Fourier-Transformation verschiedene Frequenzen dar. Hat man nur eine Basislinie, sprich eine Frequenz, ergibt eine Fourier-Transformation einen sinusförmigen Funktionsverlauf, also die Interferenzstreifen. Benutzt man sehr viele verschiedene Basislinien, erhält man durch Fourier-Transformation einen Funktionsverlauf, der keine Ähnlichkeit mehr mit einem Sinus hat, sondern ein zentrales Maximum umgeben von zahlreichen kleinen Nebenmaxima aufweist. Hat man so viele Basislinien zur Verfügung, dass beispielsweise ein Kreis gleichmäßig ausgefüllt wird, verschwinden die unregelmäßigen Nebenmaxima und das rekonstruierte Bild sieht genau so aus wie in einem Einzelteleskop mit dem Durchmesser der längsten Basislinie. Aus diesem Grunde werden beim VLTI zusätzlich zu den vier Großteleskopen die verfahrbaren Hilfsteleskope eingesetzt.

Das Bild eines Sterns, der für das Auflösungsvermögen des Sterninterferometers zu klein also praktisch punktförmig ist, nennt man das Punktbild. Die räumliche Halbwertsbreite des Punktbilds definiert das Auflösungsvermögen, das durch die längste Basislinie bestimmt ist.

Sterninterferometer benötigen adaptive Optik

Ein Sterninterferometer kann nur dann seine maximal mögliche Leistung entfalten, wenn es gelingt, die Bildverschlechterung durch Luftturbulenzen zu eliminieren. Bereits mit bloßem Auge erkennt man deren Wirkung. Sie erzeugen das Funkeln der Sterne. Ursache sind atmosphärische Turbulenzen, die ständig kalte und warme Luftschichten vermischen. Die Temperaturabhängigkeit des Brechungsindexes der Luft führt zu einer optischen Inhomogenität. Es bilden sich Turbulenzzellen, die wie zufällig verteilte, ständig in Bewegung befindliche schwache Linsen wirken.

Der mittlere, effektive Durchmesser der Turbulenzzellen beträgt 4 bis 7 m im mittleren Infrarot bei einer Wellenlänge um 10 μm, im Sichtbaren dagegen nur 12 bis 20 cm. Beim Beobachten mit einem Teleskop, dessen Spiegel mehrere Meter Durchmesser besitzt, macht sich die Turbulenz bei Kurzzeitbelichtungen von Einzelsternen weniger durch Intensitätsschwankungen als durch eine granulationsartige Struktur störend bemerkbar. Da über den Teleskopdurchmesser viele dieser Turbulenzzellen gleichzeitig erfasst werden, zersplittert das Bild in viele zufällig verteilte Einzelbilder, die so genannten Speckles. Die Zahl der Speckles entspricht ungefähr der Anzahl der Turbulenzzellen über dem Spiegel.

Auf Aufnahmen mit Belichtungszeiten von einigen Sekunden und mehr sind die ständig in Bewegung befindlichen Speckles vollständig verwischt. Das Bild eines Sterns ist durch diesen Effekt auf einen Durchmesser von 0,5 bis 2,5 Bogensekunden verschmiert, je nach Beobachtungsstandort und meteorologischen Bedingungen. Diesen Durchmesser bezeichnet man als das Seeing. Es bestimmt das Winkelauflösungsvermögen des Teleskops.

Die Interferenzstreifen in einem Sterninterferometer werden vom Airy-Scheibchen des Einzelteleskops eingehüllt. Im Falle eines ideal punktförmigen Sterns hat das Streifenmuster den Kontrast eins, das heißt innerhalb der Einhüllenden variiert die Intensität zwischen null und dem Maximum, das durch die Einhüllende gegeben ist. Die obere Reihe der Abbildung zeigt zwei Interferenzstreifenmuster, die zu einem punktförmigen Objekt an der Winkelposition $- \alpha_0/2$ (links) und $+ \alpha_0/2$ gehören.

Beobachtet man beide Objekte gleichzeitig mit dem Sterninterferometer, addieren sich die Intensitäten der Interferenzstreifen. Der Kontrast des daraus resultierenden Streifenmusters ist kleiner als eins, da die Intensität nicht mehr auf Null absinkt. Darüber hinaus ist der resultierende Kontrast vom Abstand der Teleskope abhängig. Mit abnehmender Basislänge nimmt auch der Streifenabstand ab und damit sinkt der Kontrast bei Addition der einzelnen Streifenpakete.

In der unteren Reihe sind von links nach rechts die resultierenden Streifenmuster für drei verschiedene Basislinien dargestellt. Der größte Streifenabstand mit dem größten Kontrast ganz links gehört zur kürzesten Basislinie, der kleinste Streifenabstand mit dem

kleinsten Kontrast ganz rechts gehört zur längsten Basislinie.

Wenn die Punkte bei $\alpha = \pm \, \alpha_0/2$ Teile eines ausgedehnten Objektes sind, beispielsweise des rechten und linken Sternrands, erhält man ebenfalls ein Interferenzmuster, das die Überlagerung sehr vieler Einzelmuster darstellt. Auch hier gilt: Je größer die Winkelausdehnung α_0 des Sterns, desto kleiner der resultierende Kontrast. Das ermöglicht es, aus dem gemessenen Kontrast den Winkeldurchmesser des Sterns zu bestimmen.

Der im Sterninterferometer gemessene Kontrast ist proportional zum räumlichen Kohärenzgrad des Sternlichts. Der Kohärenzgrad des Lichtes von einem kleinen Stern ist größer und somit ist auch das Interferenzmuster kontrastreicher als bei einem großen Stern. Die beiden Extremfälle sind die völliger räumlicher Kohärenz, wenn der Stern ideal punktförmig ist. Dann ist der Kontrast der Interferenzstreifen eins. Das andere Extrem völliger Inkohärenz tritt auf, wenn der Stern sehr groß oder sehr nah ist, wie unsere Sonne. Dann addieren sich die individuellen Streifenmuster bereits bei kleinen Basislinien von wenigen Zentimetern zu einer gleichmäßigen, streifenlosen Intensität, und man nennt das Licht räumlich inkohärent.

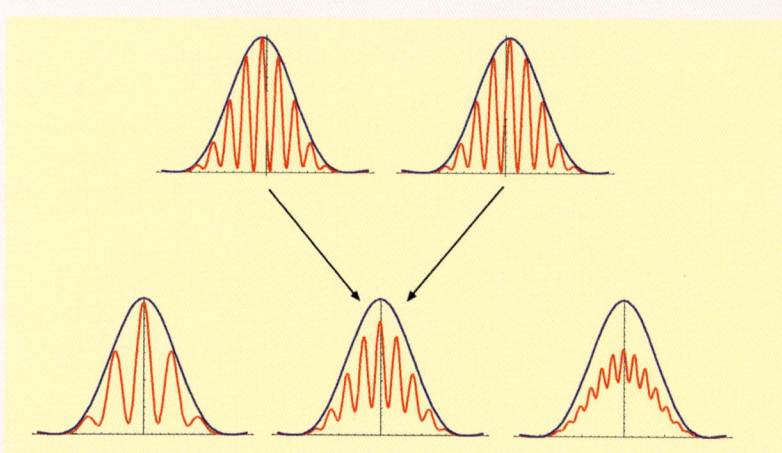

Fünf Interferenzmuster für verschiedene Objekte und Basislinien. Obere Reihe: zwei Interferenzmuster von jeweils einem ideal punktförmigen Stern an der Position + und − $\alpha_0/2$. Untere Reihe: Drei Interferenzmuster, bei denen die Basislänge von links nach rechts zunimmt.

Man kann sich diesen Vorgang auch im Wellenbild vorstellen. Dabei geht man davon aus, dass die ursprüngliche Wellenfront eines Sterns eben ist. Beim Durchgang durch die Atmosphäre wird die ebene Welle in eine „Gebirgslandschaft" verformt, deren typischer Höhenunterschied über die Apertur eines 8-m-Teleskops hinweg im Bereich von 3 bis 6 µm liegt, unabhängig von der Wellenlänge.

Für die Bildqualität relevant ist das Verhältnis der Abweichung der Wellenfront von der ebenen Welle zur Beobachtungswellenlänge. Abweichungen von 3 bis 6 µm sind zum Beispiel bei einer Wellenlänge von 10 µm noch tolerierbar. Im Bereich des sichtbaren Lichts mit Wellenlängen um 0,5 µm hingegen beträgt diese Abweichung das 6- bis 12-fache der Wellenlänge.

Da die Turbulenzen einem dynamischen Prozess unterliegen und mit Geschwindigkeiten von typisch 10 bis 30 m/s vor den Teleskopen vorbeiziehen, befinden sich die Speckles im Einzelteleskop und analog die Streifen in den interferierenden Bildern in ständiger Bewegung. Je länger die Belichtungszeit, desto stärker werden die Interferenzstreifen verschmiert und desto geringer wird der Kontrast.

Bei einer noch akzeptablen Kontrastreduzierung um 5 % dürfen die Streifen sich bei einer Beobachtungswellenlänge von 2 µm um nicht mehr als 50 nm bewegen. Daraus folgt eine Belichtungszeit um 50 ms – eine relativ kurze Zeitspanne, die nicht ausreicht, um viele Photonen zu sammeln. Mit einem 8-m-Teleskop lassen sich daher nur Objekte bis zur 7. Größenklasse interferometrisch beobachten. Das ist gerade einmal einen Faktor fünf bis zehn unter der Wahrnehmungsgrenze des bloßen Auges!

Mit einer adaptiven Optik [4] lässt sich die Empfindlichkeit bereits um das Hundertfache erhöhen. Hier sei nur kurz deren Funktionsweise erklärt. Das vom Hauptspiegel kommende Licht trifft zunächst auf einen dünnen, flexiblen Spiegel. An der Spiegelrückseite befinden sich typischerweise 100 bis 200 kleine Stellelemente, die seine Oberfläche verformen. Das Licht wird reflektiert und dann von einem Strahlteiler aufgespalten. Ein Teil der Welle läuft zu einem Wellenfrontanalysator, der die Verzerrung der Welle aktuell analysiert. Der zweite Teil trifft auf den Detektor des astronomischen Instruments. Ein Computer berechnet aus den Daten des Wellenfrontsensors die optimale Form dieses adaptiven Spiegels. Sie ist genau so gewählt, dass die von dort reflektierten Wellenzüge wieder eben sind. Diese Korrekturen müssen mit einer Frequenz von mehreren hundert Hertz erfolgen.

ABB. 5 | FIRST FRINGES

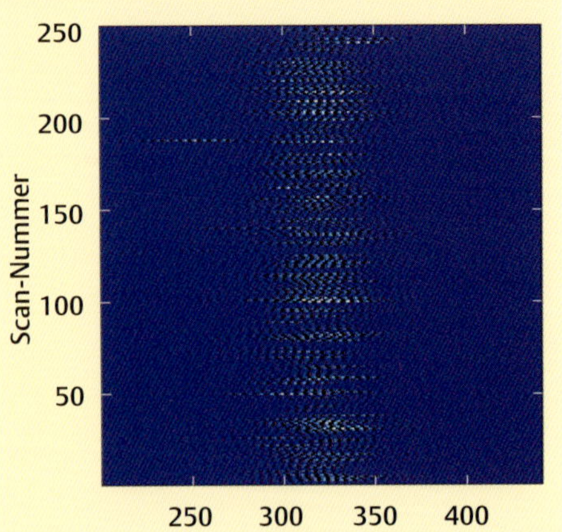

Die ersten Interferenzstreifen von Achernar mit zwei 8-m-Teleskopen. Jede Zeile zeigt ein Paket von ungefähr zehn Interferenzstreifen. Die vertikale Achse zeigt die Nummerierung der aufeinander folgenden Einzelmessungen.

Selbst mit einer adaptiven Optik ist die Menge der beobachtbaren Objekte auf die Sterne unserer Milchstraße beschränkt. Nur ganz wenige Galaxien könnten untersucht werden. Eine weitere Verbesserung der Empfindlichkeit ist mit einem so genannten Dual-Feed-System möglich. Hier wird ein Referenzstern benutzt, um in einem Regelkreis die Bewegung der Interferenzstreifen zu messen und zu korrigieren. Diese aktive Stabilisierung erlaubt es, das Objekt nicht nur 50 ms, sondern mehrere Minuten lang zu belichten. Dadurch erhöht sich die Empfindlichkeit noch einmal um das Tausendfache. Die Grenzhelligkeit liegt dann bei Objekten 20. Größenklasse.

Höchste Präzision beim VLTI

Bisher wurde nur der Einfluss der Atmosphäre auf den Kontrast betrachtet. Darüber hinaus muss man bei der Konzeption eines Sterninterferometers besonderes Augenmerk auf interne Einflüsse legen. Bei 25 Reflexionen und Lichtwegen mit bis zu 250 m Länge keine ganz einfache Aufgabe.

Das VLTI ist ein komplexes optisches System, dessen Elemente über einen Kreis mit 200 m Durchmesser verteilt sind. Als Eintrittsaperturen für das Licht stehen vier ortsfeste 8-m-Teleskope und ab dem nächsten Jahr vier verfahrbare 1,8-m-Teleskope zur Verfügung. Dafür wurden auf dem Paranal wie bei einem Rangierbahnhof Schienen verlegt, auf denen die kleineren Teleskope an insgesamt 30 verschiedene Positionen gefahren werden können. Dadurch lassen sich Basislinien zwischen 8 und 200 m Länge realisieren.

Das Licht der einzelnen Teleskope wird durch unterirdische Tunnel geleitet, wo „Warteschleifen für das Licht" (Englisch: Delay Lines) installiert sind. Sie haben die Aufgabe, die Lichtwege dynamisch auf Bruchteile einer Wellenlänge auszugleichen. Abbildung 2 verdeutlicht das Problem: Das Licht eines Sterns, der nicht genau im Zenit steht, kommt an einem der beiden Teleskope (hier am linken) etwas später an als an dem anderen. Dadurch ergibt sich auf dem Weg zum Fokus eine Verzögerung. Durch geeignete Positionierung der Retroreflektoren wird diese ausgeglichen, und das Licht erreicht den Detektor ohne Laufzeitunterschied zum Lichtstrahl, der vom anderen Teleskop kommt. Eigentlich ist für diese Aufgabe nur eine Delay Line nötig. Man verwendet aber immer genau so viele Delay Lines wie Teleskope, um auf jedem Lichtweg die gleiche Zahl von Reflexionen zu haben.

Wegen der Scheindrehung des Himmels, hervorgerufen durch die Erdrotation, ändert sich jedoch die Position des Sterns und damit auch der Laufzeitunterschied zwischen beiden Lichtstrahlen permanent. Diese stetige Verschiebung gleicht man in der Delay Line aus, indem man die Retroreflektoren auf kleine Wagen montiert hat, die sich mit bis zu 0,5 m/s durch den Tunnel bewegen. Die Retroreflektoren fahren auf 60 m langen Schienen, die mit einer Höhenabweichung von nur 25 µm installiert sind (Abbildung 3). Nur wenn die Reflektoren den Weglängenunterschied permanent mit einer Genauigkeit von weniger als 50 nm ausgleichen, ist das instrumentell bedingte Verschmieren der Streifen geringer als das durch die Turbulenzen verursachte.

In der Ost- und in der Westhälfte des Tunnels stehen jeweils 60 m für die Delay Lines zur Verfügung. Der Weglängenausgleich beträgt dann maximal 120 m. Damit ist es möglich, Sterne in einem Radius von 60 Grad um den Zenit zu beobachten. Der insgesamt 130 m lange Tunnel ist passiv klimatisiert. Tunnel- und Laborbereich sind als Reinraum konzipiert, um die Ablagerung von Staub auf den Spiegeln zu reduzieren. Dabei helfen die natürlichen Bedingungen, denn die Atacama-Wüste ist entgegen der landläufigen Meinung eine sehr saubere Umgebung mit einer natürlichen Reinheit der Klasse 10 000. Es genügt daher, den Zugang zu Labor und Tunnel auf das unumgängliche Maß zu reduzieren und Schutzkleidung zu tragen.

Da das gesamte Observatorium von Anfang an als Interferometer konzipiert war, hat man Pumpen und Generatoren, die Vibrationen auf den Boden übertragen, soweit wie möglich vom Paranal verbannt. Der Hauptstromgenerator beispielsweise steht einige Kilometer entfernt am Fuß des Gipfels.

Die Problematik, ein Sterninterferometer wie das VLTI zu bauen, besteht darin, eine Vielzahl von High-Tech-Geräten zu einem komplexen Instrument zu kombinieren, mit dem jede Nacht routinemäßig astronomische Beobachtungen durchgeführt werden sollen. Man muss dabei die Anforderungen an jedes Subsystem genau abwägen. Neben Vibrationen reduzieren beispielsweise auch optische Aberrationen und Polarisationseffekte den Kontrast in einem Interferometer. Da keiner dieser Effekte zu vermeiden ist, geht es bei dem Entwerfen des Fehlerbudgets darum abzuwägen, was technisch realisierbar und was nur mit unverhältnismäßig großem Aufwand zu erreichen ist. Diese Fehlerquellen gilt es für das Fehlerbudget zu analysieren und ihren Beitrag zum Kontrastverlust zu quantifizieren

„First Fringes!"

Die ersten Interferenzstreifen des VLTI wurden nicht mit den Großteleskopen aufgenommen. Um das optische System zu testen, verwendete man zwei ebene Spiegel mit 40 cm Durchmesser, so genannte Siderostaten, mit einem gegenseitigen Abstand von 16 m. Dabei wurden zwei der Stationen benutzt, die für die 1,8-m-Teleskope vorgesehen sind. Dadurch wurden alle Spiegel und die Delay Lines im Tunnel in genau derselben Art und Weise benutzt, wie später mit den Teleskopen. Noch wichtiger war vielleicht, dass die Regelungssoftware der Siderostaten weitgehend identisch mit der der Teleskope ist, so dass die gesamte Software vollständig unter realistischen Bedingungen getestet werden konnte. Wenn man berücksichtigt, dass das Programm um die 300 000 Zeilen umfasst und 48 Computer und 15 Regelkreise kontrolliert werden müssen, kann man vielleicht die Bedeutung dieses Tests ermessen.

In dem fokalen Testinstrument VINCI werden die Lichtstrahlen zunächst in Monomode-Glasfasern eingekoppelt, um alle optischen Aberrationen zu eliminieren. Die Lichtstrahlen werden auch in den Glasfasern zur Interferenz gebracht, indem diese leicht anpoliert und dann vorsichtig in Kontakt gebracht werden. Der dann vorliegende X-Koppler (Abbildung 4) hat zwei Ausgänge, die beide ein Interferenzsignal liefern, genau wie ein herkömmlicher Strahlteiler aus Glas. Man hat dann im Prinzip ein Michelson-Fourier-Spektrometer vorliegen, mit einem Stern als Lichtquelle und den Siderostaten als Eintrittsapertur.

Dann wird in einem der beiden Arme von VINCI die optische Weglänge über eine Länge von 200 µm moduliert. So erzeugt man abwechselnd die oben beschriebenen Bedingungen für das periodische Auftreten von destruktiver und konstruktiver Interferenz. Die Interferenzstreifen an den Ausgängen der X-Koppler sind demzufolge zeitliche Signale. Deren Kontrast ist ein Maß für den räumlichen Kohärenzgrad der Lichtquelle, in diesem Falle des Sterns.

Am 17. März 2001 gelangen die ersten Interferenzmessungen („First Fringes") des Sterns Sirius. Der gemessene, kalibrierte Kontrast war mit 87 % nur unwesentlich kleiner als der aufgrund der Spezifikationen zu erwartende Kontrast von 89 %. Nur sechs Monate später gelang es, zwei 8-m-Teleskope mit einer Basislinie von 102 m zu kombinieren. Praktisch auf Anhieb ließen sich mit dem Stern Achernar Interferenzstreifen messen. Abbildung 5 zeigt das Ergebnis einer zweiminütigen Messreihe mit zwei 8-m-Teleskopen bei 2,2 µm Wellenlänge. Jede Zeile zeigt das Interferenzsignal einer Weglängenmodulation von 100 µm, in dessen Zentrum man das Streifenpaket mit ungefähr zehn Streifen (helle und dunkle Punkte) sieht, entsprechend der Kohärenzlänge von ungefähr 24 µm. Das Streifenpaket wird in rund 50 ms abgetastet.

Die Streifensysteme liegen nicht genau übereinander, weil die atmosphärischen Turbulenzen wie geschildert die optischen Weglängen permanent verändern. Wenn ein Referenzstern benutzt wird, um die Streifen aktiv zu stabilisieren, kann man längere Einzelbelichtungszeiten von mehreren Sekunden bis Minuten realisieren. Dann kommt die hohe Nachführgenauigkeit der Delay Lines zum Tragen, die den Kontrast nur um wenige Prozent vermindert.

Ein weiterer wichtiger Meilenstein wurde im September 2002 erreicht, als alle vier 8-m-Teleskope in zwei Nächten für Interferometrie benutzt wurden. Damit wurde die Fähigkeit

ABB. 6 | REKONSTRUIERTES BILD

0,050 Bogensekunden

Das rekonstruierte, interferometrische Bild des Sterns. Es entspricht näherungsweise der Punktbildfunktion, da der Durchmesser von Achernar kleiner als die Auflösungsgrenze des VLTI ist.

ABB. 7 | SIMULATIONEN

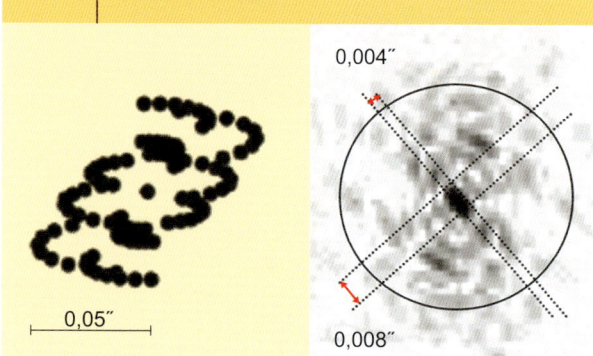

Simulation für eine achtstündige Beobachtung mit allen vier 8-m-Teleskopen. Links die berechnete Verteilung der Basislinien, bei der jeder Punkt der Position eines Teleskops entspricht; rechts die rekonstruierte Punktbildfunktion.

ABB. 8 | ACHERNAR

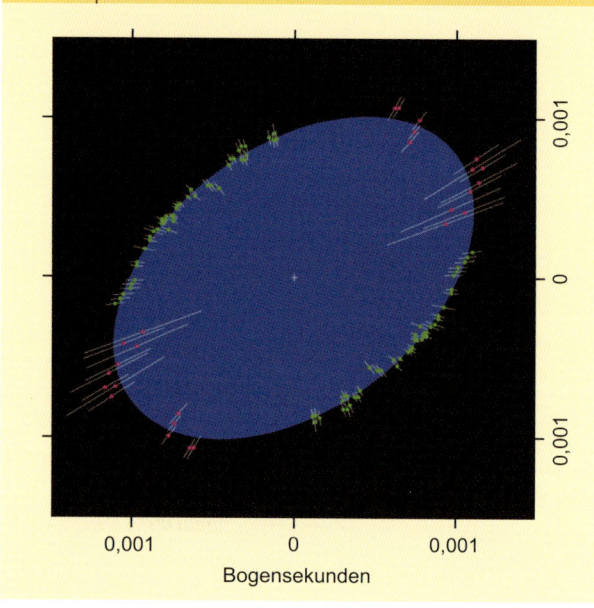

Mit dem Auflösungsvermögen der Sterninterfermetrie sind Sterne keine Punkte mehr, wie das Profil des Sterns Achernar (Alpha Eridani) zeigt. Die eingezeichneten Punkte sind individuelle, interferometrische Messwerte des Durchmessers. Der Stern besitzt die Form eines Ellipsoids, weil er sehr schnell rotiert. Das Achsenverhältnis von 1,56:1 belegt, dass der Stern sich nahe an der Stabilitätsgrenze befindet.

demonstriert, in kürzester Zeit das Licht von verschiedenen, mehrere zehn Meter voneinander entfernten Teleskopen zur Interferenz zu bringen, ohne dass auch nur einer der 25 Spiegel neu justiert werden musste. Abbildung 6 zeigt das rekonstruierte, interferometrische Bild. Es entspricht näherungsweise der Punktbildfunktion, da der Durchmesser von Achernar kleiner als die Auflösungsgrenze des VLTI ist. Diese ist durch die Breite des zentralen Interferenzstreifens von 0,003 Bogensekunden gegeben. Wenn mehr Basislinien für die Rekonstruktion des Bildes verwendet werden, wird der zentrale Interferenzstreifen punktförmiger und die Nebenmaxima werden kleiner. Erkennbar ist dies in der Computersimulation einer achtstündigen Belichtung mit allen vier 8-m-Teleskopen (Abbildung 7).

Aufgrund der Rekonstruktionstechnik ist in Abbildung 6 der helle Ring des Airy-Scheibchens eines einzelnen 8-m-Teleskops überlagert. Sein Durchmesser entspricht der Beugungsgrenze von 0,057 Bogensekunden. Dies demonstriert die enorme Steigerung des Auflösungsvermögens durch den Einsatz des Interferometers.

Weitere Meilensteine in den folgenden Jahren wurden mit der Inbetriebnahme der wissenschaftlichen Instrumente MIDI im Dezember 2002 und AMBER im April 2004 sowie mit der Installierung der verfahrbaren 1,8-m-Teleskope im Februar 2005 erreicht. MIDI arbeitet im mittleren Infrarot bei 10 μm Wellenlänge und wurde unter der Leitung des Max-Planck-Instituts für Astronomie in Heidelberg entwickelt und gebaut. AMBER kann drei Teleskope im nahen Infrarot bei 1 bis 2 μm Wellenlänge kombinieren und entstand in Nizza und Grenoble.

Was jetzt noch fehlt, ist eine gleichmäßigere Verteilung der Basislinien und die Möglichkeit, nicht nur den Kontrast der Interferenzstreifen, sondern auch ihre Phasenlage zu messen. Letzteres spielt eine Rolle, weil der räumliche Kohärenzgrad eine komplexe Funktion ist.

Bei perfekt runden oder elliptischen Sternen ist die Phase gleich null, und der Kohärenzgrad ist mit der Kontrastmessung, dem Betrag des Kohärenzgrades, vollständig be-

stimmt. Abbildung 8 zeigt das Profil des Sterns Achernar. Bei unregelmäßig geformten Quellen ist die Phase von Null verschieden. Sobald man in der Lage ist, diese Phase zu messen, können mit dem VLTI richtige Bilder gemacht werden. In der Planung sind zwei Methoden, die Phasenmessungen erlauben: die gleichzeitige Kombination von drei Teleskopen mit der Infrarotkamera AMBER und die Erweiterung der Referenzsternmethode zur Streifenstabilisierung mit PRIMA. Dieses Gerät soll 2009 in Betrieb gehen. Aber auch ohne die Fähigkeit, Bilder anfertigen zu können, sind die reinen Kontrastmessungen nützlich. Sie können dazu dienen, sehr enge Doppelsterne aufzulösen, oder auch um physikalische Modelle, beispielsweise im Rahmen des Sternaufbaus, zu verifizieren.

Eine gleichmäßigere Verteilung der Basislinien lässt sich auf zwei Arten erzielen. Bei den ortsfesten 8-m-Teleskopen ist dies nur möglich, indem über mehrere Nächte hinweg dasselbe Objekt beobachtet wird. Dann nämlich verkürzt sich die effektive Basislinie je mehr sich der Stern dem Horizont nähert. Abbildung 9 zeigt die Verteilung der Basislinien bei der Beobachtung von Achernar mit den vier 8-m-Teleskopen. Wenn diese Verteilung gleichmäßiger und runder wird (Abbildung 7), erhält man ein gleichmäßigeres rundes Punktbild des Sterns. Die verfahrbaren 1,8-m-Teleskope erlauben es, fast jede beliebige Verteilung der Basislinien zu realisieren. Mit ihnen lassen sich jedoch nicht so lichtschwache Objekte beobachten wie mit den 8-m-Teleskopen.

ABB. 9 | BASISLINIEN

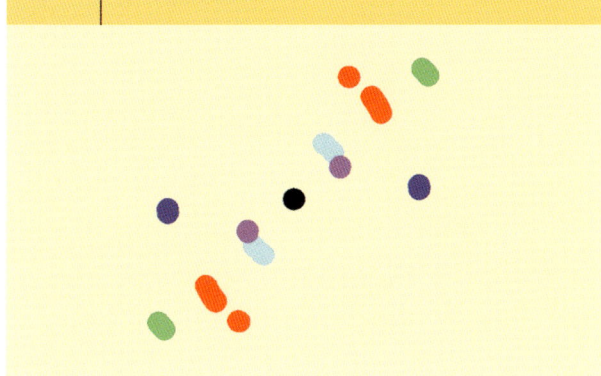

Die Verteilung der Basislinien für die interferometrischen Messungen mit allen vier 8-m-Teleskopen im September 2002. Der schwarze Punkt kennzeichnet das Zentrum.
Die vier Teleskope wurden paarweise gekoppelt, wobei die jeweiligen Kopplungen – durch Farben gekennzeichnet – punktsymmetrisch zum Mittelpunkt angeordnet sind.

Eine neue Ära

Das VLTI steht den europäischen Astronomen seit 2003 zur Verfügung. Seitdem hat es weltweit die Hälfte aller astronomischen Veröffentlichungen mit Sterninterferometern produziert. Im Anfang stand die Untersuchung von pulsierenden Sternen (Delta Cepheiden) sowie des ungewöhnlichen Sterns Eta Carinae im Vordergrund. Inzwischen wurden damit auch fundamentale Sternparameter, wie Radius, Masse und Temperatur, gemessen. Außerdem wurden Beobachtungen an Bausteinen von Planeten in Staubscheiben von Sternen und zur Natur der Sterne im Zentrum der Milchstraße vorgenommen. Besonders hervorzuheben sind die Beobachtungen mehrerer aktiver Galaxienkerne. So wurde beispielsweise im mittleren Infrarot im Zentrum der Galaxie NGC 1068 ein Staubtorus beobachtet, der wahrscheinlich ein massereiches Schwarzes Loch gibt [5]. Die Möglichkeit, mit dem VLTI andere Galaxien zu beobachten, erlaubt es, auch kosmologische Fragestellungen anzugehen. Das ist ein bedeutender Fortschritt der modernen Forschung.

Wahrscheinlich werden zukünftig alle Bereiche der Astronomie von der hohen Winkelauflösung des VLTI profitieren. Zwei Themen sollen hier etwas genauer betrachtet werden: Die Suche nach extrasolaren Planeten und die Untersuchung des Zentrums der Milchstraße.

Die Suche nach extrasolaren Planeten kann mit dem VLTI auf zwei verschiedene Arten durchgeführt werden. Zum einen wirkt sich die Tatsache positiv aus, dass Planeten im mittleren Infrarot bei 10 µm Wellenlänge relativ hell sind, so dass der Einfluss auf den Streifenkontrast direkt beobachtet werden kann. Zum anderen ist es mit PRIMA möglich, die Sternposition mit einer Genauigkeit von Mikrobogensekunden zu messen. Stern und Planet kreisen um den gemeinsamen Schwerpunkt, so dass die Sternposition von der Erde aus gesehen geringfügig entlang der Verbindungslinie Stern-Planet pendelt. Aus der Periode dieser Be-

wegung ergibt sich die Umlaufdauer des Planeten. Gleichzeitig lässt sich aus dem Sterntyp leicht dessen Masse ableiten, woraus sich dann auch die Masse des Begleiters ergibt. Als Unsicherheit geht hier nur noch die Neigung der Umlaufbahn zur Himmelsebene ein.

Für das Zentrum unserer Milchstraße verdichten sich die Anzeichen für die Existenz eines schwarzen Lochs immer mehr [6]. Das VLTI könnte letzte Sicherheit geben, indem die Möglichkeit eröffnet wird, die Position von Sternen in unmittelbarer Umgebung um das Zentrum – bis auf wenige Schwarzschild-Radien – präzise zu vermessen. Man könnte dann eventuell sogar relativistische Effekte in der Bahnbewegung beobachten. Ein VLTI-Instrument der zweiten Generation, GRAVITY, wird speziell zu diesem Zweck entwickelt.

Im Jahr 2001 gelang es auch, die beiden 10-m-Keck-Teleskope auf dem Mauna Kea, Hawaii, interferometrisch zu koppeln. Gleichzeitig wurden weltweit einige Versuche mit kleineren optischen Interferometern in Betrieb genommen. Die Zeichen stehen gut, dass diese Interferometer eine neue Ära mit einem gewaltig gesteigerten Auflösungsvermögen in der beobachtenden Astronomie einleiten werden.

Zusammenfassung

Mit der Interferometrie kann das Winkelauflösungsvermögen gegenüber der Beobachtung mit einem Einzelteleskop enorm gesteigert werden. Im Jahr 2001 wurden zum ersten Mal die 8-m-Teleskope der ESO auf dem Cerro Paranal zu einem Sterninterferometer kombiniert. In den nächsten Jahren wird sich herausstellen, ob Sterninterferometer die Astronomie genau so prägen werden, wie es Radiointerferometern in den letzten Jahrzehnten gelungen ist.

Literatur

[1] A. Michelson, Astrophys. J. **1920**, *53*, 249
[2] A. Labeyrie, Astrophys. J. **1975**, *196*, L71
[3] O. von der Lühe, et al., The Messenger, **1997**, No. 87, 8
[4] F. Merkle, Physik in unserer Zeit **1991**, *22* (6), 260.
[5] W. Jaffe et al., Nature **2004**, *429*, 47; A. Poncelet et al., Astron. Astrophys. **2006**, *450*, 483.
[6] R. Schoedel, Physik in unserer Zeit **2003**, *34* (1), 7.

Der Autor

Andreas Glindemann, geb. 1959, Studium der Physik an der TU Braunschweig, 1989 Promotion an der TU Berlin über Teilkohärente Abbildung im Mikroskop, Post-Doc am Imperial College London, Mitarbeit am MPI für Astronomie in Heidelberg, 1998 Habilitation an der Universität Heidelberg. 1998–2006 Leiter der VLTI-Gruppe bei der ESO. Seitdem AOI Interferometry Scientist bei der ESO.

Anschrift

Dr. Andreas Glindemann, Europäische Südsternwarte, Karl-Schwarzschild-Straße 2, 85748 Garching. aglindem@eso.org

Stichwortverzeichnis

Geheimnisvoller Kosmos. Herausgegeben von Thomas Bührke und Roland Wengenmayr · Copyright © 2009 WILEY-VCH Verlag GmbH & Co. KGaA, Weinheim · ISBN: 3-527-40899-1

– Schwarze Löcher   118
– Sternentstehung   64
Jupiter   4, 8 ff, 44, 65

k

Kalzium   68
Kaonen   171, 178, 181
Karbonat-Silikat-Kreislauf   53
Kepler-Bahnen   7
Kepler-Mission (NASA)   50
Kepler-Rotation   65
Keplersche Gesetze   43, 115
Kerndissoziationen   72
Kernfusion   60, 69, 94
Kern-Kern-Kollisionen   178
Kernkraft   164
Kerr-Newman-Raumzeiten   122 ff
Kieserit   30
Klasten   25
Klima
– Erde   52
– Mars   12–19, 30
Kohärenzlänge   190
Kohlendioxid   16, 52 f, 165
Kohlenstoff
– anthropisches Prinzip   164 ff, 168
– Brennen   71
– Erde   52
– Sternenexplosionen   68
Kohlenstoff-Stickstoff-Zyklus   60
kollimierte Materieausflüsse   80
Kollisionsereignisse   180
Kometen   5, 58
kommunikative Zivilisationen   55
Kompositionsgesetz   75, 139
Kontinentwachstumsmodelle   53
Kontrastreduzierung   192
Kontrollraum   125 f
Konus-Nebel   61
konvektive Prozesse   57, 70, 73
Kosmische Hintergrundstrahlung
– anthropisches Prinzip   166
– dunkle Energie   156
– Dunkle Materie   147
– Relativitätstheorie   130
– Schwarze Löcher   127
– Urknallecho   160
Kosmische Kreisel   136–143
Kosmischer Crash   169
Kosmischer Mikrowellen-
   hintergrund   147, 152
Kosmogonie, Schwarze Löcher
   114–121
Kosmologie   128–135, 152–159
Kosmologisches Prinzip   162
Kraterdichte   34 f
Krebsnebel   69 f
Kreuzschichtung   26
Kristallisationsgrad   6
kritische Dichte   147, 153
kritische Masse   10
Kryovulkanismus   36 ff
Kuiper-Edgeworth-Gürtel   34
künstlicher Urknall   178–186

l

Ladung/Umkehr   122, 131, 170
LAGEOS (LAser GEOdynamic Satellites)
   141
Lavaströme   17, 39
Lense-Thirring-Präzession   136, 140 f
Leptonen   180
Leuchtkraft
– Erde   52
– Schwarze Löcher   118
– Supernova   155
– terrestrische Planeten   57
Lichtkurven
– Gamma-Ray Bursts   81
– Schwarze Löcher   124
– Supernovae   69
Lichtquantenhypothese   128
Lichtquellen   60–67
Lorentz-Faktor   78, 81
Lorentz-Gruppe   137
LS 5039 Binärsystem   110
Luftturbulenzen   105, 192

m

Mach-Kegel   76
Machsches Prinzip   139
Magellansche Wolke   69, 96, 101
MAGIC   108, 112
Magnesiumsulfate   25 f
Magnetfelder   11
– Antimaterie   176
– Gamma-Astronomie   103
– Saturn   32ff
– Sternentstehung   62 f, 65 f
magnetohydrodynamische
   Instabilitäten   79
magnetohydrodynamische Wellen   89
Markarian 421/501   106
Mars   5, 12–31, 44
– Astrofoto   51
– Bewohnbarkeit   54
– Klimawandel   12–22
– Morphologie   14
– topographische Karte   20
– Wasser   22–31
Masse   6
– anthropisches Prinzip   164
– extrasolare Planeten   43, 45
– Schwarze Löcher   117, 122, 131
Masse-Radius-Beziehung   55
Materie-Dunkle Energie-Beziehung
   158
Materietransport   6
Maxwell-Gleichungen   128
Mechanisches Relativitätsprinzip   137
menschlicher Faktor   52
Meridiani Planum   22 ff
Merkur   5, 11, 44
Mesonen   178 ff
Messier 81   62
Metallizität   58
Meteoriten   22
Meterbarriere   7
Michelson-Fourier-Spektrometer   190
Michelson-Morley-Experiment   129
Migration   9 f, 43

mikroskopisches Kernstrukturmodell
   165
Mikrowellenhintergrund
– COBE   149, 156f, 160
– Dunkle Materie   147
– Gamma-Ray Bursts   78
Milchstraße
– bewohnbare Planeten   57
– Gammalinien-Astronomie   94
– H.E.S.S.-Teleskop   108
– IBIS   89
– Schwarze Löcher   114, 122
Mimas   34
Minerale   22, 34
Minkowski-Metrik   122, 129, 139
Molekülwolken   60
Monde   11, 32 ff
Morse-Funktionen   126
Multiplizitäten   181
Multipole   141, 157, 176
Multiversum   167
Myonen   172

n

Naturkonstanten   162–168
Neigungswinkel   43, 47
Neonbrennen   71
Neptun   5, 11, 44
Neutrinos   68–73, 150
Neutronenstern   93
– Akkretionsscheibe   141
– Cassiopeia A   113
– Gammalinien-Astronomie   95, 110
– Gamma-Ray Bursts   83
– INTEGRAL   88
– künstlicher Urknall   179
– Supernovae   70
Neutronisierung   71
Newtonsche Gravitationskonstante
   153
Newtonsche Mechanik   136
NGC 2207 Galaxie   116
NGC 3198 Spiralgalaxie   146
Nickel/Isotrope   75, 95, 99, 155
nukleare Energiezustände   94
Nukleon-Nukleon-Potential   165
Nukleosynthese
– Antimaterie   170
– Dunkle Materie   147
– Gammalinien-Astronomie   97
– INTEGRAL   88
– Supernovae   75

o

Oberfläche
– Enceladus   38
– Erde   52
– Mars   12, 22, 51
– Phöbe   34
– Schwarze Löcher   131
– Titan   38 f
OMEGA-Spektrometer   29
Optical Gravitational Lensing Experi-
   ment (OGLE)   47
Observatorium
– COBE   149, 156f, 160
– COROT   42 ff